高等学校规划教材

应用数值分析

刘国庆　王天荆　石　玮　程　浩　编著

化学工业出版社
·北京·

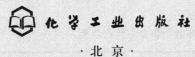

内 容 提 要

本书系统地介绍了数值分析的基本概念、基础理论、基本数值方法和具有实际应用背景的数值方法的实现过程。主要包括：数值计算基础、解非线性方程的数值方法、解线性方程组的直接方法、多项式逼近和插值法、逼近理论与最小二乘法、解线性方程组的迭代法、数值微分与数值积分、解非线性方程组的数值方法、矩阵特征值与特征向量的近似计算、常微分方程数值解法、Matlab与科学计算。

本书可作为高等学校理工科研究生数学类基础课程“数值分析”及数学、计算机类、信息类专业本科生算法类课程“数值分析”的课程用书，亦可供相关科研人员参考。

图书在版编目（CIP）数据

应用数值分析/刘国庆等编著. —北京：化学工业出版社，2020.6（2025.5重印）
高等学校规划教材
ISBN 978-7-122-36633-7

Ⅰ.①应… Ⅱ.①刘… Ⅲ.①数值分析-高等学校-教材 Ⅳ.①O241

中国版本图书馆CIP数据核字（2020）第069832号

责任编辑：郝英华　　文字编辑：林　丹　师明远
责任校对：王　静　　装帧设计：韩　飞

出版发行：化学工业出版社（北京市东城区青年湖南街13号　邮政编码100011）
印　　装：北京印刷集团有限责任公司
787mm×1092mm　1/16　印张16¼　字数411千字　2025年5月北京第1版第6次印刷

购书咨询：010-64518888　　售后服务：010-64518899
网　　址：http://www.cip.com.cn
凡购买本书，如有缺损质量问题，本社销售中心负责调换。

定　　价：49.00元

前言

本书是为高等学校理工科研究生及数学类和计算机类、信息类专业本科生编写的数值近似计算方法的理论和应用教材。它要求学生已具备微积分、线性代数等高等数学基础。另外，熟悉矩阵论和常微分方程的基础知识对学习数值分析也有所裨益，本教材对这些内容有适当的介绍。

数值分析教材众多，有些强调各种近似方法的数学推导和论证，而不是方法的本身，不利于在实际问题中应用这些算法。有些强调方法本身，而缺少必要的算法数学思想的介绍，不利于利用算法的思想去针对新的问题构造新的算法。我们致力于使本书适应那些想掌握数值分析思想和方法去解决理论研究和工程实践中需要进行科学计算的读者。我们在介绍数值近似方法时，力图解释何时、为什么和如何运用这些方法，为进一步学习数值分析和科学计算打下坚实的基础。

通过本书的学习，学生应该能够掌握判别需要用数值方法求解问题的类型，理解运用数值方法时所发生的误差传播现象，清楚相应的这些数值方法的算法各输入参数的含义。学生能逼近不能准确求解问题的近似解，学习估计近似解误差界的方法，熟悉算法的计算复杂性和稳定性等概念，了解克服数值不稳定的思想，懂得选择算法和相应参数的原则。事实上，在本书的叙述方式上，我们进行了新的尝试：加强了概念的介绍和用例，因为这些概念是所有数值方法的基本原则；强调介绍算法的过程“自封闭性”，即完整地介绍算法实现过程的每一个环节，例如求解非线性方程（组）迭代法的初始值的选取及所需迭代次数的估计等，在求解线性代数方程组时，讨论如何应对坏条件方程组等；此外，考虑到时代特征，现有很多的软件包可进行符号计算及科学计算，所以一些冗长乏味的公式推导已不再重要，一些算法实现过程的细节，如 Gauss 消元法，也不需要详细地介绍；将介绍的重点放在数值方法的概念、算法的思想和实现过程的参数获取上。

本教材的主要内容包括：数值计算基础（第 1 章）、解非线性方程的数值方法（第 2 章）、解线性方程组的直接方法（第 3 章）、多项式逼近和插值法（第 4 章）、逼近理论与最小二乘法（第 5 章）、解线性方程组的迭代法（第 6

章）、数值微分与数值积分（第 7 章）、解非线性方程组的数值方法（第 8 章）、矩阵特征值与特征向量的近似计算（第 9 章）、常微分方程数值解法（第 10 章）、Matlab 与科学计算（第 11 章）。为了便于读者们系统复习，我们还在教材的最后部分给出了一定量的综合练习题，这些练习题是我们多年教学过程中用于检验读者学习状况的考题集锦。

下面的流程图说明了学习各章之间的关系，便于读者根据具体需求（时间）合理安排学习次序。本书配套有课件及部分习题参考答案供采用本书作为教材的学校使用，如有需要，可发邮件至 cipedu@163.com 索取。

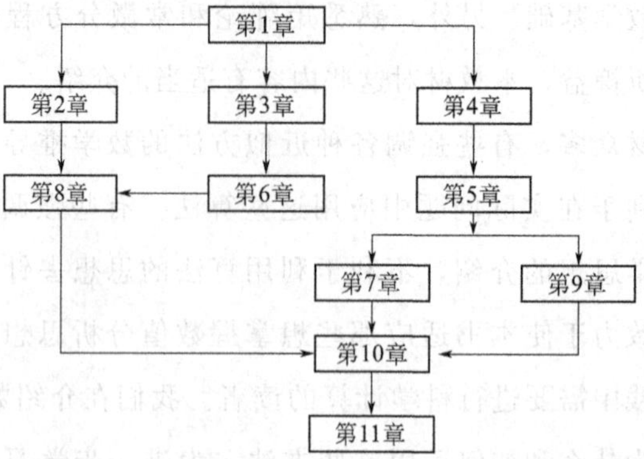

本书的第 1、4、5、9 章由刘国庆撰写，第 2、6、8 章由王天荆撰写，第 3 章由刘国庆与王天荆共同撰写，第 7 章和第 10 章由石玮撰写，第 11 章由程浩撰写。最后，所有章节的统稿和修改由刘国庆完成。

我们还希望本书对于那些希望运用数值方法解决实际问题的科技工作者有所帮助。但受限于我们的能力和水平，书中难免会存在不足之处，恳请广大读者不吝赐教。

编著者

2020.7

目 录

第1章 数值计算基础

1.1 数值方法

自然科学、工程技术、经济和医学等领域中产生的许多实际问题都可用数学语言描述为数学问题，或者说由实际问题建立数学模型。然而，许多数学问题我们得不到它的准确解，从而需要寻找问题解的近似值的数值方法。更确切地说，一个数值方法是对给定问题的输入数据和所需计算结果之间的关系的一种明确的描述。

数值计算方法也称计算方法或数值分析，它是研究运用计算机解数学问题的数值方法及其相关理论。为了使一个数值方法在计算机上得到实现，我们需要给出数值方法的一种算法，它是描述以特定的次序执行的一系列有限步骤的方法。算法的目的是执行对问题求解或近似求解的程序。

建立一个数值方法（算法）的基本原则应该是：

① 便于在计算机上实现；

② 计算工作量尽可能小；

③ 存储量尽可能小；

④ 问题的解与其近似解的误差小。

实现数值方法的是算法：它是算术和逻辑运算的完整描述，按一定顺序执行这些运算，经有限步把输入数据的每一个容许集转换成输出数据。可以用伪代码来描述算法。伪码指定了要提供的输入形式和期望的输出形式。

【例 1.1】 $f(x)=\ln x$ 在 $x_0=1$ 展开的 N 阶 Taylor 多项式是

$$P_N(x)=\sum_{i=1}^{N}\frac{(-1)^{i+1}}{i}(x-1)^i$$

精确到小数点后 6 位的 ln1.5 的值是 0.405 465。假设要计算使得

$$|\ln 1.5-P_N(1.5)|<10^{-5}$$

成立的 N 的最小值（不使用 Taylor 余项）。

解：由微积分的知识可知如果 $\sum_{n=1}^{\infty}a_n$ 是一个以 A 为极限且每项的绝对值递减的交错级数，则 A 与前 N 项的部分和 $A_N=\sum_{n=1}^{N}a_n$ 之差的绝对值不超过第（$N+1$）项的绝对值，即

$$|A-A_N|\leqslant|a_{N+1}|$$

下面的算法使用这个界。以下是伪程序。

输入：值 x，精度要求 TOL，最大迭代次数 M。

输出：多项式的次数 N 或失败的信息。

```
Step 1 set N=1;
y=x−1;
SUM=0;
POWER=y; TERM=y;
SIGN=−1.（用于实现符号交替）
Step 2 while  N≤M  do Step 3～5.
Step 3 set SIGN=−SIGN;（轮换符号）
                    SUM=SUM+SIGN·TERM;（累加项）
                    POWER=POWER·y;
                    TERM=POWER/(N+1).（计算下一项）
Step 4 if  |TERM|<TOL  then（检验精度）
                    OUTPUT (N);
                    STOP.（算法成功）
Step 5   set N=N+1.（准备下一次迭代）
Step 6 output （'算法失败'）;（算法失败）
              STOP.
```

这个问题的输入是 $x=1.5$，$TOL=10^{-5}$，$M=15$。这里 M 的取值提供了这种计算次数的一个上界。这个上界可以通过以下不等式估算。

$$\frac{(1.5-1)^M}{M+1}<10^{-5}$$

人们感兴趣的是选择对问题产生具有可靠精度结果的方法。在可能的情况下，我们选择算法的准则是初始数据的微小变化产生的最终结果的误差也相应较小。满足这个性质的算法称为稳定的；否则称为不稳定的。有些算法仅对某些初始数据的选取是稳定的，这样的算法称为条件稳定的。

为了考虑舍入误差的增长问题以及它们与算法稳定性的联系，假设在计算的某个阶段引入了大小为 $E_0>0$ 的误差，并假设在以后的 n 步运算之后误差的大小记为 E_n，在实际计算时常出现以下两种情形。

定义 1　假设 $E_0>0$ 表示初始误差，E_n 表示在 n 步运算之后的误差。如果 $E_n \approx CnE_0$（这里 C 是一个不依赖于 n 的常数），则误差的增长称为线性的。如果 $E_n \approx C^n E_0$（这里 $C>1$），则误差的增长称为指数的。

误差的线性增长通常是不可避免的。但误差的指数增长应该避免，因为这会导致精确性的极大丧失。因此，误差呈现线性增长的**算法是稳定的**，而误差呈现指数增长的**算法是不稳定的**。

【例 1.2】 计算如下积分。

$$I_n=\int_0^1 \frac{x^n}{x+5}\mathrm{d}x \quad (n=0,1,2,\cdots)$$

解：递推公式 $$I_n=\frac{1}{n}-5I_{n-1}\quad (n=1,2,\cdots)$$

根据这个递推公式，理论上可以计算任意的 I_n，但这是数值不稳定的算法。事实上，我们不难得到误差公式：

$$E_n=(-5)E_{n-1}=\cdots=(-5)^nE_0$$

可以看出误差是逐渐放大的，这样做的结果就是数值结果与真实结果相去甚远。

1.2 误差分类

科学计算离不开误差。所谓的科学问题是将一个实际问题通过数学建模的方式转化为数学问题，科学计算通常是对已建立的数学问题进行计算。众所周知，在数学建模过程中需要引入很多的假设，由于假设与实际问题的差异导致所建立的模型不能很好地反映实际问题，这种误差我们称之为模型误差。因本书的重点是考虑数值计算，所以我们不讨论模型误差，而是将重点放在数值计算过程中可能遇到的各种误差上。在数值计算过程中会出现以下误差类型。

(1) 数据误差

进行数值计算时使用的数据往往是近似的，例如$\sqrt{3}$，我们只能取有限小数，比如取$\sqrt{3}\approx1.7321$，这种由于有限表达而产生的误差被称为数据误差。数值计算过程中用到的数据有的可能是从实验或观测得到的，由于观测手段的限制，得到的观测数据也必会有一定的误差，这种数据误差又称为观测误差。而观测误差又分为系统误差和随机误差。观测的系统误差往往来源于观测设备，比如在用雷达进行观测时，需要给出雷达天线的初始方位，一般我们默认是从正北方向开始，顺时针扫描。由于常年使用，雷达天线的初始方位与正北方向有偏差，从而造成所有的观测数据的不准确，这种误差称为系统误差。解决的方案是在观测之前，需要对传感器进行校正，避免这种系统偏差。另外一种观测的误差是随机误差，即由观测过程中众多不确定的因素引入，如天气、观测者的心情等，这种误差的刻画往往需要引入相应的随机变量，所以被称为随机误差。

(2) 截断误差

在数值计算时，往往需要首先对非线性函数进行 Taylor 展开，再截取有限项进行计算，从而产生误差，这种误差被称为截断误差，例如计算 $\tan x$ 时，在 x 很小时，我们采用如下近似公式：

$$\tan x\approx x+\frac{x^3}{3}+\frac{2x^5}{15}$$

这样得到的 $\tan x$ 的值就是近似的，它与 $\tan x$ 的精确值之间的差就是截断误差。

(3) 离散化误差

在数值计算过程中，我们往往需要使用一个近似的公式来表达一个数学运算，比如微分或积分等，这时数学运算和近似运算之间的差就是离散化误差。例如，根据物理学定义，瞬时速度是位移函数关于时间的导数，即 $s=s(t)$，速度 $v=\frac{\mathrm{d}s}{\mathrm{d}t}$。在实际问题中，位移比较容易观测，例如，观测到一辆汽车在不同时刻的位移，见表 1.1（时间单位是 s，距离单位是 m）。

表 1.1 一辆汽车在不同时刻的位移

时间/s	0	3	5
距离/m	0	225	383

为了估计汽车的速度，需要拟合位移关于时间的函数，但这样做有一定的复杂度。比较简单的做法是，利用如下近似公式计算：

$$v=\frac{\mathrm{d}s}{\mathrm{d}t}\approx\frac{225-0}{3-0}$$

这种误差称为离散化误差，它是由于将连续型表达式离散化而产生的。

(4) 数值计算过程中的误差

由于计算机的字长有限，在进行数值计算过程中需要不断地将计算得到的中间结果利用“四舍五入”或其他规则取近似值，因而使计算过程有误差。

1.3 绝对误差和相对误差

我们有两种衡量误差大小的方法：一是绝对误差；二是相对误差。

假设某一个量的准确值（真值）为 x，其近似值为 $\bar{x}$，则 x 与 $\bar{x}$ 的差

$$e_{\bar{x}}=x-\bar{x} \tag{1.1}$$

称为近似值 $\bar{x}$ 的绝对误差（或简称为误差）。式(1.1) 也可改写为

$$x=\bar{x}+e_{\bar{x}}$$

在实际问题中，我们往往只知道近似值 $\bar{x}$，而不知道准确值 x。不过对绝对误差的取值范围进行估计是必要的，也是可能的。这里是指存在一个正数 σ，使得

$$|e_{\bar{x}}|=|x-\bar{x}|\leqslant\sigma$$

我们称 σ 为近似值 $\bar{x}$ 的一个绝对误差界。例如，$\pi=3.141\,592\,6\cdots$，若取 $\bar{\pi}=3.14$，则

$$|\pi-\bar{\pi}|<0.002$$

显然，这里定义的绝对误差界并不唯一。不过，由于绝对误差界是对近似值精确程度的一种度量，因此得到的绝对误差界越小越好。

绝对误差有时不能刻画近似数的精确程度，例如一个人的身高为 $x=175\text{cm}$，测量值为 $\bar{x}=150\text{cm}$，误差为 $e_{\bar{x}}=25\text{cm}$；而地球到月球之间的平均距离为 $y=384\,000\text{km}$，若测量值为 $\bar{y}=384\,001\text{km}$，则 $e_{\bar{y}}=-1\text{km}$。从表面上看，后者的绝对误差是前者的 4000 倍。但不难发现，前者的影响更大。事实上，前者单位长度产生了 0.142 9 个单位的误差，而后者单位长度产生了 $2.604\,2\times10^{-6}$ 个单位的误差。因此，要决定一个量的近似值的精确程度，往往需要考虑误差的相对程度，我们定义

$$r_{\bar{x}}=\frac{x-\bar{x}}{x}$$

为 $\bar{x}$ 的相对误差。因为一个量的准确值往往未知，因此常常将 $\bar{x}$ 的相对误差的定义改为

$$r_{\bar{x}}=\frac{x-\bar{x}}{\bar{x}}$$

因为绝对误差往往无法获得，我们同样无法计算相对误差。取而代之的是估计相对误差的大小范围，即对于一个给定的正数 δ，使得

$$|r_{\bar{x}}|\leqslant\delta$$

我们称 δ 为 $\bar{x}$ 的一个相对误差界。

1.4 舍入误差和有效数字

在传统的数学领域，一个实数的表示是无限的。此领域中所使用的算术将$\sqrt{3}$定义为唯一的正数，当和自身相乘时产生整数 3。可是，在计算领域每一个可表示的数仅有固定的、有限的位数。这意味着仅是有理数，甚至并非所有的有理数，可被准确地表示出来。而$\sqrt{3}$不是有理数，所以它用近似表示式来表示。这个近似表示式的平方虽然在大多数情况下可能在可接受程度内接近 3，但不是准确地为 3。在多数情况下，这种机器算术是满意的，且在使用中并不为人注意即可获得通过，但有时由于这种差异的存在会有问题出现。

舍入误差是计算器或计算机进行实数计算时所产生的。之所以产生舍入误差是因为机器中进行的算术运算所涉及的数是有限位的，从而导致计算只能用实际数值的近似表示式来完成。在典型的计算机中，仅实数系统的一个相对小的子集用于表示所有的实数。这个子集仅包含了正/负有理数，且存储了小数部分和指数部分。

1985 年，IEEE（Institute for Electrical and Electronic Engineers，电气和电子工程师学会）出版了名为《二进制浮点运算标准》的报告。标准中规定了单精度、双精度和扩展精度的格式，使用浮点硬件的微机生产商一般都遵循这些标准。例如，PC 机的数值协处理器对实数实行了 64 位（二进制数字）表示，这种表示称为长实数。第一位是符号指示位，记为 s。紧接着是称为指数（characteristic）的 11 位的指数部分 c 以及称为尾数的 52 位的二进制小数部分 f。这里指数的基是 2。

因为 52 位的二进制数字对应于 16～17 位的十进制数字，所以可以假定在这个系统中所代表的数字至少具有 16 位十进制数的精度。11 位二进制数字所表示的指数部分给出 0～2047(即 $2^{11}-1$) 的范围。可是指数部分仅使用正整数可能不足以用来表示绝对值较小的数。为了保证绝对值较小的数能够同样地表示出来，从指数部分减去 1023，这样指数部分的范围实际上是－1023～1024。

为了节省存储空间并对每一个浮点数提供唯一的表示，规格化是必须的。使用这个系统给出了下面形式的浮点数：

$$(-1)^s 2^{c-1023}(1+f)$$

但人们习惯于十进制表达方式，为了方便人们理解数值计算过程中的舍入误差等。我们假设机器数以规格化的十进制浮点形式表示为：

$$\pm 0.d_1 d_2 \cdots d_k \times 10^n,\ 1 \leqslant d_1 \leqslant 9,\ 0 \leqslant d_i \leqslant 9\ (i=2,3,\cdots,k)$$

这种形式的数称作 k 位十进制机器数。在机器取值范围内的任何正实数可以规格化表示为：

$$x=0.d_1 d_2 \cdots d_k d_{k+1} \cdots \times 10^n$$

x 的具有 k 位有效数字的浮点形式近似表达有两种方式：

① 截断法，即简单地截去数字$d_{k+1}d_{k+2}\cdots$而得到

$$\bar{x}=0.d_1 d_2 \cdots d_k \times 10^n$$

② 舍入法，它是先加 $5\times 10^{n-(k+1)}$ 到 x，然后截去结果，得到如下形式的数：

$$\bar{x}=0.\delta_1 \delta_2 \cdots \delta_k \times 10^n$$

所以，当舍入时，若$d_{k+1}\geqslant 5$，将d_k 加 1 得到 $\bar{x}$，即向上舍入。当$d_{k+1}<5$时，仅需保

留前面的 k 位而截去其他位，即向下舍去。如果进行向下舍去，则$\delta_i=d_i$（$i=1,2,\cdots,k$）。但如果进行向上舍入，则数字可能有变化。

不难发现，在采用舍入法时，有

$$|x-\bar{x}|\leqslant\frac{1}{2}\times10^{(n-k)}$$

而采用截断法时，有

$$|x-\bar{x}|\leqslant10^{(n-k)}$$

假定有一个近似数：

$$\bar{x}=\pm0.\ d_1\ d_2\cdots d_k\times10^n$$

其中d_i（$i=1,2,\cdots,k$）是 $0,1,\cdots,9$ 的一个数，且$d_1\neq0$，则称 $\bar{x}$ 具有 k 位有效数字。

1.5 数据误差在算术运算中的传播

设 $\bar{x}$，$\bar{y}$ 分别为数据 x，y 的近似值，即

$$x=\bar{x}+e_{\bar{x}}$$

$$y=\bar{y}+e_{\bar{y}}$$

其中 $e_{\bar{x}}$，$e_{\bar{y}}$ 分别是 $\bar{x}$，$\bar{y}$ 的绝对误差。我们来考察用 $\bar{x}$ 和 $\bar{y}$ 分别代替 x 和 y 时计算函数值

$$z=f(x,y)$$

产生的误差，即 $\bar{z}=f(\bar{x},\bar{y})$ 的误差。假定绝对误差 $e_{\bar{x}}$ 和 $e_{\bar{y}}$ 的绝对值都很小，且函数 $f(x,y)$ 可微。利用 Taylor 展开式，$\bar{z}$ 的误差

$$e_{\bar{z}}=z-\bar{z}=f(x,y)-f(\bar{x},\bar{y})$$

可近似表示为

$$e_{\bar{z}}\approx\left(\frac{\partial f}{\partial x}\right)_{(\bar{x},\bar{y})}e_{\bar{x}}+\left(\frac{\partial f}{\partial y}\right)_{(\bar{x},\bar{y})}e_{\bar{y}} \tag{1.2}$$

由式(1.2) 不难发现，$\bar{z}$ 的误差依赖于$\left(\frac{\partial f}{\partial x}\right)_{(\bar{x},\bar{y})}$，$\left(\frac{\partial f}{\partial y}\right)_{(\bar{x},\bar{y})}$ 以及数据的误差 $e_{\bar{x}}$，$e_{\bar{y}}$。

另外，由式(1.2) 不难得到，$\bar{z}$ 的相对误差满足

$$\begin{aligned} r_{\bar{z}}&=\frac{e_{\bar{z}}}{\bar{z}}=\frac{\bar{x}}{\bar{z}}\left(\frac{\partial f}{\partial x}\right)_{(\bar{x},\bar{y})}\frac{e_{\bar{x}}}{\bar{x}}+\frac{\bar{y}}{\bar{z}}\left(\frac{\partial f}{\partial y}\right)_{(\bar{x},\bar{y})}\frac{e_{\bar{y}}}{\bar{y}} \\ &=\frac{\bar{x}}{\bar{z}}\left(\frac{\partial f}{\partial x}\right)_{(\bar{x},\bar{y})}r_{\bar{x}}+\frac{\bar{y}}{\bar{z}}\left(\frac{\partial f}{\partial y}\right)_{(\bar{x},\bar{y})}r_{\bar{y}} \end{aligned} \tag{1.3}$$

从式(1.2) 容易得到，在进行算术运算（加、减、乘、除）时，数据误差和计算结果产生的误差之间有下面的关系：

① $f(x,y)=x\pm y$：

$$e_{\bar{x}\pm\bar{y}}=e_{\bar{x}}\pm e_{\bar{y}} \tag{1.4}$$

② $f(x,y)=xy$：

$$e_{\bar{x}\bar{y}}=\bar{y}e_{\bar{x}}+\bar{x}e_{\bar{y}} \tag{1.5}$$

③ $f(x,y)=\dfrac{x}{y}$：

$$e_{\frac{\bar{x}}{\bar{y}}}=\frac{\bar{y}e_{\bar{x}}-\bar{x}e_{\bar{y}}}{\bar{y}^2} \tag{1.6}$$

从式(1.3)，容易得到关系式

① $f(x,y)=x\pm y$：

$$r_{\bar{x}\pm\bar{y}}=\frac{\bar{x}}{\bar{x}\pm\bar{y}}r_{\bar{x}}\pm\frac{\bar{y}}{\bar{x}\pm\bar{y}}e_{\bar{y}} \tag{1.7}$$

② $f(x,y)=xy$：

$$r_{\bar{x}\bar{y}}=r_{\bar{x}}+r_{\bar{y}} \tag{1.8}$$

③ $f(x,y)=\frac{x}{y}$：

$$r_{\frac{\bar{x}}{\bar{y}}}=r_{\bar{x}}-r_{\bar{y}} \tag{1.9}$$

根据上述算术运算的误差分析结果，在算法设计过程中，我们应注意以下几点。

① 克服相减相消。当两个几乎相等的同号数相减时，精度的损失称为相减相消。为了讨论两个彼此相近的数相减对误差的影响，我们看下面的例子：

$$x=0.372\,147\,869\,3$$

$$y=0.372\,023\,057\,2$$

$$x-y=0.000\,124\,812\,1$$

如果这个计算在有 5 位小数的十进制计算机上被执行，我们会看到

$$\bar{x}=0.372\,15$$

$$\bar{y}=0.372\,02$$

$$\bar{x}-\bar{y}=0.000\,13$$

因而相对误差比较大

$$\left|\frac{x-y-(\bar{x}-\bar{y})}{x-y}\right|=\left|\frac{0.000\,124\,812\,1-0.000\,13}{0.000\,124\,812\,1}\right|\approx 4\%$$

【例 1.3】 求一元二次方程 $ax^2+bx+c=0$ $(a\neq 0)$ 根的公式为：

$$x_1=\frac{-b+\sqrt{b^2-4ac}}{2a} \text{ 和 } x_2=\frac{-b-\sqrt{b^2-4ac}}{2a}$$

利用 4 位四舍五入算法，求 $x^2+62.10x+1=0$ 的根。

解：这里 $a=1$，$b=62.10$，$c=1$。如果采用精确计算，不难得到

$$x_1=-0.016\,107\,23,\quad x_2=-62.083\,90$$

由于 b^2 比 $4ac$ 要大得多，因而计算 x_1 的公式中的分子涉及两个近乎相等的数相减。因为

$$\sqrt{b^2-4ac}=\sqrt{62.10^2-(4.000)\times(1.000)\times(1.000)}=\sqrt{3856-4.000}=62.06$$

因此

$$\bar{x}_1=\frac{-62.10+62.06}{2.000}=-0.020\,00$$

这是 $x_1=-0.016\,107\,23$ 的一个不好的近似值，具有较大的相对误差：

$$\frac{|-0.016\,107\,23+0.020\,00|}{|-0.016\,107\,23|}\approx 24\%$$

另一方面，对 x_2 的计算如下：

$$\bar{x}_2=\frac{-62.10-62.06}{2.000}=-62.08$$

其相对误差

$$\frac{|-62.08+62.10|}{|-62.08|}\approx 0.032\%$$

相对误差较小。

为了得到 x_1 的更准确的 4 位舍入近似值，通过分子有理化将根的公式转化为

$$x_1=\frac{-2c}{b+\sqrt{b^2-4ac}}$$

由此得

$$\bar{x}_1=\frac{-2.000}{62.10+62.06}=-0.016\,108\,247\,422\,6$$

这时可得到较小的相对误差 0.006 3%。

一个有趣的问题是：当 x 接近于 y 时，在减法 $x-y$ 中确切地丢失了多少位有效的二进制位？显然，准确答案要依赖于 x 和 y 的准确值。然而，我们可以根据 $\left|1-\frac{y}{x}\right|$ 获得界，量 $\left|1-\frac{y}{x}\right|$ 是 x 与 y 接近程度的一种方便的估计。下面的例子包含有用的上下界。

【例 1.4】 若 x 和 y 是正的规格化浮点二进制机器数，使得 $x>y$，且

$$2^{-q}\leqslant 1-\frac{y}{x}\leqslant 2^{-p}$$

则在减法 $x-y$ 中丢失至多 q 个，至少 p 个有效的二进制位。

证明：为了简化，这里我们只证明下界，把上界留给读者。x 和 y 的规格化二进制浮点形式是

$$x=r\times 2^n,\ \frac{1}{2}\leqslant r<1$$

$$y=s\times 2^m,\ \frac{1}{2}\leqslant s<1$$

因为 $x>y$，所以在执行 $x-y$ 之前，计算机必须对 y 移位以便它们有相同的指数，即

$$y=(s\times 2^{m-n})\times 2^n$$

于是我们有

$$x-y=(r-s\times 2^{m-n})\times 2^n$$

这个数的尾数满足

$$r-s\times 2^{m-n}=r\left(1-\frac{s\times 2^m}{r\times 2^n}\right)=r\left(1-\frac{y}{x}\right)<2^{-p}$$

为使 $x-y$ 的计算机表示规格化，至少需要向左移动 p 位，这意味着至少丢失了 p 个二进制的精度。

许多计算都利用双精度来避免或改善有效位的丢失。在这种计算模式中，每个实数都被分配两个存储字，这至少使尾数位数加倍。计算中的某些极其重要部分用双精度来执行，而其余部分用单精度来执行，这比整个问题都用双精度来执行要经济些。

【例 1.5】 函数求值的精度。在计算函数值的过程中可能会出现极端的有效位丢失现象。这种情况通常在对非常大的自变量求某些函数值的过程中出现。我们用余弦函数来说明，此函数具备周期性。

$$\cos(x+2n\pi)=\cos x\quad (n\ 是整数)$$

利用这个性质，通过求区间 $[0,2\pi]$ 内的约化自变量的值来实现求任意自变量的 $\cos x$ 值。

计算机的程序就是这样进行计算的。例如通过找出约化自变量的值

$$y=33\,278.21-5296\times 2\pi=2.46$$

来求 cos33278.21 的值，这里仅保留 2 位十进制小数，因为在初始自变量中只出现 2 位小数，尽管初始数据有 7 位有效数字，但这个约化自变量只有 3 位有效数字，那么余弦最多有 3 位有效数字。人们不应该被程序输出的精度所欺骗。若自变量 y 具有 3 位有效数字，则值 $\cos y$ 不会有多于 3 位的有效数字，即使它可能被显示为

$$\cos 2.46=-0.776\,570\,283\,5$$

② 大数吃小数在工程中是需要避免的。

【例 1.6】 设 $a=123\,456$，$b=2.189$，理论上 $a+b=123\,458.189$。如果浮点数的精度只有 6 位有效数字，那么得到的不是 123 458.189，而是 123 458。这时，若计算 $a+b-c$，其中 $c=123\,458$，不难得到 $a+b-c=0$。但事实是 $a+b-c=0.189$。为了避免这种现象发生，我们需要重新安排计算次序如下：

$$a+b-c=(a-c)+b=(123\,456-123\,458)+2.189=0.189$$

③ 数值计算过程中，免不了要做除法，但做除法时，我们要尽可能避免很小的数做分母。

【例 1.7】 用 Gauss 消去法求解方程组

$$\begin{bmatrix}16 & -9 & 1\\ -2 & 1.127 & 8\\ 4 & 3 & 1\end{bmatrix}\begin{bmatrix}x_1\\ x_2\\ x_3\end{bmatrix}=\begin{bmatrix}38\\ -12.873\\ 14\end{bmatrix}$$

用断位的五位十进制数计算。

解：

$$\begin{bmatrix}16 & -9 & 1 & 38\\ -2 & 1.127 & 8 & -12.873\\ 4 & 3 & 1 & 14\end{bmatrix}\xrightarrow[r_3-l_{31}r_1]{r_2-l_{21}r_1}\begin{bmatrix}16 & -9 & 1 & 38\\ 0 & 0.002 & 8.125 & -8.123\\ 0 & 5.25 & 0.75 & 4.5\end{bmatrix}$$

$$\xrightarrow{r_3-l_{32}r_2}\begin{bmatrix}16 & -9 & 1 & 38\\ 0 & 0.002 & 8.125 & -8.123\\ 0 & 0 & -21\,327 & 21\,326\end{bmatrix}$$

式中，$l_{21}=\dfrac{-2}{16}=-0.125$，$l_{31}=\dfrac{4}{16}=0.25$，$l_{32}=\dfrac{5.25}{0.002}=2625$

等价方程组为

$$\begin{bmatrix}16 & -9 & 1\\ 0 & 0.002 & 8.125\\ 0 & 0 & -21\,327\end{bmatrix}\begin{bmatrix}\tilde{x}_1\\ \tilde{x}_2\\ \tilde{x}_3\end{bmatrix}=\begin{bmatrix}38\\ -8.123\\ 21\,326\end{bmatrix}$$

由此解出：

$$\tilde{x}_3=-0.999\,95,\ \tilde{x}_2=0.750\,00,\ \tilde{x}_1=2.859\,3$$

而方程组的精确解为

$$x_3=-1,\ x_2=1,\ x_1=3$$

显然，数值解的误差很大，其原因就是在计算 l_{32} 时很小的数做分母。为了避免这种情形，在 Gauss 消去的过程中，我们做适当调整，即

$$\begin{bmatrix}16 & -9 & 1 & 38\\ -2 & 1.127 & 8 & -12.873\\ 4 & 3 & 1 & 14\end{bmatrix}\xrightarrow[r_3-l_{31}r_1]{r_2-l_{21}r_1}\begin{bmatrix}16 & -9 & 1 & 38\\ 0 & 0.002 & 8.125 & -8.123\\ 0 & 5.25 & 0.75 & 4.5\end{bmatrix}$$

$$\xrightarrow{r_3\leftrightarrow r_2}\begin{bmatrix}16 & -9 & 1 & 38\\ 0 & 5.25 & 0.75 & 4.5\\ 0 & 0.002 & 8.125 & -8.123\end{bmatrix}\xrightarrow{r_3-l_{32}r_2}\begin{bmatrix}16 & -9 & 1 & 38\\ 0 & 5.25 & 0.75 & 4.5\\ 0 & 0 & 8.1247 & -8.1247\end{bmatrix}$$

这时，不难得到数值解为

$$\tilde{x}_3=-1，\tilde{x}_2=1，\tilde{x}_1=3$$

显然，数值解是精确的。

1.6 误差的影响

作为误差分析内容的总结，我们介绍一个例子说明误差对计算结果的影响。

【例 1.8】 化学课程中的理想气体定律：$pV=NRT$。

这个方程表示了“理想”气体的压力 p、体积 V、温度 T 和气体的摩尔数 N 之间的关系，其中 R 是一个依赖于测量系统的常量。

假定为了验证这个定律做了两个实验，在实验中使用同样的气体。在第一个实验中：

$$p=1.00\text{atm}，\quad V=0.100\ \text{m}^3$$
$$N=0.00420\text{mol}，\quad R=0.08206$$

根据理想气体定律，气体的温度为

$$T=\frac{pV}{NR}=\frac{1.00\times 0.100}{0.00420\times 0.08206}\text{K}=290.15\text{K}=17℃$$

当人们测量气体温度时发现真正的温度却是 15℃。使用同样的 R 值和 N 值，重复这个实验，但是将压力增加到 2 倍，同时将体积减小到$\frac{1}{2}$倍。因为乘积 pV 不变，所以根据上面的公式计算出的温度仍是 17℃，但是实际测量的温度现在是 19℃。

显然，实验的结果似乎颠覆了理想气体定律。不过在得出理想气体定律在这种情况下不适用的结论之前，应该检查一下数据，看一看实验结果是否由于误差造成的。如果是由于误差造成的，或许能决定实验结果需要精确到何种程度才能保证这个幅度的误差不再发生。

解：假设数据是精确到给定位置的舍入值。

$$\tilde{T}=\frac{pV}{NR}=\frac{1.004\times 0.1004}{0.004195\times 0.082055}\text{K}=292.84\text{K}=19.69℃$$

该结果表明实测温度 19℃是可能的。

1.7 算法的衡量指标

衡量算法性能的一个重要指标是计算复杂性，它包括时间复杂性和空间复杂性两个方面。

① 时间复杂性。由于在浮点计算过程中，两个数的加减法计算所需的 CPU 时间远小于这两个数的乘除法，因此通常情况下，在讨论时间复杂性时我们指的是乘除法的计算量，即算法实现过程中总的乘除法次数。

② 空间复杂性。它是指算法实现过程中涉及的内存总量。

通常，算法的时间复杂性分成两类：多项式时间（Polynomial time）和非多项式时间（Non-polynomial time）。

Polynomial time：算法实现过程中，总乘除法次数可以表示为 N^k，其中 N 表示算法所涉及的变量数，k 是一个确定的正整数。

Non-polynomial time（NP-hard）：即算法在实现过程中无法用 N^k 来表示总的乘除法次数，通常总的乘除法工作量具有形式 $e^{\alpha N}$，这里 N 表示算法所涉及的变量数，α 为大于零的常数。这样的算法被称为 NP-hard。

考虑到算法的计算复杂性，算法设计过程中需要考虑的是尽量减少运算次数。

【例 1.9】 n 阶行列式的计算。

解：设

$$A=\begin{vmatrix} a_{11} & a_{12} & a_{13} & \cdots & a_{1n} \\ a_{21} & a_{22} & a_{23} & \cdots & a_{2n} \\ a_{31} & a_{32} & a_{33} & \cdots & a_{3n} \\ \vdots & \vdots & \vdots & \vdots & \vdots \\ a_{n1} & a_{n2} & a_{n3} & \cdots & a_{nn} \end{vmatrix}$$

线性代数中行列式计算通常是按递推的方式给出的，即

$$A=\sum_{j=1}^{n} a_{1j}A_{1j}$$

式中，A_{1j} 表示行列式 A 的 a_{1j} 元素所对应的代数余子式。由线性代数知识知，余子式 A_{1j} 是一个 $n-1$ 阶的行列式。即一个 n 阶行列式可以由 n 个 $n-1$ 阶的行列式表示，而一个 $n-1$ 阶的行列式可以由 $n-1$ 个 $n-2$ 阶的行列式表示。以此递推，一个 3 阶的行列式可以由 3 个二阶的行列式表示。而我们知道，一个二阶行列式可以通过两次乘法和一次减法得到其值。故一个 n 阶行列式的值可以通过 $n!$ 次乘法来计算。

这里我们需要清楚，上述计算行列式的方法只有理论价值。实际问题的计算一般并不采用。事实上，让我们看看它的计算量到底多大。设 $n=100$，不难证明 $100!>10^{90}$。显然，以这样的计算复杂性，现有的计算机在地球毁灭之前是算不出来的。采用上述算法计算行列式的值是 NP-hard。

【例 1.10】 比较计算 ln2 数值的两种算法，要求精确到10^{-5}。

$$\ln(1+x)=\sum_{n=1}^{\infty}(-1)^{n+1}\frac{x^n}{n}$$

要精确到10^{-5}，就要计算 100 000 项，此算法的效率太低，而且误差累加。考虑另一种方法：

$$\ln\frac{1+x}{1-x}=2\left(x+\frac{x^3}{3}+\frac{x^5}{5}+\cdots+\frac{x^{2n+1}}{2n+1}+\cdots\right)$$

取 $x=1/3$，得

$$\ln2=2\times\left[\frac{1}{3}+\frac{\left(\frac{1}{3}\right)^3}{3}+\frac{\left(\frac{1}{3}\right)^5}{5}+\cdots+\frac{\left(\frac{1}{3}\right)^{2n+1}}{2n+1}+\cdots\right]$$

要精确到10^{-5}，只要计算前 4 项即可，因为

$$\sum_{n=5}^{\infty}\frac{\left(\frac{1}{3}\right)^{2n+1}}{2n+1}<\frac{\left(\frac{1}{3}\right)^{2\times5+1}}{2\times5+1}\sum_{n=1}^{\infty}\left(\frac{1}{3}\right)^{2n}=\frac{1}{177147}<10^{-5}$$

该例子说明选择合适的算法对科学计算的重要性。

1.8 算法的稳定性

本节我们介绍一个在数值分析中经常出现的话题：稳定的数值计算过程和不稳定的数值计算过程之间的区别，以及与之密切相关的概念——良态问题和病态问题。

1.8.1 数值不稳定

通俗地讲，若一个数值计算过程中某个阶段所产生的小误差在随后阶段被放大从而严重降低了全部计算的精确度，则我们说这个数值计算过程是不稳定的。

下面的例子有助于理解这个概念。考虑由

$$\begin{cases} x_0=1, x_1=\frac{1}{3} \\ x_{n+1}=\frac{13}{3}x_n-\frac{4}{3}x_{n-1} \end{cases}$$

归纳定义的实数序列，容易看出这个实数序列是

$$x_n=\left(\frac{1}{3}\right)^n$$

下面是在计算机上用归纳定义的计算结果：

$x_0=1.000\,000\,0$（7 位有效数字）

$x_1=0.333\,333\,3$（7 位有效数字）

$x_2=0.111\,111\,2$（正确到 6 位有效数字）

$x_3=0.037\,037\,3$（正确到 5 位有效数字）

$x_4=0.012\,346\,6$（正确到 4 位有效数字）

$x_5=0.004\,118\,7$（正确到 3 位有效数字）

$x_6=0.001\,385\,7$（正确到 2 位有效数字）

$x_7=0.000\,513\,1$（正确到 1 位有效数字）

$x_8=0.000\,375\,7$（正确到 0 位有效数字）

⋮

$x_{15}=3.657\,493$（不正确，相对误差为10^8）

所以该算法是不稳定的，x_n 中存在的任何误差在计算 x_{n+1} 时被乘以 13/3。因此，存在这样的可能性：x_1 的误差乘上因素$(13/3)^{14}$后传给 x_{15}。因为 x_1 的绝对误差约为10^{-8}，而$(13/3)^{14}$的值约为10^9，所以单独由 x_1 的误差引起的 x_{15} 的误差几乎有 10。事实上，在计算 x_2，x_3，…的每一个时，出现的额外舍入误差可能也都乘以各种形式的 $(13/3)^k$ 的因素后传给了 x_{15}。

1.8.2 数值运算的条件数

为了衡量一个问题的解对于输入数据中细微变化的相对敏感程度，这里我们引入条件数

的概念。如果数据的微小变化能引起解的大变化，这个问题称为病态的。对于某些类型的数值运算问题可定义“条件数”来度量问题的“病态”与否及其程度。若条件数较大，则问题就是病态的。条件数越大，病态程度越高。

首先，假设我们的问题只是简单地求函数 f 在点 x 处的值。若 x 被略微扰动，那么对 $f(x)$ 有什么影响？当这个问题涉及绝对误差时，在假设函数 $f(x)$ 可微的情况下，利用中值定理，得

$$f(x+h)-f(x)=f'(\xi)h\approx f'(x)h$$

因而，当$f'(x)$ 不是太大时，对 $f(x)$ 扰动的影响是微小的。然而，通常在这样的问题中重要的是相对误差。在用数量 h 对 x 扰动时，我们用$\frac{h}{x}$作为扰动的相对大小。同样地，当 $f(x)$ 被扰动到 $f(x+h)$ 时，扰动的相对大小是

$$\frac{f(x+h)-f(x)}{f(x)}\approx\frac{f'(x)h}{f(x)}=\left[\frac{xf'(x)}{f(x)}\right]\left(\frac{h}{x}\right)$$

因此，因子$\frac{xf'(x)}{f(x)}$可以充当这个问题的条件数。

【例 1.11】 反正弦函数赋值的条件数是多少？

解： 设 $f(x)=\arcsin x$，则

$$\frac{xf'(x)}{f(x)}=\frac{x}{\sqrt{1-x^2}\arcsin x}$$

对于 1 附近的 x，$\arcsin x\approx\frac{\pi}{2}$，并且当 x 趋于 1 时，由于这个条件数近似于$\frac{2x}{\pi\sqrt{1-x^2}}$，因此它趋于无穷大，所以 x 的微小相对变化可能导致在 $x=1$ 附近 $\arcsin x$ 出现较大的相对误差。

现在，我们考虑函数 f 的零点（或根）的计算问题。设 f 和 g 是定义在 r 的一个领域内的属于C^2 类的两个函数，其中 r 是 f 的一个根。

假定 r 是单根，所以 $f'(r)\neq 0$。当我们把函数 f 扰动到 $F\equiv f+\varepsilon g$，问新的根在哪里？如果记新的根为 $r+h$，我们将对 h 导出一个近似公式。显然，扰动 h 满足方程

$$F(r+h)=f(r+h)+\varepsilon g(r+h)=0$$

因为 f 和 g 属于C^2，我们可以用 Taylor 展开式表示 $F(r+h)$，得

$$\left[f(r)+hf'(r)+\frac{1}{2}h^2f''(\xi)\right]+\varepsilon\left[g(r)+hg'(r)+\frac{1}{2}h^2g''(\eta)\right]=0$$

一般认为 h 较小（虽然有时这种假设并不成立，但这并不影响我们的形式推导），所以丢弃h^2 项，且考虑到 $f(r)=0$，我们得到

$$h\approx-\varepsilon\frac{g(r)}{f'(r)+\varepsilon g'(r)}\approx-\varepsilon\frac{g(r)}{f'(r)}$$

【例 1.12】 我们考虑用 Wilkinson 给的经典例子来说明这种分析。设

$$f(x)=\prod_{k=1}^{20}(x-k),g(x)=x^{20}$$

显然，f 的根是整数 1，2，…，20。当 f 扰动到$f+\varepsilon g$ 时，根 $r=20$ 受到怎样的影响？

解： 根据前面推导的公式，我们有

$$h\approx-\varepsilon\frac{g(r)}{f'(r)}=-\varepsilon\times\frac{20^{20}}{19!}\approx-\varepsilon\times 10^9$$

因此，$f(x)$ 中 x^{20}的系数变化 ε 可能引起根 20 的扰动 $\varepsilon\times10^9$。所以说，这个多项式的根对系数的扰动非常敏感。

习 题 1

1. 完成下面的运算：(i) 精确计算；(ii) 使用 3 位截断法计算，并给出相对误差；(iii) 使用 3 位舍入法计算，给出相对误差。

(1) $\frac{4}{5}+\frac{1}{3}$ (2) $\frac{4}{5}\times\frac{1}{3}$

(3) $\left(\frac{1}{3}-\frac{3}{11}\right)+\frac{3}{20}$ (4) $\left(\frac{1}{3}+\frac{3}{11}\right)-\frac{3}{20}$

2. 使用 3 位舍入算法来完成下面的计算。利用至少五位的精确值计算绝对误差和相对误差。

(1) $133+0.921$ (2) $133-0.499$

(3) $(121-0.327)-119$ (4) $-10\pi+6\mathrm{e}-\frac{3}{62}$

3. 数 e 可以定义为 $\mathrm{e}=\sum_{n=0}^{\infty}\frac{1}{n!}$。计算下面近似代替 e 的绝对误差和相对误差。

(1) $\sum_{n=0}^{5}\frac{1}{n!}$ (2) $\sum_{n=0}^{10}\frac{1}{n!}$

4. 设 $f(x)=\frac{x\cos x-\sin x}{x-\sin x}$

(1) 使用 4 位舍入运算求 $f(0.1)$ 的值；

(2) 用三阶 Maclaurin 多项式代替每个三角函数，重新计算 $f(0.1)$，计算过程中使用 4 位舍入运算；

(3) 实际值 $f(0.1)=2.003\,335\,000$。计算 (1) 和 (2) 所得到的近似值的相对误差。

5. 假设两点 (x_0, y_0) 和 (x_1, y_1) 在一条直线上，且 $y_0\neq y_1$。下面的两个公式都可以用于计算直线的 x—截距：

$$x=\frac{x_0y_1-x_1y_0}{y_1-y_0}\text{和 } x=x_0-\frac{(x_1-x_0)y_0}{y_1-y_0}$$

(1) 证明上述两个公式是等价的；

(2) 使用数据 $(x_0, y_0)=(1.31, 3.24)$，$(x_1, y_1)=(1.93, 4.76)$ 和 3 位舍入运算，用两种方式计算 x—截距。哪种方法更好？为什么？

6. 设 $\bar{x}=23.312\,3$，$\bar{y}=23.312\,2$，且 $|e_{\bar{x}}|\leqslant\frac{1}{2}\times10^{-4}$，$|e_{\bar{y}}|\leqslant\frac{1}{2}\times10^{-4}$，问 $\bar{x}-\bar{y}$ 最多有几位有效数字。

7. 设序列 $\{y_n\}$ 满足递推关系式

$$y_n=y_{n-1}-\sqrt{2}, n=1,2,\cdots$$

其中 $y_0=1$。若取 $\sqrt{2}\approx1.414\,2$，则计算 y_{10} 会有多大误差？

8. 当 $x(>0)$ 很大时，如何计算：

(1) $\arctan(x+1)-\arctan(x)$ (2) $\ln(x-\sqrt{x^2-1})$

(3) $\dfrac{\sin x}{x-\sqrt{x^2-1}}$ (4) $\sqrt{x+1}-\sqrt{x}$

可使得误差较小。

9. 使用3位截断运算来计算累加和 $\sum_{i=1}^{10}\frac{1}{i^2}$，先用 $\frac{1}{1}+\frac{1}{4}+\cdots+\frac{1}{100}$，再用 $\frac{1}{100}+\frac{1}{81}+\cdots+\frac{1}{1}$。哪一种方法更准确？为什么？

10. 反正切函数的 Maclaurin 级数对于 $-1<x\leqslant 1$ 收敛，且由下式给出

$$\arctan x=\lim_{n\to\infty}P_n(x)=\lim_{n\to\infty}\sum_{i=1}^{n}(-1)^{i+1}\frac{x^{2i-1}}{2i-1}$$

① 使用 $\tan\frac{\pi}{4}=1$ 的事实来决定序列中需要相加的项数以保证 $|4P_n(1)-\pi|<10^{-3}$。

② 用 Matlab 程序设计确定达到 π 的精度 10^{-10}，需要序列的多少项相加？

11. 存在一个具有下列形式的函数：

$$f(x)=\alpha x^{12}+\beta x^{12}$$

其中 $f(0.1)=6.06\times10^{-13}$，$f(0.9)=0.035\,77$。求 α 和 β，并且估计这些参数对 f 在两个指定点上微小变化的敏感性。

12. 下列函数的条件数是什么？在何处它们较大？

(1) $(x-1)^{\alpha}$ (2) $\ln x$

(3) $x^{-1}e^{x}$ (4) $\cos^{-1}x$

第2章

解非线性方程的数值方法

2.1 迭代法的基本概念

我们将在本章讨论求解实函数方程

$$f(x)=0 \tag{2.1}$$

的数值方法。通常，方程 $f(x)=0$ 的解称为方程的根或函数 $f(x)$ 的零点。一般求非线性方程的根需要使用迭代法，就是从给定的几个初始近似值 x_0，x_1，…，x_r 出发，按序产生一个序列 x_0，x_1，…，x_r，x_{r+1}，…，x_k，…，使得此迭代序列收敛于方程 $f(x)=0$ 的一个根 p，即

$$\lim_{k\to\infty} x_k = p$$

当 k 足够大时，可以取 x_k 作为 p 的一个近似值。例如，求$\sqrt[3]{2}$的问题可以化为求方程 $x^3-2=0$ 的一个根。给定一个初始值 x_0，则可由公式

$$x_k=\frac{2}{x_{k-1}^2}$$

产生一个序列 x_0，x_1，x_2，…，x_k，…，求取$\sqrt[3]{2}$的近似值。

一般地，迭代法讨论的主要问题是：迭代法的构造、初始值的选择、迭代序列的收敛性和收敛速度、误差估计。

解方程 $f(x)=0$ 的一个迭代法产生的迭代序列 $\{x_k\}$ 使得 $\lim\limits_{k\to\infty} x_k=p$ 存在，则称该迭代法收敛。通常迭代法的收敛与初始近似值的选取范围有关，若从任何可取的初始值出发都能收敛，则该迭代法是**大范围收敛**；若选取的初始值充分接近于所求的根，则该迭代法是**局部收敛**。因为局部收敛法比大范围收敛法收敛得更快，因此可以先用一种大范围收敛方法求得接近于根的近似值，再将之作为新的初始值使用局部收敛法获得精确解。

为了讨论收敛速度，我们先给出一种衡量它的标准——收敛阶数。

定义 2.1 假设迭代法产生方程 $f(x)=0$ 的一个迭代序列 $\{x_k\}$，且 $\lim\limits_{k\to\infty} x_k=p$。令 $e_k=x_k-p$，若存在实数 λ 和非零常数 C 使得

$$\lim_{k\to\infty}\frac{|e_{k+1}|}{|e_k|^\lambda}=C \tag{2.2}$$

则称该迭代法为 λ 阶收敛，或者说收敛阶数为 λ。λ 的大小反映了收敛速度的快慢，若 $\lambda=1$，则该迭代法是线性收敛；若 $\lambda>1$，则该迭代法是超线性收敛。

现在假设一个迭代法收敛，即方程 $f(x)=0$ 有一个近似解 p 使得 $\lim\limits_{k\to\infty} x_k=p$，那么当 k

为足够大的n时，可以取$p \approx x_n$。此时出现一个问题：取多大的n才能达到要求的精确度？这需要下面的一些迭代终止准则，并且根据实际精度要求来选择迭代终止准则。

准则一　若$|f(x_n)| < TOL$（误差容限），则在第n步终止迭代，取$p \approx x_n$。其缺点是：有可能出现$f(x_n)$很接近于零，但x_n与解p相差很大。

准则二　若$|x_n - x_{n-1}| < TOL$，则终止迭代，并取$p \approx x_n$。其缺点是：可能出现x_n与x_{n-1}很接近，但x_n与解p相距甚远。

准则三　若$\dfrac{|x_n - x_{n-1}|}{|x_n|} < TOL$，$x_n \neq 0$，则终止迭代，并取$p \approx x_n$。

2.2　二分法

解非线性方程$f(x)=0$的最简单的迭代法称为二分法。假设函数$f(x) \in C[a,b]$且$f(a)f(b)<0$，则由零点定理知方程在$[a,b]$内至少有一个根。

不妨记$[a,b]=[a_1,b_1]$，取区间$[a_1,b_1]$的中点$p_1=\frac{1}{2}(a_1+b_1)$，对预定的足够小的量δ，若$|f(p_1)|<\delta$，则p_1是方程$f(x)=0$的一个近似解，计算终止。若$|f(p_1)| \geq \delta$且$f(p_1)f(b_1)<0$，则$[p_1,b_1]$内至少有方程的一个根，令$a_2=p_1$，$b_2=b_1$；若$f(p_1)f(b_1)>0$，则$[a_1,p_1]$至少有方程的一个根，令$a_2=a_1$，$b_2=p_1$。于是，继续将区间$[a_2,b_2]$分半，即将$[p_1,b_1]$或$[a_1,p_1]$分半，得中点$p_2=\dfrac{a_2+b_2}{2}$。如此继续计算，可得到序列$\{p_n\}$。当$|f(p_n)|<\delta$时，计算终止，并将中点p_n作为$f(x)=0$的一个近似解。二分法的迭代过程如图2.1所示。

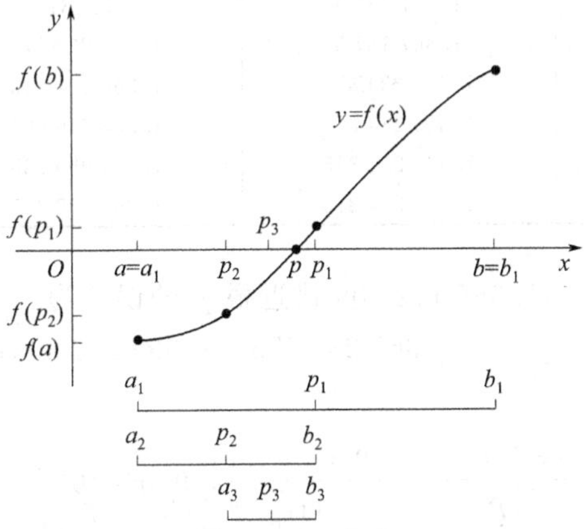

图2.1　二分法

下面给出求解方程$f(x)=0$近似根的二分法。

算法2.1　假设$f(x) \in C[a,b]$且$f(a)f(b)<0$，求$f(x)=0$的一个解。

输入：端点a,b；误差容限TOL_1、TOL_2；最大迭代次数m。

输出：近似解p或失败信息。

Step 1：对$n=1,2,\cdots,m$，执行Step 2～4。

Step 2：$p \leftarrow (a+b)/2$。

Step 3：若$|f(p)|<TOL_1$或$(b-a)/2<TOL_2$，则输出(p)，停机。

Step 4：若$f(p)f(b)<0$，则$a \leftarrow p$，否则$b \leftarrow p$。

Step 5：输出（'Method failed'），停机。

不难看出，二分法产生的序列 $\{p_n\}$ 必收敛于方程 $f(x)=0$ 的一个根 p，它是大范围收敛，且误差估计式为

$$|p_n-p|\leqslant\frac{1}{2^n}(b-a) \tag{2.3}$$

式(2.3) 是一个先验的绝对误差界。对预定的绝对误差容限 ε，若要求 $|p_n-p|<\varepsilon$，则只要 $(b-a)/2^n<\varepsilon$，即 $2^n>(b-a)/\varepsilon$，两边取对数得

$$n>\left(\lg\frac{b-a}{\varepsilon}\right)/\lg 2 \tag{2.4}$$

于是，取 n 为大于$\left(\lg\frac{b-a}{\varepsilon}\right)/\lg 2$ 的最小整数，则算法在第 n 步终止迭代。

【例 2.1】 方程 $f(x)=x^3+4x^2-10=0$ 在 $[1,2]$ 内有一个根，其中 $f(1)=-5$ 和 $f(2)=14$。利用二分法求解该方程。

解：表 2.1 给出了二分法的迭代值。

表 2.1 二分法的迭代值

n	a_n	b_n	p_n	$f(p_n)$
1	1.0	2.0	1.5	2.375
2	1.0	1.5	1.25	−1.796 87
3	1.25	1.5	1.375	0.162 11
4	1.25	1.375	1.3125	−0.848 39
5	1.312 5	1.375	1.34375	−0.350 98
6	1.343 75	1.375	1.359 375	−0.096 41
7	1.359 375	1.375	1.367 187 5	0.032 36
8	1.359 375	1.367 187 5	1.363 281 25	−0.032 15
9	1.363 281 25	1.367 187 5	1.365 234 375	0.000 072
10	1.363 281 25	1.365 234 375	1.364 257 813	−0.016 05
11	1.364 257 813	1.365 234 375	1.364 746 094	−0.007 99
12	1.364 746 094	1.365 234 375	1.364 990 235	−0.003 96
13	1.364 990 235	1.365 234 375	1.365 112 305	−0.001 94

在 13 次迭代之后，$p_{13}=1.365\,112\,305$ 逼近根 p 的误差为

$$|p-p_{13}|<|b_{14}-a_{14}|=|1.365\,234\,375-1.365\,112\,305|=0.000\,122\,070$$

因为 $|a_{14}|<|p|$，所以

$$\frac{|p-p_{13}|}{|p|}<\frac{|b_{14}-a_{14}|}{|a_{14}|}\leqslant 9.0\times10^{-5}$$

近似解可以精确到至少 4 位有效数字。p 精确到小数点后 9 位的准确值是 $p=1.365\,230\,013$。

虽然二分法总可以收敛于一个解，但它仍有缺点，即收敛较慢。因此，二分法常作为更加有效方法的开始算法。

【例 2.2】 假设二分法从区间 $[50,63]$ 开始，试问需要多少步才能求出具有相对精度不超过 10^{-12} 的根。

解：所要求的相对精度是指

$$|p-p_n|/|p|\leqslant 10^{-12}$$

因为已知 $p\geqslant 50$，从而足以保证不等式

$$|p-p_n|/50 \leqslant 10^{-12}$$

成立。由式(2.3)推断下列条件是充分的

$$2^{-n}\times(13/50)\leqslant 10^{-12}$$

解不等式得到 $n\geqslant 38$。

2.3 不动点迭代和加速迭代收敛

2.3.1 不动点迭代法

解非线性方程 $f(x)=0$ 时，可将之转化为解等价方程

$$x=g(x) \tag{2.5}$$

方程(2.5)的根称为函数 $g(x)$ 的不动点。为了求 $g(x)$ 的不动点，不妨选取一个初始近似值 x_0，令

$$x_k=g(x_{k-1}),\quad k=1,2,\cdots \tag{2.6}$$

以产生序列 $\{x_k\}$。该迭代法称为不动点迭代或 Picard 迭代。显然，若迭代函数 $g(x)$ 连续，且 $\lim\limits_{k\to\infty}x_k=p$，则 p 是 $g(x)$ 的一个不动点。因此，p 必为方程(2.5)的一个解。

算法 2.2 用不动点迭代求方程 $x=g(x)$ 的一个解。

输入：初始值 x_0；误差容限 TOL；最大迭代次数 m。

输出：近似解 p 或失败信息。

Step 1 对 $k=1,2,\cdots,m$，执行 Step 2～3。

Step 2 $p\leftarrow g(x_0)$。

Step 3 若 $|p-x_0|<TOL$，则输出 (p)，停机；否则 $x_0\leftarrow p$。

Step 4 输出（'Method failed'），停机。

【例 2.3】 方程 $x^3+4x^2-10=0$ 在 $[1,2]$ 内有唯一的根，可利用简单的代数操作将方程变为五种不动点形式 (a)～(e)。例如：为了得到 (c) 中给出的函数 $g_3(x)$，可以将方程 $x^3+4x^2-10=0$ 变形为 $4x^2=10-x^3$，从而 $x^2=\frac{1}{4}(10-x^3)$，则

$$x=\pm\frac{1}{2}(10-x^3)^{1/2}$$

为了得到解，选取 $g_3(x)=\frac{1}{2}(10-x^3)^{1/2}$。

(a) $x=g_1(x)=x-x^3-4x^2+10$

(b) $x=g_2(x)=\left(\frac{10}{x}-4x\right)^{1/2}$

(c) $x=g_3(x)=\frac{1}{2}(10-x^3)^{1/2}$

(d) $x=g_4(x)=\left(\frac{10}{4+x}\right)^{1/2}$

(e) $x=g_5(x)=x-\frac{x^3+4x^2-10}{3x^2+8x}$

取 $p_0=1.5$，对于 $g(x)$ 的五种选择，表 2.2 列举出了不动点迭代的结果。

表 2.2 不动点迭代的结果

n	(a)	(b)	(c)	(d)	(e)
0	1.5	1.5	1.5	1.5	1.5
1	−0.875	0.816 5	1.286 953 768	1.348 399 725	1.373 333 333
2	6.732	2.996 9	1.402 540 804	1.367 376 372	1.365 262 015
3	−469.7	$(-8.65)^{1/2}$	1.345 458 374	1.364 957 015	1.365 230 014
4	1.03×10^8		1.375 170 253	1.365 264 748	1.365 230 013
5			1.360 094 193	1.365 225 594	
6			1.367 846 968	1.365 230 576	
7			1.363 887 004	1.365 229 942	
8			1.365 916 734	1.365 230 022	
9			1.364 878 217	1.365 230 012	
10			1.365 410 062	1.365 230 014	
15			1.365 223 680	1.365 230 013	
20			1.365 230 236		
25			1.365 230 006		
30			1.365 230 013		

进一步，需要验证每个函数的不动点实际上是原方程 $x^3+4x^2-10=0$ 的解，而原方程的实际根是 1.365 230 013。对比例 2.1 中二分法得到的结果，可以看到（c）、（d）和（e）得出的结果更好，但（a）是发散的，（b）因涉及负数的平方根而变成复数。

虽然例 2.3 中的各函数都是同一求根问题的不动点问题，但有很大差别。选取这些函数的目的是回答下面问题：对于一个给定的求根问题，如何找到它的一个能够产生序列的不动点问题？同时要求这个序列可靠地、快速地收敛到求根问题的解。

下面的定理及推论给出了选择迭代函数的基本原则：首先必须保证不动点迭代法产生的迭代序列 $\{x_k\}$ 在 $g(x)$ 的定义域中，以使迭代过程不至于中断；其次要求迭代序列 $\{x_k\}$ 收敛且尽可能快速收敛。

定理 2.1 假设定义在区间 $[a,b]$ 上的一个实函数 $g(x)$ 满足：

① $g(x)\in[a,b]$，$\forall x,y\in[a,b]$；

② 存在 Lipschitz 常数 $L<1$ 使得如下 Lipschitz 条件成立：

$$|g(x)-g(y)|\leqslant L|x-y|,\quad \forall x,y\in[a,b] \tag{2.7}$$

则对 $\forall x_0\in[a,b]$，由式(2.6) 产生的序列 $\{x_k\}$ 都收敛于 $g(x)$ 的唯一不动点 p，且有误差估计式

$$|e_k|\leqslant\frac{L^k}{1-L}|x_1-x_0| \tag{2.8}$$

其中 $e_k=x_k-p$。

证明：首先证明 $g(x)$ 的不动点存在且唯一。令 $h(x)=x-g(x)$，由条件①得

$$h(a)=a-g(a)\leqslant0,h(b)=b-g(b)\geqslant0$$

又由条件②得 $g(x)\in C[a,b]$，从而 $h(x)\in C[a,b]$。于是，方程 $h(x)=0$ 在 $[a,b]$ 上只有一个根。否则，若存在两个根 p,p_1（$p\neq p_1$），则因 $p=g(p)$，$p_1=g(p_1)$ 有 $|g(p_1)-g(p)|=|p_1-p|$，这与条件②矛盾，因此 $p_1=p$。

其次证明 $\{x_k\}$ 收敛于 p。由条件①知 $x_k\in[a,b],k=0,1,2,\cdots$，再由式(2.6) 有 $x_k-p=g(x_{k-1})-g(p)$。根据式(2.7) 有

$$|x_k-p|=|g(x_{k-1})-g(p)|\leqslant L|x_{k-1}-p|\leqslant\cdots\leqslant L^k|x_0-p|$$

因为 $0<L<1$，所以 $\lim\limits_{k\to\infty}|x_k-p|=0$，即 $\lim\limits_{k\to\infty}x_k=p$。

最后推导估计式(2.8)。因为 $x_{k+m}-x_k=\sum\limits_{j=0}^{m-1}(x_{k+j+1}-x_{k+j})$，所以由式(2.6)有

$$|x_{k+j+1}-x_{k+j}|=|g(x_{k+j})-g(x_{k+j-1})|\leqslant L|x_{k+j}-x_{k+j-1}|\leqslant\cdots\leqslant L^{k+j}|x_1-x_0| \tag{2.9}$$

$$\begin{aligned}|x_{k+m}-x_k|&\leqslant\sum_{j=0}^{m-1}|x_{k+j+1}-x_{k+j}|\leqslant\sum_{j=0}^{m-1}L^{k+j}|x_1-x_0|\\&=\frac{L^k(1-L^m)}{1-L}|x_1-x_0|\leqslant\frac{L^k}{1-L}|x_1-x_0|\end{aligned} \tag{2.10}$$

在式(2.10)中取 $m\to\infty$，得

$$|e_k|=|x_k-p|\leqslant\frac{L^k}{1-L}|x_1-x_0|$$

定理得证。

由于

$$\begin{aligned}|x_{k+m}-x_k|&\leqslant\sum_{j=0}^{m-1}|x_{k+j+1}-x_{k+j}|\leqslant(L^m+L^{m-1}+\cdots+L)|x_k-x_{k-1}|\\&=\frac{L(1-L^m)}{1-L}|x_k-x_{k-1}|\end{aligned}$$

令 $m\to\infty$，得到另一个估计式

$$|p-x_k|\leqslant\frac{L}{1-L}|x_k-x_{k-1}| \tag{2.11}$$

该估计式表明在迭代过程中可以用前后两次迭代的近似值之差来实时估计近似解的精度。

推论 2.1　若将定理 2.1 中的条件②改为 $g(x)$ 的导数 $g'(x)$ 在 $[a,b]$ 上有界，且

$$|g'(x)|\leqslant L<1,\quad \forall x\in[a,b]$$

则定理结论仍然成立。

下面给出 Picard 迭代的局部收敛性定理。

定理 2.2　设 p 是方程(2.6)的一个根，$g(x)$ 在 p 的某邻域内为 m 次连续可微，且 $g^{(1)}(p)=0,\cdots,g^{(m-1)}(p)=0,g^{(m)}(p)\neq0(m\geqslant2)$，则当 x_0 充分接近于 p 时（存在正数 r，对一切 $x_0\in[p-r,p+r]$），Picard 迭代序列 $\{x_k\}$ 收敛于 p，且收敛阶数为 m。

2.3.2　加速迭代收敛方法

一个收敛的迭代过程将产生收敛序列 $\{x_n\}$ 满足 $\lim\limits_{n\to\infty}x_n=p$，则迭代足够多次时可取 $p\approx x_n$；但若迭代过程收敛缓慢，则计算量变得很大，常常需要给出加速收敛方法。

假设一个序列 $\{x_n\}$ 线性收敛于 p，则有

$$\lim_{n\to\infty}\frac{x_{n+1}-p}{x_n-p}=\lambda\quad(\lambda\neq0)$$

当 n 足够大时，有

$$\frac{x_{n+1}-p}{x_n-p}\approx\frac{x_{n+2}-p}{x_{n+1}-p}$$

于是有 $(x_{n+1}-p)^2\approx(x_{n+2}-p)(x_n-p)$，即

$$x_{n+1}^2-2x_{n+1}p+p^2\approx x_{n+2}x_n-(x_n+x_{n+2})p+p^2$$

消去上式两端 p^2 项，可得

$$\begin{aligned}p&\approx\frac{x_{n+2}x_n-x_{n+1}^2}{x_{n+2}-2x_{n+1}+x_n}\\&=\frac{x_n^2+x_nx_{n+2}-2x_nx_{n+1}+2x_nx_{n+1}-x_n^2-x_{n+1}^2}{x_{n+2}-2x_{n+1}+x_n}\\&=x_n-\frac{(x_{n+1}-x_n)^2}{x_{n+2}-2x_{n+1}+x_n}\end{aligned}$$

定义

$$\widetilde{x}_{n+1}=x_n-\frac{(x_{n+1}-x_n)^2}{x_{n+2}-2x_{n+1}+x_n},\quad n=0,1,2,\cdots \tag{2.12}$$

式(2.12) 称为 Aitken（艾特肯）加速法。

Aitken 加速方法得到的序列 $\{\widetilde{x}_n\}$ 较原来的序列 $\{x_n\}$ 更快地收敛于 p。

定理 2.3 设序列 $\{x_n\}$ 线性收敛于 p，且对足够大的 n 有 $(x_n-p)(x_{n+1}-p)\neq0$，则由 Aitken 加速法产生的序列 $\{\widetilde{x}_n\}$ 比 $\{x_n\}$ 更快地收敛于 p，其表达式为

$$\lim_{n\to\infty}\frac{\widetilde{x}_{n+1}-p}{x_n-p}=0$$

定义一阶前差 $\Delta x_n=x_{n+1}-x_n$ 和二阶前差 $\Delta^2x_n=\Delta(\Delta x_n)=x_{n+2}-2x_{n+1}+x_n$ $(n=0,1,2,\cdots)$，我们可将 Aitken 迭代公式(2.12) 改写为

$$\widetilde{x}_{n+1}=x_n-\frac{(\Delta x_n)^2}{\Delta^2x_n},\quad n=0,1,2,\cdots \tag{2.13}$$

因此，Aitken 加速法又称 AitkenΔ^2 加速法。

【例 2.4】 序列 $\{p_n\}_{n=1}^{\infty}$ $[p_n=\cos(1/n)]$ 线性收敛于 $p=1$。表 2.3 给出序列 $\{p_n\}_{n=1}^{\infty}$ 和 $\{\widetilde{p}_n\}_{n=1}^{\infty}$ 的开始几项，易见 $\{\widetilde{p}_n\}_{n=1}^{\infty}$ 比 $\{p_n\}_{n=1}^{\infty}$ 更快地收敛于 $p=1$。

表 2.3 序列 $\{p_n\}_{n=1}^{\infty}$ 和 $\{\widetilde{p}_n\}_{n=1}^{\infty}$ 的开始几项

n	p_n	$\widetilde{p}_n$
1	0.540 30	0.961 78
2	0.877 58	0.982 13
3	0.944 96	0.989 79
4	0.968 91	0.993 42
5	0.980 07	0.995 41
6	0.986 14	
7	0.989 81	

下面将 Aitken 加速技巧应用于不动点迭代得到的线性收敛序列，求解方程 $x=g(x)$ 的迭代公式是

$$\begin{aligned}&y_k=g(x_k),z_k=g(y_k)\\&x_{k+1}=x_k-\frac{(y_k-x_k)^2}{z_k-2y_k+x_k},\quad k=0,1,2,\cdots\end{aligned} \tag{2.14}$$

式(2.14) 称为 Steffensen（斯蒂芬森）迭代法。

算法 2.3 用 Steffensen 迭代法求方程 $x=g(x)$ 的一个解。

输入：初始值 x_0；误差容限 TOL；最大迭代次数 m。

输出：近似解 p 或失败信息。

Step 1　$p_0 \leftarrow x_0$。

Step 2　对 $i=1,2,\cdots,m$，执行 Step 3～4。

Step 3　$y \leftarrow g(p_0)$;

$z \leftarrow g(y)$;

$p \leftarrow p_0 - \dfrac{(y-y_0)^2}{z-2y+p_0}$。

Step 4　若 $|p-x_0|<TOL$，则输出（p），停机；否则 $p_0 \leftarrow p$。

Step 5　输出（'Method failed'），停机。

Steffensen 迭代法解方程 $x=g(x)$ 可以看成是另一种不动点迭代 $x_{k+1}=\varphi(x_k)$，其中迭代函数为

$$\varphi(x_k)=x_k-\frac{[g(x_k)-x_k]^2}{g[g(x_k)]-2g(x_k)+x_k},k=0,1,2,\cdots$$

【例 2.5】 根据例 2.3(d) 中不动点方法

$$x=g(x)=\left(\frac{10}{4+x}\right)^{1/2}$$

应用 Steffensen 方法求解 $x^3+4x^2-10=0$ 的根。

取 $p_0=1.5$，表 2.4 给出了 Steffensen 方法的结果，其中 $p_0^{(2)}=1.365\ 230\ 013$，精确到小数点后 9 位。

表 2.4　Steffensen 方法的结果

k	$p_0^{(k)}$	$p_1^{(k)}$	$p_2^{(k)}$
0	1.5	1.348 399 725	1.367 376 372
1	1.365 265 224	1.365 225 534	1.365 230 583
2	1.365 230 013		

下面给出 Steffensen 迭代法的局部收敛性定理。

定理 2.4　假设方程 $x=g(x)$ 有解 p 且 $g'(p)\neq 1$。若存在 $r>0$，使得对任意 $x\in[p-r,\ p+r]$ 有 $g(x)$ 连续三次可微，则 Steffensen 迭代法对任意初始值 $x_0\in[p-r,\ p+r]$ 是二阶收敛的。

2.4　Newton-Raphson 方法

Newton-Raphson 方法［或简称 Newton（牛顿）法］是解非线性方程 $f(x)=0$ 的最著名、最有效的数值方法之一。若初始值充分接近于根，则 Newton 法的收敛速度很快。

在不动点迭代中，用不同的方法构造迭代函数可以得到不同的迭代法。假设 $f'(x)\neq 0$，令

$$g(x)=x-\frac{f(x)}{f'(x)} \tag{2.15}$$

则方程 $f(x)=0$ 和 $x=g(x)$ 等价。若选取式(2.15) 为迭代函数，则 Picard 迭代为

$$x_{k+1}=x_k-\frac{f(x_k)}{f'(x_k)},\quad k=0,1,2,\cdots \tag{2.16}$$

式(2.16) 称为 Newton 迭代公式，$\{x_k\}$ 称为 Newton 序列。

算法 2.4 用 Newton 法求方程 $f(x)=0$ 的一个解。

输入：初始值 x_0；误差容限 TOL；最大迭代次数 m。

输出：近似解 p 或失败信息。

Step 1 $p_0 \leftarrow x_0$。

Step 2 对 $i=1,2,\cdots,m$，执行 Step 3～4。

Step 3 $p \leftarrow p_0 - f(p_0)/f'(p_0)$。

Step 4 若 $|p-x_0|<TOL$（或 $|p-x_0|/|p|<TOL$），则输出（p），停机；否则 $p_0 \leftarrow p$。

Step 5 输出（'Method failed'），停机。

【例 2.6】 为近似求解 $x=\cos x$ 的不动点作图 2.2，易见单个不动点 p 位于 $[0,\pi/2]$ 内。从 $p_0=\pi/4$ 开始，采用不动点迭代 $p_n=\cos p_{n-1}$，表 2.5 列举了不动点迭代法的结果，且最好的近似结果是 $p\approx 0.74$。

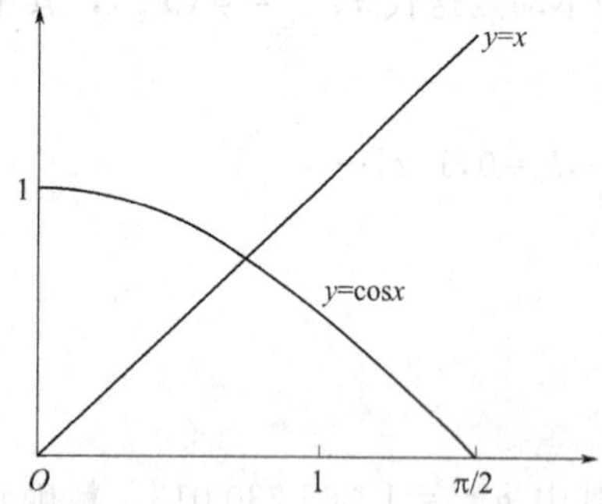

图 2.2 函数 $y=x$ 和 $y=\cos x$ 的交点

为了从不同的角度探讨这个问题，定义 $f(x)=\cos x - x$ 并应用 Newton 迭代法。因为 $f'(x)=-\sin x-1$，所以序列由下式产生

$$p_n = p_{n-1} - \frac{\cos p_{n-1} - p_{n-1}}{-\sin p_{n-1} - 1}, \quad n \geqslant 1$$

选取 $p_0=\pi/4$，表 2.6 列举了产生的近似解。当 $n=3$ 时，得到一个很好的近似值 $p\approx 0.739\,085\,133\,2$。

表 2.5 不动点迭代法的结果

n	p_n	n	p_n
0	0.785 398 164	4	0.748 719 886
1	0.707 106 781	5	0.732 560 845
2	0.760 244 597	6	0.743 464 211
3	0.724 667 481	7	0.736 128 257

表 2.6 Newton 迭代法产生的近似解

n	p_n	n	p_n
0	0.785 398 163 5	3	0.739 085 133 2
1	0.739 536 133 7	4	0.739 085 133 2
2	0.739 085 178 1		

下面给出 Newton 法的局部收敛性定理。

定理 2.5 假设 $f(x)$ 有 $m>2$ 阶连续导数，p 是方程 $f(x)=0$ 的单根，则当 x_0 充分接近于 p 时，Newton 法收敛且至少为二阶收敛。

证明： 令 $g(x)=x-f(x)/f'(x)$，因为 $f(x)$ 有 $m>2$ 阶连续导数，所以有

$$g'(x)=1-\frac{f'(x)f'(x)-f(x)f''(x)}{[f'(x)]^2}=\frac{f(x)f''(x)}{[f'(x)]^2}$$

由于 p 是 $f(x)$ 的单根，即有 $f(p)=0$，$f'(p)\neq 0$，从而 $g'(p)=0$，且存在 $r>0$ 使得对 $\forall x\in[p-r,p+r]$ 有 $f'(x)\neq 0$。因此，$g'(x)$、$g''(x)$ 在 $[p-r,p+r]$ 上连续。据定理 2.2 知，当初始值 x_0 充分接近于 p 时，由 Newton 法产生的迭代序列 $\{x_k\}$ 收敛于 p，且收敛阶数至少为 2。

定理 2.5 表明，当初始值充分接近于方程的单根时，Newton 法收敛得较快。

当 p 是方程 $f(x)=0$ 的 q 重根时，为提高迭代法的收敛速度，我们将 $f(x)$ 和 $f'(x)$ 在点 p 按 Taylor 公式展开

$$f(x)=\frac{1}{q!}(x-p)^q f^{(q)}(\xi_1)$$

$$f'(x)=\frac{1}{(q-1)!}(x-p)^{q-1} f^{(q)}(\xi_2)$$

其中 ξ_1 和 ξ_2 位于 x 与 p 之间，于是

$$\frac{f(x)}{f'(x)}=\frac{1}{q}(x-p)\frac{f^{(q)}(\xi_1)}{f^{(q)}(\xi_2)} \tag{2.17}$$

令

$$F(x)=\frac{f(x)}{f'(x)} \tag{2.18}$$

因为 $f^{(q)}(p)\neq 0$，因此当 x 充分接近于 p 时，$f^{(q)}(\xi_1)$、$f^{(q)}(\xi_2)$ 均不为零。由式(2.17) 和式(2.18) 得 p 是方程 $F(x)=0$ 的单根。以 $F(x)$ 代替 Newton 法中的 $f(x)$ 得到迭代公式

$$\begin{aligned} x_k &= x_{k-1}-\frac{F(x_{k-1})}{F'(x_{k-1})} \\ &= x_{k-1}-\frac{f(x_{k-1})f'(x_{k-1})}{[f'(x_{k-1})]^2-f(x_{k-1})f''(x_{k-1})}, \quad k=1,2,\cdots \end{aligned} \tag{2.19}$$

图 2.3 给出了 Newton 法的几何意义。方程 $f(x)=0$ 的根 p 是曲线 $y=f(x)$ 与 x 轴的交点的横坐标，过点 $M_k(x_k, f(x_k))$ 作曲线的切线 T_k，则切线方程为

$$y=f(x_k)+f'(x_k)(x-x_k)$$

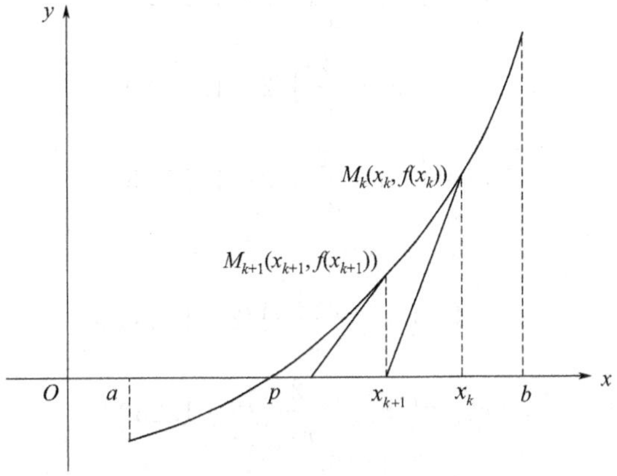

图 2.3 Newton 法

切线 T_k 与 x 轴的交点的横坐标为

$$x_{k+1}=x_k-\frac{f(x_k)}{f'(x_k)} \tag{2.20}$$

根据式(2.20)，Newton 法称为切线法。

根据前面讨论可知若 $f(x)$ 具有足够阶连续导数，且选取初始近似值 x_0 充分接近于方程 $f(x)=0$ 的根 p，则 Newton 迭代序列 $\{x_k\}$ 收敛于 p。但实际应用中有些问题难以选

取接近于根的初始值，因此需要根据下面的定理选取初始值。

定理 2.6 设函数 $f(x)$ 在区间 $[a,b]$ 上存在二阶导数，且满足如下条件：

① $f(a)f(b)<0$；

② $f'(x)\neq 0$，$x\in[a,b]$；

③ $f''(x)$ 在 $[a,b]$ 上不变号；

④ $\left|\frac{f(a)}{f'(a)}\right|<b-a,\left|\frac{f(b)}{f'(b)}\right|<b-a$。

则 Newton 法对任意的初始值 $x_0\in[a,b]$ 都收敛于方程 $f(x)=0$ 的唯一解 p，且收敛阶数为 2。

证明：条件①保证了方程 $f(x)=0$ 在 (a,b) 内至少有一个根。条件②表明 $f(x)$ 不是严格单调增大 $(f'>0)$ 就是严格单调减小 $(f'<0)$，因而 $f(x)=0$ 在 (a,b) 内有唯一根。条件③说明 f 的图形不是凹向上 $(f''>0)$ 就是凹向下 $(f''<0)$。当 $x_0\in[a,b]$ 时，条件④保证 Newton 序列 $\{x_k\}$ 在 (a,b) 中，且收敛于方程 $f(x)=0$ 的唯一解 p，收敛阶数为 2。

【例 2.7】 计算 $\sqrt[3]{2}$ 的 Newton 迭代公式为

$$x_k=\left(x_{k-1}+\frac{2}{x_{k-1}^2}\right)/2,\quad k=1,2,\cdots$$

产生一个序列 $x_0,x_1,x_2,\cdots,x_k,\cdots$，求取 $\sqrt[3]{2}$ 的近似值。不妨取初始值 $x_0=1.5$，得

$$x_1=\left(x_0+\frac{2}{x_0^2}\right)/2=1.1944$$

$$x_2=\left(x_1+\frac{2}{x_1^2}\right)/2=1.2981$$

$$x_3=\left(x_2+\frac{2}{x_2^2}\right)/2=1.2425$$

$$x_4=\left(x_3+\frac{2}{x_3^2}\right)/2=1.2690$$

$$x_5=\left(x_4+\frac{2}{x_4^2}\right)/2=1.2555$$

$$\cdots$$

$$x_{13}=\left(x_{12}+\frac{2}{x_{12}^2}\right)/2=1.2599$$

$$x_{14}=\left(x_{13}+\frac{2}{x_{13}^2}\right)/2=1.2599$$

于是，$\sqrt[3]{2}\approx 1.2599$。

2.5 割线法

Newton 法解方程 $f(x)=0$ 时，第 $k+1$ 步是用曲线 $y=f(x)$ 上点 $(x_k,f(x_k))$ 的切线代替曲线 $y=f(x)$，并将切线与 x 轴交点的横坐标 x_{k+1} 作为 $f(x)=0$ 的近似根。图 2.4 中，我们用经过曲线 $y=f(x)$ 上两点 $(x_{k-1},f(x_{k-1}))$ 和 $(x_k,f(x_k))$ 的割线 C_k 来代替曲线，并将割线 C_k 与 x 轴交点的横坐标作为 $f(x)=0$ 的近似根，其中割线 C_k 的方程为

$$y=f(x_k)+\frac{f(x_k)-f(x_{k-1})}{x_k-x_{k-1}}(x-x_k)$$

令 $y=0$，得到 C_k 与 x 轴交点的横坐标

$$x_k-\frac{f(x_k)(x_k-x_{k-1})}{f(x_k)-f(x_{k-1})}$$

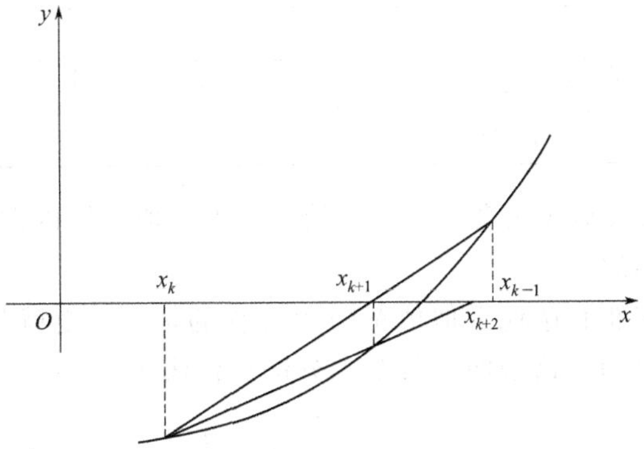

图 2.4　割线法

取 x_0，x_1 为初始近似值，令

$$x_{k+1}=x_k-\frac{f(x_k)(x_k-x_{k-1})}{f(x_k)-f(x_{k-1})},\quad k=1,2,\cdots \tag{2.21}$$

式(2.21) 称为割线法或线性插值法。割线法也可由 Newton 法用 Newton 差商

$$f[x_{k-1},x_k]=\frac{f(x_k)-f(x_{k-1})}{x_k-x_{k-1}} \tag{2.22}$$

代替导数 $f'(x_k)$ 得到。

算法 2.5　用割线法求方程 $f(x)=0$ 的一个解。

输入：初始值 x_0，x_1；误差容限 TOL；最大迭代次数 m。

输出：近似解 p 或失败信息。

Step 1　$p_0 \leftarrow x_0$；

$p_1 \leftarrow x_1$；

$q_0 \leftarrow f(p_0)$；

$q_1 \leftarrow f(p_1)$。

Step 2　对 $i=1,2,\cdots,m$，执行 Step 3～4。

Step 3　$p \leftarrow p_1-q_1(p_1-p_0)/(q_1-q_0)$。

Step 4　若 $|p-x_0|<TOL$，则输出（p），停机；

否则 $p_0 \leftarrow p_1$；

$q_0 \leftarrow q_1$；

$p_1 \leftarrow p$；

$q_0 \leftarrow f(p)$。

Step 5　输出('Method failed')，停机。

【例 2.8】　应用割线法求 $x=\cos x$ 的解。用 $p_0=0.5$，$p_1=\pi/4$ 作为初始近似值和算法 2.5 的公式：

$$p_n=p_{n-1}-\frac{(p_{n-1}-p_{n-2})(\cos p_{n-1}-p_{n-1})}{(\cos p_{n-1}-p_{n-1})-(\cos p_{n-2}-p_{n-2})},n\geqslant 2$$

表 2.7 给出了割线法的计算结果。

表 2.7 割线法产生的近似解计算结果

n	p_n	n	p_n
0	0.5	3	0.739 058 139 2
1	0.785 398 163 5	4	0.739 085 149 3
2	0.736 384 138 8	5	0.739 085 133 2

因为 Newton 迭代法或割线法需要一个好的初始近似值，所以常用于进一步计算由其他方法（如二分法）所得到的解。

在二分法中每一对相邻的迭代近似值都包含方程的根 p，也就是说，对每个正整数 n，有一个根位于 a_n 和 b_n 之间。这说明对每个二分法迭代满足

$$|p_n-p|<\frac{1}{2}|a_n-b_n|$$

上式给出了容易计算的一个近似值误差界。Newton 法或割线法不能保证包含根。表 2.6 是 Newton 法求解 $f(x)=\cos x-x$ 的结果，其中近似根是 0.739 085 133 2。注意到这个根没有包含在 p_0，p_1 或 p_1，p_2 中。表 2.7 给出了割线法的近似值，其中初始近似值 p_0 和 p_1 包含了根，但是一对近似值 p_3 和 p_4 没能包含根。

割线法与 Newton 法相比，其每一步只需计算一次 $f(x_k)$，而 Newton 法则需要计算 $f'(x_k)$。因此，在不易求出导数的情况下，割线法更具优势，但割线法的收敛速度稍慢于 Newton 法。

以下定理给出了割线法的收敛性和收敛速度。

定理 2.7 令区间 $I=(p-r,\ p+r)$，p 是方程 $f(x)=0$ 的根，$r>0$。假设函数 $f(x)$ 在 I 中有足够阶连续导数，且满足

① $f'(x)\neq 0$，$x\in I$；

② $\left|\dfrac{f''(\xi)}{2f'(\eta)}\right|\leqslant M$，$\forall \xi,\eta\in I$；

③ $d=Mr<1$。

则对于任意的初始值 x_0，$x_1\in I$，由割线法产生的序列 $\{x_k\}$ 都收敛于 p，且

$$\lim_{k\to\infty}\frac{|e_{k+1}|}{|e_k|^q}=K^{\frac{1}{q}} \tag{2.23}$$

其中 $K=\left|\dfrac{f''(p)}{2f'(p)}\right|$，$q=\dfrac{1}{2}(1+\sqrt{5})\approx 1.618$。

推论 2.2 设 p 是方程 $f(x)=0$ 的一个根，$f'(p)\neq 0$ 且 $f''(x)$ 在 p 附近连续，则存在 $r>0$ 使得对任意初始值 x_0，$x_1\in[p-r,p+r]$，由割线法产生的序列 $\{x_k\}$ 都收敛于 p。

2.6 多项式求根

实际应用常常遇到求多项式根的问题，下面讨论如何求解实系数多项式的实根。假设

$$p(x)=a_nx^n+a_{n-1}x^{n-1}+\cdots+a_1x+a_0 \tag{2.24}$$

是一个 n 次实系数多项式，其中 $a_n\neq 0$。用数值方法求多项式的近似根时需要先估计根所在的区间，不妨用 Lagrange 法来确定 $p(x)$ 正根的上限。设 $a_n>0$，a_{n-k} 为第一个负系数，即 $a_{n-1}\geqslant 0,\cdots,a_{n-k+1}\geqslant 0$，但 $a_{n-k}<0$，再设 b 为负系数中最大的绝对值，则 $f(x)$ 的正根上限为 $1+\sqrt[k]{b/a_n}$。若 M 是 $p(-x)$ 的正根上限，则 $-M$ 是 $p(x)$ 的负根下限。

求解多项式实根的位置时，我们需要反复计算 $p(x)$ 和 $p'(x)$ 的值。Horner 算法是计算多项式根的最有效方法。下面计算 $p(x_0)$，以 $x-x_0$ 除 $p(x)$ 得到商为 $q(x)=b_nx^{n-1}+b_{n-1}x^{n-2}+\cdots+b_2x+b_1$，余数为 b_0，则

$$p(x)=(x-x_0)q(x)+b_0 \tag{2.25}$$

于是，$p(x_0)=b_0$。将 $p(x)$ 和 $q(x)$ 的表达式代入式(2.25)，比较 x 的同次幂的系数可得

$$\begin{aligned}&b_n=a_n\\&b_{n-j}=a_{n-j}+b_{n-j+1}x_0,\quad j=1,2,\cdots,n\end{aligned} \tag{2.26}$$

因此，可按递推公式(2.26) 来计算 $p(x_0)$。

求解式(2.25) 的导数得 $p'(x)=(x-x_0)q'(x)+q(x)$，从而 $p'(x_0)=q(x_0)$。因此，仿照上述方法，由递推公式

$$\begin{aligned}&c_n=b_n\\&c_{n-j}=b_{n-j}+c_{n-j+1}x_0,\quad j=1,2,\cdots,n-1\end{aligned} \tag{2.27}$$

计算得到 $p'(x_0)=c_1$。

算法 2.6　用 Horner 方法计算多项式 $p(x)=a_nx^n+a_{n-1}x^{n-1}+\cdots+a_1x+a_0$ 及其导数 $p'(x)$ 在 x_0 的值。

输入：次数 n；系数 a_0，a_1，…，a_n；x_0。

输出：$y=p(x_0)$；$z=p'(x_0)$。

Step 1　$y\leftarrow a_n$；

　　　　$z\leftarrow a_n$。

Step 2　对 $j=1$，2，…，$n-1$，执行

　　　　$y\leftarrow a_{n-j}+x_0y$；

　　　　$z\leftarrow y+x_0z$。

Step 3　$y\leftarrow a_0+yx_0$。

Step 4　输出 (y,z)，停机。

【例 2.9】　用 Horner 法求 $p(x)=2x^4-3x^2+3x-4$ 在 $x_0=-2$ 的值。

根据 Horner 算法构造如下综合除法表达式

	x^4 的系数	x^3 的系数	x^2 的系数	x 的系数	常数项
$x_0=-2$	$a_4=2$	$a_3=0$	$a_2=-3$	$a_1=3$	$a_0=-4$
		$b_4x_0=-4$	$b_3x_0=8$	$b_2x_0=-10$	$b_1x_0=14$
	$b_4=2$	$b_3=-4$	$b_2=5$	$b_1=-7$	$b_0=10$

所以 $p(x)=(x+2)(2x^3-4x^2+5x-7)+10$，则 $p(x_0)=p(-2)=10$。

通常求非线性方程的方法都可以用来求多项式的实根，其中 Newton 法是一种常用和有效的方法。若由 Horner 方法计算多项式 $p(x)$ 及其导数 $p'(x)$ 的值，则用 Newton 法计算 $p(x)$ 实根的算法如下。

算法 2.7 用 Newton 法计算多项式

$$p(x)=a_nx^n+a_{n-1}x^{n-1}+\cdots+a_1x+a_0$$

的一个实根。

输入：次数 n；系数 $a_0,a_1,\cdots,a_n$；初始值 x_0；误差容限 TOL；最大迭代次数 m。

输出：近似解 p 或失败信息。

Step 1 $p_0 \leftarrow x_0$。

Step 2 对 $i=1,2,\cdots,m$，执行 Step 3～7。

Step 3 $y \leftarrow a_n$；$z \leftarrow a_n$。

Step 4 对 $j=1,2,\cdots,n-1$，执行

$y \leftarrow a_{n-j}+p_0y$；

$z \leftarrow y+p_0z$。

Step 5 $y \leftarrow a_0+yp_0$。

Step 6 $p \leftarrow p_0-y/z$。

Step 7 若 $|p-x_0|<TOL$，则输出（p），停机；否则 $p_0 \leftarrow p$。

Step 8 输出（'Method failed'），停机。

【例 2.10】 用 Newton 法求 $p(x)=2x^4-3x^2+3x-4$ 的一个零点的近似值，每一步迭代的 $p(x_n)$ 和 $p'(x_n)$ 的值用综合除法来求解。

取 $x_0=-2$ 作为初始近似值，得到 $p(-2)$

$x_0=-2$	2	0	−3	3	−4
		−4	8	−10	14
	2	−4	5	−7	10

由式(2.25) 有

$$q(x)=2x^3-4x^2+5x-7 \text{ 和 } p'(-2)=q(-2)$$

所以 $p'(-2)$ 可以用同样的方式通过求 $q(-2)$ 的值来得到 $q(-2)=p'(-2)$

$x_0=-2$	2	−4	5	−7
		−4	16	−42
	2	−8	21	−49

及

$$x_1=x_0-\frac{p(x_0)}{p'(x_0)}=-2-\frac{10}{-49}\approx-1.796$$

重复这个过程求 x_2 得

$x_1=-1.796$	2	0	−3	3	−4
		−3.592	6.451	−6.197	5.742
	2	−3.592	3.451	−3.197	1.742

所以 $p(-1.796)=1.742$，$p'(-1.796)=-32.565$ 和 $x_2=-1.796-\frac{1.742}{-32.565}\approx-1.7425$。类似地可得 x_3 精确到小数点后 5 位的实际值是 -1.73896。

例 2.10 中多项式可以表示成 $p(x)=(x+2)q(x)$，其中 $q(x)=2x^3-4x^2+5x-7$。显然，$q(x)$ 的每一个根也是 $p(x)$ 的根。求多项式 $p(x)$ 的除 -2 以外的其他实根问题可以

化为求多项式 $q(x)$ 的实根。因为 $q(x)$ 的次数低于 $p(x)$ 的次数，所以这种方法称为降次法。

假设 x_1 是 n 次多项式 $p(x)$ 的一个实根，则有等式 $p(x)=(x-x_1)q(x)$。一般只能计算得 x_1 的一个近似值 $\tilde{x}_1$，于是

$$p(x)=(x-\tilde{x}_1)q_1(x)+b_0, b_0\neq 0$$

且 $q_1(x)\neq q(x)$。这样不能保证 $q_1(x)$ 的根是 $p(x)$ 的根。应用降次法时，实际上是求 $q_1(x)$ 的根作为 $p(x)$ 的近似根。

通常，系数的微小摄动会使某些多项式的解发生很大变化，我们说这类多项式是坏条件的。例如，Wilkinson 考查了 20 次多项式：

$$p(x)=(x-1)(x-2)\cdots(x-20)=x^{20}-210x^{19}+\cdots$$

其根为 $1,2,\cdots,20$。若把 x^{19} 的系数换成 $-210-2^{-23}$，其余系数都保持不变，所得多项式 $q(x)=p(x)-2^{-23}x^{19}$ 的一些根就发生了很大变化。计算得 $q(x)$ 的 20 个根为：

1.000 000 000	6.000 006 944	10.095 266 145±0.643 500 904i
2.000 000 000	6.999 697 234	11.793 633 881±1.652 329 728i
3.000 000 000	8.007 267 603	13.992 358 137±2.518 830 070i
4.000 000 000	8.917 250 249	16.730 734 66±2.812 624 894i
4.999 999 928	20.846 908 101	19.502 439 400±1.940 330 347i

其中有 10 个根变成了复数。

多项式降次过程中，我们一个接一个地求根。为使所求的近似根更加精确，在求得第一个近似根 $\tilde{x}_1$ 后进行降次，并计算第二个近似根 $\hat{x}_2$，不用 $\hat{x}_2$ 再进行降次，而是以 $\hat{x}_2$ 作为初始值把 Newton 法应用于原多项式得到第二个根的一个改进的近似值 $\tilde{x}_2$；然后，$\tilde{x}_2$ 代替 $\hat{x}_2$ 进行下一个降次过程。如此继续，可以求其他所有近似根。

解非线性方程 $f(x)=0$ 的割线法也可以求多项式的根。割线法从两个初始值 x_0，x_1 出发，过点 $(x_0, f(x_0))$ 与 $(x_1, f(x_1))$ 的直线与 x 轴的交点 x_2 作为 $f(x)=0$ 的根的下一个近似值。将之推广，从三个初始值 x_0，x_1，x_2 出发，经过点 $(x_0, f(x_0))$，$(x_1, f(x_1))$ 和 $(x_2, f(x_2))$ 的抛物线与 x 轴的交点 x_3，作为 $f(x)=0$ 的一个近似值。如此继续，从 x_1，x_2，x_3 出发确定 x_4，x_5，…。上述求多项式根的方法称为 Muller 方法或抛物线法。

算法 2.8　用 Muller 法求解方程 $f(x)=0$ 的一个根。

输入：初始值 x_0,x_1,x_2；误差容限 TOL；最大迭代次数 m。

输出：近似解 p 或失败信息。

Step 1　$h_1\leftarrow x_1-x_0$；

$h_2\leftarrow x_2-x_1$；

$\delta_1\leftarrow[f(x_1)-f(x_0)]/h_1$；

$\delta_2\leftarrow[f(x_2)-f(x_1)]/h_2$；

$a\leftarrow(\delta_2-\delta_1)/(h_2+h_1)$。

Step 2　对 $i=3,4,\cdots,m$，执行 Step 3～7。

Step 3　$b\leftarrow\delta_2+h_2a$；

$d\leftarrow[b^2-4f(x_2)a]^{1/2}$。

Step 4　若 $|b-d|<|b+d|$，则 $e\leftarrow b+d$，否则 $e\leftarrow b-d$。

Step 5 $h \leftarrow -2f(x_2)/e$；

$p \leftarrow x_2 + h$。

Step 6 若 $|h| < TOL$，则输出（p），停机。

Step 7 $x_0 \leftarrow x_1$；

$x_1 \leftarrow x_2 h$；

$x_2 \leftarrow p$；

$h_1 \leftarrow x_1 - x_0$；

$h_2 \leftarrow -x_2 - x_1$；

$\delta_1 \leftarrow [f(x_1) - f(x_0)]/h_1$；

$\delta_2 \leftarrow [f(x_2) - f(x_1)]/h_2$；

$a \leftarrow (\delta_2 - \delta_1)/(h_2 + h_1)$。

Step 8 输出（'Method failed'），停机。

【例 2.11】 求解多项式 $f(x) = 16x^4 - 40x^3 + 5x^2 + 20x + 6$ 的根。取 $TOL = 10^{-5}$，不同的 x_0, x_1 和 x_2 值所产生的结果如表 2.8～表 2.10 所示。

表 2.8 不同的 x_0, x_1 和 x_2 值所产生的结果（1）

$x_0=0.5, x_1=-0.5, x_2=0$		
i	x_i	$f(x_i)$
3	$-0.555\,556+0.598\,352i$	$-29.400\,7-3.898\,72i$
4	$-0.435\,450+0.102\,101i$	$1.332\,23-1.193\,09i$
5	$-0.390\,631+0.141\,852i$	$0.375\,057-0.670\,164i$
6	$-0.357\,699+0.169\,926i$	$-0.146\,746-0.007\,446\,29i$
7	$-0.356\,051+0.162\,856i$	$-0.183\,868\times10^{-2}+0.539\,780\times10^{-3}i$
8	$-0.356\,062+0.162\,758i$	$0.286\,102\times10^{-5}+0.953\,674\times10^{-6}i$

表 2.9 不同的 x_0, x_1 和 x_2 值所产生的结果（2）

$x_0=0.5, x_1=-1.0, x_2=1.5$		
i	x_i	$f(x_i)$
3	1.287 85	−1.376 24
4	1.237 46	0.126 941
5	1.241 60	$0.219\,440\times10^{-2}$
6	1.241 68	$0.257\,492\times10^{-4}$
7	1.241 68	$0.257\,492\times10^{-4}$

表 2.10 不同的 x_0, x_1 和 x_2 的值所产生的结果（3）

$x_0=2.5, x_1=2.0, x_2=2.25$		
i	x_i	$f(x_i)$
3	1.960 59	−0.611 255
4	1.970 56	$0.748\,825\times10^{-2}$
5	1.970 44	$-0.295\,639\times10^{-4}$
6	1.970 44	$-0.295\,639\times10^{-4}$

例 2.11 说明了 Muller 法可以用各种初始值来近似求多项式的根。

2.7 迭代初始值的选择

2.7.1 二分法选择初始值

设 $f(x)$ 与 x 轴在区间 $[a,b]$ 有若干个交点，即方程 $f(x)=0$ 有多个零点。为了快速地求解出方程 $f(x)=0$ 的解，我们需要选取较优的迭代初始值。如图 2.5 所示，在 $[a,b]$ 内选取 $c=\frac{1}{2}(b+a)$，若 $f(a)f(c)<0$，则在 $[a,c]$ 内至少有一个零点。接着，我们利用不动点迭代或 Newton 法关于初始区间的判断条件验证。若 $f(x)$ 在 $[a,c]$ 内满足初始区间的判断条件，则选取 c 为初始值，并利用 Newton、Aitken、切线法等求方程 $f(x)=0$ 在 $[a,c]$ 内的唯一解。若 $f(x)$ 在 $[a,c]$ 内不满足判断条件，则继续二分 $[a,c]$ 直至若干次二分后所有子区间都满足初始区间的判断条件。在每个子区间选取一个端点作为初始值，并利用 Newton、Aitken、切线法等求方程 $f(x)=0$ 在此子区间内的唯一解。

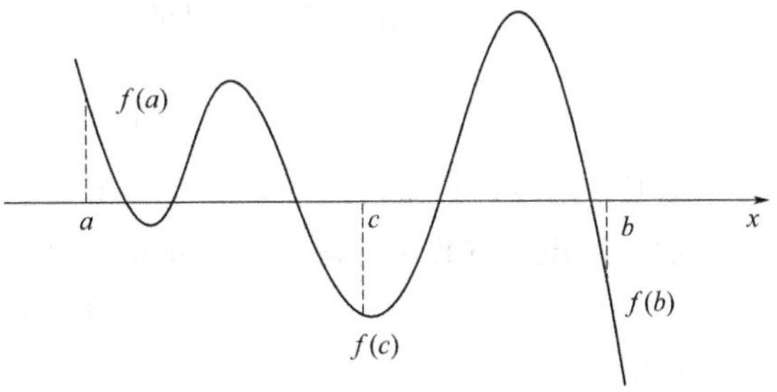

图 2.5 二分法选择初始点

另一方面，虽 $f(c)f(b)>0$，但在 $[c,b]$ 内也可能存在方程 $f(x)=0$ 的零点，所以也需要在 $[c,b]$ 内实施多次区间二分，寻找使得两个区间端点的函数值异号且满足初始区间判断条件的子区间，并在此子区间内利用 Newton、Aitken、切线法等求解方程 $f(x)=0$ 的唯一解。

2.7.2 同伦法初步

我们考虑下列方程 $f(x)=0$ 求根的问题，其中 f 是从一个线性空间到另一个线性空间的映射，比如 $f: X\rightarrow Y$。同伦法（或延拓法）的基本思想是使用一个取遍区间 $[0,1]$ 的参数 t，把一个已知问题嵌入到一个单参数的问题族中，先安排原始问题与 $t=1$ 对应，再安排一个有已知解的问题与 $t=0$ 对应。例如，我们可定义

$$h(t,x)=tf(x)+(1-t)g(x) \tag{2.28}$$

方程 $g(x)=0$ 应该有一个已知解。下一步是选择点 $t_0,t_1,\cdots,t_m$，使得

$$0=t_0<t_2<\cdots<t_m=1$$

然后，我们试图求解每个方程 $h(t_i,x)=0$，$1\leqslant i\leqslant m$。假定使用某种迭代方法（比如 Newton 法），那么用第 i 步的解作为计算第 $i+1$ 步解的初始点是明智的。上述整个过程可看作是解决困难的一个对策，迭代法的困难就是需要好的初始点。关系式(2.28) 把 $f(x)=0$ 求根问题嵌入到一个问题族，从而避免了初始点选取的难点。

同伦法是连接两个函数 f 和 g 同伦的一个实例。一般而言，同伦可以是 f 和 g 之间任何连续的连接，即两个函数 $f,g: X\rightarrow Y$ 之间的同伦是一个连续的映射

$$h:[0,1]\times X\rightarrow Y$$

使得 $h(0,x)=g(x)$ 且 $h(1,x)=f(x)$。如果这样的映射存在，我们就说 f 是与 g 同伦的。

这是一个从 X 到 Y 连续映射之间的等价关系，此处 X 和 Y 可以是任意两个拓扑空间。

一个常常用于延拓法的简单同伦是

$$h(t,x)=tf(x)+(1-t)[f(x)-f(x_0)]=f(x)+(t-1)f(x_0) \tag{2.29}$$

其中 x_0 可以是 X 中的任意点，并且 x_0 是 $t=0$ 时原问题的一个解。

若对于每个 $t\in[0,1]$，方程 $h(t,x)=0$ 有唯一的根，则此根就是 t 的一个函数，并且可以记 $x(t)$ 为使方程 $h(t,x(t))=0$ 成立的唯一成员集合

$$X=\{x(t):0\leqslant t\leqslant 1\} \tag{2.30}$$

中用参数 t 表示的弧或曲线，这条弧从已知点 $x(0)$ 开始到问题的解 $x(1)$ 结束。同伦法试图通过计算这条曲线上的点 $x(t_0),x(t_1),\cdots,x(t_m)$，…来确定这条曲线。

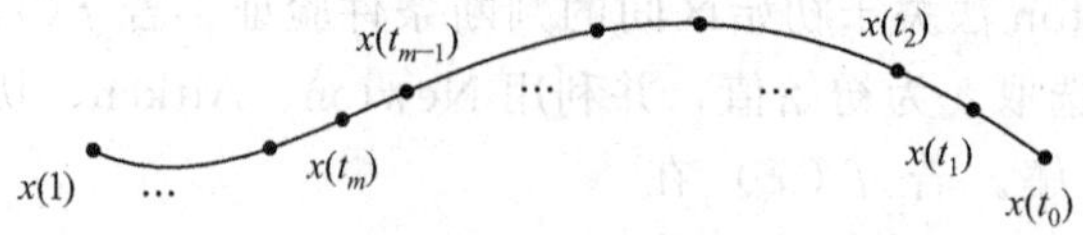

图 2.6　同伦曲线

若函数 $t\mapsto x(t)$ 是可微的，h 也是可微的，由隐函数定理可计算 $x'(t)$。沿着这个思路，我们可用微分方程来刻画图 2.6 中的曲线。假定任意的同伦，我们有

$$0=h(t,x(t)) \tag{2.31}$$

对 t 求导得到

$$0=h_t(t,x(t))+h_x(t,x(t))x'(t) \tag{2.32}$$

因而

$$x'(t)=-[h_x(t,x(t))]^{-1}h_t(t,x(t)) \tag{2.33}$$

这是一个关于 x 的微分方程，它有已知的初值 $x(0)$。对微分方程(2.33) 进行积分，便得到解 $x(1)$。

【例 2.12】 设 $X=Y=R$，用同伦法求解方程 $f(x)=x^3-3x^2+4=0(x\in X)$ 的解。

根据式(2.29) 给出的同伦，选择 $x_0=1$，计算式(2.33) 右边的导数

$$h_x=f'(x)=3x^2-6x$$

$$h_1=f\ (x_0)\ =2$$

$f'(x)$ 的导数是 $h_x^{-1}=[f'(x)]^{-1}=(3x^2-6x)^{-1}$。于是有常微分方程

$$x'=-2\ (3x^2-6x)^{-1}$$

在 $0\leqslant t\leqslant 1$ 上，对方程数值积分得到 $t=1$ 处的解 1.961。

下面定理给出同伦方法的连续可微解定理（Ortega and Rheinboldt [1970]）。

定理 2.8　若 $f:R\to R$ 是连续可微的并且在 R 上 $|[f'(x)]^{-1}|\leqslant M$，则对任意 $x_0\in R$，存在唯一的曲线 $\{x(t):0\leqslant t\leqslant 1\}$ 使得 $f[x(t)]+(t-1)f(x_0)=0$，其中 $0\leqslant t\leqslant 1$。函数 $t\mapsto x(t)$ 是初值问题 $x'=-[f'(x)]^{-1}f(x_0)$ 的连续可微解，其中 $x(0)=x_0$。

习 题 2

1. 假设由 $x_k=\sum\limits_{k=1}^{n}\dfrac{1}{k^2}$ 生成序列 $\{x_n\}$，证明 $\lim\limits_{n\to\infty}(x_n-x_{n-1})=0$。

2. 证明方程

$$f(x)=x\cos x-2x^2+3x-1=0$$

在区间（0.2,0.3）内有唯一根 p。用二分法计算 p 的近似值 x_n 时，试确定迭代次数使

$$|x_n-p|<\frac{1}{2}\times10^{-3}$$

3. 试用二分法求下列方程在区间（1,2）内的一个解，要求绝对误差不超过10^{-3}。

（1）$(x-2)^2-\ln x=0$　　（2）$1+e^{-\cos(x-1)}=0$

4. 求函数

$$g(x)=\frac{2-e^x+x^2}{3}$$

的一个不动点，取初始值 $x_0=0.5$，要求近似值精确到小数点第五位。

5. 使用不动点迭代方法求解$\sqrt{5}$的近似值，精度为10^{-4}。

6. 令 $p_0=1$，用下面 4 种方法计算，并按照它们的收敛速度排序。

（1）$p_n=\frac{20p_{n-1}+21/p_{n-1}^2}{21}$　　（2）$p_n=p_{n-1}-\frac{p_{n-1}^3-21}{21p_{n-1}^2}$

（3）$p_n=p_{n-1}-\frac{p_{n-1}^4-21p_{n-1}}{p_{n-1}^2-21}$　　（4）$p_n=\left(\frac{21}{p_{n-1}}\right)^{1/2}$

7. （1）若 A 是一个正数，当 $x_0>0$ 时，证明序列 $x_n=\frac{1}{2}x_{n-1}+\frac{A}{2x_{n-1}}$ （$n\geqslant1$）收敛于$\sqrt{A}$。

（2）当 $x_0<0$ 时，说明序列的收敛情况。

8. 试证明对任何初始值 x_0，由迭代法

$$x_{k+1}=\sin x_k,\quad k=0,\ 1,\ 2,\ \cdots$$

所产生的序列 $\{x_k\}$ 都收敛于方程 $x=\sin x$ 的根。

9. 方程 $x^3+4x^2-10=0$ 在区间（1,2）内有唯一根 p，将方程改写成

$$x=\left(\frac{10}{x}-4x\right)^{\frac{1}{2}}$$

取初始值 $x_0=1.5$，试用 Picard 迭代产生的一个序列收敛于 p。

10. 试确定方程 $4x^2-e^x=0$ 的 Piaird 迭代的迭代函数和区间 $[a,b]$，使迭代序列收敛于此方程的根 p。取初始值 $x_0=0.5$，试求 p 的近似值，要求精确到小数点后第五位。

11. 证明方程 $x=2^{-x}$ 在区间$\left[\frac{1}{3},1\right]$内有唯一解 p。取初始值 $x_0=\frac{2}{3}$，试用 Picard 迭代求误差不超过10^{-4}的近似值，且估计所需迭代次数。

12. 令 $g(x)=1+(\sin x)^2$，$p_0^{(0)}=1$，使用 Steffensen 方法计算 $p_0^{(1)}$ 和 $p_0^{(2)}$。

13. 若函数 $f:[a,b]\to\mathrm{R}$ 满足 Lipschitz 条件，则对任意 $x,y\in[a,b]$ 有$|f(x)-f(y)|\leqslant L|x-y|$，其中 $L\in[a,b]$ 为 Lipschitz 常数。

（1）证明若 f 满足 Lipschitz 条件，则 $f\in C[a,b]$。

（2）证明若 f 可导，则 f 满足 Lipschitz 条件。

（3）给出一个例子说明在闭区间上连续的函数不满足 Lipschitz 条件。

14. 令 $f\in C[a,b]$，$p\in(a,b)$。

（1）假设 $f(p)\neq0$，证明存在一个 $\delta>0$，对任意 $x\in[p-\delta,p+\delta]\subset[a,b]$ 有

$f(x)\neq 0$。

(2) 假设 $f(p)=0$ 及 $k>0$，证明存在一个 $\delta>0$，对任意 $x\in[p-\delta,p+\delta]\subset[a,b]$ 有 $|f(x)|\leqslant k$。

15. 试用 Newton 方法求解下列问题的解，要求精度为10^{-5}。

(1) $x^2-2xe^{-x}+e^{-2x}=0$，$0\leqslant x\leqslant 1$

(2) $\cos(x+\sqrt{2})+x(x/2+\sqrt{2})=0$，$-2\leqslant x\leqslant -1$

(3) $x^3-2x^2(2^{-x})+3x(4^{-x})-8^{-x}=0$，$0\leqslant x\leqslant 1$

(4) $e^{6x}+3(\ln 2)^2e^{2x}-(\ln 8)e^{4x}-(\ln 2)^3=0$，$-1\leqslant x\leqslant 0$

16. 用割线法求解下列多项式的所有实数零点，要求精度为10^{-4}。

(1) $f(x)=x^3-2x^2-5$

(2) $f(x)=x^3+3x^2-1$

(3) $f(x)=x^3-x^2-1$

(4) $f(x)=x^4+2x^2-x-3$

(5) $f(x)=x^3+4.001x^2+4.002x+1.101$

(6) $f(x)=x^5-x^4+2x^3-3x^2+x-4$

17. 多项式 $f(x)=230x^4+18x^3+9x^2-221x-9$ 分别在 $[-1,0]$ 和 $[0,1]$ 内有一个零点，使用下面方法近似这些零点，要求精度为10^{-6}。

① Newton 法。

② 割线法。

18. 试用 Muller 方法求多项式 $f(x)=3x^3-2x+7$ 的全部根。

第3章

解线性方程组的直接方法

3.1 解线性方程组的 Gauss 消去法

求解线性方程组的问题经常出现在科技、工程、医学和经济等各个技术领域。给定 n 阶线性方程组

$$\begin{cases} a_{11}x_1+a_{12}x_2+\cdots+a_{1n}x_n=b_1 \\ a_{21}x_1+a_{22}x_2+\cdots+a_{2n}x_n=b_2 \\ \qquad \cdots \\ a_{n1}x_1+a_{n2}x_2+\cdots+a_{nn}x_n=b_n \end{cases} \tag{3.1}$$

其中系数 $a_{ij}(i,j=1,2,\cdots,n)$ 和常数项 $b_i(i=1,2,\cdots,n)$ 均是不全为零的实数。方程组(3.1) 可简记为

$$\boldsymbol{A}\boldsymbol{x}=\boldsymbol{b} \tag{3.2}$$

其中

$$\boldsymbol{A}=\begin{bmatrix} a_{11} & a_{12} & \cdots & a_{1n} \\ a_{21} & a_{22} & \cdots & a_{2n} \\ \vdots & \vdots & & \vdots \\ a_{n1} & a_{n2} & \cdots & a_{nn} \end{bmatrix},\boldsymbol{x}=\begin{bmatrix} x_1 \\ x_2 \\ \vdots \\ x_n \end{bmatrix},\boldsymbol{b}=\begin{bmatrix} b_1 \\ b_2 \\ \vdots \\ b_n \end{bmatrix}$$

下面介绍求解线性方程组(3.1) 的直接法，即不考虑计算过程的舍入误差，经有限次的运算求得方程组的准确解。

3.1.1 Gauss 消去法

我们对线性方程组(3.1) 作行变换：

① 交换方程组中任意两个方程的顺序；

② 方程组中任何一个方程乘上某一个非零数；

③ 方程组中任何一个方程减去某倍数的另一个方程。

得到的新方程组与原方程组(3.1) 等价。若方程组(3.1) 或方程组(3.2) 的系数矩阵 $\boldsymbol{A}$ 是非奇异的，则新方程组与原方程组同解。

解方程组(3.1) 的基本 Gauss 消去法就是反复运用上述行变换，按自然顺序（主对角元素的顺序）逐次消去未知量，将方程组(3.1) 化为一个上三角形方程组，这个过程称为消元过程；然后逐一求解该上三角形方程组，这个过程称为回代过程。计算得到该上三角形方

程组的解即为原方程组(3.1) 的解。

我们知道线性方程组(3.1) 与其增广矩阵

$$[\boldsymbol{A},\boldsymbol{b}]=\begin{bmatrix} a_{11} & a_{12} & \cdots & a_{1n} & b_1 \\ a_{21} & a_{22} & \cdots & a_{2n} & b_2 \\ \vdots & \vdots & & \vdots & \vdots \\ a_{n1} & a_{n2} & \cdots & a_{nn} & b_n \end{bmatrix} \tag{3.3}$$

之间有一一对应关系。不难看出：

① 交换矩阵(3.3) 的第 p、q 两行（记作 $r_p \leftrightarrow r_q$）相当于交换方程组(3.1) 的第 p、q 两个方程；

② 用一个非零数 λ 乘矩阵(3.3) 的第 p 行（记作 λr_p）相当于用 λ 乘方程组(3.1) 的第 p 个方程；

③ 矩阵(3.3) 的第 q 行减去第 p 行的 λ 倍（记作 $r_q-\lambda r_p$）相当于方程组(3.1) 的第 q 个方程减去第 p 个方程的 λ 倍。

因此，基本 Gauss 消去法解线性方程组(3.1) 的消元过程可以是增广矩阵(3.3) 进行上述行变换。

【例 3.1】 考虑线性方程组

$$\begin{aligned} &x_1-x_2+2x_3-x_4=-8 \\ &2x_1-2x_2+3x_3-3x_4=-20 \\ &x_1+x_2+x_3=-2 \\ &x_1-x_2+4x_3+3x_4=4 \end{aligned}$$

增广矩阵为

$$[\boldsymbol{A},\ \boldsymbol{b}]=\boldsymbol{A}^{(1)}=\begin{bmatrix} 1 & -1 & 2 & -1 & \vdots & -8 \\ 2 & -2 & 3 & -3 & \vdots & -20 \\ 1 & 1 & 1 & 0 & \vdots & -2 \\ 1 & -1 & 4 & 3 & \vdots & 4 \end{bmatrix}$$

进行运算 $r_2-2r_1 \to r_2$，$r_3-r_1 \to r_3$ 和 $r_4-r_1 \to r_4$ 得到

$$\boldsymbol{A}^{(2)}=\begin{bmatrix} 1 & -1 & 2 & -1 & \vdots & -8 \\ 0 & 0 & -1 & -1 & \vdots & -4 \\ 0 & 2 & -1 & 1 & \vdots & 6 \\ 0 & 0 & 2 & 4 & \vdots & 12 \end{bmatrix}$$

因为主元素的 $a_{22}^{(2)}$ 为零，所以进行搜索寻找 $a_{32}^{(2)}$ 和 $a_{42}^{(2)}$ 中的第一个非零元素 $a_{32}^{(2)} \neq 0$，再进行运算 $r_2 \leftrightarrow r_3$，得到一个新矩阵

$$\boldsymbol{A}^{(3)}=\begin{bmatrix} 1 & -1 & 2 & -1 & \vdots & -8 \\ 0 & 2 & -1 & 1 & \vdots & 6 \\ 0 & 0 & -1 & -1 & \vdots & -4 \\ 0 & 0 & 2 & 4 & \vdots & 12 \end{bmatrix}$$

继续进行运算 $r_4+2r_3 \to r_4$ 得到

$$\boldsymbol{A}^{(4)}=\begin{bmatrix} 1 & -1 & 2 & -1 & \vdots & -8 \\ 0 & 2 & -1 & 1 & \vdots & 6 \\ 0 & 0 & -1 & -1 & \vdots & -4 \\ 0 & 0 & 0 & 2 & \vdots & 4 \end{bmatrix}$$

最后，应用向后代换：

$$x_4=\frac{4}{2}=2$$

$$x_3=\frac{[-4-(-1)x_4]}{-1}=2$$

$$x_2=\frac{[6-x_4-(-1)x_3]}{2}=3$$

$$x_1=\frac{[-8-(-1)x_4-2x_3-(-1)x_2]}{1}=-7$$

下面将应用于上述例 3.1 的基本 Gauss 消去法推广到求解 $n\times n$ 阶线性方程组(3.1)。

Gauss 消去法的消元过程由 $n-1$ 步组成：

第一步：设 $a_{11}\neq 0$，把增广矩阵(3.3) 的第一列中元素 a_{21}，a_{31}，…，a_{n1}消为零。令

$$l_{i1}=\frac{a_{i1}}{a_{11}},\quad i=2,3,\cdots,n$$

从 $[\boldsymbol{A},\boldsymbol{b}]$ 的第 $i(i=2,3,\cdots,n)$ 行分别减去第一行的 l_{i1}倍，得到

$$[\boldsymbol{A}^{(1)},\boldsymbol{b}^{(1)}]=\begin{bmatrix} a_{11} & a_{12} & \cdots & a_{1n} & b_1 \\ 0 & a_{22}^{(1)} & \cdots & a_{2n}^{(1)} & b_2^{(1)} \\ \vdots & \vdots & & \vdots & \vdots \\ 0 & a_{n2}^{(1)} & \cdots & a_{nn}^{(1)} & b_n^{(1)} \end{bmatrix} \tag{3.4}$$

其中

$$\begin{cases} a_{ij}^{(1)}=a_{ij}-l_{i1}a_{1j} \\ a_{i1}^{(1)}=0 \\ b_i^{(1)}=b_i-l_{i1}b_1 \end{cases}$$

且 $i=2,3,\cdots,n;j=2,3,\cdots,n$。

第二步：设 $a_{22}^{(1)}\neq 0$，把矩阵 $[\boldsymbol{A}^{(1)},\boldsymbol{b}^{(1)}]$ 的第二列中元素 $a_{32}^{(1)},\cdots,a_{n2}^{(1)}$ 消为零。

按照上述步骤继续消元，假设进行了 $k-1$ 步，得到

$$[\boldsymbol{A}^{(k-1)},\boldsymbol{b}^{(k-1)}]=\begin{bmatrix} a_{11} & a_{12} & \cdots & a_{1k} & a_{1,k+1} & \cdots & a_{1n} & b_1 \\ & a_{22}^{(1)} & \cdots & a_{2k}^{(1)} & a_{2,k+1}^{(1)} & \cdots & a_{2n}^{(1)} & b_2^{(1)} \\ & & \ddots & \vdots & \vdots & & \vdots & \vdots \\ & & & a_{kk}^{(k-1)} & a_{k,k+1}^{(k-1)} & \cdots & a_{kn}^{(k-1)} & b_k^{(k-1)} \\ & & & a_{k+1,k}^{(k-1)} & a_{k+1,k+1}^{(k-1)} & \cdots & a_{k+1,n}^{(k-1)} & b_{k+1}^{(k-1)} \\ & & & \vdots & \vdots & & \vdots & \vdots \\ & & & a_{nk}^{(k-1)} & a_{n,k+1}^{(k-1)} & \cdots & a_{nn}^{(k-1)} & b_n^{(k-1)} \end{bmatrix} \tag{3.5}$$

第 k 步：设 $a_{kk}^{(k-1)}\neq 0$，把 $[\boldsymbol{A}^{(k-1)},\boldsymbol{b}^{(k-1)}]$ 的第 k 列的元素 $a_{k+1,k}^{(k-1)}$，…，$a_{nk}^{(k-1)}$ 消为零，得到

$$[\boldsymbol{A}^{(k)},\boldsymbol{b}^{(k)}]=\begin{bmatrix} a_{11} & a_{12} & \cdots & a_{1k} & a_{1,k+1} & \cdots & a_{1n} & b_1 \\ & a_{22}^{(1)} & \cdots & a_{2k}^{(1)} & a_{2,k+1}^{(1)} & \cdots & a_{2n}^{(1)} & b_2^{(1)} \\ & & \ddots & \vdots & \vdots & & \vdots & \vdots \\ & & & a_{kk}^{(k-1)} & a_{k,k+1}^{(k-1)} & \cdots & a_{kn}^{(k-1)} & b_k^{(k-1)} \\ & & & & a_{k+1,k+1}^{(k)} & \cdots & a_{k+1,n}^{(k)} & b_{k+1}^{(k)} \\ & & & & \vdots & & \vdots & \vdots \\ & & & & a_{n,k+1}^{(k)} & \cdots & a_{nn}^{(k)} & b_n^{(k)} \end{bmatrix} \tag{3.6}$$

其中

$$\begin{cases} l_{ik}=a_{ik}^{(k-1)}/a_{kk}^{(k-1)} \\ a_{ik}^{(k)}=0 \\ a_{ij}^{(k)}=a_{ij}^{(k-1)}-l_{ik}a_{kj}^{(k-1)} \\ b_i^{(k)}=b_i^{(k-1)}-l_{ik}b_k^{(k-1)} \end{cases} \tag{3.7}$$

且 $i=k+1,k+2,\cdots,n$；$j=k+1,k+2,\cdots,n$。规定 $a_{ij}^{(0)}=a_{ij}$，$b_i^{(0)}=b_i(i,j=1,2,\cdots,n)$。

式(3.7) 是消元过程的一般计算公式，式中分母的元素 $a_{kk}^{(k-1)}$ 称为第 k 步的主元素（简称主元），$l_{ik}(i=k+1,k+2,\cdots,n)$ 称为乘子。若 $a_{kk}^{(k-1)}=0$，则 $a_{k+1,k}^{(k-1)},\cdots,a_{nk}^{(k-1)}$ 中至少有一个元素不为零，否则方程组(3.1) 的系数矩阵 $\boldsymbol{A}$ 奇异。不妨取非零元素 $a_{rk}^{(k-1)}$ 作为主元，然后交换矩阵 $[\boldsymbol{A}^{(k-1)},\boldsymbol{b}^{(k-1)}]$ 的第 k 行与第 r 行，把 $a_{rk}^{(k-1)}$ 交换到 (k,k) 的位置上。

进行 $n-1$ 步消元后得到一个上梯形矩阵

$$[\boldsymbol{A}^{(n-1)},\boldsymbol{b}^{(n-1)}]=\begin{bmatrix} a_{11} & a_{12} & \cdots & a_{1k} & a_{1,k+1} & \cdots & a_{1n} & b_1 \\ & a_{22}^{(1)} & \cdots & a_{2k}^{(1)} & a_{2,k+1}^{(1)} & \cdots & a_{2n}^{(1)} & b_2^{(1)} \\ & & \ddots & \vdots & \vdots & & \vdots & \vdots \\ & & & a_{kk}^{(k-1)} & a_{k,k+1}^{(k-1)} & \cdots & a_{kn}^{(k-1)} & b_k^{(k-1)} \\ & & & & & & \vdots & \vdots \\ & & & & & & a_{nn}^{(n-1)} & b_n^{(n-1)} \end{bmatrix} \tag{3.8}$$

与之相应的上三角形方程组

$$\begin{cases} a_{11}+a_{12}x_2+\cdots+a_{1k}x_k+a_{1,k+1}x_{k+1}+\cdots+a_{1n}x_n=b_1 \\ \quad a_{22}^{(1)}x_2+\cdots+a_{2k}^{(1)}x_k+a_{2,k+1}^{(1)}x_{k+1}+\cdots+a_{2n}^{(1)}x_n=b_2^{(1)} \\ \qquad \cdots \\ \qquad a_{kk}^{(k-1)}x_k+a_{k,k+1}^{(k-1)}x_{k+1}+\cdots+a_{kn}^{(k-1)}x_n=b_k^{(k-1)} \\ \qquad \cdots \\ \qquad a_{nn}^{(n-1)}x_n=b_n^{(n-1)} \end{cases} \tag{3.9}$$

和方程组(3.1) 同解。

Gauss 消去法的回代过程是解上三角形方程组(3.9)，其分量计算公式为

$$x_k=\left[b_k^{(k-1)}-\sum_{j=k+1}^{n}a_{kj}^{(k-1)}x_j\right]/a_{kk}^{(k-1)} \tag{3.10}$$

其中 $k=n,n-1,\cdots,1$。式(3.10) 即为线性方程组(3.1) 的解。

应用 Gauss 消去法解一个 n 阶线性方程组的乘除法次数为$\frac{n^3}{3}+n^2-\frac{n}{3}$。为了简便起见，

我们称该算法的乘除法次数为 $O\left(\frac{n^3}{3}\right)$。由于计算复杂度通常只关心量级，因此我们也说该算法的计算复杂度为 $O(n^3)$。

3.1.2　Gauss 列主元消去法

Gauss 消去法进行消元时，逐次选取主对角元素 $a_{kk}^{(k-1)}$ 作为主元。但是，若 $a_{kk}^{(k-1)}$ 相对其他元素绝对值较小，则舍入误差影响很大，从而使得计算结果精确度不高，甚至消元过程无法进行到底。

【例 3.2】 线性方程组

$$0.003\,000x_1+59.14x_2=59.17$$
$$5.291x_1-6.130x_2=46.78$$

具有准确解 $x_1=10.00$ 和 $x_2=1.000$。假定对于这个方程组使用 4 位舍入运算进行 Gauss 消去法。

第一主元 $a_{11}^{(1)}=0.003\,000$ 较小，其相关的乘数

$$l_{21}=\frac{5.291}{0.003\,000}=1\,763.6\dot{6}$$

舍入到大数 1764。进行运算 $r_2-l_{21}r_1 \to r_2$ 和适当的舍入得到

$$0.003\,000x_1+59.14x_2\approx 59.17$$
$$-104\,309.37\dot{6}x_2=-104\,309.37\dot{6}$$

$l_{21}a_{13}$ 和 a_{23} 大小的悬殊引入了舍入误差。向后代换得

$$x_2\approx 1.001$$

这是实际解 $x_2=1.000$ 的一个较好的近似。但小的主元 $a_{11}=0.003\,000$ 使得

$$x_1\approx\frac{59.17-59.14\times 1.001}{0.003\,000}=-10.00$$

含有的小误差 0.001 与

$$\frac{59.14}{0.003\,000}\approx 20\,000$$

相乘破坏了对实际值 $x_1=10.00$ 的近似。

例 3.2 表明当主元 $a_{kk}^{(k)}$ 相对于项 $a_{ij}^{(k)}$（$k\leqslant i\leqslant n$，$k\leqslant j\leqslant n$）较小时是如何产生了困难。为了使消元过程不中断和减小舍入误差的影响，我们不按自然顺序进行消元，即不逐次选取主对角元素作为主元。例如，第 k 步从 $a_{kk}^{(k-1)}, a_{k+1,k}^{(k-1)}, \cdots, a_{nk}^{(k-1)}$ 中选取绝对值最大的元素，即使得

$$|a_{rk}^{(k-1)}|=\max_{k=i<n}|a_{ik}^{(k-1)}|$$

的元素 $a_{rk}^{(k-1)}$ 作主元，并称之为第 k 步的列主元。增广矩阵中主元所在的行称为主行，主元所在的列称为主列。接着，在进行第 k 步消元之前，交换矩阵的第 k 行与第 r 行，如果有若干个不同的 i 值使 $|a_{rk}^{(k-1)}|$ 为最大值，则取 r 为这些 i 值中的最小者。经过上述修改过的 Gauss 消去法，称为 Gauss 列主元消去法。

【例 3.3】 再考虑方程组

$$0.003\,000x_1+59.14x_2=59.17$$
$$5.291x_1-6.130x_2=46.78$$

上述选主元方法首先找出

$$\max\{|a_{11}^{(1)}|,|a_{12}^{(1)}|\}=\max\{|0.003\,000|,|5.291|\}=|5.291|=|a_{21}^{(1)}|$$

然后进行运算 $r_2 \leftrightarrow r_1$ 得到方程组

$$5.291x_1-6.130x_2=46.78$$
$$0.003\,000x_1+59.14x_2=59.17$$

对于这个方程组乘数为

$$l_{21}=\frac{a_{21}^{(1)}}{a_{11}^{(1)}}=0.000\,567\,0$$

运算 $r_2-l_{21}r_1 \to r_2$ 将方程组化为

$$5.291x_1-6.13x_2\approx 46.78$$
$$59.14x_2\approx 59.14$$

根据向后代换得到正确值 $x_1=10.00$ 和 $x_2=1.000$。

线性方程组(3.1) 的右端项作为增广矩阵的第 $n+1$ 列，使用计算机求解方程组时，常常将 b_i 记作 $a_{i,n+1}$，$i=1,2,\cdots,n$。为了节约计算机存储单元，在应用消去法时，得到的 $a_{ij}^{(k)}$ 仍然可以存放到原来的增广矩阵的相应位置上。因此可将 $a_{ij}^{(k)}$ 的右上角标记去掉，并将式(3.7) 和式(3.10) 中的等号 "=" 改成赋值号 "←"。

算法 3.1 应用 Gauss 列主元消去法求解 n 阶线性方程组 $\boldsymbol{Ax}=\boldsymbol{b}$，其中 $\boldsymbol{A}=[a_{ij}]_{n\times n}$，$\boldsymbol{b}=[a_{1,n+1},a_{2,n+1},\cdots,a_{n,n+1}]^{\mathrm{T}}$。

输入：方程组的阶数 n；增广矩阵 $[\boldsymbol{A},\boldsymbol{b}]$。

输出：方程组的解 $x_1,x_2,\cdots,x_n$ 或系数矩阵奇异的信息。

Step 1 对 $k=1,2,\cdots,n-1$，执行 Step 2～5。

Step 2 选主元：求 i_k 使得

$$|a_{i_k,k}|=\max_{k\leqslant i\leqslant n}|a_{ik}|$$

Step 3 若 $a_{i_k,k}=0$，则输出（'A is singular'），停机。

Step 4 若 $i_k\neq k$，则 $t\leftarrow a_{kj}$；$a_{kj}\leftarrow a_{i_k,j}$；$a_{i_k,j}\leftarrow t$，$j=k,k+1,\cdots,n+1$。
（交换增广矩阵的第 i_k 行与第 k 行）

Step 5 对 $i=k+1,k+2,\cdots,n$，执行 Step 6～7。

Step 6 $a_{ik}\leftarrow l_{ik}=a_{ik}/a_{kk}$。

Step 7 对 $j=k+1,k+2,\cdots,n+1$
$a_{ij}\leftarrow a_{ij}-a_{ik}a_{kj}$。

Step 8 若 $a_{nn}=0$，则输出（'A is singular'），停机；否则 $x_n\leftarrow a_{n,n+1}/a_{nn}$。

Step 9 对 $k=n-1,n-2,\cdots,1$

$$x_k\leftarrow (a_{k,\,n+1}-\sum_{j=k+1}^{n}a_{kj}x_j)/a_{kk}。$$

Step 10 输出 $(x_1,x_2,\cdots,x_n)$，停机。

在 Gauss 消元的第 k 步，若从 $a_{kk}^{(k-1)},a_{k,k+1}^{(k-1)},\cdots,a_{kn}^{(k-1)}$ 中选取绝对值最大的元素作为主元，即若

$$|a_{k,j_k}^{(k-1)}|=\max_{k\leqslant j\leqslant n}|a_{kj}^{(k-1)}|$$

则选取 $a_{k,j_k}^{(k-1)}$ 作主元，称它为第 k 步行主元，并且在进行第 k 步消元之前交换增广矩阵的第 k 列与第 j_k 列。经过上述修改的 Gauss 消去法称为 Gauss 行主元消去法。

应用 Gauss 列或行主元消求解一个线性方程组时，在消元过程中选取主元后作行或列交换不会改变前面各步消为零的元素的分布状况。据此，在消元过程的第 k 步，我们还可以从系数矩阵的最后 $n-k+1$ 行和列中选取绝对值最大的元素作为主元，即若

$$|a_{i_k,j_k}^{(k-1)}|=\max_{k\leqslant i,j\leqslant n}|a_{ij}^{(k-1)}|$$

则选取 $a_{i_k,j_k}^{(k-1)}$ 作为主元，并且在消元之前交换增广矩阵的第 k 行与第 i_k 行，以及第 k 列与第 j_k 列。经过上述修改的 Gauss 消去法称为 Gauss 全主元消去法。

Gauss 全主元消去法与列主元和行主元消去法相比，工作量要大得多，而行主元消去法要记录列交换信息，因此 Gauss 列主元消去法是解线性方程组的较实用的方法。

3.1.3 Gauss 按比例列主元消去法

对于某些方程组，列主元消去法的结果不是十分令人满意的。给出方程组

$$\begin{bmatrix} 16\times10^4 & -9\times10^4 & 10^4 \\ -2\times10^4 & 1.127\times10^4 & 8\times10^4 \\ 4 & 3 & 1 \end{bmatrix}\begin{bmatrix} x_1 \\ x_2 \\ x_3 \end{bmatrix}=\begin{bmatrix} 38\times10^4 \\ -12.837\times10^4 \\ 14 \end{bmatrix} \tag{3.11}$$

应用 Gauss 列主元消去法，进行第一步消元后增广矩阵是

$$\begin{bmatrix} 16\times10^4 & -9\times10^4 & 10^4 & 38\times10^4 \\ 0 & 20 & 81250 & -81\,230 \\ 0 & 5.25 & 0.75 & 4.5 \end{bmatrix}$$

于是，第二步的主行是第二行。消元过程结束后，由回代过程得到的计算解为 $x_1=2.859\,3$，$x_2=0.750\,00$，$x_3=-0.999\,95$。此例说明，Gauss 列主元消去法也会使计算结果产生较大的误差。因此，在第 k 步消元，若第 k 列的第 $k\sim n$ 个元素中某个元素与其所在行的“大小”之比为最大者，则选它作为主元。经过上述修改的列主元消去法称为按比例列主元消去法。

具体地，Gauss 按比例列主元消去法在消元过程第一步之前，对 $i=1,2,\cdots,n$ 计算方程组的系数矩阵的第 i 行的大小

$$s_i=\max_{1\leqslant j\leqslant n}|a_{ij}|$$

在第 k 步，求最小的 $r(r\geqslant k)$ 使得

$$\frac{|a_{rk}|}{s_r}\geqslant\frac{|a_{ik}|}{s_i},k\leqslant i\leqslant n$$

以第 r 行作为主行，然后交换增广矩阵的第 k 行与第 r 行。

算法 3.2 应用 Gauss 按比例列主元消去法解 n 阶线性方程组 $\boldsymbol{Ax}=\boldsymbol{b}$，其中 $\boldsymbol{A}=[a_{ij}]_{n\times n}$，$\boldsymbol{b}=[a_{1,n+1},\cdots,a_{n,n+1}]^{\mathrm{T}}$。

输入：方程组的阶数 n；增广矩阵 $[\boldsymbol{A},\boldsymbol{b}]$

输出：方程组的解 $x_1,\cdots,x_n$ 或系数矩阵奇异的信息。

Step 1 对 $i=1,2,\cdots,n$

$s_i\leftarrow\max_{1\leqslant j\leqslant n}|a_{ij}|$。

若 $s_i=0$，则输出（'A is singular'），停机。

Step 2 对 $k=1,2,\cdots,n-1$，执行 Step 3～7。

Step 3 选主元：求 r，使

$$\frac{|a_{rk}|}{s_r}=\max_{k\leqslant i\leqslant n}\frac{|a_{ik}|}{s_i}$$

Step 4 若 $a_{rk}=0$，则输出（'A is singular'）；停机。

Step 5 若 $r\neq k$，则 $q\leftarrow s_k$；

$s_k\leftarrow s_r$；

$s_r\leftarrow q$。

Step 6 对 $j=k,\cdots,n-1$

$t\leftarrow a_{kj}$；

$a_{kj}\leftarrow a_{rj}$；

$a_{rj}\leftarrow t$。

（交换增广矩阵的第 k 行与第 r 行）

Step 7 对 $i=k+1,\cdots,n$，执行 Step 8～9。

Step 8 $a_{ik}\leftarrow l_{jk}=a_{ik}/a_{kk}$。

Step 9 对 $j=k+1,k+2,\cdots,n+1$

$a_{ij}\leftarrow a_{ij}-a_{ik}a_{kj}$。

Step 10 若 $a_{nn}=0$，则输出（'A is singular'），停机；否则 $x_n\leftarrow a_{n,n+1}/a_{nn}$。

Step 11 对 $k=n-1,n-2,\cdots,1$

$$x_k\leftarrow(a_{k,n+1}-\sum_{j=k+1}^{n}a_{kj}x_j)/a_{kk}\text{。}$$

Step 12 输出 $(x_1,x_2,\cdots,x_n)$；停机。

【例 3.4】 使用 3 位舍入算术，求解线性方程组

$$\begin{aligned}2.11x_1-4.21x_2+0.921x_3&=2.01\\4.01x_1+10.2x_2-1.12x_3&=-3.09\\1.09x_1+0.987x_2+0.832x_3&=4.21\end{aligned}$$

选取 $s_1=4.21$，$s_2=10.2$ 和 $s_3=1.09$，于是

$$\frac{|a_{11}|}{s_1}=\frac{2.11}{4.21}=0.501,\frac{|a_{21}|}{s_2}=\frac{4.01}{10.2}=0.393\text{ 和}\frac{|a_{31}|}{s_3}=\frac{1.09}{1.09}=1$$

增广矩阵为

$$[\boldsymbol{A},\boldsymbol{b}]=\begin{bmatrix}2.11&-4.21&0.921&2.01\\4.01&10.2&-1.12&-3.09\\1.09&0.987&0.832&4.21\end{bmatrix}$$

因为 $|a_{31}|/s_3$ 是最大的，进行运算 $r_1\leftrightarrow r_3$ 得到

$$\boldsymbol{A}^{(1)}=\begin{bmatrix}1.09&0.987&0.832&4.21\\4.01&10.2&-1.12&-3.09\\2.11&-4.21&0.921&2.01\end{bmatrix}$$

计算乘数 $m_{21}=4.01/1.09=3.68$，$m_{31}=2.11/1.09=1.94$，进行消去运算得到

$$\boldsymbol{A}^{(2)}=\begin{bmatrix}1.09&0.987&0.832&4.21\\0&6.57&-4.18&-18.6\\0&-6.12&-0.689&-6.16\end{bmatrix}$$

因为

$$\frac{|a_{22}|}{s_2}=\frac{6.57}{10.2}=0.644<\frac{|a_{32}|}{s_3}=\frac{6.12}{4.21}=1.45$$

所以进行 $r_2 \leftrightarrow r_3$ 得到

$$A^{(3)}=\begin{bmatrix} 1.09 & 0.987 & 0.832 & 4.21 \\ 0 & -6.12 & -0.689 & -6.16 \\ 0 & 6.57 & -4.18 & -18.6 \end{bmatrix}$$

乘数 $l_{32}=6.57/(-6.12)=-1.07$，进行消去运算得到

$$A^{(4)}=\begin{bmatrix} 1.09 & 0.987 & 0.832 & 4.21 \\ 0 & -6.12 & -0.689 & -6.16 \\ 0 & 0.02 & -4.92 & -25.2 \end{bmatrix}$$

因为在（3,2）位置的项是 0.02，因而不能使用向后代换，补救方法是用 0 代替了项 0.02，获得方程组的解 $x_1=-0.431$，$x_2=0.430$，$x_3=5.12$。

因为在消元过程中我们保存了元素 l_{ij}，所以可在消元结束后对方程组右端向量 b 进行变换。下面我们来修改算法 3.2。

算法 3.3 应用 Gauss 按比例列主元消去法（不作矩阵行变换）解 n 阶线性方程组 $\boldsymbol{Ax}=\boldsymbol{b}$，其中 $\boldsymbol{A}=[a_{ij}]_{n\times n}$，$\boldsymbol{b}=[a_{1,n+1},\cdots,a_{n,n+1}]^{\mathrm{T}}$。

输入：方程组的阶数 n；增广矩阵 $[\boldsymbol{A},\boldsymbol{b}]$。

输出：方程组的解 x_1，x_2，…，x_n 或系数矩阵奇异的信息。

Step 1 对 $i=1,2,\cdots,n$

$s_i \leftarrow \max\limits_{1\leqslant j\leqslant n} |a_{ij}|$

若 $s_i=0$，则输出（'A is singular'），停机。

$p_i \leftarrow i$。

Step 2 对 $k=1,2,\cdots,n-1$，执行 Step 3～6。

Step 3 选主元：求 r 使得

$$\frac{|a_{p_r,k}|}{s_{p_r}}=\max_{k\leqslant i\leqslant n}\frac{|a_{p_i,k}|}{s_{p_i}}$$

Step 4 若 $a_{p_r,k}=0$，则输出（'A is singular'），停机。

Step 5 若 $k\neq r$，则 $temp \leftarrow p_k$；

$p_k \leftarrow p_r$；

$p_r \leftarrow temp$。

Step 6 对 $i=k+1,k+2,\cdots,n$，执行 Step 7～8。

Step 7 $a_{p_i,k} \leftarrow a_{p_i,k}/a_{p_k,k}$。

Step 8 对 $j=k+1,k+2,\cdots,n$

$a_{p_i,j} \leftarrow a_{p_i,j}-a_{p_i,k}a_{p_k,j}$。

Step 9 $\tilde{b}_{p_1} \leftarrow b_{p_1}$。

Step 10 对 $i=2,3,\cdots,n$

$$\tilde{b}_{p_i} \leftarrow b_{p_i}-\sum_{j=1}^{i-1} a_{p_i,j}\tilde{b}_{p_j}$$。

Step 11 若 $a_{p_n,n}=0$，则输出（'A is singular'），停机；否则 $x_n \leftarrow \tilde{b}_{p_n}/a_{p_n,n}$。

Step 12 对 $i=n-1,n-2,\cdots,1$

$$x_i \leftarrow (\tilde{b}_{p_i} - \sum_{j=k+1}^{n} a_{p_i,j}x_j)/a_{p_i,i}。$$

Step 13 输出 $(x_1,x_2,\cdots,x_n)$；停机。

3.1.4 Gauss-Jordan 消去法

解线性方程组(3.1) 的 Gauss-Jordan 消去法是无回代过程的 Gauss 消去法，所以为了不进行回代过程，需要在消元过程的每一步将主列中除主元以外的其余元素均消为零。在具体的计算过程中，第 k 步消元之前不必将主元交换到 (k,k) 位置上，可以根据每一步选取的主元所在位置找出方程组的解。

类似于式(3.7) 的推导，容易导出 Gauss-Jordan 消去法（按列选主元）的计算公式。不妨将方程组的右端项记作 $a_{i,n+1},i=1,2,\cdots,n$，并设第 k 步选取的主元为 $a_{i_k,k}^{(k-1)}$（列主元），则消元过程是

$$\begin{cases} m_{ik}=a_{ik}^{(k-1)}/a_{i_k,k}^{(k-1)},i=1,2,\cdots,n,i\neq i_k \\ a_{ik}^{(k)}=0,i=1,2,\cdots,n,i\neq i_k \\ a_{ij}^{(k)}=a_{ij}^{(k-1)}-m_{ik}a_{i_k,j}^{(k-1)}, \quad \begin{matrix} i=1,2,\cdots,n,i\neq i_k \\ j=k+1,\cdots,n,n+1 \end{matrix} \\ a_{i_k,j}^{(k)}=a_{i_k,j}^{(k-1)},j=k,\cdots,n,n+1 \end{cases} \tag{3.12}$$

其中 $k=1,2,\cdots,n,a_{ij}^{(0)}=a_{ij},i=1,2,\cdots,n,j=1,2,\cdots,n+1$。因此，方程组的解为

$$x_k=a_{i_k,n+1}^{(n)}/a_{i_k,k}^{(k)},k=1,2,\cdots,n \tag{3.13}$$

算法 3.4 应用 Gauss-Jordan 列主元消去法解 n 阶线性方程组 $\boldsymbol{Ax}=\boldsymbol{b}$，其中 $\boldsymbol{A}=[a_{ij}]_{n\times n}$，$\boldsymbol{b}=[a_{1,n+1},\cdots,a_{n,n+1}]^{\mathrm{T}}$。

输入：方程组的阶数 n；增广矩阵 $[\boldsymbol{A},\boldsymbol{b}]$。

输出：方程组的解 $x_1,\cdots,x_n$ 或系数矩阵奇异的信息。

Step 1 对 $k=1,2,\cdots,n-1$，执行 Step 2～4。

Step 2 选主元：求 i_k 使

$$|a_{i_k,k}|=\max_{\substack{i=1,\cdots,n \\ i\neq i_1,\cdots,i_{k-1}}} |a_{ik}|$$

Step 3 若 $a_{i_k,k}=0$，则输出（'A is singular'），停机。

Step 4 对 $i=1,\cdots,n,i\neq i_k$，执行 Step 5～6。

Step 5 $a_{ik} \leftarrow m_{ik}=a_{ik}/a_{i_k,k}$。

Step 6 对 $j=k+1,\cdots,n+1$

$a_{ij} \leftarrow a_{ij}-a_{ik}a_{i_k,j}$。

Step 7 对 $k=1,\cdots,n$

$x_k \leftarrow a_{i_k,n+1}/a_{i_k,k}$。

Step 8 输出 $(x_1,x_2,\cdots,x_n)$，停机。

3.2 直接三角分解法

3.2.1 矩阵三角分解

根据前面的讨论可知，当 n 阶矩阵 $\boldsymbol{A}$ 的顺序主子矩阵 $\boldsymbol{A}_k, k=1,2,\cdots,n-1$ 均非奇异时，Gauss 消元法能进行到底。于是，我们把矩阵 $\boldsymbol{A}$ 分解成 $\boldsymbol{A}=\boldsymbol{LU}$，其中 $\boldsymbol{L}$ 是一个单位下三角阵，$\boldsymbol{U}$ 是一个上三角阵。

定义 3.1　若方阵 $\boldsymbol{A}$ 可以分解成一个下三角阵 $\boldsymbol{L}$ 和一个上三角阵 $\boldsymbol{U}$ 的乘积，即

$$\boldsymbol{A}=\boldsymbol{LU} \tag{3.14}$$

则称为方阵 $\boldsymbol{A}$ 的一种三角分解或 $\boldsymbol{LU}$ 分解。特别地，若 $\boldsymbol{L}$ 为单位下三角阵，则称为 Doolittle 分解；若 $\boldsymbol{U}$ 为单位上三角阵，则称为 Crout 分解。

由 3.1 节的讨论知，若 n 阶方阵 $\boldsymbol{A}$ 的顺序主子矩阵 $\boldsymbol{A}_1,\boldsymbol{A}_2,\cdots,\boldsymbol{A}_{n-1}$ 均非奇异，则 Gauss 消元过程可以获得 $\boldsymbol{A}$ 的 Doolittle 分解。但对任一非奇异对角阵 $\boldsymbol{D}$，我们有 $\boldsymbol{A}$ 的另一种三角分解

$$\boldsymbol{A}=(\boldsymbol{LD})(\boldsymbol{D}^{-1}\boldsymbol{U})=\boldsymbol{L}'\boldsymbol{U}'$$

这说明矩阵的三角分解并不唯一。为了讨论矩阵 $\boldsymbol{A}$ 的三角分解的唯一性问题，不妨将 $\boldsymbol{A}$ 分解成

$$\boldsymbol{A}=\boldsymbol{LDR} \tag{3.15}$$

并称为矩阵 $\boldsymbol{A}$ 的 $\boldsymbol{LDR}$ 分解，其中 $\boldsymbol{L}$、$\boldsymbol{R}$ 分别为单位下、上三角阵，$\boldsymbol{D}$ 为一个对角阵。

定理 3.1　n 阶矩阵 $\boldsymbol{A}$ 有唯一的 $\boldsymbol{LDR}$ 分解的充分必要条件是 $\boldsymbol{A}$ 的顺序主子矩阵 $\boldsymbol{A}_1,\boldsymbol{A}_2,\cdots,\boldsymbol{A}_{n-1}$ 均非奇异。

如果对线性方程组 $\boldsymbol{Ax}=\boldsymbol{b}$ 的系数矩阵 $\boldsymbol{A}$ 作出 $\boldsymbol{LU}$ 分解（由 $\boldsymbol{A}$ 确定 $\boldsymbol{L}$ 和 $\boldsymbol{U}$），则方程组可写成

$$\boldsymbol{LUx}=\boldsymbol{b}$$

于是，解方程组 $\boldsymbol{Ax}=\boldsymbol{b}$ 便等价于解下面的下、上三角形方程组：

$$\boldsymbol{Ly}=\boldsymbol{b} \tag{3.16}$$

和

$$\boldsymbol{Ux}=\boldsymbol{y} \tag{3.17}$$

这就是解线性方程组的直接三角分解法。方程组(3.16) 和方程组(3.17) 极容易求解。

Gauss 消元法是将 $\boldsymbol{A}$ 的三角分解和解方程组(3.16) 同时进行（注意 $\boldsymbol{L}$ 是单位下三角阵，即作 Doolittle 分解)，其回代过程是解方程组(3.17)。易见，直接三角分解法是从矩阵 $\boldsymbol{A}$ 的元素直接由关系式 $\boldsymbol{A}=\boldsymbol{LU}$ 确定 $\boldsymbol{L}$ 和 $\boldsymbol{U}$ 的元素，不必像 Gauss 消去法需要计算中间结果。

3.2.2 Crout 方法

设矩阵 $\boldsymbol{A}=[a_{ij}]_{n\times n}$ 可作出 Grout 分解

$$\boldsymbol{A}=\boldsymbol{LU}$$

其中

$$L=\begin{bmatrix} l_{11} & & & & & \\ l_{21} & l_{22} & & & & \\ \vdots & \vdots & \ddots & & & \\ l_{i1} & l_{i2} & \cdots & l_{ii} & & \\ \vdots & \vdots & & & \ddots & \\ l_{n1} & l_{n2} & \cdots & \cdots & & l_{nn} \end{bmatrix},\ U=\begin{bmatrix} u_{11} & u_{12} & \cdots & u_{1j} & \cdots & u_{1n} \\ & u_{22} & \cdots & u_{2j} & \cdots & u_{2n} \\ & & \ddots & \vdots & & \vdots \\ & & & u_{jj} & \cdots & u_{jn} \\ & & & & \ddots & \vdots \\ & & & & & u_{nn} \end{bmatrix} \tag{3.18}$$

$u_{jj}=1$，$j=1,\cdots,n$。我们可由上述三角分解式来确定 $\boldsymbol{L}$ 的元素 l_{ij} 和 $\boldsymbol{U}$ 的元素 u_{ij}。由 $\boldsymbol{A}=\boldsymbol{LU}$ 两端矩阵的 (i,j) 位置元素对应相等，有

$$a_{ij}=\sum_{r=1}^{\min(i,j)} l_{ir}u_{rj},\quad i,j=1,2,\cdots,n \tag{3.19}$$

当 $j=1$ 时，有

$$l_{i1}=l_{i1}u_{11}=a_{i1},\quad i=1,2,\cdots,n \tag{3.20}$$

当 $i=1$ 时，有

$$l_{11}u_{1j}=a_{1j},\quad j=2,3,\cdots,n$$

因而设 $l_{11}\neq 0$，则有

$$u_{1j}=a_{1j}/l_{11},\quad j=2,3,\cdots,n \tag{3.21}$$

因此，第一步是由式(3.20) 计算 $\boldsymbol{L}$ 的第一列元素，而由式(3.21) 计算 $\boldsymbol{U}$ 的第一行元素。

第二步，计算 $\boldsymbol{L}$ 的第二列和 $\boldsymbol{U}$ 的第二行元素。假设进行了 $k-1$ 步，计算得 $\boldsymbol{L}$ 的前 $k-1$ 列元素和 $\boldsymbol{U}$ 的前 $k-1$ 行元素。第 k 步，将要计算 $\boldsymbol{L}$ 的第 k 列元素和 $\boldsymbol{U}$ 的第 k 行元素。由式(3.19)，当 $j=k$ 时，对 $i=k,k+1,\cdots,n$ 有

$$a_{ik}=\sum_{r=1}^{k} l_{ir}u_{rk}=\sum_{r=1}^{k-1} l_{ir}u_{rk}+l_{ik}$$

即

$$l_{ik}=a_{ik}-\sum_{r=1}^{k-1} l_{ir}u_{rk},\quad i=k,k+1,\cdots,n \tag{3.22}$$

因为已知式(3.22) 右端所有的项，所以可用式(3.22) 来计算 $\boldsymbol{L}$ 的第 k 列元素。据此，由式(3.19)，当 $i=k$ 时，对 $j=k+1,k+2,\cdots,n$ 有

$$a_{kj}=\sum_{r=1}^{k} l_{kr}u_{rj}=\sum_{r=1}^{k-1} l_{kr}u_{rj}+l_{kk}u_{kj}$$

于是，当 $l_{kk}\neq 0$ 时有

$$u_{kj}=\left(a_{kj}-\sum_{r=1}^{k-1} l_{kr}u_{rj}\right)/l_{kk},\quad j=k+1,k+2,\cdots,n \tag{3.23}$$

因已知式(3.23) 右端的各项，即可由式(3.23) 来计算 $\boldsymbol{U}$ 的第 k 行元素。仿上继续进行 n 步计算便可得 $\boldsymbol{L}$ 和 $\boldsymbol{U}$ 的全部元素。

实现矩阵 $\boldsymbol{A}$ 的 Crout 分解后，解方程组 $\boldsymbol{Ax}=\boldsymbol{b}$ 就等价于解两个三角形方程组 $\boldsymbol{Ly}=\boldsymbol{b}$ 和 $\boldsymbol{Ux}=\boldsymbol{y}$，该方法称为 Crout 方法。下面给出计算步骤：

① 计算 $\boldsymbol{A}$ 的 $\boldsymbol{LU}$ 分解中 $\boldsymbol{L}$ 的第一列和 $\boldsymbol{U}$ 的第一行元素：

$$l_{i1}=a_{i1},\quad i=1,2,\cdots,n$$

$$u_{1j}=a_{1j}/l_{11},\quad j=2,3,\cdots,n\,(u_{11}=1)$$

② 对 $k=2,\cdots,n$ 计算 $\boldsymbol{L}$ 的第 k 列元素：

$$l_{ik}=a_{ik}-\sum_{r=1}^{k-1}l_{ir}u_{rk}, \quad i=k,k+1,\cdots,n$$

以及 $\boldsymbol{U}$ 的第 k（$k\neq n, u_{nn}=1$）行元素：

$$u_{kk}=1, u_{kj}=(a_{kj}-\sum_{r=1}^{k-1}l_{kr}u_{rj})/l_{kk}, \quad j=k+1,k+2,\cdots,n$$

③ 解下三角形方程组 $\boldsymbol{Ly}=\boldsymbol{b}$：

$$y_1=b_1/l_{11}$$

$$y_k=(b_k-\sum_{r=1}^{k-1}l_{kr}y_r)/l_{kk}, \quad k=2,3,\cdots,n$$

④ 解单位上三角形方程组 $\boldsymbol{Ux}=\boldsymbol{y}$：

$$x_n=y_n$$

$$x_k=y_k-\sum_{r=k+1}^{n}u_{kr}x_r, \quad k=n-1,n-2,\cdots,1$$

矩阵 $\boldsymbol{A}$ 进行 $\boldsymbol{LU}$ 分解时，元素 a_{ij} 在计算出 l_{ij} 或 u_{ij} 后不再使用。因此，$\boldsymbol{L}$ 和 $\boldsymbol{U}$ 的元素便可存放到矩阵 $\boldsymbol{A}$ 中相应元素的位置上（$u_{ii}=1$ 不必存储，$i=1,2,\cdots,n$）。于是，矩阵 $\boldsymbol{A}$ 的位置存放的元素最后变成

$$\begin{bmatrix} l_{11} & u_{12} & \cdots & u_{1n} \\ l_{21} & l_{22} & & \vdots \\ \vdots & \vdots & & u_{n-1,n} \\ l_{n1} & l_{n2} & \cdots & l_{nn} \end{bmatrix}$$

【例 3.5】 线性方程组

$$\begin{aligned} x_1+x_2+3x_4&=8 \\ 2x_1+x_2-x_3+x_4&=7 \\ 3x_1-x_2-x_3+2x_4&=14 \\ -x_1+2x_2+3x_3-x_4&=-7 \end{aligned}$$

的系数矩阵 $\boldsymbol{A}$ 进行 $\boldsymbol{LU}$ 分解为

$$\boldsymbol{A}=\begin{bmatrix} 1 & 1 & 0 & 3 \\ 2 & 1 & -1 & 1 \\ 3 & -1 & -1 & 2 \\ -1 & 2 & 3 & -1 \end{bmatrix}=\begin{bmatrix} 1 & 0 & 0 & 0 \\ 2 & 1 & 0 & 0 \\ 3 & 4 & 1 & 0 \\ -1 & -3 & 0 & 1 \end{bmatrix}\begin{bmatrix} 1 & 1 & 0 & 3 \\ 0 & -1 & -1 & -5 \\ 0 & 0 & 3 & 13 \\ 0 & 0 & 0 & -13 \end{bmatrix}=\boldsymbol{LU}$$

于是方程组的求解可转化为

$$\boldsymbol{Ax}=\boldsymbol{LUx}=\begin{bmatrix} 1 & 0 & 0 & 0 \\ 2 & 1 & 0 & 0 \\ 3 & 4 & 1 & 0 \\ 1 & -3 & 0 & 1 \end{bmatrix}\begin{bmatrix} 1 & 1 & 0 & 3 \\ 0 & -1 & -1 & -5 \\ 0 & 0 & 3 & 13 \\ 0 & 0 & 0 & -13 \end{bmatrix}\begin{bmatrix} x_1 \\ x_2 \\ x_3 \\ x_4 \end{bmatrix}=\begin{bmatrix} 8 \\ 7 \\ 14 \\ -7 \end{bmatrix}$$

首先计算 $\boldsymbol{y}=\boldsymbol{Ux}$，然后计算 $\boldsymbol{Ly}=\boldsymbol{b}$，即

$$\boldsymbol{LUx}=\boldsymbol{Ly}=\begin{bmatrix} 1 & 0 & 0 & 0 \\ 2 & 1 & 0 & 0 \\ 3 & 4 & 1 & 0 \\ 1 & -3 & 0 & 1 \end{bmatrix}\begin{bmatrix} y_1 \\ y_2 \\ y_3 \\ y_4 \end{bmatrix}=\begin{bmatrix} 8 \\ 7 \\ 14 \\ -7 \end{bmatrix}$$

由向前代换过程可得方程组 $\boldsymbol{L}\boldsymbol{y}=\boldsymbol{b}$ 的解

$$
\begin{aligned}
&y_1=8\\
&2y_1+y_2=7\to y_2=7-2y_1=-9\\
&3y_1+4y_2+y_3=14\to y_3=14-3y_1-4y_3=26\\
&-y_1-3y_2+y_4=-7\to y_4=-7+y_1+3y_2=-26
\end{aligned}
$$

然后由 $\boldsymbol{U}\boldsymbol{x}=\boldsymbol{y}$ 解出原方程组的解 $\boldsymbol{x}$，即

$$
\begin{bmatrix}1&1&0&3\\0&-1&-1&-5\\0&0&3&13\\0&0&0&-13\end{bmatrix}\begin{bmatrix}x_1\\x_2\\x_3\\x_4\end{bmatrix}=\begin{bmatrix}8\\-9\\26\\-26\end{bmatrix}
$$

使用向后代换得到 $x_4=2$，$x_3=0$，$x_2=-1$，$x_1=3$。

如果矩阵 $\boldsymbol{A}=[a_{ij}]_{n\times n}$ 的各顺序主子矩阵都非奇异，据定理 3.1 可知 Crout 分解是唯一的，且分解式 $\boldsymbol{L}\boldsymbol{U}$ 中 $\boldsymbol{L}$ 的主对角元 $l_{11},l_{22},\cdots,l_{nn}$ 皆非零，因此 Crout 分解过程可以进行到底。但是，上面讨论只限于 $\boldsymbol{A}$ 非奇异，因此还需类似于 Gauss 列主元消去法的选主元手段进行 Crout 分解，即每计算得到 $\boldsymbol{L}$ 的一列元素后，找出该列中绝对值最大的元素（例如 $l_{i_k,k}$），然后交换矩阵 $\boldsymbol{A}$ 以及 $\boldsymbol{L}$ 的第 i_k 行与第 k 行，再进行后续计算。这样并不影响分解式中 $\boldsymbol{L}$ 和 $\boldsymbol{U}$ 的其他元素。

若用按列选主元的 Crout 方法解线性方程组 $\boldsymbol{A}\boldsymbol{x}=\boldsymbol{b}$ 进行 $\boldsymbol{A}$ 和 $\boldsymbol{L}$ 的行交换，同时还要交换右端向量 b 的相应分量。

算法 3.5 应用按列选主元 Crout 分解方法解 n 阶线性方程组 $\boldsymbol{A}\boldsymbol{x}=\boldsymbol{b}$，其中 $\boldsymbol{A}=[a_{ij}]_{n\times n}$，$\boldsymbol{b}=[a_{1,n+1},a_{2,n+1},\cdots,a_{n,n+1}]^{\mathrm{T}}$。

输入：方程组的阶数 n；增广矩阵 $[\boldsymbol{A},\boldsymbol{b}]$。

输出：方程组的解 $x_1,x_2,\cdots,x_n$ 或系数矩阵奇异的信息。

Step 1 求 m，使

$$|a_{m1}|=\max_{1\leqslant i\leqslant n}|a_{i1}|$$

若 $|a_{m1}|=0$，则输出（'A is singular'），停机。

Step 2 若 $m\neq1$，则交换 $[\boldsymbol{A},\boldsymbol{b}]$ 的第一行与第 m 行。

Step 3 对 $j=2,3,\cdots,n$

$a_{1j}\leftarrow a_{1j}/a_{11}$。

Step 4 对 $k=2,3,\cdots,n-1$，执行 Step 5～8。

Step 5 对 $i=k,k+1,\cdots,n$

$$a_{ik}\leftarrow a_{ik}-\sum_{r=1}^{k-1}a_{ir}a_{rk}\text{。}$$

Step 6 求 m，使

$$|a_{m,k}|=\max_{k\leqslant i\leqslant n}|a_{ik}|$$

若 $|a_{m,k}|=0$，则输出（'A is singular'），停机。

Step 7 选 $m\neq k$，则交换 $[\boldsymbol{A},\ \boldsymbol{b}]$ 的第 k 行与第 m 行。

Step 8 对 $j=k+1,k+2,\cdots,n$

$$a_{kj} \leftarrow \left(a_{kj} - \sum_{r=1}^{k-1} a_{kr} a_{rj} \right) / a_{kk} 。$$

Step 9　$a_{nn} \leftarrow a_{nn} - \sum_{r=1}^{n-1} a_{nr} a_{rn}$，若$|a_{nn}|=0$，则输出（'A is singular'），停机。

Step 10　$a_{1,n+1} \leftarrow a_{1,n+1}/a_{11}$。

Step 11　对 $k=2,3,\cdots,n$

$$a_{k,n+1} \leftarrow \left(a_{k,n+1} - \sum_{r=1}^{k-1} a_{kr} a_{r,n+1} \right) / a_{kk} 。$$

Step 12　$x_n \leftarrow a_{n,n+1}$。

Step 13　对 $k=n-1,n-2,\cdots,1$

$$x_k \leftarrow a_{k,n+1} - \sum_{r=k+1}^{n} a_{kr} x_r 。$$

Step 14　输出 $(x_1,x_2,\cdots,x_n)$，停机。

3.2.3 Cholesky 分解

许多实际问题形成的线性方程组的系数矩阵是实对称正定阵，可以用直接三角分解法简化这类方程组的求解。

定理 3.2　假设 $\boldsymbol{A}$ 是 n 阶实对称正定矩阵，则必存在非奇异下三角矩阵 $\boldsymbol{L}$，使

$$\boldsymbol{A}=\boldsymbol{L}\boldsymbol{L}^{\mathrm{T}} \tag{3.24}$$

并且 $\boldsymbol{L}$ 的主对角元均为正时有唯一分解。

证明： 设 $\boldsymbol{A}$ 是 n 阶实对称正定矩阵，则它的各顺序主子矩阵 $\boldsymbol{A}_k$ $(k=1,2,\cdots,n)$ 都是非奇异。由定理 3.1 知，矩阵 $\boldsymbol{A}$ 可唯一地分解成

$$\boldsymbol{A}=\boldsymbol{L}_1\boldsymbol{D}\boldsymbol{R}$$

其中 $\boldsymbol{L}_1$ 为单位下三角阵，$\boldsymbol{R}$ 为单位上三角阵，$\boldsymbol{D}$ 为非奇异对角阵。由 $\boldsymbol{A}$ 的对称性$\boldsymbol{A}^{\mathrm{T}}=\boldsymbol{A}$，得到

$$\boldsymbol{L}_1\boldsymbol{D}\boldsymbol{R}=\boldsymbol{R}^{\mathrm{T}}\boldsymbol{D}\boldsymbol{L}_1^{\mathrm{T}}$$

从而，由分解的唯一性有 $\boldsymbol{L}_1=\boldsymbol{R}^{\mathrm{T}}$，$\boldsymbol{R}=\boldsymbol{L}_1^{\mathrm{T}}$，于是

$$\boldsymbol{A}=\boldsymbol{L}_1\boldsymbol{D}\boldsymbol{L}_1^{\mathrm{T}}$$

由于 $\boldsymbol{A}$ 正定，记 $\boldsymbol{D}=\mathrm{diag}(d_1,d_2,\cdots,d_n)$ $(d_i>0,i=1,2,\cdots,n)$，有

$$\boldsymbol{A}=\boldsymbol{L}_1\boldsymbol{D}\boldsymbol{L}_1^{\mathrm{T}}=\boldsymbol{L}_1\boldsymbol{D}^{\frac{1}{2}}\boldsymbol{D}^{\frac{1}{2}}\boldsymbol{L}_1^{\mathrm{T}}=(\boldsymbol{L}_1\boldsymbol{D}^{\frac{1}{2}})(\boldsymbol{L}_1\boldsymbol{D}^{\frac{1}{2}})^{\mathrm{T}}=\boldsymbol{L}\boldsymbol{L}^{\mathrm{T}}$$

其中 $\boldsymbol{D}^{\frac{1}{2}}=\mathrm{diag}(\sqrt{d_1},\sqrt{d_2},\cdots,\sqrt{d_n})$，$\boldsymbol{L}=\boldsymbol{L}_1\boldsymbol{D}^{\frac{1}{2}}$是非奇异下三角阵。当 $\boldsymbol{L}$ 的主对角元素限定为正时，分解式(3.24) 是唯一的。

通常称式(3.24) 为矩阵 $\boldsymbol{A}$ 的 Cholesky 分解或 $\boldsymbol{L}\boldsymbol{L}^{\mathrm{T}}$ 分解。下面，我们来确定分解式(3.24) 中下三角阵 $\boldsymbol{L}$ 的元素 l_{ij}。设 $\boldsymbol{A}=[a_{ij}]_{n\times n}$，由式(3.24) 两端矩阵的 (i,j) 位置元素对应相等有

$$\sum_{k=1}^{j} l_{ik} l_{jk} = a_{ij}, \quad i>j$$

以及

$$\sum_{k=1}^{i} l_{ik} l_{ik} = a_{ii}$$

即

$$\sum_{k=1}^{j-1} l_{ik} l_{jk} + l_{ij} l_{jj} = a_{ij}, \quad i > j \text{ 以及} \sum_{k=1}^{i-1} l_{ik}^2 + l_{ii}^2 = a_{ii}$$

从而得到计算 l_{ij} 的递推公式：

$$l_{ij} = \begin{cases} \left(a_{ii} - \sum_{k=1}^{i-1} l_{ik}^2 \right)^{\frac{1}{2}}, & i = j \\ \left(a_{ij} - \sum_{k=1}^{j-1} l_{ik} l_{jk} \right) / l_{jj}, & i > j \\ 0, & i < j \end{cases} \tag{3.25}$$

算法 3.6 对实对称正定矩阵 $\boldsymbol{A}$ 的 Cholesky 分解 $\boldsymbol{A} = \boldsymbol{L}\boldsymbol{L}^{\mathrm{T}}$，其中 $\boldsymbol{L}$ 是下三角阵。

输入：矩阵 $\boldsymbol{A}$ 的阶数 n；元素 $a_{ij}(i,j=1,2,\cdots,n)$。

输出：$\boldsymbol{L}$ 的元素 $l_{ij}(i=1,2,\cdots,n, j=1,2,\cdots,i)$。

Step 1 $a_{11} \leftarrow l_{11} = \sqrt{a_{11}}$。

Step 2 对 $i=2,3,\cdots,n$

$a_{i1} \leftarrow l_{i1} = a_{i1}/l_{11}$。

Step 3 对 $j=2,\cdots,n-1$，执行 Step 4～5。

Step 4 $a_{jj} \leftarrow l_{jj} = \left(a_{jj} - \sum_{k=1}^{i-1} l_{jk}^2 \right)^{\frac{1}{2}}$。

Step 5 对 $i=j+1, j+2, \cdots, n$

$$a_{ij} \leftarrow l_{ij} \left(a_{ij} - \sum_{k=1}^{j-1} l_{ik} l_{jk} \right) / a_{jj}。$$

Step 6 $a_{nn} \leftarrow l_{nn} = \left(a_{nn} - \sum_{k=1}^{n-1} l_{nk}^2 \right)^{\frac{1}{2}}$。

Step 7 输出 $(a_{ij}, i=1,2,\cdots,n, j=1,2,\cdots,i)$，停机。

在算法 3.6 中，实际上只要输入对称矩阵 $\boldsymbol{A}$ 的下三角部分元素，因此 $\boldsymbol{L}$ 的元素 l_{ij} 仍然存放到$\boldsymbol{A}$ 的 (i,j) 位置上。

将实对称正定矩阵 $\boldsymbol{A} = [a_{ij}]_{n \times n}$ 作 Cholesky 分解得到下三角阵 $\boldsymbol{L}$ 后，求解方程 $\boldsymbol{A}\boldsymbol{x} = \boldsymbol{b}$ 即等价于求解下面两个方程组

$$\boldsymbol{L}\boldsymbol{y} = \boldsymbol{b} \tag{3.26}$$

$$\boldsymbol{L}^{\mathrm{T}}\boldsymbol{x} = \boldsymbol{y} \tag{3.27}$$

我们从下三角形方程组(3.26) 解出 $\boldsymbol{y}$ 作为上三角形方程组(3.27) 的右端项，然后从方程组(3.27) 解出 $\boldsymbol{x}$，它便是原方程组 $\boldsymbol{A}\boldsymbol{x} = \boldsymbol{b}$ 的解。由方程组(3.26) 容易导出计算 $\boldsymbol{y}$ 各分量 y_i 的公式

$$y_i = \left(b_i - \sum_{k=1}^{i-1} l_{ik} y_k \right) / l_{ii}, \quad i = 1,2,\cdots,n$$

而由方程组(3.27) 容易导出计算 $\boldsymbol{x}$ 各分量 x_i 的公式

$$x_i = \left(y_i - \sum_{k=i+1}^{n} l_{ki} x_k \right) / l_{ii}, \quad i = n, n-1, \cdots, 1$$

应用 Cholesky 分解来解线性方程组的方法又称为平方根法。

【例 3.6】 正定矩阵 $\boldsymbol{A}$

$$A=\begin{bmatrix}4&-1&1\\-1&4.25&2.75\\1&2.75&3.3\end{bmatrix}$$

的 LDL^T 分解是

$$A=LDL^T=\begin{bmatrix}1&0&0\\-0.25&1&0\\0.25&0.75&1\end{bmatrix}\begin{bmatrix}4&0&0\\0&4&0\\0&0&1\end{bmatrix}\begin{bmatrix}1&-0.25&0.25\\0&1&0.75\\0&0&1\end{bmatrix}$$

于是 Cholesky 算法产生分解

$$A=LU=\begin{bmatrix}2&0&0\\-0.5&2&0\\0.5&1.5&1\end{bmatrix}\begin{bmatrix}2&-0.5&0.5\\0&2&1.5\\0&0&1\end{bmatrix}$$

3.2.4 LDL^T 分解

设 $A=[a_{ij}]_{n\times n}$ 是实对称正定矩阵，则有唯一的分解式

$$A=LDR$$

其中 L 为单位下三角阵，R 为单位上三角阵，D 为非奇异对角阵。由矩阵 A 的对称性和分解式的唯一性可得

$$A=LDL^T \tag{3.28}$$

设 L 的元素为 l_{ij}，$D=\mathrm{diag}(d_1,d_2,\cdots,d_n)$，则 $d_1,d_2,\cdots,d_n$ 均大于零。由式(3.28)两端矩阵的 (i,j) 位置元素对应相等有

$$\sum_{k=1}^{j}l_{ik}d_kl_{jk}=a_{ij},\quad j<i$$

和

$$\sum_{k=1}^{i}l_{ik}d_kl_{ik}=a_{ii}$$

从而有

$$l_{ij}=\left(a_{ij}-\sum_{k=1}^{j-1}l_{ik}d_kl_{jk}\right)/d_j,\quad j<i \tag{3.29}$$

$$d_i=\left(a_{ii}-\sum_{k=1}^{i-1}l_{ik}d_kl_{ik}\right) \tag{3.30}$$

对给定的线性方程组 $Ax=b$，其中 A 为对称正定的。令 $Ly=b$，$L^Tx=D^{-1}y$，则 $Ax=LDL^Tx=LDD^{-1}y=b$。于是，解方程组 $Ax=b$ 的步骤可总结为：

① 对矩阵 A 作 LDL^T 分解，即由式(3.29)和式(3.30)分别计算 L、D 的元素 l_{ij}、d_i；

② 解方程组 $Ly=b$。计算 $y=[y_1,y_2,\cdots,y_n]^T$ 的递推公式为

$$y_i=b_i-\sum_{k=1}^{i-1}l_{ik}y_k,\quad i=1,2,\cdots,n$$

③ 解方程组 $L^Tx=D^{-1}y$。计算 x 的递推公式为

$$x_i=y_i/d_i-\sum_{k=i+1}^{n}l_{ki}x_k,\quad i=n,n-1,\cdots,1$$

作矩阵的 LDL^{T} 分解，即按式(3.29) 和式(3.30) 计算 l_{ij} 和 d_i。与对 A 作 Cholesky 分解相比较，虽避免了开方运算，但乘除运算次数约增加一倍。为了减少乘除运算次数，需要修改 LDL^{T} 分解，不妨将式(3.29) 改写成

$$l_{ij}d_j = a_{ij} - \sum_{k=1}^{j-1} l_{ik}d_k l_{jk}, \quad j=1,2,\cdots,i-1 \tag{3.31}$$

令 $g_{ij}=l_{ij}d_j$，式(3.31) 和式(3.30) 分别写成

$$g_{ij} = a_{ij} - \sum_{k=1}^{j-1} g_{ik}l_{jk} \text{ 和 } d_i = a_{ii} - \sum_{k=1}^{i-1} g_{ik}l_{ik}$$

这样，应用修改的 LDL^{T} 分解来求解对称正定方程组 $Ax=b$ 的计算公式如下：

$$d_1 = a_{11}$$

$$\begin{cases} g_{ij} = a_{ij} - \sum_{k=1}^{j-1} g_{ik}l_{jk} \\ l_{ij} = g_{ij}/d_j \\ d_i = a_{ii} - \sum_{k=1}^{i-1} g_{ik}l_{ik} \end{cases} \tag{3.32}$$

其中 $i=2,3,\cdots,n, j=1,2,\cdots,i-1$。

$$y_i = b_i - \sum_{k=1}^{i-1} l_{ik}y_k, \quad i=1,2,\cdots,n \tag{3.33}$$

$$x_i = y_i/d_i - \sum_{k=i+1}^{n} l_{ki}x_k, \quad i=n,n-1,\cdots,1 \tag{3.34}$$

如果 $d_i \neq 0(i=1,2,\cdots,n)$，那么修改的 LDL^{T} 分解可以求解对称方程组 $Ax=b$。

算法 3.7 应用修改的 LDL^{T} 分解求解 n 阶线性方程组 $Ax=b$，其中 $A=[a_{ij}]_{n\times n}$，$b=[b_1,b_2,\cdots,b_n]^{\mathrm{T}}$。

输入：方程组的阶数 n；矩阵 A；右端项 b。

输出：方程组的解 $x_1,x_2,\cdots,x_n$ 或方法失败信息。

Step 1 若 $a_{11}=0$，则输出（'Method failed'），停机。

Step 2 $g_1 \leftarrow a_{21}$；

$a_{21} \leftarrow g_1/a_{11}$；

$a_{22} \leftarrow a_{22} - g_1 a_{21}$。

Step 3 若 $a_{22}=0$，则输出（'Method failed'），停机。

Step 4 对 $i=3,4,\cdots,n$，执行 Step 5～10。

Step 5 $g_1 \leftarrow a_{i1}$。

Step 6 对 $j=2,3,\cdots,i-1$

$$g_j \leftarrow a_{ij} - \sum_{k=1}^{j-1} g_k a_{jk}。$$

Step 7 $a_{i1} \leftarrow g_1/a_{11}$。

Step 8 对 $j=2,3,\cdots,i-1$

$a_{ij} \leftarrow g_j/a_{jj}$。

Step 9 $$a_{ii} \leftarrow a_{ii} - \sum_{k=1}^{i-1} g_k a_{ik}。$$

Step 10 若 $a_{ii}=0$，则输出（'Method failed'），停机。

Step 11 对 $i=2,3,\cdots,n$

$$b_i \leftarrow y_i = b_i - \sum_{k=1}^{i-1} a_{ik} b_k \text{。}$$

Step 12 $x_n \leftarrow b_n / a_{nn}$。

Step 13 对 $i=n-1,n-2,\cdots,1$

$$x_i \leftarrow b_i / a_{ii} - \sum_{k=i+1}^{n} a_{ki} x_k \text{。}$$

Step 14 输出 $(x_1,x_2,\cdots,x_n)$，停机。

3.2.5 解三对角线性方程组的三对角算法（追赶法）

实际应用中系数矩阵 $\boldsymbol{A}$ 常常具有带状特征，下面我们考虑三对角线性方程组 $\boldsymbol{Ax}=\boldsymbol{b}$ 的解法，其中三对角系数矩阵是

$$\boldsymbol{A}=\begin{bmatrix} d_1 & c_1 & & & & \\ a_2 & d_2 & c_2 & & & \\ & a_3 & d_3 & c_3 & & \\ & & \ddots & \ddots & \ddots & \\ & & & a_{n-1} & d_{n-1} & c_{n-1} \\ & & & & a_n & d_n \end{bmatrix} \tag{3.35}$$

右端项 $\boldsymbol{b}=[b_1,b_2,\cdots,b_n]^{\mathrm{T}}$。将矩阵 $\boldsymbol{A}$ 作如下形式的 Crout 分解：

$$\boldsymbol{A}=\begin{bmatrix} p_1 & & & & \\ a_2 & p_2 & & & \\ & a_3 & p_3 & & \\ & & \ddots & \ddots & \\ & & & a_n & p_n \end{bmatrix}\begin{bmatrix} 1 & q_1 & & & & \\ & 1 & q_2 & & & \\ & & 1 & q_3 & & \\ & & & \ddots & \ddots & \\ & & & & & q_{n-1} \\ & & & & & 1 \end{bmatrix} \tag{3.36}$$

容易得到 Crout 方法的计算公式：

$$\begin{aligned} & p_1=d_1, q_1=c_1/d_1 \\ & \left.\begin{aligned} & p_k=d_k-a_k q_{k-1} \\ & q_k=c_k/p_k \end{aligned}\right\} k=2,3,\cdots,n-1 \\ & p_n=d_n-a_n q_{n-1} \\ & y_1=b_1/d_1 \\ & y_k=(b_k-a_k y_{k-1})/p_k, k=2,3,\cdots,n \\ & x_n=y_n \\ & x_k=y_k-q_k x_{k+1}, k=n-1,n-2,\cdots,1 \end{aligned}$$

计算 y_k 的过程称为“追”过程，计算 x_k 的过程称为“赶”过程，因此该方法又称为追赶法。

算法 3.8 应用追赶法求解三对角线性方程组 $\boldsymbol{Ax}=\boldsymbol{b}$，其中 $\boldsymbol{A}$ 的下次对角元素为 a_2，$a_3,\cdots,a_n$，主对角元素为 $d_1,d_2,\cdots,d_n$，上次对角元素为 $c_1,c_2,\cdots,c_{n-1}$，以及 $\boldsymbol{b}=[b_1$，

$b_2,\cdots,b_n]^T$。

输入：方程组的阶数 n；矩阵 $\boldsymbol{A}$；向量 $\boldsymbol{b}$。

输出：方程组的解 $x_1,\cdots,x_n$ 或方法失败信息。

Step 1　若 $d_1=0$，则输出（'Method failed'），停机。

Step 2　$p_1 \leftarrow d_1$；

$q_1 \leftarrow c_1/d_1$。

Step 3　对 $k=2,3,\cdots,n-1$，执行 Step 4～6。

Step 4　$p_k \leftarrow d_k - a_k q_{k-1}$。

Step 5　若 $p_k=0$，则输出（'Method failed'），停机。

Step 6　$q_k \leftarrow c_k/p_k$。

Step 7　$p_n \leftarrow d_n - a_n q_{n-1}$。

Step 8　若 $p_n=0$，则输出（'Method failed'），停机。

Step 9　$y_1 \leftarrow b_1/p_1$。

Step 10　对 $k=2,3,\cdots,n$

$y_k \leftarrow (b_k - a_k y_{k-1})/p_k$。

Step 11　$x_n \leftarrow y_n$。

Step 12　对 $k=n-1,n-2,\cdots,1$

$x_k \leftarrow y_k - q_k x_{k+1}$。

Step 13　输出 $(x_1,x_2,\cdots,x_n)$，停机。

【例 3.7】 考虑三对角方程组

$$\begin{aligned} 2x_1 - x_2 &= 1 \\ -x_1 + 2x_2 - x_3 &= 0 \\ -x_2 + 2x_3 - x_4 &= 0 \\ -x_3 + 2x_4 &= 1 \end{aligned}$$

其系数矩阵 $\boldsymbol{A}$ 的 Crout 分解是

$$\boldsymbol{A}=\begin{bmatrix} 2 & -1 & 0 & 0 \\ -1 & 2 & -1 & 0 \\ 0 & -1 & 2 & -1 \\ 0 & 0 & -1 & 2 \end{bmatrix}=\begin{bmatrix} 2 & 0 & 0 & 0 \\ -1 & \frac{3}{2} & 0 & 0 \\ 0 & -1 & \frac{4}{3} & 0 \\ 0 & 0 & -1 & \frac{5}{4} \end{bmatrix}\begin{bmatrix} 1 & -\frac{1}{2} & 0 & 0 \\ 0 & 1 & -\frac{2}{3} & 0 \\ 0 & 0 & 1 & -\frac{3}{4} \\ 0 & 0 & 0 & 1 \end{bmatrix}=\boldsymbol{LU}$$

求解 $\boldsymbol{Ly}=\boldsymbol{b}$ 得到 $\boldsymbol{y}=\left(\frac{1}{2},\ \frac{1}{3},\ \frac{1}{4},\ 1\right)^T$，再求解 $\boldsymbol{Ux}=\boldsymbol{y}$ 得到 $\boldsymbol{x}=(1,1,1,1)^T$。

3.3 向量和矩阵的范数

在数值代数、误差分析和微分方程的数值解法中需要用到向量和矩阵的“大小”即范数和极限概念。下面我们来讨论向量和矩阵的范数。

3.3.1 向量范数

设 $\boldsymbol{R}^n$（或 $\boldsymbol{C}^n$）表示实数域 R（或复数域 C）上的全体 n 维向量，$\boldsymbol{x}=[x_1,x_2,\cdots,x_n]^T \in$

$\boldsymbol{R}^n$（或 $\boldsymbol{C}^n$）构成一个线性空间。若在 $\boldsymbol{R}^n(\boldsymbol{C}^n)$ 中定义了一个实值函数 $\|\boldsymbol{x}\|$ 满足下列条件：

(1) 非负性

$$\|\boldsymbol{x}\|>0, \forall \boldsymbol{x}\in \boldsymbol{R}^n(\text{或 } \boldsymbol{C}^n), \boldsymbol{x}\neq 0 \tag{3.37}$$

(2) 齐次性

$$\|\lambda \boldsymbol{x}\|=|\lambda|\,\|\boldsymbol{x}\|, \forall \boldsymbol{x}\in \boldsymbol{R}^n(\text{或 } \boldsymbol{C}^n), \text{以及 } \forall \boldsymbol{x}\in \mathbf{R}(\text{或 } \mathbf{C}) \tag{3.38}$$

(3) 三角不等式

$$\|\boldsymbol{x}+\boldsymbol{y}\|\leqslant\|\boldsymbol{x}\|+\|\boldsymbol{y}\|, \forall \boldsymbol{x},\boldsymbol{y}\in \boldsymbol{R}^n(\text{或 } \boldsymbol{C}^n) \tag{3.39}$$

则称 $\|\boldsymbol{x}\|$ 为 $\boldsymbol{x}$ 的一种范数，并称 $\boldsymbol{R}^n$（或 $\boldsymbol{C}^n$）是赋以范数 $\|\boldsymbol{x}\|$ 的赋范线性空间。

在赋范线性空间 $\boldsymbol{R}^n$（或 $\boldsymbol{C}^n$）中，定义向量 $\boldsymbol{x}$ 和 $\boldsymbol{y}$ 的距离

$$d(\boldsymbol{x},\boldsymbol{y})=\|\boldsymbol{x}-\boldsymbol{y}\|$$

为叙述简单，我们仅讨论 $\boldsymbol{R}^n$ 空间的向量范数，$\boldsymbol{C}^n$ 空间的向量范数类似讨论。在 $\boldsymbol{R}^n$ 中引进函数

$$f_p(\boldsymbol{x})=\left(\sum_{i=1}^{n}|x_i|^p\right)^{1/p}$$

其中 $\boldsymbol{x}=[x_1,x_2,\cdots,x_n]^{\mathrm{T}}$，$p$ 为正整数且 $p\geqslant 1$。容易验证，$f_p(x)$ 满足条件式(3.37) 和 (3.38)，再根据 Minkowski 不等式

$$\left(\sum_{i=1}^{n}|x_i+y_i|^p\right)^{1/p}\leqslant\left(\sum_{i=1}^{n}|x_i|^p\right)^{1/p}+\left(\sum_{i=1}^{n}|y_i|^p\right)^{1/p}$$

推得 $f_p(x)$ 满足条件式(3.39)。因此，$f_p(x)$ 是 $\boldsymbol{R}^n$ 中的一种范数，称为向量 $\boldsymbol{x}$ 的 l_p 范数，即

$$\|\boldsymbol{x}\|_p=\left(\sum_{i=1}^{n}|x_i|^p\right)^{1/p}, p\geqslant 1 \tag{3.40}$$

数值方法最常用的是 l_1, l_2, l_∞ 范数

$$\|\boldsymbol{x}\|_1=\sum_{i=1}^{n}|x_i| \tag{3.41}$$

$$\|\boldsymbol{x}\|_2=\left(\sum_{i=1}^{n}|x_i|^2\right)^{1/2} \tag{3.42}$$

$$\|\boldsymbol{x}\|_\infty=\lim_{p\to\infty}\|\boldsymbol{x}\|_p=\lim_{p\to\infty}\left(\sum_{i=1}^{n}|x_i|^p\right)^{1/p}$$

现证明

$$\|\boldsymbol{x}\|_\infty=\max_{1\leqslant i\leqslant n}|x_i| \tag{3.43}$$

事实上，令 $|x_j|=\max\limits_{1\leqslant i\leqslant n}|x_i|$，则

$$\left(\sum_{i=1}^{n}|x_i|^p\right)^{1/p}=|x_j|\left(\sum_{i=1}^{n}\left|\frac{x_i}{x_j}\right|^p\right)^{1/p}, \boldsymbol{x}\neq \boldsymbol{O}$$

由于

$$\left|\frac{x_i}{x_j}\right|\leqslant 1$$

因此

$$1\leqslant\sum_{i=1}^{n}\left|\frac{x_i}{x_j}\right|^p\leqslant n$$

从而可知

$$\lim_{p\to\infty}\left(\sum_{i=1}^{n}\left|\frac{x_i}{x_j}\right|^p\right)^{1/p}=1$$

于是

$$\|\boldsymbol{x}\|_\infty=|x_j|=\max_{1\leqslant i\leqslant n}|x_i|$$

当 $\boldsymbol{x}=0$ 时，式(3.43) 显然成立。

在 $\boldsymbol{R}^n$ 空间中，向量 $\boldsymbol{x}=[x_1,x_2,\cdots,x_n]^{\mathrm{T}}$ 和 $\boldsymbol{y}=[y_1,y_2,\cdots,y_n]^{\mathrm{T}}$ 的内积 $(\boldsymbol{x},\boldsymbol{y})$ 定义为

$$(\boldsymbol{x},\boldsymbol{y})=\sum_{i=1}^{n}x_iy_i=\boldsymbol{y}^{\mathrm{T}}\boldsymbol{x}$$

定义上述内积的空间 $\boldsymbol{R}^n$ 称为 n 维 Euclid 空间。特别地，称 $\|\boldsymbol{x}\|_2=\sqrt{(\boldsymbol{x},\boldsymbol{x})}$ 为 Euclid 范数或 Euclid 长度。

在 Euclid 空间 $\boldsymbol{R}^n$ 中，任意两个向量满足 Cauchy-Schwarz 不等式

$$|(\boldsymbol{x},\boldsymbol{y})|\leqslant\|\boldsymbol{x}\|_2\|\boldsymbol{y}\|_2\rightarrow\left|\sum_{i=1}^{n}x_iy_i\right|\leqslant\left(\sum_{i=1}^{n}x_i^2\right)^{\frac{1}{2}}\left(\sum_{i=1}^{n}y_i^2\right)^{\frac{1}{2}}\tag{3.44}$$

当且仅当 $\boldsymbol{x}$ 和 $\boldsymbol{y}$ 线性相关时，式(3.44) 等号成立。

【例 3.8】 向量 $\boldsymbol{x}=[2,1,-2]$，$\boldsymbol{y}=[1,-1,2]$ 的 l_1,l_2,l_∞ 范数分别为

$$\|\boldsymbol{x}\|_1=5,\quad\|\boldsymbol{x}\|_2=3,\quad\|\boldsymbol{x}\|_\infty=2$$

$$\|\boldsymbol{y}\|_1=4,\quad\|\boldsymbol{y}\|_2=\sqrt{6},\quad\|\boldsymbol{y}\|_\infty=2$$

$\boldsymbol{R}^n$ 中的向量范数具有下列性质：

① $\|\boldsymbol{0}\|=0$。

② $\forall\boldsymbol{x},\boldsymbol{y}\in\boldsymbol{R}^n$，恒有

$$|\|\boldsymbol{x}\|-\|\boldsymbol{y}\||\leqslant\|\boldsymbol{x}-\boldsymbol{y}\|$$

按不同公式规定的向量范数，其大小一般不相等。然而，我们有下面的范数等价性。

③ $\boldsymbol{R}^n$ 中的一切向量范数都是等价的，即对任意两种范数 $\|\boldsymbol{x}\|_\alpha$ 和 $\|\boldsymbol{x}\|_\beta$ 总存在两个与 $\boldsymbol{x}$ 无关的正常数 $C_1,C_2\in\boldsymbol{R}$，使得

$$C_1\|\boldsymbol{x}\|_\beta\leqslant\|\boldsymbol{x}\|_\alpha\leqslant C_2\|\boldsymbol{x}\|_\beta,\ \forall\boldsymbol{x}\in\boldsymbol{R}^n\tag{3.45}$$

④ $\boldsymbol{R}^n$ 中的向量范数 $\|\boldsymbol{x}\|_\alpha$ 关于任意一个范数 $\|\boldsymbol{x}\|_\beta$ 是 $\boldsymbol{x}$ 的一致连续函数，即对任给 $\varepsilon>0$，存在 $\delta=\delta(\varepsilon)>0$，使得当 $\|\boldsymbol{y}-\boldsymbol{x}\|_\beta<\delta$ 时，恒有

$$|\|\boldsymbol{y}\|_\alpha-\|\boldsymbol{x}\|_\alpha|<\varepsilon$$

$\boldsymbol{R}^n$ 空间中的 $l_p\ (p=1,2,\infty)$ 范数满足下面关系式：

$$\|\boldsymbol{x}\|_\infty\leqslant\|\boldsymbol{x}\|_1\leqslant n\|\boldsymbol{x}\|_\infty\tag{3.46}$$

$$\|\boldsymbol{x}\|_\infty\leqslant\|\boldsymbol{x}\|_2\leqslant\sqrt{n}\|\boldsymbol{x}\|_\infty\tag{3.47}$$

$$\frac{1}{\sqrt{n}}\|\boldsymbol{x}\|_1\leqslant\|\boldsymbol{x}\|_2\leqslant\|\boldsymbol{x}\|_1\tag{3.48}$$

不等式(3.46)～不等式(3.48) 的右边都是显然成立的。根据 Cauchy-Schwarz 不等式有

$$\begin{aligned}(|x_1|+|x_2|+\cdots+|x_n|)^2&=(|x_1|\times1+|x_2|\times1+\cdots+|x_n|\times1)^2\\&\leqslant(|x_1|^2+|x_2|^2+\cdots+|x_n|^2)(1^2+1^2+\cdots+1^2)\\&=n(|x_1|^2+|x_2|^2+\cdots+|x_n|^2)\end{aligned}$$

两边开方并除以 $\sqrt{n}$，便得到式(3.48) 左边不等式。

3.3.2　矩阵范数

假设 $R^{n\times n}$ 表示全体 $n\times n$ 阶实矩阵构成的线性空间，定义一个实值函数 $\|\boldsymbol{A}\|$（$\boldsymbol{A}\in\boldsymbol{R}^{n\times n}$）满足下列条件：

① $\|\boldsymbol{A}\|>0, \forall \boldsymbol{A}\in\boldsymbol{R}^{n\times n}, \boldsymbol{A}\neq\boldsymbol{O}$　(3.49)

② $\|\lambda\boldsymbol{A}\|=|\lambda|\,\|\boldsymbol{A}\|, \forall \boldsymbol{A}\in\boldsymbol{R}^{n\times n}, \lambda\in\mathbf{R}$　(3.50)

③ $\|\boldsymbol{A}+\boldsymbol{B}\|\leqslant\|\boldsymbol{A}\|+\|\boldsymbol{B}\|, \forall \boldsymbol{A},\boldsymbol{B}\in\boldsymbol{R}^{n\times n}$　(3.51)

④ $\|\boldsymbol{AB}\|\leqslant\|\boldsymbol{A}\|\cdot\|\boldsymbol{B}\|, \forall \boldsymbol{A},\boldsymbol{B}\in\boldsymbol{R}^{n\times n}$　(3.52)

则称 $\|\boldsymbol{A}\|$ 为矩阵 $\boldsymbol{A}$ 的一种范数。

假设在 $\boldsymbol{R}^{n\times n}$ 中规定了一种矩阵范数 $\|\cdot\|_\beta$，在 $\boldsymbol{R}^n$ 中规定了一种向量范数 $\|\cdot\|_\alpha$。若对 $\boldsymbol{R}^{n\times n}$ 中的任何一个矩阵 $\boldsymbol{A}$ 和 $\boldsymbol{R}^n$ 中的任何一个向量 $\boldsymbol{x}$，恒有不等式

$$\|\boldsymbol{Ax}\|_\alpha\leqslant\|\boldsymbol{A}\|_\beta\cdot\|\boldsymbol{x}\|_\alpha \tag{3.53}$$

成立，则说上述矩阵范数和向量范数是相容的。

定理 3.3　设 $\|\boldsymbol{A}\|_\beta$ 是 $\boldsymbol{R}^{n\times n}$ 中的任意一种矩阵范数，则在 $\boldsymbol{R}^n$ 中至少存在一种向量范数 $\|\boldsymbol{x}\|_\alpha$，使得 $\|\boldsymbol{A}\|_\beta$ 和 $\|\boldsymbol{x}\|_\alpha$ 是相容的。

定理 3.4　对于 $\boldsymbol{R}^n$ 中的每一向量范数 $\|\boldsymbol{x}\|_\alpha$，$\boldsymbol{R}^{n\times n}$ 中至少存在一种从属于它的矩阵范数

$$\|\boldsymbol{A}\|=\max_{\|\boldsymbol{x}\|_\alpha=1}\|\boldsymbol{Ax}\|_\alpha \tag{3.54}$$

在式(3.54)中分别取向量的 $l_p(p=1,2,\infty)$ 范数，可得到矩阵范数 $\|\boldsymbol{A}\|_p(p=1,2,\infty)$。这三种矩阵范数分别从属于 $l_p(p=1,2,\infty)$ 范数，它们有比较明显的表达式。设 $\boldsymbol{A}=[a_{ij}]_{n\times n}$，则

$$\|\boldsymbol{A}\|_1=\max_{1\leqslant j\leqslant n}\sum_{i=1}^{n}|a_{ij}| \tag{3.55}$$

$$\|\boldsymbol{A}\|_2=\sqrt{\lambda_1}, \lambda_1 \text{ 是 } \boldsymbol{A}^{\mathrm{T}}\boldsymbol{A} \text{ 的最大特征值} \tag{3.56}$$

$$\|\boldsymbol{A}\|_\infty=\max_{1\leqslant i\leqslant n}\sum_{j=1}^{n}|a_{ij}| \tag{3.57}$$

其中 $\|\boldsymbol{A}\|_2$ 又称为矩阵 $\boldsymbol{A}$ 的谱范数。

还有一种常用的矩阵范数是 Frobenius 范数（又称为 Suchur 范数）：

$$\|\boldsymbol{A}\|_F=\left(\sum_{i,j=1}^{n}|a_{ij}|^2\right)^{1/2} \tag{3.58}$$

类似于向量范数的性质①～④，对于矩阵范数有下列性质：

① 零矩阵的范数等于零，即

$$\|\boldsymbol{O}\|=0$$

② 对任意的 $\boldsymbol{A},\boldsymbol{B}\in\boldsymbol{R}^{n\times n}$，恒有

$$\big|\,\|\boldsymbol{A}\|-\|\boldsymbol{B}\|\,\big|\leqslant\|\boldsymbol{A}-\boldsymbol{B}\|$$

③ 设 $\|\cdot\|_\alpha$ 和 $\|\cdot\|_\beta$ 是 $\boldsymbol{R}^{n\times n}$ 中的任意两个矩阵范数，则存在正常数 $c_1,c_2\in\mathbf{R}$ 使得

$$c_1\|\boldsymbol{A}\|_\beta\leqslant\|\boldsymbol{A}\|_\alpha\leqslant c_2\|\boldsymbol{A}\|_\beta, \forall \boldsymbol{A}\in\boldsymbol{R}^{n\times n}$$

④ $\boldsymbol{R}^{n\times n}$ 中的矩阵范数 $\|\boldsymbol{A}\|_\alpha$ 是关于 $\boldsymbol{R}^{n\times n}$ 任意一种矩阵范数 $\|\boldsymbol{A}\|_\beta$ 的 $\boldsymbol{A}$ 的一致连续函数。

Frobenius 范数和谱范数满足不等式：

$$\|A\|_2 \leqslant \|A\|_F \leqslant \sqrt{n}\,\|A\|_2 \tag{3.59}$$

其中 $A \in R^{n\times n}$。

以上介绍的 $n\times n$ 阶矩阵范数还可以推广到 $m\times n$ 阶矩阵的情形。设 $C^{m\times n}$ 表示全体 $m\times n$ 阶复矩阵构成的线性空间，$A\in C^{m\times n}$。若在 $C^{m\times n}$ 中定义一个实值函数 $\|A\|$，它满足下列条件：

① $\|A\|>0, \forall A\in C^{m\times n}, A\neq O$;

② $\|\lambda A\| = |\lambda|\,\|A\|, \forall A\in C^{m\times n}, \lambda\in C$;

③ $\|A+B\|\leqslant\|A\|+\|B\|, \forall A,B\in C^{m\times n}$。

则 $\|A\|$ 称为矩阵 A 的一种范数。

假设在 $C^{m\times n}$、$C^{n\times p}$ 和 $C^{m\times p}$ 中分别规定矩阵范数 $\|\cdot\|$、$\|\cdot\|_\alpha$ 和 $\|\cdot\|_\beta$。若对任意的 $A\in C^{m\times n}$，$B\in C^{n\times p}$ 恒有

$$\|AB\|_\beta \leqslant \|A\|\cdot\|B\|_\alpha \tag{3.60}$$

则说矩阵范数 $\|\cdot\|$ 和 $\|\cdot\|_\alpha$，$\|\cdot\|_\beta$ 相容。

特别地，当 $p=1$ 时，对任意的 $A\in C^{m\times n}$ 及 $x\in C^n$，式(3.60) 可改写为

$$\|Ax\|_\beta \leqslant \|A\|\cdot\|x\|_\alpha \tag{3.61}$$

此时，矩阵范数 $\|\cdot\|$ 和向量范数 $\|\cdot\|_\alpha$，$\|\cdot\|_\beta$ 是相容的。若对任意的 $A\in C^{m\times n}$，存在 $x_0\in C^n$ 使得式(3.61) 中等号成立，即

$$\|Ax_0\|_\beta = \|A\|\cdot\|x_0\|_\alpha \tag{3.62}$$

则说 $\|A\|$ 是从属于向量范数 $\|x\|_\alpha$、$\|x\|_\beta$ 的矩阵范数。

假设 $m=n=p$，则式(3.60) 可写成

$$\|AB\| \leqslant \|A\|\cdot\|B\|$$

此时，$C^{m\times n}$ 中的矩阵范数 $\|\cdot\|$ 是相容的。因此，n 阶矩阵范数定义中的条件④表明所定义的范数是相容的。

假设 $A\in C^{m\times n}$，按式(3.54) 定义的矩阵范数可改写成

$$\|A\| = \max_{\|x\|_\alpha=1} \|Ax\|_\beta \tag{3.63}$$

其中 $\|\cdot\|_\alpha$、$\|\cdot\|_\beta$ 分别是 C^n 和 C^m 中规定的向量范数。设 $A\in C^{m\times n}$，则

$$\|A\|_1 = \max_{1\leqslant j\leqslant n} \sum_{i=1}^{m} |a_{ij}| \tag{3.64}$$

$$\|A\|_2 = \sqrt{\lambda_1} \tag{3.65}$$

其中 λ 是 $A^{\mathrm{H}}A$ 的最大特征值，A^{H} 是 A 的共轭转置矩阵；

$$\|A\|_\infty = \max_{1\leqslant i\leqslant m} \sum_{j=1}^{n} |a_{ij}|$$

假设 $A\in C^{n\times n}$，用 $\rho(A)$ 表示矩阵 A 的谱半径，即

$$\rho(A) = \max_{1\leqslant i\leqslant n} |\lambda_i| \tag{3.66}$$

其中 $\lambda_1,\cdots,\lambda_n$ 是 A 的 n 个特征值。$C^{n\times n}$ 中矩阵范数和谱半径之间有如下关系。

定理 3.5 对于 $C^{n\times n}$ 中的任何矩阵范数 $\|\cdot\|$，恒有

$$\rho(A) \leqslant \|A\| \tag{3.67}$$

定理 3.6 设 $A\in C^{n\times n}$，对于任意给定的 $\varepsilon>0$，在 $C^{n\times n}$ 中至少存在一种矩阵范数 $\|\cdot\|_\beta$，使得

$$\|A\|_\beta \leqslant \rho(A)+\varepsilon \tag{3.68}$$

定理 3.7 （Banach 引理）设 $\boldsymbol{B}\in\boldsymbol{C}^{n\times n}$，$\rho(\boldsymbol{B})<1$，则 $\boldsymbol{I}\pm\boldsymbol{B}$ 都是非奇异矩阵。对任何使 $\|\boldsymbol{I}\|=1$ 的矩阵范数 $\|\cdot\|$，若有 $\|\boldsymbol{B}\|<1$，则

$$\frac{1}{1+\|\boldsymbol{B}\|}\leqslant\|(\boldsymbol{I}\pm\boldsymbol{B})^{-1}\|<\frac{1}{1-\|\boldsymbol{B}\|} \tag{3.69}$$

3.3.3 向量和矩阵序列的极限

假设给出 $\boldsymbol{C}^n$ 空间中的向量序列 $\{\boldsymbol{x}_k\}$，其中

$$\boldsymbol{x}_k=[x_1^{(k)},x_2^{(k)},\cdots,x_n^{(k)}]^{\mathrm{T}}$$

若 $\boldsymbol{x}_k$ 的每一个分量 $x_1^{(k)}$ 都存在极限 x_i，即

$$\lim_{k\to\infty}x_i^{(k)}=x_i,\quad i=1,2,\cdots,n$$

则称向量 $\boldsymbol{x}=[x_1,x_2,\cdots,x_n]^{\mathrm{T}}$ 为向量序列 $\{x_k\}$ 的极限，或者说向量序列 $\{\boldsymbol{x}_k\}$ 收敛于向量 $\boldsymbol{x}$，记作 $\lim\limits_{k\to\infty}\boldsymbol{x}_k=\boldsymbol{x}$ 或 $\boldsymbol{x}_k\to\boldsymbol{x}(k\to\infty)$。

根据向量范数的等价性有下面的定理。

定理 3.8 $\boldsymbol{C}^n$ 空间中向量序列 $\{\boldsymbol{x}_k\}$ 收敛于向量 $\boldsymbol{x}$ 的充分必要条件是对任意一种向量范数 $\|\cdot\|$ 有

$$\lim_{k\to\infty}\|\boldsymbol{x}_k-\boldsymbol{x}\|=0$$

证明： 设 $\boldsymbol{x}_k=[x_1^{(k)},\cdots,x_n^{(k)}]^{\mathrm{T}}$，$\boldsymbol{x}=[x_1,\cdots,x_n]^{\mathrm{T}}$。据向量范数的等价交易知，若对某种向量范数，例如 l_∞ 范数，有

$$\lim_{k\to\infty}\|\boldsymbol{x}_k-\boldsymbol{x}\|_\infty=0$$

则对任意一种范数 $\|\cdot\|$ 都有

$$\lim_{k\to\infty}\|\boldsymbol{x}_k-\boldsymbol{x}\|=0$$

因此，我们只要对 l_∞ 范数证明本定理。

必要性 假设当 $k\to\infty$ 时，$\boldsymbol{x}_k\to\boldsymbol{x}$，则当 $k\to\infty$ 时，$\boldsymbol{x}_k-\boldsymbol{x}\to 0$。从而，当 $k\to\infty$ 时，$x_i^{(k)}-x_i\to 0$，$i=1,2,\cdots,n$。因此，对任给的 $\varepsilon>0$，对每一个 $i(i=1,2,\cdots,n)$ 总存在自然数 K，当 $k>K_i$ 时有

$$|x_i^{(k)}-x_i|<\varepsilon$$

取 $K=\max\limits_{1\leqslant i\leqslant n}K_i$，当 $k>K$ 时，有

$$|\boldsymbol{x}_i^{(k)}-\boldsymbol{x}_i|<\varepsilon,\quad i=1,2,\cdots,n$$

因此 $\max\limits_{1\leqslant i\leqslant n}|x_i^{(k)}-x_i|<\varepsilon$，即 $\|\boldsymbol{x}_k-\boldsymbol{x}\|_\infty<\varepsilon$。故当 $k\to\infty$ 时，

$$\|\boldsymbol{x}_k-\boldsymbol{x}\|_\infty\to 0$$

充分性 假设 $\|\boldsymbol{x}_k-\boldsymbol{x}\|_\infty\to 0$，$k\to\infty$，即

$$\max_{1\leqslant i\leqslant n}|x_i^{(k)}-x_i|\to 0,k\to\infty$$

由于

$$|x_j^{(k)}-x_j|\leqslant\max_{1\leqslant i\leqslant n}|x_i^{(k)}-x_i|,\quad j=1,2,\cdots,n$$

因此 $|x_j^{(k)}-x_j|\to 0$，$k\to\infty$，$j=1,2,\cdots,n$，即 $\lim\limits_{k\to\infty}\boldsymbol{x}_k=\boldsymbol{x}$。

定理 3.9 $\boldsymbol{C}^{n\times n}$空间中矩阵序列 $\boldsymbol{A}_1,\boldsymbol{A}_2,\cdots,\boldsymbol{A}_k,\cdots$收敛于矩阵 $\boldsymbol{A}$ 的充分必要条件是对于任意的一种矩阵范数 $\|\cdot\|$ 有

$$\lim_{k\to\infty}\|A_k-A\|=0$$

定理 3.10 设$A\in C^{n\times n}$，$\lim\limits_{k\to\infty}A^k=O$的充分必要条件为

$$\rho(A)<1 \tag{3.70}$$

由定理 3.5 和定理 3.10，立即得到下面的推论。

推论 3.1 设$A\in C^{n\times n}$，只要对$C^{n\times n}$中某一种矩阵范数$\|\cdot\|_\alpha$有$\|A\|_\alpha<1$，则$\lim\limits_{k\to\infty}A^k=O$。

定理 3.11 设$B\in C^{n\times n}$，级数$\sum\limits_{k=0}^{\infty}B^k=I+B+B^2+\cdots+B^k+\cdots$收敛的充分必要条件为

$$\rho(B)<1$$

若$\rho(B)<1$，则$(I-B)^{-1}$存在

$$(I-B)^{-1}=\sum_{k=0}^{\infty}B^k \tag{3.71}$$

定理 3.12 设$B\in C^{n\times n}$，若对$C^{n\times n}$中的某一种矩阵范数$\|\cdot\|$有$\|B\|<1$，则级数

$$I+B+B^2+\cdots+B^k+\cdots$$

收敛于$(I-B)^{-1}$，且对任何非负整数k有估计式

$$\|(I-B)^{-1}-(I+B+B^2+\cdots+B^k)\|\leqslant\frac{\|B\|^{k+1}}{1-\|B\|} \tag{3.72}$$

定理 3.13 设$A\in C^{n\times n}$在酉变换下，谱范数$\|A\|_2$和 Frobenius 范数$\|A\|_F$保持不变，即设$Q\in C^{n\times n}$，$Q^HQ=I$则有

$$\|A\|_2=\|AQ\|_2=\|QA\|_2$$
$$\|A\|_F=\|AQ\|_F=\|QA\|_F$$

证明：因Q是酉阵，即$Q^HQ=I$，因此$\|Q^H\|_2=\|Q\|_2=1$。于是有

$$\|AQ\|_2\leqslant\|A\|_2\|Q\|_2=\|A\|_2$$

以及

$$\|A\|_2=\|AQQ^H\|_2\leqslant\|AQ\|_2\|Q^H\|_2=\|AQ\|_2$$

故有

$$\|A\|_2=\|AQ\|_2$$

同理有

$$\|A\|_2=\|QA\|_2$$

其次，设$x\in C^n$，则

$$\|Qx\|_2^2=(Qx)^HQx=x^HQ^HQx=x^Hx=\|x\|_2^2$$

这说明，在酉变换下 Euclid 长度保持不变。记$A=[a_1,a_2,\cdots,a_n]$，则

$$QA=[Qa_1,Qa_2,\cdots,Qa_n]$$

于是

$$\|A\|_F^2=\sum_{j=1}^{n}\|a_j\|_2^2=\sum_{j=1}^{n}\|Qa_j\|_2^2=\|QA\|^2$$

故得

$$\|A\|_F=\|QA\|_F$$

又

$$\|A\|_F=\|A^H\|_F=\|Q^HA^H\|_F=\|(AQ)^H\|_F=\|AQ\|_F$$

3.4 条件数和摄动理论初步

在线性代数计算中，计算结果通常是近似的。这是因为问题的初始数据，例如线性方程组的系数矩阵和右端项往往不准确，因此使计算结果产生误差。或者说，若初始数据有摄动，则计算结果将产生摄动。

下面举例说明初始数据的摄动对计算结果的影响。例如，矩阵

$$A(0)=\begin{bmatrix}5&7&6&5\\7&10&8&7\\6&8&10&9\\5&7&9&10\end{bmatrix}$$

的行列式 $\det A(0)=1$，而

$$A^{-1}(0)=\begin{bmatrix}68&-41&-17&10\\-41&25&10&-6\\-17&10&5&-3\\10&-6&-3&2\end{bmatrix}$$

若 $A(0)$ 的 (1,1) 元素有微小摄动 t，即

$$A(t)=\begin{bmatrix}5+t&7&6&5\\7&10&8&7\\6&8&10&9\\5&7&9&10\end{bmatrix}$$

则 $\det A(t)=1+68t$。若取 $t=\frac{-1}{68}$，则矩阵 $A(t)$ 是奇异的。由此可知，方程组系数矩阵的微小摄动可能引起方程组性质的变化，这是方程组的“条件问题”。

设 $A\in C^{n\times n}$ 是非奇异的，称 $\|A\|\|A^{-1}\|$ 为矩阵 A 关于所用范数的条件数，记作 $\mathrm{cond}(A)$，即

$$\mathrm{cond}(A)=\|A\|\|A^{-1}\| \tag{3.73}$$

若所用的范数是谱范数，则称为矩阵 A 的谱条件数，记作 $\mathrm{cond}(A)_2$ 或 $K(A)$，即

$$\mathrm{cond}(A)_2=K(A)=\|A\|_2\|A^{-1}\|_2 \tag{3.74}$$

此外，$\|A\|_\infty\|A^{-1}\|_\infty$ 也是一种常用的条件数，记作

$$\mathrm{cond}(A)_\infty=\|A\|_\infty\|A^{-1}\|_\infty$$

于是，上例中

$$\|A(0)\|_\infty=33$$

$$\|A^{-1}(0)\|_\infty=136$$

$$\mathrm{cond}(A(0))_\infty=4488$$

设 A，$B\in C^{n\times n}$ 均为非奇异的，$\|\cdot\|$ 是 $C^{n\times n}$ 中任意一种矩阵范数，则条件数具有下列一些性质：

① $\mathrm{cond}(A)\geqslant 1$；

② $\mathrm{cond}(kA)=\mathrm{cond}(A)$，$k\neq 0$ 是常数；

③ $\mathrm{cond}(\boldsymbol{A}^{-1})=\mathrm{cond}(\boldsymbol{A})$；

④ $\mathrm{cond}(\boldsymbol{AB})\leqslant\mathrm{cond}(\boldsymbol{A})\ \mathrm{cond}(\boldsymbol{B})$。

下面再讨论线性方程组的系数矩阵或右端项的摄动对解的影响。设 n 阶线性方程组

$$\boldsymbol{Ay}=\boldsymbol{b} \tag{3.75}$$

的系数矩阵 $\boldsymbol{A}$ 是非奇异的，其准确解是 $\boldsymbol{x}$。

情形 1：方程组的右端项有摄动。

设方程组(3.75) 的右端项有误差（或者说摄动）$\delta\boldsymbol{b}$，则方程组

$$\boldsymbol{Ay}=\boldsymbol{b}+\delta\boldsymbol{b}$$

的解不再是 $\boldsymbol{x}$，设其为 $\boldsymbol{x}+\delta\boldsymbol{x}$ 即有等式

$$\boldsymbol{A}(\boldsymbol{x}+\delta\boldsymbol{x})=\boldsymbol{b}+\delta\boldsymbol{b}$$

由 $\boldsymbol{Ax}=\boldsymbol{b}$，有

$$\delta\boldsymbol{x}=\boldsymbol{A}^{-1}\delta\boldsymbol{b}$$

因此

$$\|\delta\boldsymbol{x}\|\leqslant\|\boldsymbol{A}^{-1}\|\,\|\delta\boldsymbol{b}\| \tag{3.76}$$

又因为

$$\|\boldsymbol{b}\|\leqslant\|\boldsymbol{A}\|\,\|\boldsymbol{x}\|$$

因此，若 $\boldsymbol{b}\neq\boldsymbol{O}$（从而 $\boldsymbol{x}\neq\boldsymbol{O}$），则有

$$\frac{1}{\|\boldsymbol{x}\|}\leqslant\frac{\|\boldsymbol{A}\|}{\|\boldsymbol{b}\|} \tag{3.77}$$

由式(3.76) 和式(3.77)，可得

$$\frac{\|\delta\boldsymbol{x}\|}{\|\boldsymbol{x}\|}\leqslant\|\boldsymbol{A}\|\,\|\boldsymbol{A}^{-1}\|\frac{\|\delta\boldsymbol{b}\|}{\|\boldsymbol{b}\|}=\mathrm{cond}(\boldsymbol{A})\frac{\|\delta\boldsymbol{b}\|}{\|\boldsymbol{b}\|} \tag{3.78}$$

式中，$\|\delta\boldsymbol{b}\|/\|\boldsymbol{b}\|$ 可衡量 $\boldsymbol{b}$ 的相对摄动。因此，式(3.78) 给出了方程组(3.75) 的右端项有摄动 $\delta\boldsymbol{b}$ 时解的相对误差上界，且此上界将随系数矩阵 $\boldsymbol{A}$ 的条件数 $\mathrm{cond}(\boldsymbol{A})$ 的增大而增大。当 $\mathrm{cond}(\boldsymbol{A})$ 大的时候，总有特殊的 $\delta\boldsymbol{b}$ 存在，使得这个估计上界太大。例如，若 $\delta\boldsymbol{b}=t\boldsymbol{b}$，则无论 $\mathrm{cond}(\boldsymbol{A})$ 多大，总有

$$\frac{\|\delta\boldsymbol{x}\|}{\|\boldsymbol{x}\|}=|t|$$

然而，利用式(3.78) 所得估计式

$$\frac{\|\delta\boldsymbol{x}\|}{\|\boldsymbol{x}\|}\leqslant|t|\,\mathrm{cond}(\boldsymbol{A})$$

尽管如此，存在一些 $\boldsymbol{b}$ 和 $\delta\boldsymbol{b}$ 使式(3.78) 两端很接近。此时，条件数 $\mathrm{cond}(\boldsymbol{A})$ 便是误差的放大率，即解的相对误差是初始数据相对误差的 $\mathrm{cond}(\boldsymbol{A})$ 倍。

情形 2：方程组的系数矩阵有摄动。

假设方程组(3.75) 的系数矩阵 $\boldsymbol{A}$ 有摄动 $\delta\boldsymbol{A}$（也称为 $\boldsymbol{A}$ 的摄动矩阵）。由于

$$\boldsymbol{A}+\delta\boldsymbol{A}=\boldsymbol{A}(\boldsymbol{I}+\boldsymbol{A}^{-1}\delta\boldsymbol{A})$$

若 $\|\boldsymbol{A}^{-1}\delta\boldsymbol{A}\|<1$，据 Banach 引理知 $\boldsymbol{I}+\boldsymbol{A}^{-1}\delta\boldsymbol{A}$ 非奇异，从而 $\boldsymbol{A}+\delta\boldsymbol{A}$ 非奇异使方程组

$$(\boldsymbol{A}+\delta\boldsymbol{A})\boldsymbol{y}=\boldsymbol{b} \tag{3.79}$$

有唯一解。设解为 $\boldsymbol{x}+\delta\boldsymbol{x}$，则有

$$(\boldsymbol{A}+\delta\boldsymbol{A})(\boldsymbol{x}+\delta\boldsymbol{x})=\boldsymbol{b}$$

将 $\boldsymbol{Ax}=\boldsymbol{b}$ 代入上式得

$$\delta \boldsymbol{x}=-(\boldsymbol{I}+\boldsymbol{A}^{-1}\delta \boldsymbol{A})^{-1}\boldsymbol{A}^{-1}\delta \boldsymbol{A}\boldsymbol{x} \tag{3.80}$$

因此，我们有

$$\begin{aligned}\|\delta \boldsymbol{x}\| &\leqslant \|(\boldsymbol{I}+\boldsymbol{A}^{-1}\delta \boldsymbol{A})^{-1}\boldsymbol{A}^{-1}\delta \boldsymbol{A}\| \cdot \|\boldsymbol{x}\| \\ &\leqslant \|(\boldsymbol{I}+\boldsymbol{A}^{-1}\delta \boldsymbol{A})^{-1}\| \cdot \|\boldsymbol{A}^{-1}\delta \boldsymbol{A}\| \cdot \|\boldsymbol{x}\|\end{aligned}$$

再由式(3.69)，有

$$\|\delta \boldsymbol{x}\| \leqslant \frac{\|\boldsymbol{A}^{-1}\delta \boldsymbol{A}\|}{1-\|\boldsymbol{A}^{-1}\delta \boldsymbol{A}\|}\|\boldsymbol{x}\| \text{ 或 } \frac{\|\delta \boldsymbol{x}\|}{\|\boldsymbol{x}\|} \leqslant \frac{\|\boldsymbol{A}^{-1}\delta \boldsymbol{A}\|}{1-\|\boldsymbol{A}^{-1}\delta \boldsymbol{A}\|}$$

再设

$$\|\boldsymbol{A}^{-1}\| \|\delta \boldsymbol{A}\| < 1 \tag{3.81}$$

则

$$\frac{\|\delta \boldsymbol{x}\|}{\|\boldsymbol{x}\|} \leqslant \frac{\|\boldsymbol{A}^{-1}\| \|\delta \boldsymbol{A}\|}{1-\|\boldsymbol{A}^{-1}\| \|\delta \boldsymbol{A}\|} = \frac{\|\boldsymbol{A}^{-1}\| \|\boldsymbol{A}\| (\|\delta \boldsymbol{A}\|/\|\boldsymbol{A}\|)}{1-\|\boldsymbol{A}^{-1}\| \|\boldsymbol{A}\| (\|\delta \boldsymbol{A}\|/\|\boldsymbol{A}\|)} \tag{3.82}$$

即

$$\frac{\|\delta \boldsymbol{x}\|}{\|\boldsymbol{x}\|} \leqslant \frac{\operatorname{cond}(\boldsymbol{A}) \cdot (\|\delta \boldsymbol{A}\|/\|\boldsymbol{A}\|)}{1-\operatorname{cond}(\boldsymbol{A}) \cdot (\|\delta \boldsymbol{A}\|/\|\boldsymbol{A}\|)} \tag{3.83}$$

式(3.83) 中 $\|\delta \boldsymbol{A}\|/\|\boldsymbol{A}\|$ 可衡量 $\boldsymbol{A}$ 的相对摄动。

式(3.83) 给出了方程组(3.75) 的系数矩阵有摄动 $\delta \boldsymbol{A}$ 时解的相对误差上界，且此上界的大小取决于 $\boldsymbol{A}$ 的条件数 $\operatorname{cond}(\boldsymbol{A})$ 和相对摄动 $\|\delta \boldsymbol{A}\|/\|\boldsymbol{A}\|$。当 $\operatorname{cond}(\boldsymbol{A})$ 大时，总存在特殊的 $\delta \boldsymbol{A}$ 使得误差上界太大。例如，若 $\delta \boldsymbol{A}=t\boldsymbol{A}$，由式(3.80) 有

$$\delta \boldsymbol{x}=-\frac{t}{1+t}\boldsymbol{x}$$

从而无论 $\operatorname{cond}(\boldsymbol{A})$ 多大，均有

$$\frac{\|\delta \boldsymbol{x}\|}{\|\boldsymbol{x}\|}=\left|\frac{t}{1+t}\right|$$

但应用式(3.83) 所得估计式

$$\frac{\|\delta \boldsymbol{x}\|}{\|\boldsymbol{x}\|} \leqslant \frac{|t|\operatorname{cond}(\boldsymbol{A})}{1-|t|\operatorname{cond}(\boldsymbol{A})}$$

尽管如此，存在一些 $\boldsymbol{A}$ 和 $\delta \boldsymbol{A}$ 使得式(3.83) 两端很接近。当矩阵 $\boldsymbol{A}$ 的条件数 $\operatorname{cond}(\boldsymbol{A})$ 很大时，即使矩阵 $\boldsymbol{A}$ 只有微小的摄动，解的相对误差可能也很大，即方程组的解对于系数矩阵的摄动很灵敏。

一个线性方程组系数矩阵的条件数很大时，通常称该方程组为坏条件方程组或病态方程组。通常会假定一些问题的条件并不坏，例如求解线性方程组 $\boldsymbol{A}\boldsymbol{x}=\boldsymbol{b}$ 问题，系数矩阵 $\boldsymbol{A}$ 的条件数不太大。给定求解问题的一个算法，若初始数据的误差和计算过程中舍入误差的传播、积累对计算结果的影响较小，即不至于影响计算结果的可靠性或者误差积累是可控的，则说该算法是数值稳定的，否则不是数值稳定的。

3.5　坏条件方程组求解

3.5.1　条件预优

坏条件方程组往往会导致数值解的不稳定，如例 3.9。

【例 3.9】 已知希尔伯特（Hilbert）矩阵

$$\boldsymbol{H}_n=\begin{bmatrix} 1 & \frac{1}{2} & \cdots & \frac{1}{n} \\ \frac{1}{2} & \frac{1}{3} & \cdots & \frac{1}{n+1} \\ \vdots & \vdots & & \vdots \\ \frac{1}{n} & \frac{1}{1+n} & \cdots & \frac{1}{2n-1} \end{bmatrix}$$

计算 $\boldsymbol{H}_3$ 的条件数 $\mathrm{cond}(\boldsymbol{H}_3)_\infty$。

解：

$$\boldsymbol{H}_3=\begin{bmatrix} 1 & \frac{1}{2} & \frac{1}{3} \\ \frac{1}{2} & \frac{1}{3} & \frac{1}{4} \\ \frac{1}{3} & \frac{1}{4} & \frac{1}{5} \end{bmatrix},\ \boldsymbol{H}_3^{\mathrm{T}}=\begin{bmatrix} 9 & -36 & 30 \\ -36 & 192 & -180 \\ 30 & -180 & 180 \end{bmatrix}$$

计算 $\boldsymbol{H}_3$ 条件数 $\mathrm{cond}(\boldsymbol{H}_3)_\infty$。

$$\|\boldsymbol{H}_3\|_\infty=11/6,\ \|\boldsymbol{H}_3^{-1}\|_\infty=408$$

所以 $\mathrm{cond}(\boldsymbol{H}_3)_\infty=748$。同样可计算 $\mathrm{cond}(\boldsymbol{H}_6)_\infty=2.9\times10^7$，$\mathrm{cond}(\boldsymbol{H}_7)_\infty=9.85\times10^8$。当 n 越大时，$\boldsymbol{H}_n$ 矩阵病态越严重。

考虑方程组

$$\boldsymbol{H}_3\boldsymbol{x}=[11/6,13/12,47/60]^{\mathrm{T}}=\boldsymbol{b} \tag{3.84}$$

设 $\boldsymbol{H}_3$ 及 $\boldsymbol{b}$ 有微小误差（取 3 位有效数字），有

$$\begin{bmatrix} 1.00 & 0.500 & 0.333 \\ 0.500 & 0.333 & 0.250 \\ 0.333 & 0.250 & 0.200 \end{bmatrix}\begin{bmatrix} x_1+\delta x_1 \\ x_2+\delta x_2 \\ x_3+\delta x_3 \end{bmatrix}=\begin{bmatrix} 1.83 \\ 1.08 \\ 0.783 \end{bmatrix} \tag{3.85}$$

简记为 $(\boldsymbol{H}_3+\delta\boldsymbol{H}_3)(\boldsymbol{x}+\delta\boldsymbol{x})=\boldsymbol{b}+\delta\boldsymbol{b}$。方程组 $\boldsymbol{H}_3\boldsymbol{x}=\boldsymbol{b}$ 与方程组(3.85) 的精确解分别为 $\boldsymbol{x}=[1,1,1]^{\mathrm{T}}$，$\boldsymbol{x}+\delta\boldsymbol{x}=[1.089\,512\,538,0.487\,967\,062,1.491\,002\,798]^{\mathrm{T}}$。于是

$$\delta\boldsymbol{x}=[0.089\,5,-0.512\,0,0.491\,0]^{\mathrm{T}}$$

$$\frac{\|\delta\boldsymbol{H}_3\|_\infty}{\|\boldsymbol{H}_3\|_\infty}\approx0.18\times10^{-3}<0.02\%,\ \frac{\|\delta\boldsymbol{b}\|_\infty}{\|\boldsymbol{b}\|_\infty}\approx0.182\%,\ \frac{\|\delta\boldsymbol{x}\|_\infty}{\|\boldsymbol{x}\|_\infty}\approx51.2\%$$

这就是说 $\boldsymbol{H}_3$ 与 $\boldsymbol{b}$ 相对误差不超过 0.3%，而引起解的相对误差超过 50%。

由上讨论，要判别一个矩阵是否病态需要计算条件数 $\mathrm{cond}(\boldsymbol{A})=\|\boldsymbol{A}^{-1}\|\cdot\|\boldsymbol{A}\|$，而计算 $\boldsymbol{A}^{-1}$ 是比较费力的，那么在实际计算中如何发现病态情况呢？

① 如果 $\boldsymbol{A}$ 的三角约化时出现小主元，对大多数矩阵来说 $\boldsymbol{A}$ 是病态矩阵。例如用选主元的直接三角分解法解方程组(3.84)（结果舍入为 3 位浮点数），则有

$$\boldsymbol{I}_{23}(\boldsymbol{H}_3+\delta\boldsymbol{H}_3)=\begin{bmatrix} 1 & & \\ 0.333 & 1 & \\ 0.500 & 0.994 & 1 \end{bmatrix}\begin{bmatrix} 1 & 0.500\,0 & 0.333\,0 \\ & 0.083\,5 & 0.089\,1 \\ & & -0.005\,07 \end{bmatrix}=\boldsymbol{LU}$$

② 系数矩阵的行列式值很小，或系数矩阵某些行近似相关，此时 $\boldsymbol{A}$ 可能病态。

③ 系数矩阵 $\boldsymbol{A}$ 元素间数量级相差很大且无一定规则，此时 $\boldsymbol{A}$ 可能病态。

用选主元素的消去法不能解决病态问题，对于病态方程组可采用高精度的算术运算或者采用预处理方法，即将求解 $\boldsymbol{Ax}=\boldsymbol{b}$ 转化为等价方程组

$$\begin{cases}\boldsymbol{PAQy}=\boldsymbol{Pb}\\ \boldsymbol{y}=\boldsymbol{Q}^{-1}\boldsymbol{x}\end{cases}$$

选择非奇异矩阵 $\boldsymbol{P}$、$\boldsymbol{Q}$ 使得

$$\mathrm{cond}(\boldsymbol{PAQ})<\mathrm{cond}(\boldsymbol{A})$$

一般选择 $\boldsymbol{P}$、$\boldsymbol{Q}$ 为对角阵或者三角矩阵。

当矩阵 $\boldsymbol{A}$ 的元素大小不均时，对 $\boldsymbol{A}$ 的行（或列）引进适当的比例因子，进而影响 $\boldsymbol{A}$ 的条件数。但是，这种方法不能保证 $\boldsymbol{A}$ 的条件数一定得到改善。

【例 3.10】 设

$$\begin{bmatrix}1 & 10^4\\ 1 & 1\end{bmatrix}\begin{bmatrix}x_1\\ x_2\end{bmatrix}=\begin{bmatrix}10^4\\ 2\end{bmatrix} \tag{3.86}$$

计算 $\mathrm{cond}(\boldsymbol{A})_\infty$。

解：

$$\boldsymbol{A}=\begin{bmatrix}1 & 10^4\\ 1 & 1\end{bmatrix},\boldsymbol{A}^{-1}=\frac{1}{10^4-1}\begin{bmatrix}-1 & 10^4\\ 1 & -1\end{bmatrix}$$

则

$$\mathrm{cond}\ (\boldsymbol{A})_\infty=\frac{(1+10^4)^2}{10^4-1}\approx 10^4$$

在 $\boldsymbol{A}$ 的第一行引进比例因子，如用 $s_1=\max\limits_{1<i<2}|a_{1i}|=10^4$ 除第一个方程式，得 $\boldsymbol{A}'\boldsymbol{x}=\boldsymbol{b}'$，即

$$\begin{bmatrix}10^{-4} & 1\\ 1 & 1\end{bmatrix}\begin{bmatrix}x_1\\ x_2\end{bmatrix}=\begin{bmatrix}1\\ 2\end{bmatrix} \tag{3.87}$$

而

$$(\boldsymbol{A}')^{-1}=\frac{1}{1-10^{-4}}\begin{bmatrix}-1 & 1\\ 1 & -10^{-4}\end{bmatrix}$$

于是

$$\mathrm{cond}(\boldsymbol{A}')_\infty=\frac{1}{1-10^4}\approx -10^{-4}$$

当用列主元求解方程组(3.87) 时（计算到三位数字）：

$$(\boldsymbol{A}\mid\boldsymbol{b})\rightarrow\begin{bmatrix}1 & 10^4 & 10^4\\ 0 & -10^4 & -10^4\end{bmatrix} \tag{3.88}$$

于是得到很坏的结果：$x_2=1$，$x_1=0$。

现用列主元消去法解方程组(3.87)，得到

$$(\boldsymbol{A}'\mid\boldsymbol{b}')\rightarrow\begin{bmatrix}1 & 1 & 2\\ 10^{-4} & 1 & 1\end{bmatrix}\rightarrow\begin{bmatrix}1 & 1 & 2\\ 0 & 1 & 1\end{bmatrix}$$

从而得到较好的计算解：$x_1=1$，$x_2=1$。

3.5.2 增加独立观测数目

从信息的角度来看，要克服数值不稳定性需要更多的观测。但要稳定地求解方程组到底需要多少观测？显然，研究不适当问题的度量是非常重要的。

数值分析中条件数是实际问题的一个属性，条件数低的问题称为好条件，而条件数高的问题称为病态条件。根据经验，如果条件数 $\kappa(\boldsymbol{A})=10^{\tau}$，则由数值方法损失的精度可能会达到 τ 位数。那么，如何应对病态问题呢？为了回答这个问题，首先探讨病态的本质。

为了求解线性系统 $\boldsymbol{Ax}=\boldsymbol{b}$，考虑系数矩阵的奇异值分解

$$\boldsymbol{A}=\boldsymbol{U\Lambda V}^{\mathrm{T}}$$

于是

$$\boldsymbol{U\Lambda V}^{\mathrm{T}}\boldsymbol{x}=\boldsymbol{b} \tag{3.89}$$

其中 $\boldsymbol{\Lambda}=diag(\sigma_1,\cdots,\sigma_i,\cdots,\sigma_n)$，$\sigma_1\geqslant\sigma_2\geqslant\cdots\geqslant\sigma_n$，$\sigma_i$ 称为奇异值。如果选择谱范数，则条件数为 $\boldsymbol{\kappa}(\boldsymbol{A})=\sigma_1/\sigma_n$。

众所周知，正交变换不改变谱范数的条件数。因此，将方程组(3.89) 的两边乘以 $\boldsymbol{U}^{\mathrm{T}}$，则等价方程为

$$\boldsymbol{\Lambda V}^{\mathrm{T}}\boldsymbol{x}=\boldsymbol{U}^{\mathrm{T}}\boldsymbol{b}$$

令 $\boldsymbol{y}=\boldsymbol{V}^{\mathrm{T}}\boldsymbol{x}$，$\tilde{\boldsymbol{b}}=\boldsymbol{U}^{\mathrm{T}}\boldsymbol{b}$ 并假设 $\sigma_i\neq0$，则上式可以重写为

$$\boldsymbol{y}=\boldsymbol{\Lambda}^{-1}\tilde{\boldsymbol{b}} \tag{3.90}$$

显然，较小的奇异值会导致数值不稳定。换而言之，变换后的方程随着 σ_i 减小而变得更加不稳定。于是，考虑哪一些变换方程可以直接用于求解方程组。

根据病态条件数的定义，为了稳定地求解方程组，需要满足如下约束

$$\lg\frac{\sigma_1}{\sigma_{k_0}}\geqslant\tau \tag{3.91}$$

由式(3.91) 可知：至少有 k_0 个独立的观测值可以直接用于精度达到 τ 位数的求解系统。此外，除非 $\sigma_{k_0+1}=\cdots=\sigma_n=0$ 时，对应于 σ_{k_0+1}，…，σ_n 的方程组中依然存在解的有用信息。但是，如何从变换后的方程中找出与非零奇异值对应的有用信息呢？这里，类似于统计信号处理中的等效独立样本数，我们定义等效独立方程的数目。

为简单起见，考虑方程组的系数矩阵具有下面奇异值的情况：$1=\sigma_1\geqslant\sigma_2\geqslant\cdots\geqslant\sigma_n>0$。由式(3.90) 得到等价方程

$$y_i=\frac{1}{\sigma_i}\tilde{b}_i,\quad i=1,2,\cdots,n \tag{3.92}$$

易见等价方程只有在 $\sigma_i=1$ 时才不会失去精度，此时与 $\sigma_i=1$ 对应的方程称为等价独立方程。于是，等效独立方程定义为取整函数

$$M=\left[\sum_{j=1}^{n}\sigma_j\right] \tag{3.93}$$

所以，对于一个具有 n 个未知变量的系统，当相应方程的等效独立方程数为 M 时，为了找到稳定解，需要增加 $n-M$ 个独立的观测值。

3.5.3 改变模型

假设 $f\in C[a,b]$，利用次数为 n 的多项式 $P_n(x)=\sum\limits_{k=0}^{n}a_kx^k$ 使误差

$$E=E(a_0,a_1,\cdots,a_n)=\int_a^b[f(x)-P_n(x)]^2\mathrm{d}x$$

达到最小来确定一个最小二乘逼近多项式。为了求出 E 最小的实数系数 $a_0,a_1,\cdots,a_n$，这

些系数需要满足

$$\frac{\partial E}{\partial a_j}=-2\int_a^b x^j f(x)\mathrm{d}x+2\sum_{k=0}^{n}a_k\int_a^b x^{j+k}\mathrm{d}x=0,j=0,1,\cdots,n$$

于是，为了求解 $P_n(x)$，必须求解 $n+1$ 个未知数 a_j 的 $n+1$ 个线性法方程：

$$\sum_{k=0}^{n}a_k\int_a^b x^{j+k}\mathrm{d}x=\int_a^b x^i f(x)\mathrm{d}x,j=0,1,\cdots,n$$

显然，法方程组的系数矩阵是坏条件的 Hilbert 矩阵：

$$\boldsymbol{H}_n=\begin{bmatrix}1 & \frac{1}{2} & \cdots & \frac{1}{n}\\ \frac{1}{2} & \frac{1}{3} & \cdots & \frac{1}{n+1}\\ \vdots & \vdots & & \vdots\\ \frac{1}{n} & \frac{1}{1+n} & \cdots & \frac{1}{2n-1}\end{bmatrix}$$

所以求出的数值解误差很大，需要新的最小二乘逼近技术，以克服 Hilbert 矩阵的坏条件。例如，使用 Legendre 多项式的最小二乘逼近技术可解决法方程组的坏条件问题（有关内容将在函数逼近部分介绍）。

如果 $\{\varphi_0(x),\varphi_1(x),\cdots,\varphi_n(x)\}$ 是区间 $[-1,1]$ 上的一组正交基，则法方程组所对应的法方程组的系数矩阵为好条件的对角阵，于是可以容易地求解出实数系数 $a_0,a_1,\cdots,a_n$，得到逼近多项式 $P(x)$。

3.6 条件数的应用案例

天文导航是基于天体已知的坐标位置和运动规律，应用观测天体的天文坐标值来确定航行体的空间位置等导航参数。星敏感器是实现航行体自主姿态测量的核心部件，是通过观测太空中的恒星来实现高精度姿态测量。恒星是用于天文导航最重要的一类天体。对天文导航而言，恒星可以看成是位于无穷远处的近似静止不动的具有一定光谱特性的理想点光源。借助天球坐标系，可用赤经与赤纬来描述恒星在某一时刻位置信息。

问题：P_1、P_2、P_3 是 3 颗已知位置的恒星，即它们在天球坐标系下的赤经和赤纬 $[(\alpha_i,\delta_i),i=1,2,3]$ 已知；Q_1、Q_2、Q_3 是来自恒星 P_1、P_2、P_3 的平行光经过星敏感器光学系统成像在感光面上的星像点质心中心位置（参见图 3.1）；记 $O'Q_1=a_1$，$O'Q_2=a_2$，$O'Q_3=a_3$，$OO'=f$。

① 建立由 f，a_i，(α_i,δ_i)，$i=1,2,3$ 等参数估算 D 点在天球坐标系的位置信息的数学模型，并给出具体的求解算法；

② 一般来说，星敏感器视场内的恒星数量多于 3 颗，请讨论如何选择不同几何位置的三颗星，提高解 D 点在天球坐标系中的位置信息的精度，并分析相应的误差。

该问题是 2019 年中国研究生华为杯数学建模竞赛 B 题。其求解过程如下：

已知的 3 颗恒星 P_1、P_2、P_3 在天球坐标系下的赤经和赤纬坐标参数 $[(\alpha_i,\delta_i),i=1,2,3]$，三颗恒星在星敏感器图像坐标系的投影点 Q_1、Q_2、Q_3 距感光面中心点 P_1 的距离参数 $a_i(i=1,2,3)$，以及投影中心与感光面中心的距离参数 f，如图 3.2 所示，求解光轴 OO' 与天球面的交点 D 的坐标 (α_D,δ_D)。

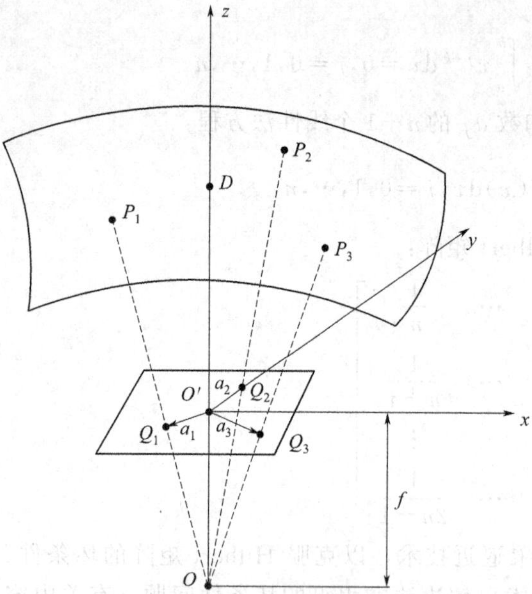

图 3.1 星敏感器坐标系、图像坐标系及前视投影成像示意图

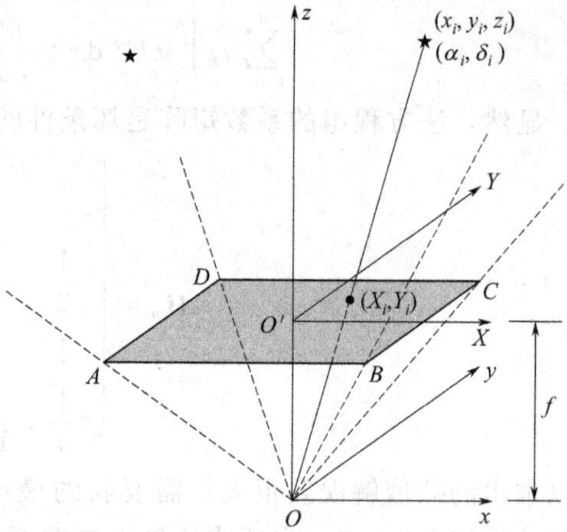

图 3.2 光轴与天球面的交点示意图

由题意可知，在星敏感器坐标系和图像坐标系中，Q_1、Q_2、Q_3 与感光面中心点 O' 的角距（即$\overrightarrow{OQ_1}$、$\overrightarrow{OQ_2}$、$\overrightarrow{OQ_3}$与$\overrightarrow{OO'}$的夹角）可以记为

$$d(Q_1,O')=\arctan\frac{a_1}{f},d(Q_2,O')=\arctan\frac{a_2}{f},d(Q_3,O')=\arctan\frac{a_3}{f} \tag{3.94}$$

在天球坐标系下，任意两颗恒星 i、j 的坐标 (α_i,δ_i)，(α_j,δ_j)，则两星的角距定义为

$$d(i,j)=\arccos\left(\frac{\vec{s}_i\cdot\vec{s}_j}{|\vec{s}_i|\cdot|\vec{s}_j|}\right) \tag{3.95}$$

其中 $\boldsymbol{s}_i=\begin{bmatrix}\cos\delta_i\cos\alpha_i\\ \cos\delta_i\sin\alpha_i\\ \sin\delta_i\end{bmatrix}$，$\boldsymbol{s}_j=\begin{bmatrix}\cos\delta_j\cos\alpha_j\\ \cos\delta_j\sin\alpha_j\\ \sin\delta_j\end{bmatrix}$分别表示恒星的方向矢量。

由题意可知，Q_1、Q_2、Q_3 是来自恒星 P_1、P_2、P_3 的平行光经过星敏感器光学系统成像在感光面上的星像点质心中心位置，所以有

$$\begin{aligned}d(Q_1,O')&=d(P_1,D)\\ d(Q_2,O')&=d(P_2,D)\\ d(Q_3,O')&=d(P_3,D)\end{aligned} \tag{3.96}$$

将式(3.94) 和式(3.95) 代入式(3.96) 得：

$$\begin{aligned}\arctan\frac{a_1}{f}&=\arccos\left(\frac{\boldsymbol{s}_{P_1}\cdot\boldsymbol{s}_D}{|\boldsymbol{s}_{P_1}|\cdot|\boldsymbol{s}_D|}\right)\\ \arctan\frac{a_2}{f}&=\arccos\left(\frac{\boldsymbol{s}_{P_2}\cdot\boldsymbol{s}_D}{|\boldsymbol{s}_{P_2}|\cdot|\boldsymbol{s}_D|}\right)\\ \arctan\frac{a_3}{f}&=\arccos\left(\frac{\boldsymbol{s}_{P_3}\cdot\boldsymbol{s}_D}{|\boldsymbol{s}_{P_3}|\cdot|\boldsymbol{s}_D|}\right)\end{aligned} \tag{3.97}$$

其中

$$\boldsymbol{s}_{P_i}=\begin{bmatrix}\cos\delta_i\cos\alpha_i\\ \cos\delta_i\sin\alpha_i\\ \sin\delta_i\end{bmatrix},\boldsymbol{s}_D=\begin{bmatrix}\cos\delta_D\cos\alpha_D\\ \cos\delta_D\sin\alpha_D\\ \sin\delta_D\end{bmatrix},|\boldsymbol{s}_{P_1}|=|\boldsymbol{s}_{P_2}|=|\boldsymbol{s}_{P_3}|=|\boldsymbol{s}_D|=1$$

对式(3.97)两侧分别求三角余弦得

$$\begin{aligned}\boldsymbol{s}_{P_1}\cdot\boldsymbol{s}_D&=\cos\arctan\frac{a_1}{f}\\ \boldsymbol{s}_{P_2}\cdot\boldsymbol{s}_D&=\cos\arctan\frac{a_2}{f}\\ \boldsymbol{s}_{P_3}\cdot\boldsymbol{s}_D&=\cos\arctan\frac{a_3}{f}\end{aligned}\tag{3.98}$$

代入 $\boldsymbol{s}_{P_i}$，$\boldsymbol{s}_D$ 得

$$\begin{aligned}\cos\delta_1\cos\delta_D\cos(\alpha_D-\alpha_1)+\sin\delta_1\sin\delta_D&=\cos\arctan\frac{a_1}{f}\\ \cos\delta_2\cos\delta_D\cos(\alpha_D-\alpha_2)+\sin\delta_2\sin\delta_D&=\cos\arctan\frac{a_2}{f}\\ \cos\delta_3\cos\delta_D\cos(\alpha_D-\alpha_3)+\sin\delta_3\sin\delta_D&=\cos\arctan\frac{a_3}{f}\end{aligned}\tag{3.99}$$

为了求解上述方程组中的变量，我们引入变量变换，令

$$\begin{cases}x=\cos\delta_D\cos\alpha_D\\ y=\cos\delta_D\sin\alpha_D\\ z=\sin\delta_D\end{cases}\tag{3.100}$$

这样，可以将方程组(3.99)化为

$$\begin{cases}\cos\delta_1\cos\alpha_1 x+\cos\delta_1\sin\alpha_1 y+\sin\delta_1 z=\cos\arctan\dfrac{a_1}{f}\\ \cos\delta_2\cos\alpha_2 x+\cos\delta_2\sin\alpha_2 y+\sin\delta_2 z=\cos\arctan\dfrac{a_2}{f}\\ \cos\delta_3\cos\alpha_3 x+\cos\delta_3\sin\alpha_3 y+\sin\delta_3 z=\cos\arctan\dfrac{a_3}{f}\end{cases}\tag{3.101}$$

显然，这是一个关于变量 x,y,z 的线性代数方程组，容易计算其解为

$$\begin{bmatrix}x\\ y\\ z\end{bmatrix}=\boldsymbol{H}^{-1}\begin{bmatrix}\cos\arctan\dfrac{a_1}{f}\\ \cos\arctan\dfrac{a_2}{f}\\ \cos\arctan\dfrac{a_3}{f}\end{bmatrix}\tag{3.102}$$

其中

$$\boldsymbol{H}=\begin{bmatrix}\cos\delta_1\cos\alpha_1 & \cos\delta_1\sin\alpha_1 & \sin\delta_1\\ \cos\delta_2\cos\alpha_2 & \cos\delta_2\sin\alpha_2 & \sin\delta_2\\ \cos\delta_3\cos\alpha_3 & \cos\delta_3\sin\alpha_3 & \sin\delta_3\end{bmatrix}$$

为了方便，我们记

$$H^{-1}=[e_{ij}]_{3\times 3}$$

其中 e_{ij} 是 $\delta_1,\delta_2,\delta_3,\alpha_1,\alpha_2,\alpha_3$ 的函数。为了记号方便，我们记 $\delta_1=t_1,\delta_2=t_2,\delta_3=t_3,\alpha_1=t_4,\alpha_2=t_5,\alpha_3=t_6,a_1=t_7,a_2=t_8,a_3=t_9,f=t_{10}$，则有

$$\begin{cases}x=\sum_{j=1}^{3}e_{1j}\cos\arctan\dfrac{a_j}{f}\\ y=\sum_{j=1}^{3}e_{2j}\cos\arctan\dfrac{a_j}{f}\\ z=\sum_{j=1}^{3}e_{3j}\cos\arctan\dfrac{a_j}{f}\end{cases}$$

再将上式的 x,y,z 代入式(3.100) 中求出 α_D,δ_D：

$$\begin{cases}\delta_D=\arcsin z\\ \alpha_D=\arctan(y/x)\end{cases} \tag{3.103}$$

通过式(3.102) 得到 x,y,z，再由式(3.103) 计算 D 的坐标 (α_D,δ_D)。而 x,y,z 满足以下方程组：

$$H\begin{bmatrix}x\\ y\\ z\end{bmatrix}=\begin{bmatrix}\cos\arctan\dfrac{a_1}{f}\\ \cos\arctan\dfrac{a_2}{f}\\ \cos\arctan\dfrac{a_3}{f}\end{bmatrix}$$

显然，这是一个关于变量 x,y,z 的线性方程组。要想得到一个准确的 x,y,z，方程组必须是好条件的。显然，不同的几何位置对应于不同的 H 矩阵，也意味着不同的条件数

$$\mathrm{cond}(H)=\|H\|\,\|H^{-1}\|$$

我们选择最小的条件数所对应的三颗恒星。

习 题 3

1. 应用 Gauss 消去法和 Gauss 列主元消去法解下列方程组。

(1) $\begin{cases}0.005x_1+x_2=0.5\\ x_1+x_2=1\end{cases}$　　(2) $\begin{cases}4x_1-x_2+x_3=8\\ 2x_1+5x_2+2x_3=3\\ x_1+2x_2+4x_3=11\end{cases}$

用舍入的四位十进制数算术运算进行计算。

2. 应用 Gauss 按比例列主元消去法，用准确算术运算解方程组：

(1) $\begin{cases}4x_1-3x_2+x_3=5\\ -x_1+2x_2-2x_3=-3\\ 2x_1+x_2-x_3=1\end{cases}$　　(2) $\begin{cases}x_1+2x_2+3x_3=1\\ 2x_1+3x_2+4x_3=-1\\ 3x_1+4x_2+6x_3=2\end{cases}$

3. 应用 Gauss-Jordan 列主元消去法，用准确算术运算解方程组：

(1) $\begin{cases}3x_1+6x_2+3x_3=6\\3x_1+6x_2=9\\2x_1+16x_2+8x_3=12\end{cases}$ (2) $\begin{bmatrix}2&3&6\\-1&2&5\\8&2&-4\end{bmatrix}\begin{bmatrix}x_1\\x_2\\x_3\end{bmatrix}=\begin{bmatrix}4\\-6\\12\end{bmatrix}$

4. 设 $\boldsymbol{A}=[a_{ij}]_{n\times n}$ 为实对称正定矩阵且 $a_{11}\neq0$，经 Gauss 消去法第一步消元后可得

$$\begin{bmatrix}a_{11}&a_1^{\mathrm{T}}\\0&\boldsymbol{A}_2\end{bmatrix}$$

证明：$\boldsymbol{A}_2$ 是实对称正定矩阵。

5. 若矩阵 $\boldsymbol{A}$ 可逆且存在 Crout 分解，证明 Crout 分解具有唯一性。

6. 试求矩阵 $\boldsymbol{A}$ 的 Crout 分解和 Doolittle 分解。

$$\boldsymbol{A}=\begin{bmatrix}2&-1&1\\1&1&3\\3&3&5\end{bmatrix}$$

7. 试用 Crout 方法求解方程组：

$$\begin{cases}2x_1-1.5x_2+3x_3=1\\-x_1+2x_3=3\\8x_1-9x_2+10x_3=-2\end{cases}$$

8. 试用按列选主元的 Crout 方法求解方程组：

$$\begin{cases}x_1+x_2+x_3=4\\4x_1+2x_2+6x_3=14\\3x_1+x_2+6x_3=2\end{cases}$$

9. 试求对称正定矩阵：

$$\boldsymbol{A}=\begin{bmatrix}3&2&1\\2&2&1\\1&1&1\end{bmatrix}$$

的 Cholesky 分解 $\boldsymbol{A}=\boldsymbol{L}\boldsymbol{L}^{\mathrm{T}}$。

10. 试对实对称正定矩阵

$$\begin{bmatrix}6&2&1&-1\\2&4&1&0\\1&1&4&-1\\-1&0&-1&3\end{bmatrix}$$

作出 Doolittle 分解 $\boldsymbol{A}=\boldsymbol{L}\boldsymbol{U}$ 以及 $\boldsymbol{A}=\boldsymbol{L}\boldsymbol{D}\boldsymbol{L}^{\mathrm{T}}$。

11. 试用修改的 $\boldsymbol{L}\boldsymbol{D}\boldsymbol{L}^{\mathrm{T}}$ 分解求解方程组：

$$\begin{bmatrix}1&2&3\\1&10&13\\3&26&70\end{bmatrix}\begin{bmatrix}x_1\\x_2\\x_3\end{bmatrix}=\begin{bmatrix}2\\4\\4\end{bmatrix}$$

12. 试用三对角算法求解方程组：

$$\begin{bmatrix} 2 & 1 & 0 & 0 & 0 \\ 1 & 4 & 1 & 0 & 0 \\ 0 & 1 & 4 & 1 & 0 \\ 0 & 0 & 1 & 4 & 1 \\ 0 & 0 & 0 & 1 & 4 \end{bmatrix} \begin{bmatrix} x_1 \\ x_2 \\ x_3 \\ x_4 \\ x_5 \end{bmatrix} = \begin{bmatrix} 1 \\ -2 \\ 2 \\ -2 \\ 3 \end{bmatrix}$$

13. 设实矩阵 $\boldsymbol{A} \in \boldsymbol{R}^{n \times n}$ 的秩为 n，若规定一种范数 $\|\cdot\|_\alpha$：

① 试证明 $g(x)=\|\boldsymbol{A}x\|_\alpha$ $(x \in \boldsymbol{R}^n)$ 是 $\boldsymbol{R}^n$ 中的一种向量范数。

② 试证明 $g(x)=\|\boldsymbol{A}x\|_\alpha$ 是 x 的连续函数。

14. 定义 $\|x\|_\infty = \max\limits_{1 \leqslant i \leqslant n} |x_i|$，其中 $x=[x_1, x_2, \cdots, x_n]^{\mathrm{T}} \in \boldsymbol{R}^n$。试证明

$$\lim_{p \to \infty} \|x\|_p = \|x\|_\infty$$

15. 设 $\boldsymbol{A}=[a_{ij}] \in \boldsymbol{R}^{n \times n}$，试证明 $\|\boldsymbol{A}\|_M = n \max\limits_{1 \leqslant i,j \leqslant n} |a_{ij}|$ 是一种矩阵范数。

16. 设 $\boldsymbol{A}=\begin{bmatrix} 2 & 1 & 0 \\ 3 & 3 & 3 \\ 0 & 1 & 2 \end{bmatrix}$，计算 $\|\boldsymbol{A}\|_1$，$\|\boldsymbol{A}\|_2$，$\|\boldsymbol{A}\|_\infty$，$\|\boldsymbol{A}\|_M$，$\|\boldsymbol{A}\|_F$ 以及 $\rho(\boldsymbol{A})$。

17. 设 n 阶实对称矩阵 $\boldsymbol{A}=[a_{ij}]$ 的特征值为 $\lambda_1, \cdots, \lambda_n$，试证明 $\|\boldsymbol{A}\|_F^2 = \lambda_1^2 + \cdots + \lambda_n^2$。

18. 设矩阵 $\boldsymbol{A} \in \boldsymbol{R}^{m \times n}$，试证明 $\|\boldsymbol{A}\|_2^2 \leqslant \|\boldsymbol{A}\|_1 \|\boldsymbol{A}\|_\infty$。

19. 设 $\boldsymbol{A}=\begin{bmatrix} \frac{1}{2} & 0 \\ \frac{1}{4} & \frac{1}{2} \end{bmatrix}$，求 $\lim\limits_{k \to \infty} \boldsymbol{A}^k$。

20. 设矩阵 $\boldsymbol{A} \in \boldsymbol{R}^{n \times n}$，试证明级数 $\sum\limits_{k=0}^{\infty} \boldsymbol{A}^k$ 收敛的必要条件为 $\lim\limits_{k \to \infty} \boldsymbol{A}^k = 0$。

21. 设矩阵 $\boldsymbol{A}=\begin{bmatrix} 50 & 49 \\ 49 & 48 \end{bmatrix}$，试求 $\mathrm{cond}_\infty(\boldsymbol{A})$ 以及 $\mathrm{cond}_2(\boldsymbol{A})$。

22. 试求矩阵 $\boldsymbol{A}$ 的条件数 $\mathrm{cond}_\infty(\boldsymbol{A})$ 及 $\mathrm{cond}_2(\boldsymbol{A})$。

$$\boldsymbol{A}=\begin{bmatrix} -1 & 1 & 1 & -1 \\ 1 & 1 & -1 & -1 \\ 1 & 1 & 1 & 1 \\ -1 & 1 & -1 & 1 \end{bmatrix}$$

第4章

多项式逼近和插值法

在科学研究和工程实践中，常常会遇到计算函数值等问题。然而，函数关系在应用问题中往往是未知的，通常没有明确的解析表达式。实际问题中，我们所能做的是：根据观测或实验得到一系列的有限数据，确定了与自变量的某些点相对应的函数值。如果希望计算某个非观测或实验点的函数值，就需要利用已知点的信息重构未知的函数关系，再计算对应的函数值。不过，这是不可行的。事实上，为了计算未知点的函数值，上述算法引入了一个中间过程，即重构未知的函数。这个中间过程其实比原问题的难度还大。事实上，为了一般化，假设函数是连续的。所谓的寻找函数关系，就是要在连续函数空间中寻找唯一函数。

4.1 函数空间

在下文的讨论中，我们将发现函数逼近可以视为从一个无穷维函数空间确定一个连续函数的问题。为了方便，我们记待定的函数 $f(x)\in C[a,b]$。

定义 4.1 设 $T=\{\varphi_1(x),\varphi_2(x),\cdots,\varphi_n(x)\}$ 是区间 $[a,b]$ 上一切实函数构成的线性空间的一个函数系。若存在 n 个不全为零的实数$c_1,c_2,\cdots,c_n$，使得线性组合

$$\sum_{i=1}^{n} c_i\,\varphi_i(x)\equiv 0$$

则说函数系 T 是线性相关的。否则说它是线性无关的。例如，在任何有限区间 $[a,b]$ 的函数系

$$\{x^j\}_{j=0}^{n},\{\cos kx\}_{k=0}^{n},\{1,\cos x,\sin x,\cos 2x,\sin 2x,\cdots,\cos nx,\sin nx\}$$

都是线性无关的。

定义 4.2 设线性函数空间 V 中的 n 个函数$\varphi_1(x),\varphi_2(x),\cdots,\varphi_n(x)$ 满足

① $\varphi_1(x),\varphi_2(x),\cdots,\varphi_n(x)$ 线性无关；

② 任意的 $f(x)\in V$ 都可由$\varphi_1(x),\varphi_2(x),\cdots,\varphi_n(x)$ 线性表示，即存在一组有序数 $c_1,c_2,\cdots,c_n$，使

$$f(x)=c_1\,\varphi_1(x)+c_2\,\varphi_2(x)+\cdots+c_n\varphi_n(x)$$

则将函数组$\varphi_1(x),\varphi_2(x),\cdots,\varphi_n(x)$ 称为线性空间 V 的一组基。而该函数组所包含的函数个数 n 称为线性空间的维数。

定理 4.1 （Dirichlet 定理）假设函数 $f(x)\in C[a,b]$，那么 $f(x)$ 的傅里叶级数展开在每一个连续点上收敛到 $f(x)$，即

$$f(x)=\frac{a_0}{2}+\sum_{i=1}^{\infty}[a_i\cos ix+b_i\sin ix]$$

定理 4.2 $C[a,b]$ 是无穷维线性空间。

证明：函数系 $T=\{1,\cos x,\sin x,\cos 2x,\sin 2x,\cdots,\cos nx,\sin nx,\cdots\}$ 是线性空间 $C[a,b]$ 的一组基，所以该空间的维数为∞。

而从有限的观测重构无穷空间中的一个函数是不可能的，有的时候也是不必要的。事实上，准确重构函数没有想象的那么重要，因为所有的计算都是近似的，包括观测得到的数据。所以，我们只需要得到函数 $f(x)$ 的近似表示即可，这就是函数逼近。显然，逼近的基本思想是降低寻找空间的维数，从无穷维降低到有限维。其中最简单的是有限维多项式逼近，其基函数为

$$T=\{1,x,x^2,\cdots,x^n\}$$

即利用 n 次多项式

$$P_n(x)=a_nx^n+a_{n-1}x^{n-1}+\cdots+a_1x+a_0$$

逼近函数 $f(x)$，这里 $a_0,a_1,\cdots,a_n$ 都是实常数。利用多项式逼近的一个重要原因是：它们是一致逼近连续函数，即任给一个有界闭区间上有定义且连续的函数，存在一个多项式可以和给定的函数"接近"到期望的程度，这就是 Weierstrass 逼近定理。

定理 4.3 （Weierstrass 逼近定理）假设 f 在 $[a,b]$ 上有定义且连续，则对于任给的正数 $\varepsilon>0$，存在一个多项式 $P(x)$，使得对 $[a,b]$ 内的所有 x 均有

$$|f(x)-P(x)|<\varepsilon$$

在函数逼近中考虑多项式类的另一个重要的原因是多项式的导数和积分都容易确定和计算。

在微积分中，Taylor 多项式通常被用来逼近函数在某特定点附近的变化情况。但我们需要清楚地认识到，当远离特定点时，误差会变大。

例如，假设 $f(x)=\mathrm{e}^x$ 在$x_0=0$ 处计算最初的 6 个 Taylor 多项式。

$$P_0(x)=1,P_1(x)=1+x,P_2(x)=1+x+\frac{x^2}{2},P_3(x)=1+x+\frac{x^2}{2}+\frac{x^3}{6},$$

$$P_4(x)=1+x+\frac{x^2}{2}+\frac{x^3}{6}+\frac{x^4}{24},P_5(x)=1+x+\frac{x^2}{2}+\frac{x^3}{6}+\frac{x^4}{24}+\frac{x^5}{120}$$

多项式的图像如图 4.1 所示，我们不难发现，即使对于高阶多项式，当远离零点时，误

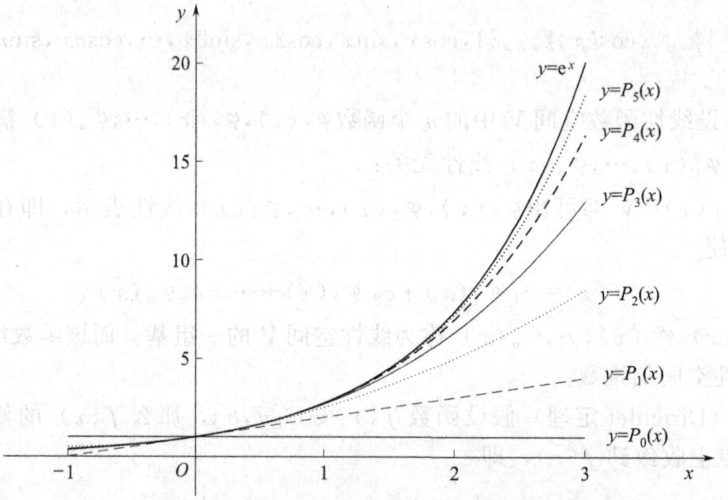

图 4.1 Taylor 多项式逼近效果示意图

差也逐渐加大。

虽然，对于函数 $f(x)=e^x$，利用高阶 Taylor 多项式可以得到很好的逼近，但这并不是对所有函数都正确。作为一个极端的例子，我们选择 $f(x)=\frac{1}{x}$ 在 $x_0=1$ 处进行展开，计算逼近 $f(3)=\frac{1}{3}$ 的不同次数的 Taylor 多项式：

$$P_n(x)=\sum_{k=0}^{n}(-1)^k(x-1)^k$$

表 4.1 给出了对不断增加的 n 值用 $P_n(3)$ 逼近 $f(3)=\frac{1}{3}$ 的结果：很明显逼近失败了。

表 4.1　对不断增加的 n 值用 $P_n(3)$ 逼近 $f(3)=\frac{1}{3}$ 的结果

n	0	1	2	3	4	5	6	7
$P_n(3)$	1	−1	3	−5	11	−21	43	−85

因为 Taylor 多项式具有这样的性质，即在逼近中使用的所有信息都集中在单一点 x_0，所以上述情形的发生并不奇怪。正因为如此，Taylor 多项式逼近局限于仅在 x_0 点附近需要近似的情况。在数值分析中，Taylor 多项式的主要应用不是为了逼近，而是为了推导数值方法和误差估计。对于一般的计算问题，使用包含各种点的信息的方法会更加有效，对此在本章将介绍的插值法和下一章的数值逼近进行讨论。

4.2　插值法和 Lagrange 多项式

表 4.2 是 1980～2015 年中每隔 5 年全球表面平均温度的数据。

表 4.2　1980～2015 全球表面平均温度

年份	1980	1985	1990	1995	2000	2005	2010	2015
温度/℃	15.10	15.01	15.15	15.22	15.34	15.46	15.31	15.20

我们的问题是：利用这些数据，我们能否给出关于 1998 年全球温度的合理估值，或者我们能否预测 2020 年的全球温度。这种类型的估值和预测可以通过使用拟合给定数据的函数来得到。这个过程称为插值。插值法的基本原则如下：

设函数 $y=f(x)$ 定义在区间 $[a,b]$ 上，$x_0,x_1,\cdots,x_n$ 是 $[a,b]$ 上取定的 $n+1$ 个互异点，且仅仅在这些点处函数值 $y_i=f(x_i)$ 为已知，要构造一个函数 $g(x)$，使得

$$g(x_i)=y_i,i=0,1,\cdots,n$$

点 $x_0,x_1,\cdots,x_n$ 称为插值基点或简称为基点。$[\min(x_0,x_1,\cdots,x_n),\max(x_0,x_1,\cdots,x_n)]$ 称为插值区间。$g(x)$ 称为 $f(x)$ 的插值函数。

插值函数 $g(x)$ 在 $n+1$ 个插值基点 $x_i(i=0,1,\cdots,n)$ 处与 $f(x_i)$ 值相等，在其他点 x 用 $g(x)$ 的值作为 $f(x)$ 的近似值，这个过程称为插值，x 称为插值点。若插值点 x 位于插值区间内，这种插值过程称为内插；当插值点位于插值区间外但又接近插值区间断点时，也可以用 $g(x)$ 的值作为 $f(x)$ 的近似值，这种过程称为外插或外推。我们用 $g(x)$ 的值作为 $f(x)$ 的近似值，除要求 $g(x)$ 在某种意义上更好地逼近 $f(x)$，还希望它是较简单的

函数，或者便于在计算机上计算。选择不同的函数类作为插值函数逼近 $f(x)$，其效果是不同的，因此需要根据实际问题选择合适的插值函数。

考虑到多项式函数不仅简单，还具有良好的性质，本章着重介绍选取多项式 $p(x)$ 作为插值函数。这时，我们称 $p(x)$ 为插值多项式。

根据插值的定义，寻找插值多项式，由通过平面上的一些点来确定。首先，我们从最简单的情形入手。考虑确定通过平面上的两个点 (x_0, y_0) 和 (x_1, y_1) 的多项式。实际上是用一次多项式插值，即该多项式与 f 在给定点的值一致 $[f(x_0)=y_0$ 和 $f(x_1)=y_1]$ 的方法逼近函数 f 的问题。为了得到该插值一次多项式的表达式，我们注意到一次多项式函数空间是二维的，构造其两个基函数：

$$l_0(x)=\frac{x-x_1}{x_0-x_1}\text{和}l_1(x)=\frac{x-x_0}{x_1-x_0}$$

然后定义

$$P(x)=y_0\,l_0(x)+y_1\,l_1(x)$$

不难验证：

$$l_0(x_0)=1, l_0(x_1)=0, l_1(x_0)=0, l_1(x_1)=1$$

所以，

$$P(x_0)=y_0\times 1+y_1\times 0=y_0, P(x_1)=y_0\times 0+y_1\times 1=y_1$$

从而 P 是通过 (x_0, y_0) 和 (x_1, y_1) 的唯一线性函数（见图 4.2）。

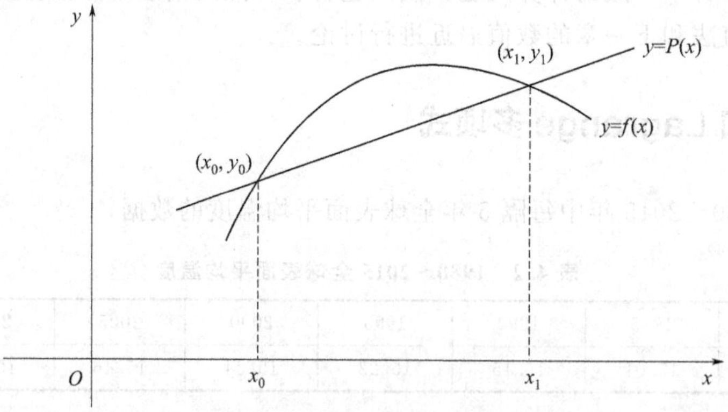

图 4.2 线性插值示意图

为了推广线性插值的概念，考虑构造一个次数至多为 n 次的多项式使它通过 $n+1$ 个点

$$(x_0, f(x_0)), (x_1, f(x_1)), \cdots, (x_n, f(x_n))$$

在这种情况下，需要构造 n 次的多项式函数空间的一组基，即构造一个函数系 $l_{n,k}(x)$，$(k=0,1,\cdots,n)$，该函数系满足以下性质：当 $i\neq k$ 时，$l_{n,k}(x_i)=0$ 和 $l_{n,k}(x_k)=1$。因而，

$$l_{n,k}(x)=\frac{(x-x_0)\cdots(x-x_{k-1})(x-x_{k+1})\cdots(x-x_n)}{(x_k-x_0)\cdots(x_k-x_{k-1})(x_k-x_{k+1})\cdots(x_k-x_n)} \tag{4.1}$$

显然，当有了 $l_{n,k}(x)$ 的形式，就很容易表达插值多项式，这个多项式称为 n 次 Lagrange 插值多项式，它由下面的定理给出。

定理 4.4 如果 $x_0, x_1, \cdots, x_n$ 是 $n+1$ 个不同的点，且函数 $f(x)$ 在这些点处的函数值是已知的，则存在唯一一个次数不超过 n 的多项式 $P(x)$ 满足

$$f(x_k)=P(x_k), k=0,1,\cdots,n$$

这个多项式由下式给出：

$$P(x)=\sum_{k=0}^{n} f(x_k)\,l_{n,k}(x) \tag{4.2}$$

其中$l_{n,k}(x)$ 由式(4.1) 给出。通常，$l_{n,k}(x)$ 被称为 n 次插值多项式的 Lagrange 基。有时候为了简化我们将$l_{n,k}(x)$ 简写为$l_k(x)$。

【例 4.1】 使用节点 $x_0=2$，$x_1=2.5$ 和 $x_2=4$ 求 $f(x)=1/x$ 的二次插值多项式。

解： 二次 Lagrange 插值多项式的基函数

$$l_0(x)=\frac{(x-2.5)(x-4)}{(2-2.5)(2-4)}=(x-6.5)x+10$$

$$l_1(x)=\frac{(x-2)(x-4)}{(2.5-2)(2.5-4)}=\frac{(-4x+24)x-32}{3}$$

$$l_2(x)=\frac{(x-2)(x-2.5)}{(4-2)(4-2.5)}=\frac{(x-4.5)x+5}{3}$$

因为 $f(2)=0.5, f(2.5)=0.4$ 和 $f(4)=0.25$，所以有

$$P_2(x)=0.5[(x-6.5)x+10]+0.4\,\frac{(-4x+24)x-32}{3}+0.25\,\frac{(x-4.5)x+5}{3}$$

$$=(0.05x-0.425)x+1.15$$

$f(3)=\dfrac{1}{3}$的近似值是

$$f(3)\approx P_2(3)=0.325$$

【例 4.2】 已知特殊角30°、45°、60°的正弦函数值为$\frac{1}{2}$、$\frac{\sqrt{2}}{2}$，$\frac{\sqrt{3}}{2}$，用一次插值和二次插值多项式近似计算函数 $\sin x$，并用此近似式求 $\sin 50°$的值。

解： 已知条件如表 4.3 所示。

表 4.3 特殊角 30°、45°、60°及其正弦值

x	30°	45°	60°
$\sin x$	$\frac{1}{2}$	$\frac{\sqrt{2}}{2}$	$\frac{\sqrt{3}}{2}$

一次插值有三种：

① 30°，45°为节点：

$$P_1(x)=\frac{1}{2}\times\frac{x-45}{30-45}+\frac{\sqrt{2}}{2}\times\frac{x-30}{45-30} \quad\rightarrow\quad P_1(50)=0.776\,14$$

② 45°，60°为节点：

$$\widetilde{P}_1(x)=\frac{\sqrt{2}}{2}\times\frac{x-60}{45-60}+\frac{\sqrt{3}}{2}\times\frac{x-45}{60-45} \quad\rightarrow\quad \widetilde{P}_1(50)=0.760\,08$$

③ 30°，60°为节点：

$$\breve{P}_1(x)=\frac{1}{2}\times\frac{x-60}{30-60}+\frac{\sqrt{3}}{2}\times\frac{x-30}{60-30} \quad\rightarrow\quad \breve{P}_1(50)=0.74402$$

二次插值：30°，45°，60°为节点。

$$P_2(x)=\frac{1}{2}\times\frac{(x-45)(x-60)}{(30-45)(30-60)}+\frac{\sqrt{2}}{2}\times\frac{(x-30)(x-60)}{(45-30)(45-60)}$$

$$+\frac{\sqrt{3}}{2}\times\frac{(x-30)(x-45)}{(60-30)(60-45)} \rightarrow P_2(50)=0.76533$$

下面我们讨论影响误差的因素。在已知 $\sin 50°=0.76604$ 时，不难计算

$$|\sin 50°-P_1(50)|\leqslant 0.01010$$

$$|\sin 50°-\widetilde{P}_1(50)|\leqslant 0.00596$$

$$|\sin 50°-\breve{P}_1(50)|\leqslant 0.02202$$

$$|\sin 50°-P_2(50)|\leqslant 0.00061$$

由此，我们注意到：

① 高次插值比低次插值的误差小；

② 内插比外插的误差小；

③ 节点之间的距离越小，误差越小。

下面的定理给出用 Lagrange 插值多项式逼近函数的余项或误差界。

定理 4.5 假设 $x_0,x_1,\cdots,x_n$ 是区间 $[a,b]$ 内的不同点，且 $f\in C^{n+1}[a,b]$，则对 $[a,b]$ 内的每一个 x，在 (a,b) 内存在一个点 $\xi(x)$ 使得

$$f(x)=P_n(x)+\frac{f^{(n+1)}[\xi(x)]}{(n+1)!}(x-x_0)(x-x_1)\cdots(x-x_n) \tag{4.3}$$

其中 $P_n(x)$ 是 n 次 Lagrange 插值多项式。

证明：首先，我们注意到，如果 $x=x_k\,(k=0,1,\cdots,n)$，则 $f(x_k)=P_n(x_k)$，在 (a,b) 内任意选择 $\xi(x)$，式(4.3) 均成立。如果 $x\neq x_k\,(k=0,1,\cdots,n)$，在区间 $[a,b]$ 内定义 t 的函数 g 如下：

$$g(t)=f(t)-P_n(t)-[f(x)-P_n(x)]\frac{(t-x_0)(t-x_1)\cdots(t-x_n)}{(x-x_0)(x-x_1)\cdots(x-x_n)}$$

$$=f(t)-P_n(t)-[f(x)-P_n(x)]\prod_{i=0}^{n}\frac{(t-x_i)}{(x-x_i)}$$

不难证明 $g\in C^{n+1}[a,b]$。对 $t=x_k$，有

$$g(x_k)=f(x_k)-P_n(x_k)-[f(x)-P_n(x)]\prod_{i=0}^{n}\frac{(x_k-x_i)}{(x-x_i)}=0$$

且有

$$g(x)=f(x)-P_n(x)-[f(x)-P_n(x)]\prod_{i=0}^{n}\frac{(x-x_i)}{(x-x_i)}=0$$

所以，$g\in C^{n+1}[a,b]$，且 g 在 $n+2$ 个不同的点 $x_0,x_1,\cdots,x_n,x$ 为零。根据推广的 Rolle 定理，在区间 (a,b) 内至少存在一点 ξ 使得 $g^{(n+1)}(\xi)=0$。从而

$$0=g^{(n+1)}(\xi)=f^{(n+1)}(\xi)-P_n^{(n+1)}(\xi)-[f(x)-P_n(x)]\left[\frac{\mathrm{d}^{n+1}}{\mathrm{d}t^{n+1}}\prod_{i=0}^{n}\frac{(t-x_i)}{(x-x_i)}\right]_{t=\xi} \tag{4.4}$$

因为 $P_n(x)$ 是一个次数至多为 n 次的多项式，所以 $n+1$ 阶导数 $P_n^{(n+1)}(x)$ 恒为零。而且 $\prod_{i=0}^{n}\frac{(t-x_i)}{(x-x_i)}$ 是关于 t 的 $n+1$ 次多项式，因而

$$\frac{\mathrm{d}^{n+1}}{\mathrm{d}t^{n+1}}\prod_{i=0}^{n}\frac{(t-x_i)}{(x-x_i)}=\frac{(n+1)!}{\prod_{i=0}^{n}(x-x_i)}$$

这时，方程(4.4) 现在变为

$$0=f^{(n+1)}(\xi)-0-[f(x)-P_n(x)]\frac{(n+1)!}{\prod_{i=0}^{n}(x-x_i)}$$

由此，解出

$$f(x)=P_n(x)+\frac{f^{(n+1)}(\xi)}{(n+1)!}\prod_{i=0}^{n}(x-x_i)$$

注意到 Lagrange 多项式的误差形式十分类似于 Taylor 多项式的误差形式。x_0 点的 n 阶 Taylor 多项式集中了所有 x_0 点的信息，它的误差项具有如下形式：

$$\frac{f^{(n+1)}[\xi(x)]}{(n+1)!}(x-x_0)^{n+1}$$

而 n 次 Lagrange 多项式使用了不同点 $x_0,x_1,\cdots,x_n$ 的信息，它的误差公式将$(x-x_0)^{n+1}$换成了$(x-x_0),(x-x_1),\cdots,(x-x_n)$ 的乘积：

$$\frac{f^{(n+1)}[\xi(x)]}{(n+1)!}(x-x_0)(x-x_1)\cdots(x-x_n)$$

【例 4.3】 假设为函数 $f(x)=\mathrm{e}^x$ 在 $[0,1]$ 内的 x 做一个函数表。设表中每一项给出的数据位数是 $d\geqslant 8$，相邻 x 值之差即步长为 h。为使线性插值的绝对误差不超过10^{-6}，h 应该是多少？

解： 设 $x_0,x_1,\cdots$是要求 f 值的点，x 在 $[0,1]$ 中，又设 j 满足 $x_j\leqslant x\leqslant x_{j+1}$。定理 4.5 表明线性插值的误差是

$$|f(x)-P_1(x)|=\left|\frac{f''(\xi)}{2!}(x-x_j)(x-x_{j+1})\right|=\frac{|f''(\xi)|}{2}|(x-x_j)(x-x_{j+1})|$$

因为步长是 h，$x_j=jh,x_{j+1}=(j+1)h$，所以

$$|f(x)-P_1(x)|\leqslant\frac{|f''(\xi)|}{2}|(x-jh)[x-(j+1)h]|$$

因而

$$|f(x)-P_1(x)|\leqslant\frac{1}{2}\max_{t\in[0,1]}\mathrm{e}^t\max_{x_j\leqslant x\leqslant x_{j+1}}|(x-jh)[x-(j+1)h]|$$

$$\leqslant\frac{1}{2}\mathrm{e}\max_{jh\leqslant x\leqslant(j+1)h}|(x-jh)[x-(j+1)h]|$$

对于 $jh\leqslant x\leqslant(j+1)h$，考虑 $g(x)=(x-jh)[x-(j+1)h]$。利用微积分的极值定理，不难得到

$$\max_{jh\leqslant x\leqslant(j+1)h}|(x-jh)[x-(j+1)h]|=\max\left\{g(jh),g\left[\left(j+\frac{1}{2}\right)h\right],g[(j+1)h]\right\}=\frac{h^2}{4}$$

故线性插值的误差界为

$$|f(x)-P_1(x)|\leqslant\frac{\mathrm{e}h^2}{8}$$

现在选取 h 使得

$$\frac{\mathrm{e}h^2}{8}\leqslant 10^{-6},\text{即}\quad h\leqslant 1.72\times10^{-3}$$

因为 $n=(1-0)/h$ 必须是整数，所以步长的一个合理选择是 $h=0.001$。

下面的例子说明，当因为某种原因，定理 4.5 的误差公式无法使用时，如何估计插值误

差界？

【例 4.4】 表 4.4 列出了不同点的函数值。下面将比较使用不同的 Lagrange 多项式获得的 $f(1.5)$ 的近似值。

表 4.4 不同点的函数值

x	$f(x)$	x	$f(x)$
1.0	0.765 197 2	1.9	0.281 818 6
1.3	0.620 086 0	2.2	0.110 362 3
1.6	0.455 402 2		

因为 1.5 在 1.3 和 1.6 之间，所以最适合的线性插值是使用 $x_0=1.3$ 和 $x_1=1.6$ 的一次多项式。插值多项式在 1.5 处的值是

$$P_1(1.5)=\frac{1.5-1.6}{1.3-1.6}\times 0.620\,086\,0+\frac{1.5-1.3}{1.6-1.3}\times 0.455\,402\,2=0.510\,296\,8$$

可以考虑两个二次多项式插值。一个是 $x_0=1.3$，$x_1=1.6$ 和 $x_2=1.9$，由此得

$$\begin{aligned}P_2(1.5)=&\frac{(1.5-1.6)\times(1.5-1.9)}{(1.3-1.6)\times(1.3-1.9)}\times 0.620\,086\,0\\&+\frac{(1.5-1.3)\times(1.5-1.9)}{(1.6-1.3)\times(1.6-1.9)}\times 0.455\,402\,2\\&+\frac{(1.5-1.3)\times(1.5-1.6)}{(1.9-1.3)\times(1.9-1.6)}\times 0.281\,818\,6=0.511\,285\,7\end{aligned}$$

另一个取 $x_0=1.0$，$x_1=1.3$ 和 $x_2=1.6$，得

$$\hat{P}_2(1.5)=0.512\,471\,5$$

在三次的情况下，也有两个合适的选择。一个是 $x_0=1.3$，$x_1=1.6$，$x_2=1.9$ 和 $x_3=2.2$，于是

$$P_3(1.5)=0.511\,830\,2$$

另一个是 $x_0=1$，$x_1=1.3$，$x_2=1.6$ 和 $x_3=1.9$，得

$$\hat{P}_3(1.5)=0.511\,812\,7$$

四次 Lagrange 插值多项式需要使用表 4.4 中的所有项，即 $x_0=1$，$x_1=1.3$，$x_2=1.6$，$x_3=1.9$ 和 $x_4=2.2$，这时的近似值为

$$P_4(1.5)=0.511\,820\,0$$

因为 $P_3(1.5)$，$\hat{P}_3(1.5)$ 和 $P_4(1.5)$ 一致到 2×10^{-5} 单位，所以我们期望这些近似值的精度也是如此。另外，我们也期望 $P_4(1.5)$ 是最精确的近似值，因为它使用了更多的给定数据。

事实上，上面所求的函数是 0 阶第一类 Bessel 函数，它在 1.5 处的函数值是 0.5158277。因此，逼近的实际精度如下：

$$|P_1(1.5)-f(1.5)|\approx 1.53\times10^{-3}$$
$$|P_2(1.5)-f(1.5)|\approx 5.42\times10^{-4}$$
$$|\hat{P}_2(1.5)-f(1.5)|\approx 6.44\times10^{-4}$$
$$|P_3(1.5)-f(1.5)|\approx 2.5\times10^{-6}$$
$$|\hat{P}_3(1.5)-f(1.5)|\approx 1.50\times10^{-5}$$
$$|P_4(1.5)-f(1.5)|\approx 7.7\times10^{-6}$$

虽然$P_3(1.5)$是最精确的近似，但是如果不知道$f(1.5)$的准确值的话，我们会将$P_4(1.5)$作为最好的近似值，因为它包含的函数数据最多。这里不能用定理4.5中的误差公式，因为函数的导数是不知道的。所以为了估计一个低阶的插值误差，需要计算包含低阶插值基点的高阶插值多项式，再比较两个插值多项式在相应插值点的值，确定低阶插值的误差。

下面，我们对插值公式余项进行进一步的分析。首先，我们注意到在余项公式(4.3)中出现因子$f^{(n+1)}(\xi)$，它对余项的影响很大，往往随着导数的阶数n快速增长。例如，$f=\dfrac{1}{1+x^2}$的$n+1$阶导数为

$$f^{(n+1)}=(n+1)!\ \cos^{n+2}(\arctan x)\sin\left[(n+2)\left(\arctan x+\frac{\pi}{2}\right)\right]$$

其次，我们考虑余项中的乘积部分$\omega_{n+1}(x)=(x-x_0)(x-x_1)\cdots(x-x_n)$对余项的影响。显然，$\omega_{n+1}(x)$与插值基点$x_0,x_1,\cdots,x_n$的分布有关，而与$f$无关。$\omega_{n+1}(x)$是以$x_0,x_1,\cdots,x_n$为零点的首项系数为1的$n+1$次多项式。它在区间$[x_0,x_1],[x_1,x_2],\cdots,[x_{n-1},x_n]$上交替地取极值（假设基点按照自小到大的顺序排列）。因此，若插值点x靠近$|\omega_{n+1}(x)|$有较大极值的一些点，插值误差就较大，反之则较小。当$x_0,x_1,\cdots,x_n$是任意分布时，考察$\omega_{n+1}(x)$的性质是很困难的。现在，我们考虑基点是等距分布的情形，即$x_{i+1}-x_i=h,i=0,1,\cdots,n-1,h$是常数。令

$$x=x_0+th$$

则有

$$\omega_{n+1}(x)=h^{n+1}t(t-1)\cdots(t-n)$$

为研究方便，我们引入记号

$$\varphi(t)=t(t-1)\cdots(t-n)$$

则

$$\omega_{n+1}(x)=h^{n+1}\varphi(t)$$

若将坐标原点平移到$\left(\dfrac{n}{2},0\right)$，即令$t-\dfrac{n}{2}=z$，则当$n$为奇数时，

$$\varphi(t)=\varphi\left(z+\frac{n}{2}\right)=\left[z^2-\left(\frac{n}{2}\right)^2\right]\left[z^2-\left(\frac{n-2}{2}\right)^2\right]\cdots\left[z^2-\left(\frac{3}{2}\right)^2\right]\left[z^2-\left(\frac{1}{2}\right)^2\right]$$

当n为偶数时，

$$\varphi(t)=\varphi\left(z+\frac{n}{2}\right)=\left[z^2-\left(\frac{n}{2}\right)^2\right]\left[z^2-\left(\frac{n-2}{2}\right)^2\right]\cdots\left[z^2-\left(\frac{4}{2}\right)^2\right]\left[z^2-\left(\frac{2}{2}\right)^2\right]z$$

因此，对z来说，当n为奇数时，$\varphi(t)$是偶函数；当n为偶数时，$\varphi(t)$是奇函数。又因为

$$\varphi(t+1)=\frac{t+1}{t-n}\varphi(t),\frac{t+1}{t-n}<0(0\leqslant t<n)$$

所以$\varphi(t)$在区间$[i,i+1]$上的值可由$\varphi(t)$在区间$[i-1,i]$上的值乘以$\dfrac{t+1}{t-n}$得到。$\varphi(t)$从区间$[i-1,i]$到区间$[i,i+1]$变号。当$0\leqslant t\leqslant\dfrac{n-1}{2}$时，$\left|\dfrac{t+1}{t-n}\right|<1$，因此$\varphi(t)$的极值按其绝对值在$\left[0,\dfrac{n}{2}\right]$是递减的，然后关于$\dfrac{n}{2}$对称地递增起来。$\varphi(t)$的示意图参见图4.3。

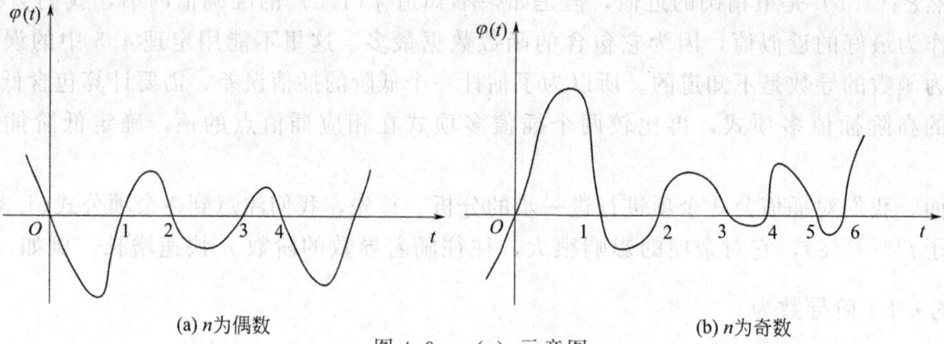

图 4.3 $\varphi(t)$ 示意图

由以上分析可知，当插值点 x 位于插值区间的中部时，插值误差较小，而在两端则较大。特别地，插值点 x 不能位于插值区间之外的远处，即 Lagrange 插值公式不宜用于插值点距插值区间端点较远的外插。

我们来考虑函数

$$f(x)=\frac{1}{1+25x^2},x\in[-1,1]$$

在区间 $[-1,1]$ 上用等距基点的插值问题（20 世纪初，Runge 曾经研究过）。取等距基点为

$$x_i=-1+\frac{2i}{10},i=0,1,\cdots,10$$

作插值多项式$L_{10}(x)$：

$$L_{10}(x)=\sum_{i=0}^{10}f(x_i)\,l_i(x)$$

其中

$$f(x_i)=\frac{1}{1+25x_i^2}$$

$$l_i(x)=\frac{(x-x_0)\cdots(x-x_{i-1})(x-x_{i+1})\cdots(x-x_{10})}{(x_i-x_0)\cdots(x_i-x_{i-1})(x_i-x_{i+1})\cdots(x_i-x_{10})}$$

根据计算结果作图如图 4.4 所示。

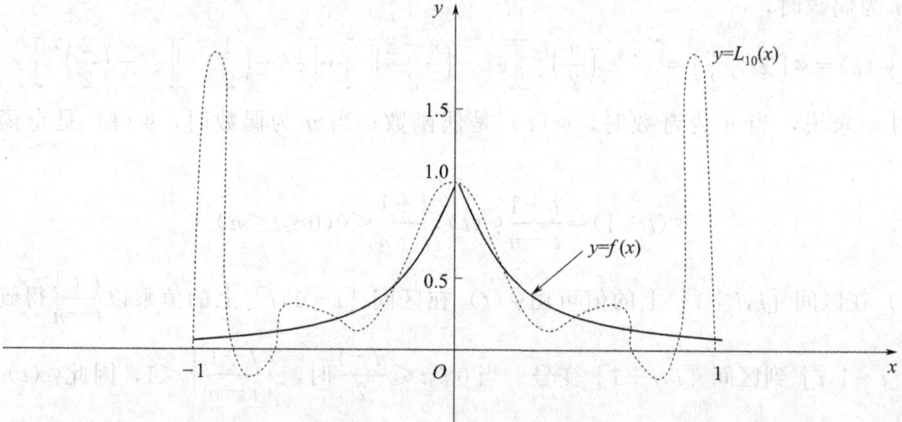

图 4.4 Runge 现象示意图

Runge 现象实际计算如表 4.5 所示。

表 4.5 Runge 现象实际计算

x	$\frac{1}{1+25x^2}$	$L_{10}(x)$
−0.9	0.047 06	1.573
−0.7	0.075 47	−0.225
−0.5	0.137 93	0.253
−0.3	0.307 69	0.236
−0.1	0.800 00	0.843
0.1	0.800 00	0.843
0.3	0.307 69	0.236
0.5	0.137 93	0.253
0.7	0.075 47	−0.225
0.9	0.047 06	1.573

从以上计算不难发现，插值的效果很差。这种现象称之为 Runge 现象，指当插值的次数高了以后，逼近的效果并没有想象的好。正因为 Runge 现象的存在，一般情况下，Lagrange 插值的次数不宜高于 5 次。

4.3 Hermite 插值

前面的插值公式，都只要插值多项式在插值基点处取给定的函数值。在实际问题中，有时不仅要求插值多项式 $P(x)$ 与函数 $f(x)$ 在插值基点 $x_0,x_1,\cdots,x_n$ 上的值相等，即

$$P(x_i)=f(x_i),i=0,1,\cdots,n$$

而且还要求在 x_i 处有若干阶导数相等，即

$$P'(x_0)=f'(x_0),\cdots,P^{(m_0)}(x_0)=f^{(m_0)}(x_0)$$
$$P'(x_1)=f'(x_1),\cdots,P^{(m_1)}(x_1)=f^{(m_1)}(x_1)$$
$$P'(x_n)=f'(x_n),\cdots,P^{(m_n)}(x_n)=f^{(m_n)}(x_n)$$

其中$m_i(i=0,1,\cdots,n)$ 皆为正整数。这类问题称为 Hermite 插值问题。

这一节，我们不考虑 Hermite 插值的一般情况，只讨论下面的特殊情形。

假设函数 $f(x)$ 在插值基点 $x_0,x_1,\cdots,x_n$ 处的函数值分别为 $f(x_i),i=0,1,\cdots,n$，以及一阶导数值为 $f'(x_i),i=0,1,\cdots,n$。要求一个插值多项式$H_{2n+1}(x)$ 满足以下条件：

$$\begin{cases}H_{2n+1}(x_i)=f(x_i)\\ H'_{2n+1}(x_i)=f'(x_i)\end{cases},i=0,1,\cdots,n \tag{4.5}$$

仿照 Lagrange 插值多项式的构造方法，我们令

$$H_{2n+1}(x)=\sum_{i=0}^{n}f(x_i)A_i(x)+\sum_{i=0}^{n}f'(x_i)B_i(x) \tag{4.6}$$

其中 $A_i(x),B_i(x)$ 皆为 $2n+1$ 次多项式。如果 $A_i(x),B_i(x)$ 分别满足条件：

$$A_i(x_j)=\delta_{ij},\quad A'_i(x_j)=0,i,j=0,1,\cdots,n$$

和

$$B_i(x_j)=0,\quad B_i'(x_j)=\delta_{ij},i,j=0,1,\cdots,n$$

其中$\delta_{ij}=\begin{cases}1, & i=j\\ 0, & i\neq j\end{cases}$。那么，显然$H_{2n+1}(x)$满足式（4.5）。于是，$H_{2n+1}(x)$就是所要求的插值多项式。

不难得到

$$B_i=\frac{(x-x_0)^2\cdots(x-x_{i-1})^2(x-x_i)(x-x_{i+1})^2\cdots(x-x_n)^2}{(x_i-x_0)^2\cdots(x_i-x_{i-1})^2(x_i-x_{i+1})^2\cdots(x_i-x_n)^2}=(x-x_i)l_i^2(x) \tag{4.7}$$

$$A_i=\left[1-2(x-x_i)\sum_{\substack{j=0\\ j\neq i}}^{n}\frac{1}{x_i-x_j}\right]l_i^2(x) \tag{4.8}$$

将式(4.7）和式(4.8）代入式(4.6)，即得所要求的插值多项式$H_{2n+1}(x)$，通常称之为Hermite插值多项式。

满足条件式(4.5）的插值多项式$H_{2n+1}(x)$是唯一的。事实上，设另有一个多项式$P(x)$也满足条件式（4.5）。令

$$Q(x)=H_{2n+1}(x)-P(x)$$

不难证明x_0，x_1，…，x_n是$Q(x)$的二重根，从而$Q(x)$至少有$2n+2$个根。但不高于$2n+1$次多项式不可能有$2n+2$个根，因此$Q(x)$只能是零多项式。综上所述，我们得到下面的定理。

定理 4.6 假设函数$f(x)$在区间$[a,b]$上连续可导，$x_0,x_1,\cdots,x_n\in[a,b]$是互异的，那么存在唯一的多项式$H_{2n+1}(x)$满足条件式(4.5)。$H_{2n+1}(x)$可以表示成

$$H_{2n+1}(x)=\sum_{i=0}^{n}f(x_i)[1-2(x-x_i)l'_i(x_i)]l_i^2(x)+\sum_{i=0}^{n}f'(x_i)(x-x_i)l_i^2(x) \tag{4.9}$$

其中

$$l_i(x)=\prod_{\substack{j=0\\ j\neq i}}^{n}\frac{(x-x_j)}{(x_i-x_j)},i=0,1,\cdots,n$$

$$l'_i(x_i)=\sum_{\substack{j=0\\ j\neq i}}^{n}\frac{1}{x_i-x_j},i=0,1,\cdots,n$$

如果进一步假设$f(x)$在区间$[a,b]$上具有$2n+1$阶连续导数，在(a,b)内存在$2n+2$阶导数，那么对于$x\in[a,b]$必存在一点$\xi\in(a,b)$，使得

$$f(x)-H_{2n+1}(x)=\frac{\omega_{n+1}^2(x)}{(2n+2)!}f^{(2n+2)}(\xi)$$

其中

$$\omega_{n+1}(x)=(x-x_0)(x-x_1)\cdots(x-x_n)$$

证明略。

【例 4.5】 假设函数$f(x)$在$x_0=1.3$，$x_1=1.6$，$x_2=1.9$的函数值及导数值如表4.6所示。

表 4.6 $f(x)$ 在 x_0、x_1、x_2 点处的函数值及导数值

k	x_k	$f(x_k)$	$f'(x_k)$
0	1.3	0.620 086 0	−0.522 023 2
1	1.6	0.455 402 2	−0.569 895 9
2	1.9	0.281 818 6	−0.581 157 1

应用 Hermite 插值求 $f(1.5)$ 的近似值。

解：首先，我们计算 Lagrange 基及其导数。

$$l_0(x)=\frac{(x-x_1)(x-x_2)}{(x_0-x_1)(x_0-x_2)}=\frac{50}{9}x^2-\frac{175}{9}x+\frac{152}{9}$$

$$l_0'(x)=\frac{100}{9}x-\frac{175}{9}$$

$$l_1(x)=\frac{(x-x_0)(x-x_2)}{(x_1-x_0)(x_1-x_2)}=\frac{-100}{9}x^2+\frac{320}{9}x-\frac{247}{9}$$

$$l_1'(x)=\frac{-200}{9}x+\frac{320}{9}$$

$$l_2(x)=\frac{(x-x_0)(x-x_1)}{(x_2-x_0)(x_2-x_1)}=\frac{50}{9}x^2-\frac{145}{9}x+\frac{104}{9}$$

$$l_2'(x)=\frac{100}{9}x-\frac{145}{9}$$

其次，计算多项式 $A_i(x),B_i(x)(i=0,1,2)$：

$$A_0(x)=[1-2(x-1.3)(-5)]\left(\frac{50}{9}x^2-\frac{175}{9}x+\frac{152}{9}\right)^2$$

$$=(10x-12)\left(\frac{50}{9}x^2-\frac{175}{9}x+\frac{152}{9}\right)^2$$

$$A_1(x)=\left(\frac{-100}{9}x^2+\frac{320}{9}x-\frac{247}{9}\right)^2$$

$$A_2(x)=10(2-x)\left(\frac{50}{9}x^2-\frac{145}{9}x+\frac{104}{9}\right)^2$$

和

$$B_0(x)=(x-1.3)\left(\frac{50}{9}x^2-\frac{175}{9}x+\frac{152}{9}\right)^2$$

$$B_1(x)=(x-1.6)\left(\frac{-100}{9}x^2+\frac{320}{9}x-\frac{247}{9}\right)^2$$

$$B_2(x)=(x-1.9)\left(\frac{50}{9}x^2-\frac{145}{9}x+\frac{104}{9}\right)^2$$

最后得

$$H_5(x)=0.620\,086\,0A_0(x)+0.455\,402\,2A_1(x)+0.281\,818\,6A_2(x)-0.522\,023\,2\,B_0(x)-0.569\,895\,9\,B_1(x)-0.581\,157\,1\,B_2(x)$$

且

$$f(1.5)\approx H_5(1.5)=0.511\,827\,7$$

4.4 三次样条插值

前面的各节讨论了使用多项式在闭区间上对任意函数的逼近。可是，高次 Lagrange 插值多项式的 Runge 现象限制了它们的使用。一个替代的方法是将区间分成一系列的子区间，再在每个子区间上构造逼近多项式。这种类型函数的逼近称作分段多项式逼近。

最简单的分段多项式逼近是分段线性插值，它由连接一组数据点

$$\{(x_0,f(x_0)),(x_1,f(x_1)),\cdots,(x_n,f(x_n))\}$$

的一系列直线构成，如图 4.5 所示。

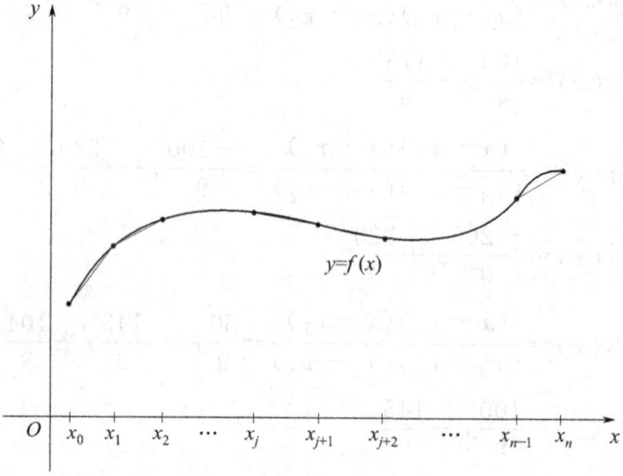

图 4.5 分段线性插值示意图

分段线性函数逼近的一个缺点是在子区间的端点可能不可微，这在几何上意味着插值函数不是“光滑的”。然而，实际应用通常需要光滑性，所以逼近函数必须是连续可微的。

一个可替代的方法是使用 Hermite 型的分段多项式。例如，如果 f 和 f'的值在每一个点 $x_0<x_1<\cdots<x_n$ 是已知的，则三次 Hermite 多项式可用于每个子区间$[x_0,x_1]$,$[x_1,x_2]$,…,$[x_{n-1},x_n]$ 上以得到在区间 $[x_0,x_n]$ 上具有连续导数的函数。在给定的区间上确定合适的 Hermite 三次多项式问题只不过是计算在此区间上的$H_3(x)$ 的问题，很容易完成。可是，这过程需要知道所逼近的函数的导数，这常常是不现实的。

下面，我们考虑不需要任何导数（也许在所逼近函数区间的端点除外）的分段多项式逼近。在整个区间 $[x_0,x_n]$ 上最简单的一类可微的分段多项式函数是在每对相邻的节点之间用二次多项式逼近所得到的函数。这个过程为：在 $[x_0,x_1]$ 上构造一个与函数在 x_0 和 x_1 一致的二次逼近多项式，在 $[x_1,x_2]$ 上构造另一个与函数在 x_1 和 x_2 一致的二次逼近多项式，等等。因为一般的二次多项式有三个任意常数，为了拟合每个子区间端点的数据，仅需要两个条件，所以在选择二次插值多项式使得整个插值函数在 $[x_0,x_n]$ 上有连续导数方面存在灵活性。但事实并非如此，我们看一个简单的情形。设 f 定义在 $[a,b]$ 上，且给定节点 $a=x_0<x_1<x_2=b$。在 $[x_0,x_1]$ 上构造二次多项式

$$S_0(x)=a_0+b_0(x-x_0)+c_0(x-x_0)^2$$

在区间 $[x_1,x_2]$ 上构造二次多项式

$$S_1(x)=a_1+b_1(x-x_1)+c_1(x-x_1)^2$$

考虑到

$$S_0(x_0)=f(x_0), S_0(x_1)=f(x_1)$$
$$S_1(x_1)=f(x_1), S_1(x_2)=f(x_2)$$

和

$$S_1'(x)|_{x_1-}=S_0'(x)|_{x_1+}$$

从上述关系式中，我们不难发现可以构成具有 6 个变量 5 个方程的方程组。从数学角度要想得到唯一解需要增加条件。但如果考虑端点，这里有两个端点，仅考虑其中之一缺少实际意义。所以在实际问题中考虑分段二次样条插值没有意义。

在实际应用时，不采用分段二次样条插值还有一个原因就是光滑性不够。为此，我们考虑在相邻的各节点之间使用三次多项式，这种逼近被称作三次样条插值。

定义 4.3 给定在区间 $[a,b]$ 上定义的函数 f 和一组节点 $a=x_0<x_1<\cdots<x_n=b$，f 的三次样条插值 S 是满足下列条件的函数：

① $S(x)$ 在子区间 $[x_j,x_{j+1}]$ $(j=0,1,\cdots,n-1)$ 上是三次多项式，记为 $S_j(x)$；

② $S(x_j)=f(x_j)$ $(j=0,1,\cdots,n)$；

③ $S_{j+1}(x_{j+1})=S_j(x_{j+1})$ $(j=0,1,\cdots,n-2)$；

④ $S_{j+1}'(x_{j+1})=S_j'(x_{j+1})$ $(j=0,1,\cdots,n-2)$；

⑤ $S_{j+1}''(x_{j+1})=S_j''(x_{j+1})$ $(j=0,1,\cdots,n-2)$；

⑥ 下列边界条件之一满足：

$S''(x_0)=S''(x_n)=0$（自由或自然边界）；

$S'(x_0)=f'(x_0)$ 和 $S'(x_n)=f'(x_n)$（固支边界）。

为构造选定函数 f 的三次样条插值，将定义中的条件用到三次多项式

$$S_j(x)=a_j+b_j(x-x_j)+c_j(x-x_j)^2+d_j(x-x_j)^3, j=0,1,\cdots,n-1$$

因为

$$S_j(x_j)=a_j=f(x_j)$$

所以条件③可用于获得

$$\begin{aligned} a_{j+1}&=S_{j+1}(x_{j+1})=S_j(x_{j+1}) \\ &=a_j+b_j(x_{j+1}-x_j)+c_j(x_{j+1}-x_j)^2+d_j(x_{j+1}-x_j)^3, j=0,1,\cdots,n-2 \end{aligned}$$

因为项 $x_{j+1}-x_j$ 反复出现在过程中，为了方便，我们引入下面的记号：

$$h_j=x_{j+1}-x_j, j=0,1,\cdots,n-1$$

如果还定义 $a_n=f(x_n)$，则方程

$$a_{j+1}=a_j+b_jh_j+c_jh_j^2+d_jh_j^3 \tag{4.10}$$

对 $j=0,1,\cdots,n-1$ 成立。同样，定义$b_n=S'(x_n)$ 并注意到，由

$$S_j'(x)=b_j+2c_j(x-x_j)+3d_j(x-x_j)^2$$

可得 $S_j'(x_j)=b_j(j=0,1,\cdots,n-1)$。应用条件④，得

$$b_{j+1}=b_j+2c_jh_j+3d_jh_j^2, j=0,1,\cdots,n-1 \tag{4.11}$$

在 S_j 的系数之间的另一个关系式可通过定义$c_n=S''(x_n)/2$ 和应用条件⑤得到。从而，对 $j=0,1,\cdots,n-1$，有

$$c_{j+1}=c_j+3d_jh_j \tag{4.12}$$

由方程(4.12) 解出d_j，并将解出的值代入式(4.10) 和式(4.11)，得

$$a_{j+1}=a_j+b_jh_j+\frac{h_j^2}{3}(2c_j+c_{j+1}) \tag{4.13}$$

和

$$b_{j+1}=b_j+h_j(c_j+c_{j+1}) \tag{4.14}$$

这时，由方程(4.13) 可解出b_j 为

$$b_j=\frac{1}{h_j}(a_{j+1}-a_j)-\frac{h_j}{3}(2c_j+c_{j+1}) \tag{4.15}$$

然后，将下标减 1 得出b_{j-1}，即

$$b_{j-1}=\frac{1}{h_{j-1}}(a_j-a_{j-1})-\frac{h_{j-1}}{3}(2c_{j-1}+c_j) \tag{4.16}$$

将式(4.15)、式(4.16) 代入式(4.14) 中，得到线性方程组

$$h_{j-1}c_{j-1}+2(h_{j-1}+h_j)c_j+h_j c_{j+1}=\frac{3}{h_j}(a_{j+1}-a_j)-\frac{3}{h_{j-1}}(a_j-a_{j-1}) \tag{4.17}$$

对 $j=1,2,\cdots,n-1$ 成立。因为 $\{h_j\}_{j=0}^{n-1}$ 和$\{a_j\}_{j=0}^{n}$ 的值分别由节点的间距和函数在这些节点上的值给出，所以方程组中的未知量仅为$\{c_j\}_{j=0}^{n}$。

注意到一旦确定了$\{c_j\}_{j=0}^{n}$，就可以根据前面得到的公式求出$\{d_j\}_{j=0}^{n-1}$，从而构造出三次多项式$\{S_j(x)\}_{j=0}^{n-1}$。

下面的定理说明当加上定义 4.3 中⑥给出的任一边界条件时，三次样条唯一确定。

定理 4.7 如果 f 定义在$a=x_0<x_1<\cdots<x_n=b$，则 f 在节点$x_0,x_1,\cdots,x_n$ 上具有唯一的三次样条插值S，即满足自然边界条件 $S''(a)=0$ 和 $S''(b)=0$ 的样条插值。

定理 4.8 如果 f 定义在$a=x_0<x_1<\cdots<x_n=b$，则 f 在节点$x_0,x_1,\cdots,x_n$ 上具有唯一的三次样条插值S，即满足固支边界条件 $S'(a)=f'(a)$ 和 $S'(b)=f'(b)$ 的样条插值。

上述两个定理的证明这里略去。

关于三次样条插值的误差分析，我们给出下面的定理（Hall 和 Meyer 得到的）。

定理 4.9 假设函数 $f(x)$ 在 $[a,b]$ 上四次连续可微，$a=x_1<x_2<\cdots<x_{n+1}=b$。如果 $S_C(x)$ 表示 $f(x)$ 在 $\{x_i\}_{i=1}^{n+1}$ 的完备三次样条插值函数，那么

$$\max_{a\leqslant x\leqslant b}|f(x)-S_C(x)|\leqslant\frac{5}{384}M_4h^4$$

$$\max_{a\leqslant x\leqslant b}|f'(x)-S'_C(x)|\leqslant\frac{1}{24}M_4h^3$$

其中

$$M_4=\max_{a\leqslant x\leqslant b}|f^{(4)}(x)|,h=\max_{1\leqslant i\leqslant n}h_i$$

Swartz 和 Varga 于 1972 年建立了类似于这个定理的 Lagrange 三次样条插值函数误差界的定理，只是误差界中的常数不同而已。

习 题 4

1. 已知函数 $y=f(x)$ 的观测数据为 $f(1)=1,f(4)=2,f(2)=1$，试求以 1、4、2 为基点的 Lagrange 插值多项式，并求 $f(1.5)$ 的近似值。

2. 已知函数 $f(x)$ 的观测数据为 $f(-1)=3,f(0)=1,f(1)=3,f(2)=9$，试求以$-1$、0、1、2 为基点的 Lagrange 插值多项式，并求 $f\left(\frac{1}{2}\right)$的近似值。

3. 已知 $f(x)$ 的函数值 $f(1.0)=0.24255$，$f(1.3)=1.59751$，$f(1.4)=3.76155$，试用 Lagrange 插值求 $f(1.25)$ 的近似值。

4. 已知函数 $f(x)$ 在若干点的函数值：

x	0	0.3	0.6	0.9	1.2
$f(x)$	1.000 006	0.985 067 4	0.941 070 8	0.870 363 2	0.116 699 2

试用线性插值求 $f(0.15)$、$f(0.45)$、$f(0.75)$和 $f(1)$ 的近似值。

5. 观测得一个二次多项式 $p_2(x)$ 的值：

x_i	−2	−1	0	1	2
$p_2(x_i)$	3	1	1	6	15

表中 $p_2(x)$ 的某一个数值有错误，试找出并校正它。

6. 计算得到多项式 $p(x)=x^4-x^3+x^2-x+1$ 的值：

x	−2	−1	0	1	2	3
$p(x)$	31	5	1	1	11	61

试求一个五次多项式 $q(x)$，使它取下列值：

x	−2	−1	0	1	2	3
$q(x)$	31	5	1	1	11	30

7. 设 $f(x)=3xe^x-2e^x$，以 $x_0=1, x_1=1.05, x_2=1.07$ 作抛物线插值计算 $f(1.03)$ 的近似值，将实际误差与由公式(4.3) 所得的误差界进行比较。

8. 设 $x_0, x_1, \cdots, x_n$ 为 $n+1$ 个相异的插值基点，$l_i(x)(i=0,1,\cdots,n)$为 Lagrange 基本多项式，证明：

(1) $\sum_{i=0}^{n} l_i(x)=1$

(2) $\sum_{i=0}^{n} x^j i_i(x)=x^j$，$j=1, 2, \cdots, n$

(3) $\sum_{i=0}^{n} (x_i-x)^j l_i(x)=0$，$j=1, 2, \cdots, n$

(4) $\sum_{i=0}^{n} l_i(0)x_i^j=\begin{cases}1, & j=0 \\ 0, & j=1, 2, \cdots, n \\ (-1)^n x_0 x_1 \cdots x_n, & j=n+1\end{cases}$

9. 已知 $\ln 3.1=1.131\ 4$，$\ln 3.2=1.163\ 2$，试用线性插值求 $\ln 3.16$ 的值，并估计其误差。

10. 假定要做计算零阶 Bessel 函数

$$I_0(x)=\frac{1}{\pi}\int_0^{\pi}\cos(x\sin t)\mathrm{d}t$$

的等距数值表，如何选取表距 h，使利用这个数值表作线性插值时，误差不超过 10^{-6}？

11. 在区间 $[a,b]$ 任取插值基点：

$$a\leqslant x_0<x_1<\cdots<x_n\leqslant b$$

作函数 $f(x)$ 的 Lagrange 插值多项式 $p_n(x)$。假设 $f(x)$ 在 $[a,b]$ 上为任意次可微，且

$$|f^{(k)}(x)| \leqslant M, k=0,1,2,\cdots, x \in [a,b]$$

其中 M 为常数。当 $n \to \infty$ 时，序列 $p_n(x)$ 在 $[a,b]$ 是否收敛于 $f(x)$？

12. 设 $p_n(x)$ 是函数 $f(x)=\cos x$ 关于区 $\left[0,\frac{\pi}{2}\right]$ 上的等距点 $x_i=\frac{(i-1)}{2n}\pi(i=1,2,\cdots,n+1)$ 的 Lagrange 插值多项式。证明 $\lim\limits_{n\to\infty} p_n(x)=\cos x$。

13. 已知函数值 $f(-2)=4, f(-1)=-3, f(0)=2, f(1)=0, f(2)=4$。试用抛物线插值计算 $f(0.4)$ 和 $f(0.6)$ 的近似值。

14. 设函数 $y=f(x)$ 在区间 $[a,b]$ 上有单值反函数 $x=g(y)$。反插值法是在插值法中将 y_i [等于 $f(x_i)$] 与 x_i 的地位对调。已知 y 的值，求 $x=g(y)$ 的近似值。就 $y=\sqrt{x}$ 取 $x_0=1.05$，$x_1=1.10$，$x_2=1.15$，用 Lagrange 插值求 1.05^2 的近似值（计算结果取四位小数）。

15. 设函数 $f(x)$ 在上有三阶连续导数，作一个不高于二次的多项式 $p(x)$ 满足条件：

$$p(x_1)=f(x_1)=f_1, p'(x_1)=f'(x_1)=f_1$$
$$p(x_2)=f(x_2)=f_2$$

证明其唯一性，并导出它的余项 $f(x)-p(x)$ 的表达式。

16. 设 $f(x)$ 在 $[x_0,x_2]$ 上有四阶连续导数，试求满足下列条件的次数不超过 3 次的插值多项式 $H(x)$：

$$H(x_0)=f(x_0), H(x_1)=f(x_1), H(x_2)=f(x_2), H'(x_1)=f'(x_1)$$

其中 $x_0<x_1<x_2$，并求其余项 $f(x)-H(x)$的表达式。

17. 已知函数 $f(x)$ 在 $x=0,1,2$ 的函数值和导数值如下：

x	0	1	2
$f(x)$	1	2.718	2.389
$f'(x)$	1	2.718	2.389

求 Hermite 插值多项式 $H_5(x)$ 以及 $f(0.25)$ 的近似值。

18. 已知函数 $y=f(x)$ 在若干点的函数值：

$$f(1)=1, f(2)=3, f(4)=4, f(5)=2$$

且

$$f'(1)=f'(5)=0$$

试求 $f(x)$ 的自然三次样条插值函数 $S_N(x)$，并求 $f(3)$ 的近似值。

19. 已知 $f(x)$ 在若干点的函数值：$f(1)=1, f(2)=3, f(4)=5, f(5)=2$ 以及 $f(1)=1, f'(5)=-4$，求完备三次样条插值函数 $S_C(x)$，并计算 $f(1.5)$ 和 $f(3)$ 的近似值。

第5章

逼近理论与最小二乘法

逼近论涉及两个一般性的问题。一类问题是当一个函数显示地给出，为了更好地理解或应用，想要改函数为“更简单”的类型，比如多项式，用来确定给定函数的近似。另一类问题涉及使函数拟合给定的数据并找到某一特定类型的“最佳”函数来表示这些数据。事实上，关于数 x_0 的 n 阶 Taylor 多项式是 $n+1$ 次可微函数 f 在 x_0 的领域内很好的近似值，而 Lagrange 插值多项式可作为逼近多项式拟合给定的数据，这两个例子都属于逼近论。为了更好地理解和运用逼近论，我们先从函数逼近入手。

5.1 最佳平方逼近和正交多项式

假设 $f\in C[a,b]$，需次数至多为 n 的多项式 $P_n(x)$ 使误差

$$\int_a^b [f(x)-P_n(x)]^2\mathrm{d}x$$

达到最小。也就是说，使表达式达到最小的多项式，设

$$P_n(x)=a_nx^n+a_{n-1}x^{n-1}+\cdots+a_1x+a_0$$

定义

$$E\triangleq E(a_0,a_1,\cdots,a_n)=\int_a^b\left[f(x)-\sum_{k=1}^{n}a_kx^k\right]^2\mathrm{d}x$$

问题归结为求出使得 E 最小的实数 a_0，a_1，…，a_n。而数 a_0，a_1，…，a_n 使得 E 最小的必要条件是

$$\frac{\partial E}{\partial a_j}=0,j=0,1,\cdots,n$$

经过计算和化简，得 $n+1$ 个未知数 a_j 的 $n+1$ 个线性法方程

$$\sum_{k=0}^{n}a_k\int_a^b x^{j+k}\mathrm{d}x=\int_a^b x^j f(x)\mathrm{d}x,j=0,1,\cdots,n$$

不难证明对于任意的 $f\in C[a,b]$，上述法方程组有唯一解。不过，对应于上述方程组的系数矩阵称为 Hilbert 矩阵，是典型的坏条件矩阵。这意味着直接利用上述法方程组求解待定多项式的系数 $a_0,a_1,\cdots,a_n$ 可能会产生很大的误差，特别是高次多项式逼近。

【例 5.1】 求函数 $f(x)=\sin\pi x$ 在区间 [0,1] 上的二次最小二乘逼近多项式。

解： 设 $P_2(x)=a_2x^2+a_1x+a_0$，相应的法方程为

$$\begin{cases} a_0\int_0^1 1\mathrm{d}x + a_1\int_0^1 x\mathrm{d}x + a_2\int_0^1 x^2\mathrm{d}x = \int_0^1 \sin\pi x\mathrm{d}x \\ a_0\int_0^1 x\mathrm{d}x + a_1\int_0^1 x^2\mathrm{d}x + a_2\int_0^1 x^3\mathrm{d}x = \int_0^1 x\sin\pi x\mathrm{d}x \\ a_0\int_0^1 x^2\mathrm{d}x + a_1\int_0^1 x^3\mathrm{d}x + a_2\int_0^1 x^4\mathrm{d}x = \int_0^1 x^2\sin\pi x\mathrm{d}x \end{cases}$$

经过积分，得

$$\begin{cases} a_0 + \frac{1}{2}a_1 + \frac{1}{3}a_2 = \frac{2}{\pi} \\ \frac{1}{2}a_0 + \frac{1}{3}a_1 + \frac{1}{4}a_2 = \frac{1}{\pi} \\ \frac{1}{3}a_0 + \frac{1}{4}a_1 + \frac{1}{5}a_2 = \frac{\pi^2-4}{\pi^3} \end{cases}$$

由此解出三个未知数，

$$a_0 \approx -0.050\,465, a_1 = -a_2 \approx 4.122\,51$$

因此。函数 $f(x)=\sin\pi x$ 在区间 $[0,1]$ 上的二次最小二乘逼近多项式是

$$P_2(x) = -4.122\,51x^2 + 4.122\,51x - 0.050\,465$$

为了方便讨论，我们引入一些新的概念。

定义 5.1 如果对所有 $x\in[a,b]$，只要

$$c_0\phi_0(x) + c_1\phi_1(x) + \cdots + c_n\phi_n(x) = 0$$

就有$c_0 = c_1 = \cdots = c_n = 0$，则称函数集合 $\{\phi_0(x), \phi_1(x), \cdots, \phi_n(x)\}$ 在区间 $[a,b]$ 上是线性无关的。否则，就说这些函数的集合是线性相关的。

不难证明：如果 $\phi_j(x)$ 表示一个 j 阶多项式，那么 $\{\phi_0(x), \phi_1(x), \cdots, \phi_n(x)\}$ 在任意区间 $[a,b]$ 上是线性无关的。

为了讨论一般函数逼近，这里介绍权函数和正交性概念。

定义 5.2 一个可积函数 $w(x)$ 称为在区间 I 上的权函数，如果对于 $x\in I$，有$w(x)\geqslant 0$，则在 I 的任意子区间中都有 $w(x)\neq 0$。

权函数的目的是赋予区间特定部分的近似值具有不同级别的重要性。例如，权函数

$$w(x) = \frac{1}{\sqrt{1-x^2}}, x\in(-1,1)$$

不把重点放在区间 $(-1,1)$ 的中心，而把重点放在$|x|$接近于 1 的地方。

假设 $\{\phi_0(x), \phi_1(x), \cdots, \phi_n(x)\}$ 在区间 $[a,b]$ 上是线性无关的函数集合，$w(x)$ 是区间 $[a,b]$ 上的一个权函数，对于 $f\in C[a,b]$，线性组合

$$P_n(x) = \sum_{k=0}^{n} a_k\phi_k(x)$$

用来使近似误差

$$E(a_0, a_1, \cdots, a_n) = \int_a^b w(x)\left[f(x) - \sum_{k=0}^{n} a_k\phi_k(x)\right]^2 \mathrm{d}x \tag{5.1}$$

达到最小。

与该问题相对应的法方程组可以通过求上述多元函数极值问题的驻点得到，即

$$0=\frac{\partial E}{\partial a_j}=2\int_a^b w(x)\left[f(x)-\sum_{k=0}^{n}a_k\phi_k(x)\right]\phi_j(x)\mathrm{d}x,j=0,1,\cdots,n$$

化简后，得

$$\sum_{k=0}^{n}a_k\int_a^b w(x)\phi_k(x)\phi_j(x)\mathrm{d}x=\int_a^b w(x)f(x)\phi_j(x)\mathrm{d}x,j=0,1,\cdots,n$$

如果选择基函数 $\phi_0(x),\phi_1(x),\cdots,\phi_n(x)$ 满足

$$\int_a^b w(x)\phi_k(x)\phi_j(x)\mathrm{d}x=\begin{cases}0, & j\neq k\\ \alpha_j>0, & j=k\end{cases}\tag{5.2}$$

那么，法方程组可以得到简化，并容易求解得到

$$a_j=\frac{1}{\alpha_j}\int_a^b w(x)f(x)\phi_j(x)\mathrm{d}x$$

因此，当选择基函数 $\phi_0(x),\phi_1(x),\cdots,\phi_n(x)$ 满足式(5.2) 中的正交条件时，最小二乘问题就被大大简化了。更重要的是方程组的条件数也得到了极大地改善。

定义 5.3 $\{\phi_0(x),\phi_1(x),\cdots,\phi_n(x)\}$ 称为在区间 $[a,b]$ 上关于权函数 $w(x)$ 的正交函数集，如果

$$\int_a^b w(x)\phi_k(x)\phi_j(x)\mathrm{d}x=\begin{cases}0, & j\neq k\\ \alpha_j>0, & j=k\end{cases}$$

另外，如果对于 $k=0,1,\cdots,n$ 有$\alpha_k=1$，该集合称为标准正交的。

由该定义及前面的叙述得到如下的定理。

定理 5.1 如果 $\{\phi_0(x),\phi_1(x),\cdots,\phi_n(x)\}$ 是在区间 $[a,b]$ 上关于权函数 $w(x)$ 的正交函数集，那么 $f(x)$ 在 $[a,b]$ 上关于权函数 $w(x)$ 的最小二乘逼近为

$$P(x)=\sum_{k=0}^{n}a_k\phi_k(x)\tag{5.3}$$

其中

$$a_k=\frac{\int_a^b w(x)\phi_k(x)f(x)\mathrm{d}x}{\int_a^b w(x)[\phi_k(x)]^2\mathrm{d}x},k=0,1,\cdots,n\tag{5.4}$$

基函数集合并不总是正交的，下面介绍基于 Gram-Schmidt 过程的正交化，可以将 $[a,b]$ 上的线性无关组转化为关于权函数 $w(x)$ 的正交基函数。

定理 5.2 用下面的方法定义多项式的函数集合 $\{\phi_0(x),\phi_1(x),\cdots,\phi_n(x)\}$ 在区间 $[a,b]$ 上关于权函数 $w(x)$ 是正交的。

$$\phi_0(x)=1,\phi_1(x)=x-B_1,x\in[a,b]\tag{5.5}$$

其中

$$B_1=\frac{\int_a^b xw(x)[\phi_0(x)]^2\mathrm{d}x}{\int_a^b w(x)[\phi_0(x)]^2\mathrm{d}x}\tag{5.6}$$

并且当 $k\geqslant2$ 时，有

$$\phi_k(x)=(x-B_k)\phi_{k-1}(x)-C_k\phi_{k-2}(x),x\in[a,b]\tag{5.7}$$

其中

$$B_k=\frac{\int_a^b xw(x)\,[\phi_{k-1}(x)]^2\,dx}{\int_a^b w(x)\,[\phi_{k-1}(x)]^2\,dx} \tag{5.8}$$

和

$$C_k=\frac{\int_a^b xw(x)\phi_{k-1}(x)\phi_{k-2}(x)\,dx}{\int_a^b w(x)\,[\phi_{k-2}(x)]^2\,dx} \tag{5.9}$$

【例 5.2】 Legendre 多项式的集合 $\{P_n(x)\}$ 在 $[-1,1]$ 上关于权函数 $w(x)=1$ 是正交的。用定理 5.2 中的递推方法不难得到：

$$P_1(x)=1$$

$$P_2(x)=x^2-\frac{1}{3}$$

$$P_3(x)=x^3-\frac{3}{5}x$$

$$P_4(x)=x^4-\frac{6}{7}x^2+\frac{3}{35}$$

$$P_5(x)=x^5-\frac{10}{9}x^3+\frac{5}{21}x$$

【例 5.3】 Chebyshev 多项式 $\{T_n(x)\}$ 在 $(-1,1)$ 上关于权函数 $w(x)=(1-x^2)^{-1/2}$ 是正交的。它们可以从定理 5.2 的递推公式中得到：

$$T_0(x)=1$$
$$T_1(x)=x$$
$$T_2(x)=2x^2-1$$
$$T_3(x)=4x^3-3x$$
$$T_4(x)=8x^4-8x^2+1$$

Chebyshev 多项式除了上述表达形式外，还可以写成如下形式：

$$T_n(x)=\cos(n\arccos x),x\in[-1,1],n\geqslant 0$$

5.2 三角多项式逼近

使用 sin 和 cos 函数级数来表示任意函数始于 18 世纪 50 年代研究弦振动。Jean d'Alembert 和 Leonhard Euler 研究过该问题。Daniel Bernouli 首先提出用正弦和余弦的无穷和作为问题的解，现在我们称其为 Fourier 级数。而在 19 世纪初期，Jean B. J. Fourier 使用该级数研究热传导，并且发展成为一套相当完整的理论体系。

Fourier 级数的发展中的第一个重要发现是，对于每一个正整数 n，函数集合 $\{\phi_0(x),\phi_1(x),\cdots,\phi_{2n-1}(x)\}$，其中

$$\phi_0(x)=\frac{1}{2}$$

$$\phi_k(x)=\cos kx,k=1,2,\cdots,n$$

和

$$\phi_{n+k}(x)=\sin kx,k=1,2,\cdots,n-1$$

是在 $[-\pi,\pi]$ 上对于 $w(x)\equiv 1$ 的正交集合。

设Γ_n 表示函数 $\phi_0(x),\phi_1(x),\cdots,\phi_{2n-1}(x)$ 所有的线性组合的集合。这个集合称作为阶小于或等于 n 的三角多项式集合。

对于函数 $f\in C[-\pi,\pi]$，通过Γ_n 中如下形式的函数

$$S_n(x)=\frac{a_0}{2}+a_n\cos nx+\sum_{k=1}^{n-1}(a_k\cos kx+b_k\sin kx) \tag{5.10}$$

求其最小二乘逼近。由于函数集合 $\{\phi_0(x),\phi_1(x),\cdots,\phi_{2n-1}(x)\}$ 在 $[-\pi,\pi]$ 上关于权函数 $w(x)\equiv 1$ 是正交的，故

$$a_k=\frac{1}{\pi}\int_{-\pi}^{\pi}f(x)\cos kx\,\mathrm{d}x,k=0,1,2,\cdots,n \tag{5.11}$$

和

$$b_k=\frac{1}{\pi}\int_{-\pi}^{\pi}f(x)\sin kx\,\mathrm{d}x,k=0,1,2,\cdots,n-1 \tag{5.12}$$

$S_n(x)$ 当 $n\to\infty$时的极限称作 f 的 Fourier 级数。

【例 5.4】 从Γ_n 中确定三角多项式来逼近 $f(x)=|x|,-\pi\leqslant x\leqslant\pi$。

解： 不难解出

$$a_0=\frac{1}{\pi}\int_{-\pi}^{\pi}|x|\,\mathrm{d}x=\pi$$

$$a_k=\frac{1}{\pi}\int_{-\pi}^{\pi}|x|\cos kx\,\mathrm{d}x=\frac{2}{\pi k^2}[(-1)^k-1],k=0,1,2,\cdots,n$$

和

$$b_k=\frac{1}{\pi}\int_{-\pi}^{\pi}|x|\sin kx\,\mathrm{d}x=0,k=0,1,2,\cdots,n-1$$

因此，逼近 $f(x)$ 的三角多项式为

$$S_n(x)=\frac{\pi}{2}+\frac{2}{\pi}\sum_{k=1}^{n}\frac{(-1)^k-1}{k^2}\cos kx$$

5.3 离散的最小二乘逼近

5.3.1 线性最小二乘逼近

考虑估计不在表中的函数值问题，实验数据由表 5.1 给出。

表 5.1 实验数据

x_i	y_i	x_i	y_i
1	1.3	6	8.8
2	3.5	7	10.1
3	4.2	8	12.5
4	5.0	9	13.0
5	7.0	10	15.6

图 5.1 显示了表 5.1 中值的图形。从该图中可以看出 x 和 y 的关系实际上是趋向于线

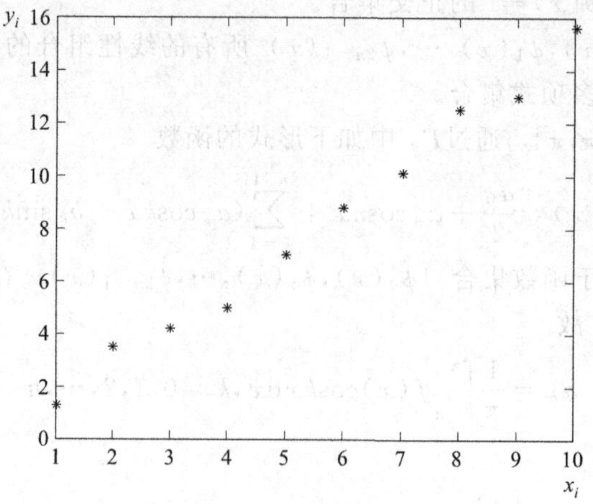

图 5.1 数据显示

性的。所以，我们希望寻找“最佳”（某种意义上）逼近直线，虽然它不通过上述数据点。设 $a_1x_i+a_0$ 表示近似直线上的第 i 个值，y_i 表示给定的第 i 个 y 值。在绝对意义下寻找最佳线性逼近方程的问题是需要找到 a_0 和 a_1 的值，使得

$$E_1(a_0,a_1)=\sum_{i=1}^{10}|y_i-(a_1x_i+a_0)|$$

达到最小。这个值称作绝对误差。为了使两个变量的函数达到最小，需要让其偏导数为零，即

$$\begin{cases}\dfrac{\partial}{\partial a_0}\sum\limits_{i=1}^{10}|y_i-(a_1x_i+a_0)|=0\\[2ex]\dfrac{\partial}{\partial a_1}\sum\limits_{i=1}^{10}|y_i-(a_1x_i+a_0)|=0\end{cases}$$

但困难在于绝对值函数在零点不可微，可能求不出这两个方程的解。

为了克服上述困难，我们用最小二乘逼近代替绝对误差逼近，即误差是逼近直线上的 y 值与给定数据的 y 值之差的平方和。因此，确定常数 a_0 和 a_1 的值使得最小方差

$$E_2(a_0,a_1)=\sum_{i=1}^{10}[y_i-(a_1x_i+a_0)]^2$$

达到最小。

最小二乘逼近是确定最佳线性逼近的最方便的方法。事实上，最佳线性逼近，即最小二乘直线拟合数据集 $\{x_i,y_i\}_{i=1}^m$ 问题涉及确定参数 a_0 和 a_1 使之总误差

$$E=E_2(a_0,a_1)=\sum_{i=1}^{m}[y_i-(a_1x_i+a_0)]^2$$

达到最小。为了求最小值，需要

$$\begin{cases}\dfrac{\partial}{\partial a_0}\sum\limits_{i=1}^{m}[y_i-(a_1x_i+a_0)]^2=2\sum\limits_{i=1}^{m}(y_i-a_1x_i-a_0)(-1)=0\\[2ex]\dfrac{\partial}{\partial a_1}\sum\limits_{i=1}^{m}[y_i-(a_1x_i+a_0)]^2=2\sum\limits_{i=1}^{m}(y_i-a_1x_i-a_0)(-x_i)=0\end{cases}$$

该方程组化简为法方程组

$$\begin{cases} a_0 m + a_1 \sum_{i=1}^{m} x_i = \sum_{i=1}^{m} y_i \\ a_0 \sum_{i=1}^{m} x_i + a_1 \sum_{i=1}^{m} x_i^2 = \sum_{i=1}^{m} x_i y_i \end{cases}$$

该方程组的解为

$$\begin{cases} a_0 = \dfrac{\sum_{i=1}^{m} x_i^2 \sum_{i=1}^{m} y_i - \sum_{i=1}^{m} x_i y_i \sum_{i=1}^{m} x_i}{m \sum_{i=1}^{m} x_i^2 - (\sum_{i=1}^{m} x_i)^2} \\ a_1 = \dfrac{m \sum_{i=1}^{m} x_i y_i - \sum_{i=1}^{m} x_i \sum_{i=1}^{m} y_i}{m \sum_{i=1}^{m} x_i^2 - (\sum_{i=1}^{m} x_i)^2} \end{cases}$$

【例 5.5】 考虑表 5.2 中给出的数据。求逼近这些数据的最小二乘直线。

解： 为了求出逼近这些数据的最小二乘直线，像表 5.2 的第三列和第四列那样扩展表格并对列求和。

表 5.2 给出的数据

x_i	y_i	x_i^2	$x_i y_i$	$P(x_i)=1.538x_i-0.360$
1	1.3	1	1.3	1.18
2	3.5	4	7.0	2.72
3	4.2	9	12.6	4.25
4	5.0	16	20.0	5.79
5	7.0	25	35.0	7.33
6	8.8	36	52.8	8.87
7	10.1	49	70.7	10.41
8	12.5	64	100.0	11.94
9	13.0	81	117.0	13.48
10	15.6	100	156.0	15.02
55	81.0	385	572.4	$E=\sum_{i=1}^{10}[y_i-P(x_i)]^2 \approx 2.34$

故相应的法方程组的解为

$$\begin{cases} a_0 = \dfrac{385\times81-55\times572.4}{10\times385-55^2} = -0.360 \\ a_1 = \dfrac{10\times572.4-55\times81}{10\times385-55^2} = 1.538 \end{cases}$$

所以

$$P(x_i)=1.538x_i-0.360$$

在数据点处通过最小二乘逼近得到的近似值在表 5.2 的最后 1 列。

5.3.2 多项式最小二乘逼近

用 $n<m-1$ 阶代数多项式

$$P_n(x)=a_n x^n + a_{n-1}x^{n-1} + \cdots + a_1 x + a_0$$

逼近一组数 $\{(x_i, y_i), i=1,2,\cdots,m\}$ 的一般性问题，可用最小二乘逼近方法以类似方式来处理。

选择常数 $a_0, a_1, \cdots, a_n$ 使方差最小。

$$E_2=\sum_{i=1}^{m}[y_i-P_n(x_i)]^2$$
$$=\sum_{i=1}^{m}y_i^2-2\sum_{j=0}^{n}a_j\left(\sum_{i=1}^{m}y_ix_i^j\right)+\sum_{j=0}^{n}\sum_{k=0}^{n}a_ja_k\left(\sum_{i=1}^{m}x_i^{j+k}\right)$$

就像在线性情况下一样，为了使 E_2 最小化，需要求上述问题的驻点，即

$$\frac{\partial E_2}{\partial a_j}=-2\sum_{i=1}^{m}y_ix_i^j+2\sum_{k=0}^{n}a_k\sum_{i=1}^{m}x_i^{j+k}=0, j=0,1,\cdots,n$$

这事实上给出了对 $n+1$ 个未知数 a_k 的 $n+1$ 个法方程。

$$\sum_{k=0}^{n}a_k\sum_{i=1}^{m}x_i^{j+k}=\sum_{i=1}^{m}y_ix_i^j, j=0,1,\cdots,n$$

【例 5.6】 使用表 5.3 中的数据，求离散的二次最小二乘多项式。

表 5.3 例 5.6 的数据

i	1	2	3	4	5
x_i	0	0.25	0.50	0.75	1.00
y_i	1.0000	1.2840	1.6487	2.1170	2.7183

解：对于该问题 $n=2$，$m=5$，三个法方程为

$$\begin{cases}5.0a_0+2.5a_1+1.875a_2=8.7680\\2.5a_0+1.875a_1+1.5625a_2=5.4514\\1.875a_0+1.5625a_1+1.3828a_2=4.4015\end{cases}$$

解出

$$a_0=1.0051,\ a_1=0.86468,\ a_2=0.84316$$

因此，拟合上述数据的二次最小二乘多项式为 $P_2(x)=1.0051+0.86468x+0.84316x^2$。

总误差

$$E_2=\sum_{i=1}^{5}[y_i-P_n(x_i)]^2=2.74\times10^{-4}$$

5.3.3 非多项式型最小二乘逼近

有时假设数据是指数相关更为合适，这需要逼近函数具有如下形式

$$y=be^{ax} \tag{5.13}$$

或者

$$y=bx^a \tag{5.14}$$

这里 a, b 均为常数。在此类情况下，利用最小二乘方法的困难在于解如下方程

$$E=\sum_{i=1}^{m}(y_i-be^{ax_i})^2 \tag{5.15}$$

或

$$E=\sum_{i=1}^{m}(y_i-bx_i^a)^2 \tag{5.16}$$

达到最小问题。

与该方法相关的法方程如下

$$\frac{\partial E}{\partial b}=2\sum_{i=1}^{m}(y_i-be^{ax_i})(-e^{ax_i})=0$$

和

$$\frac{\partial E}{\partial a}=2\sum_{i=1}^{m}(y_i-be^{ax_i})(-bx_ie^{ax_i})=0$$

或者

$$\frac{\partial E}{\partial b}=2\sum_{i=1}^{m}(y_i-bx_i^a)(-x_i^a)=0$$

和

$$\frac{\partial E}{\partial a}=2\sum_{i=1}^{m}(y_i-bx_i^a)[-b(\ln x_i)x_i^a]=0$$

一般不能通过这些方程组直接求 a，b 的精确解。

一种常用的替代方案是对逼近函数求对数，有

$$\ln y=\ln b+ax$$

或

$$\ln y=\ln b+a\ln x$$

这两种情况下，都是线性问题。

不过，通过上述方法获得的近似解并不是原始问题的最小二乘近似解，并且这个近似解在某些特定情形下会明显偏离原始问题的最小二乘解。

【例 5.7】 考虑表 5.4 中前三列数据的集合，拟合指数函数 $y=be^{ax}$。

表 5.4 例 5.7 的数据

i	x_i	y_i	$\ln y_i$	x_i^2	$x_i\ln y_i$
1	1.00	5.10	1.629	1.000 0	1.629
2	1.25	5.79	1.756	1.562 5	2.195
3	1.50	6.53	1.876	2.250 0	2.814
4	1.75	7.45	2.008	3.062 5	3.514
5	2.00	8.46	2.135	4.000 0	4.270

对逼近函数取对数，将问题转化为线性问题后，不难利用前面所介绍的线性逼近解出

$$a=0.505\,6,\ \ln b=1.122$$

因此，得指数逼近函数为

$$y=3.017e^{0.505\,6x}$$

5.3.4 离散的最小二乘三角函数逼近

下面介绍离散形式的最小三角函数二乘逼近。给定一个 $2m$ 个数据点对集合 $\{(x_j,y_j)\}_{j=0}^{2m-1}$，数据对中的第一个元素等分一个闭区间。为了方便起见，假设区间为 $[-\pi,\pi]$。

$$x_j=-\pi+\left(\frac{j}{m}\right)\pi,\ j=0,1,\cdots,2m-1$$

在离散情况下的目标是确定Γ_n中的三角多项式$S_n(x)$，使

$$E(S_n)=\sum_{j=0}^{2m-1}[y_j-S_n(x_j)]^2$$

达到最小。为此，需要选择常数$a_0,a_1,\cdots,a_n,b_1,b_2,\cdots,b_{n-1}$使得

$$E(S_n)=\sum_{j=0}^{2m-1}\left\{y_j-\left[\frac{a_0}{2}+a_n\cos nx_j+\sum_{k=1}^{n-1}(a_k\cos kx_j+b_k\sin kx_j)\right]\right\}^2 \tag{5.17}$$

最小。

不难证明，集合$\{\phi_0(x),\phi_1(x),\cdots,\phi_{2n-1}(x)\}$在$[-\pi,\pi]$上的等距点$\{x_j\}_{j=0}^{2m-1}$的总和是正交的，即对每个$k\neq l$，有

$$\sum_{j=0}^{2m-1}\phi_k(x_j)\phi_l(x_j)=0$$

最后，离散的最小三角函数逼近结果总结如下。

定理 5.3 和式

$$S_n(x)=\frac{a_0}{2}+a_n\cos nx+\sum_{k=1}^{n-1}(a_k\cos kx+b_k\sin kx)$$

中能够使最小二乘和

$$E(a_0,\cdots,a_n,b_1,\cdots,b_{n-1})=\sum_{j=0}^{2m-1}[y_j-S_n(x_j)]^2$$

达到最小的系数为

$$a_k=\frac{1}{m}\sum_{j=0}^{2m-1}y_j\cos kx_j,k=0,1,\cdots,n \tag{5.18}$$

和

$$b_k=\frac{1}{m}\sum_{j=0}^{2m-1}y_j\sin kx_j,k=0,1,\cdots,n-1 \tag{5.19}$$

【例 5.8】 设$f(x)=x^4-3x^3+2x^2-\tan x(x-2)$，$x\in[0,2]$。为了求数据点$\{(x_j,y_j)\}_{j=0}^{9}$的离散最小二乘逼近$S_3(x)$，其中$x_j=\frac{j}{5}$，$y_j=f(x_j)$。

解：首先，我们需要做从$[0,2]$到$[-\pi,\pi]$的自变量变换。令

$$z_j=\pi(x_j-1)$$

变换数据的形式为

$$\left\{\left(z_j,f\left(1+\frac{z_j}{\pi}\right)\right)\right\}_{j=0}^{9}$$

因此，最小二乘三角多项式为

$$S_3(z)=\frac{a_0}{2}+a_3\cos 3z+\sum_{k=1}^{2}(a_k\cos kz+b_k\sin kz)$$

其中

$$a_k=\frac{1}{5}\sum_{j=0}^{9}f\left(1+\frac{z_j}{\pi}\right)\cos kz_j,k=0,1,2,3$$

和

$$b_k=\frac{1}{5}\sum_{j=0}^{9}f\left(1+\frac{z_j}{\pi}\right)\sin kz_j,k=1,2$$

近似计算结果如下：

$$S_3(z)=0.76201+0.77177\cos z+0.017423\cos 2z+0.0065673\cos 3z-0.38676\sin z+0.047806\sin 2z$$

代回原自变量 x，得到

$$S_3(x)=0.76201+0.77177\cos\pi(x-1)+0.017423\cos 2\pi(x-1)+0.0065673\cos 3\pi(x-1)-0.38676\sin\pi(x-1)+0.047806\sin 2\pi(x-1)$$

5.3.5 最小二乘法的适定性

最小二乘法是工程实践中被广泛应用的算法，但在应用时我们也需要注意其不适定性。下面的例子可以很好地说明这个问题（该问题来源于中国研究生数学建模竞赛赛题）。

【例 5.9】 VCSEL（Vertical Cavity Surface Emitting Laser）是激光器特性的数学模型。激光器输出的光功率强度与器件的温度相关，当器件温度（受激光器自身发热和环境温度的共同影响）改变后，激光器输出的光功率强度也会发生相应变化。目前有一个 L-I 经验公式获得了大多数研究者的认可，即

$$P_0=\eta(T)[I-I_{th}(N,T)] \tag{5.20}$$

式中，P_0 为激光器输出的光功率；I 为注入激光器的外部驱动电流；$\eta(T)$ 为转换效率或曲线的斜率，与温度有关；$I_{th}(N,T)$ 为阈值电流。当激光器电流超过该阈值则激光器发光。该阈值与载流子数 N 和温度 T 相关。

为了简化，通常做以下假设：

① 转换效率$\eta(T)$ 受温度变化的影响较小，可以近似为常数，即$\eta(T)=\eta$；

② 我们不考虑 $I_{th}(N,T)$ 随载流子数的变化，只关注其随温度的变化。

$$I_{th}(N,T)=I_{th0}+I_{off}(T) \tag{5.21}$$

式中，I_{th0}为常数；$I_{off}(T)$ 是与温度相关的经验热偏置电流（即激光器内部的偏置电流，随激光器温度的变化而变化）。我们可以将 $I_{off}(T)$ 表示为以下形式：

$$I_{off}(T)=\sum_{n=0}^{\infty}a_nT^n \tag{5.22}$$

式(5.22) 中的温度 T 又受外界环境温度 T_0 和自身温度的影响，自身的温度与器件产生的瞬时功率，

$$T=T_0+(VI-P_0)R_{th}-\tau_{th}\frac{\mathrm{d}T}{\mathrm{d}t} \tag{5.23}$$

这里，R_{th}表示 VCSEL 热阻抗，τ_{th}表示热时间系数，I 是输入电流，V 是输入电压。

通常$\frac{\mathrm{d}T}{\mathrm{d}t}$很小，可以忽略不计，式(5.23) 可简化为

$$T=T_0+(VI-P_0)R_{th} \tag{5.24}$$

综合式(5.20)～式(5.24)，得数据拟合的公式如下：

$$P_0=\eta[I-I_{th0}-I_{off}(T)]=\eta\left\{I-I_{th0}-\sum_{n=0}^{\infty}a_n[T_0+(IV-P_0)R_{th}]^n\right\}$$

其中$\eta,I_{th0},R_{th},a_i,i=0,1,\cdots$是待估计的无穷多个参数。

为了进一步简化，我们对无穷级数进行截断，考虑如下形式

$$P_0=\eta\{I-I_{th0}-\sum_{n=0}^{4}a_n[T_0+(IV-P_0)R_{th}]^n\} \tag{5.25}$$

不难发现，需要估计的参数有8个：$\eta, I_{th0}, R_{th}, a_i, i=0,1,2,3,4$。为了估计参数，问题提供数据表如表5.5所示（这里取$T_0=20$）。

表5.5 数据表

P_0	0.002 56	0.005 217	0.010 355	0.015 257	0.019 922	0.024 352	0.028 545
I	0.38	0.39	0.4	0.41	0.42	0.43	0.44
V	1.572 794	1.577 604	1.582 246	1.586 383	1.590 3	1.593 996	1.597 472
P_0	0.032 502	0.036 222	0.039 707	0.042 955	0.045 967	0.048 743	0.051 812
I	0.45	0.46	0.47	0.48	0.49	0.5	0.51
V	1.600 728	1.603 763	1.607 228	1.610 788	1.614 342	1.617 89	1.621 431
P_0	0.054 862	0.057 808	0.060 649	0.063 386	0.066 018	0.068 545	0.069 307
I	0.52	0.53	0.54	0.55	0.56	0.57	0.58
V	1.625 171	1.629 013	1.632 929	1.636 92	1.640 751	1.644 02	1.647 084
P_0	0.073 68	0.078 243	0.082 796	0.087 242	0.091 557	0.095 675	0.099 547
I	0.59	0.6	0.61	0.62	0.63	0.64	0.65
V	1.649 942	1.652 595	1.655 041	1.657 297	1.661 244	1.665 504	1.670 079

解：令$x_1=I$，$x_2=IV-P_0$，$a_0+I_{th0}=\tilde{a}_0$则

$$P_0=\eta[x_1-\tilde{a}_0-a_1(T_0+R_{th}x_2)-a_2(T_0+R_{th}x_2)^2-a_3(T_0+R_{th}x_2)^3-a_4(T_0+R_{th}x_2)^4]$$

为了简化起见，引入记号

$$\boldsymbol{a}=[\tilde{a}_0\quad a_1\quad \cdots\quad a_4]^{\mathrm{T}}$$

容易形成最小二乘目标函数

$$O(\boldsymbol{a},\eta,R_{th})=\sum_{t=1}^{N}\{P_0(t)-\eta[x_1-\tilde{a}_0-a_1(T_0+R_{th}x_2)-a_2(T_0+R_{th}x_2)^2-a_3(T_0+R_{th}x_2)^3-a_4(T_0+R_{th}x_2)^4]\}^2$$

这里N表示样本数。

待估计的参数是耦合的，即参变量是以乘积形式出现的。理论上，为了求解参数，利用微分方法可以计算驻点，即

$$\mathrm{d}O(\boldsymbol{a},\eta,R_{th})=0$$

我们得到一个关于待估计参数（$\boldsymbol{a}$，η，R_{th}）的非线性方程组。

下面，我们分析关于参数（$\boldsymbol{a},\eta,R_{th}$）的非线性方程组的适定性问题，即最小二乘法的适定性。考虑到非线性问题处理的复杂性，我们的思想是通过两步法将原问题转化为容易求解和讨论的形式。

首先，将P_0合并成二元的四次多项式。

$$P_0=\beta_1x_1+\beta_2x_2+\beta_3x_2^2+\beta_4x_2^3+\beta_5x_2^4+\beta_6 \tag{5.26}$$

其中

$$\beta_1=\eta \tag{5.27}$$

$$\beta_2=-\eta(a_1+2T_0a_2+3T_0^2a_3+4T_0^3a_4)R_{th} \tag{5.28}$$

$$\beta_3=-\eta(a_2+3T_0a_3+6T_0^2a_4)R_{th}^2 \tag{5.29}$$

$$\beta_4=-\eta(a_3+4T_0a_4)R_{th}^3 \tag{5.30}$$

$$\beta_5=-\eta a_4R_{th}^4 \tag{5.31}$$

$$\beta_6=-\eta(a_0+I_{th0}+T_0a_1+T_0^2a_2+T_0^3a_3+T_0^4a_4) \tag{5.32}$$

为新的待定参数，这些参数包含原需要确定的 8 个参数。

显然，利用式(5.26) 做最小二乘，可以估计参数 $\beta_1,\cdots,\beta_6$。

$$E_N \triangleq \sum_{t=1}^{N}[\beta_1x_1(t)+\beta_2x_2(t)+\beta_3x_2^2(t)+\beta_4x_2^3(t)+\beta_5x_2^4(t)+\beta_6-P_0(t)]^2=\min$$

式中，E_N 表示逼近的误差。这是一个线性最小二乘拟合问题，容易求解六个参数 $\beta_1,\cdots,\beta_6$。

然而，需要估计的参数是 8 个，多于 6 个。不过，我们发现有些参数是捆绑的，比如 $a_0+I_{th0}=\tilde{a}_0$，没有必要分开来估计，这意味着还有 7 个待定参数。换言之，这是一个亚定问题，解有无穷多种可能，所以是不适定的。

为了更好地解释不适定性。下面，我们分析由 6 个已估计的参数 $\beta_1,\cdots,\beta_6$ 去估计 η，$I_{th0},R_{th},a_i,(i=0,1,2,3,4)$ 等 8 个参数的估计过程。由式(5.27) 可知 $\eta=\beta_1$。在已经估计参数 η 后，余下的式(5.28)～式(5.32) 变为

$$\gamma_2=-\beta_2/\eta=(a_1+2T_0a_2+3T_0^2a_3+4T_0^3a_4)R_{th} \tag{5.33}$$

$$\gamma_3=-\beta_3/\eta=(a_2+3T_0a_3+6T_0^2a_4)R_{th}^2 \tag{5.34}$$

$$\gamma_4=-\beta_4/\eta=(a_3+4T_0a_4)R_{th}^3 \tag{5.35}$$

$$\gamma_5=-\beta_5/\eta=a_4R_{th}^4 \tag{5.36}$$

$$\gamma_6=-\beta_6/\eta=\tilde{a}_0+T_0a_1+T_0^2a_2+T_0^3a_3+T_0^4a_4 \tag{5.37}$$

不难由式(5.36) 解得

$$a_4=\gamma_5R_{th}^{-4} \tag{5.38}$$

将式(5.38) 代入式(5.35)，可得

$$a_3=\gamma_4R_{th}^{-3}-4T_0a_4=\gamma_4R_{th}^{-3}-4T_0\gamma_5R_{th}^{-4} \tag{5.39}$$

然后，将式(5.38)、式(5.39) 代入式(5.34)，得

$$\begin{aligned}a_2&=\gamma_3R_{th}^{-2}-3T_0a_3-6T_0^2a_4\\&=\gamma_3R_{th}^{-2}-3T_0(\gamma_4R_{th}^{-3}-4T_0\gamma_5R_{th}^{-4})-6T_0^2\gamma_5R_{th}^{-4}\\&=\gamma_3R_{th}^{-2}-3T_0\gamma_4R_{th}^{-3}+6T_0^2\gamma_5R_{th}^{-4}\end{aligned} \tag{5.40}$$

再将式(5.38)～式(5.40) 代入式(5.33)，得

$$\begin{aligned}a_1&=\gamma_2R_{th}^{-1}-2T_0a_2-3T_0^2a_3-4T_0^3a_4\\&=\gamma_2R_{th}^{-1}-2T_0(\gamma_3R_{th}^{-2}-3T_0\gamma_4R_{th}^{-3}+6T_0^2\gamma_5R_{th}^{-4})-3T_0^2(\gamma_4R_{th}^{-3}-4T_0\gamma_5R_{th}^{-4})\\&\quad-4T_0^3\gamma_5R_{th}^{-4}\\&=\gamma_2R_{th}^{-1}-2T_0\gamma_3R_{th}^{-2}+3T_0^2\gamma_4R_{th}^{-3}-4T_0^3\gamma_5R_{th}^{-4}\end{aligned} \tag{5.41}$$

最后，我们将上述表达式(5.38)～式(5.41) 代入式(5.37)，得

$$\begin{aligned}\gamma_6=\tilde{a}_0&+T_0(\gamma_2R_{th}^{-1}-2T_0\gamma_3R_{th}^{-2}+3T_0^2\gamma_4R_{th}^{-3}-4T_0^3\gamma_5R_{th}^{-4})+T_0^2(\gamma_3R_{th}^{-2}-\\&3T_0\gamma_4R_{th}^{-3}+6T_0^2\gamma_5R_{th}^{-4})+T_0^3(\gamma_4R_{th}^{-3}-4T_0\gamma_5R_{th}^{-4})+T_0^4\gamma_5R_{th}^{-4}\end{aligned}$$

即

$$\begin{aligned}\tilde{a}_0=\gamma_6&-T_0(\gamma_2R_{th}^{-1}-2T_0\gamma_3R_{th}^{-2}+3T_0^2\gamma_4R_{th}^{-3}-4T_0^3\gamma_5R_{th}^{-4})-T_0^2(\gamma_3R_{th}^{-2}-\\&3T_0\gamma_4R_{th}^{-3}+6T_0^2\gamma_5R_{th}^{-4})-T_0^3(\gamma_4R_{th}^{-3}-4T_0\gamma_5R_{th}^{-4})-T_0^4\gamma_5R_{th}^{-4}\end{aligned}$$

$$=\gamma_6-T_0\gamma_2R_{\text{th}}^{-1}+T_0^2\gamma_3R_{\text{th}}^{-2}-T_0^3\gamma_4R_{\text{th}}^{-3}+T_0^4\gamma_5R_{\text{th}}^{-4} \tag{5.42}$$

显然，这是一个含有两个未知量 $\tilde{a}_0$，R_{th}的方程。所以不存在唯一解，即解是成对出现的。

上述分析说明，直接最小二乘原则上并不能唯一确定参数。不过，这并不影响拟合程度达到极小。事实上，通过逼近的误差 E_{N} 在二范数意义下达到极小，可以唯一确定参数组 $\beta_1,\beta_2,\cdots,\beta_6$。但由 $\beta_1,\beta_2,\cdots,\beta_6$ 却不能唯一确定参数组 $\eta,I_{\text{th0}},R_{\text{th}},a_0,a_1,a_2,a_3,a_4$。故有无穷多种参数组合，使得逼近的误差达到极小。所以估计参数是不适定的。但从上述分析过程不难发现，要想合理估计参数，还需要增加一个独立观测，比如在新的温度下的激光器输出光功率随电流的变化。

习 题 5

1. 对下面表中的数据分别求一次、二次和三次多项式最小二乘逼近。计算每一种情况的误差 E。画图表示这些数据和多项式。

x_i	1.0	1.1	1.3	1.5	1.9	2.1
y_i	1.84	1.96	2.21	2.45	2.94	3.18

2. 已知数据如下：

x_i	4.0	4.2	4.5	4.7	5.1	5.5	5.9	6.3	6.8
y_i	102.56	113.18	130.11	142.05	167.53	195.14	224.87	256.73	299.50

① 构造一次最小二乘多项式，并计算误差；
② 构造二次最小二乘多项式，并计算误差；
③ 构造形如 be^{ax} 的最小二乘近似，并计算误差；
④ 构造形如 bx^a 的最小二乘近似，并计算误差。

3. 下面表中包含了 30 个选修数值分析课程学生的家庭作业成绩和期末考试成绩。求这些数据的最小二乘直线方程，并使用这条直线来确定预测期末成绩 A（90%）和 D（60%）所需要的家庭作业成绩。

家庭作业	期末	家庭作业	期末	家庭作业	期末
302	45	316	65	337	99
325	72	347	99	337	70
285	54	343	83	304	62
339	54	290	74	319	66
334	79	326	76	234	51
322	65	233	57	337	53
331	99	254	45	351	100
343	83	344	79	340	75
314	42	185	59	316	45
279	63	323	83	339	67

4. 求函数 $f(x)$ 在指定区间上的线性最小二乘逼近，其中

(1) $f(x)=x^2+3x+2,[0,1]$

(2) $f(x)=\frac{1}{x},[1,3]$

(3) $f(x)=\frac{1}{2}\cos x+\frac{1}{3}\sin 2x,[0,1]$

(4) $f(x)=x\ln x,[1,3]$

5. 求 $f(x)=x^2$ 在 $[-\pi,\pi]$ 上的连续最小二乘三角多项式 $S_2(x)$。

6. 对下面函数求一般连续最小二乘三角多项式 $S_n(x)$：

$$f(x)=\begin{cases}0,-\pi<x\leqslant 0\\1,0<x<\pi\end{cases}$$

7. 使用给定的 m 和 n 的值确定下面的函数在区间 $[-\pi,\pi]$ 上的离散最小二乘三角多项式 $S_n(x)$。

(1) $f(x)=\cos 2x, m=4, n=2$

(2) $f(x)=\sin\frac{1}{2}x+2\cos\frac{1}{3}x, m=6, n=3$

(3) $f(x)=x^2\cos x, m=6, n=3$

8. (1) 使用 $m=16$ 确定 $f(x)=x^2\sin x$ 在区间 $[0,1]$ 上的离散最小二乘三角多项式 $S_4(x)$；

(2) 计算 $\int_0^1 S_4(x)\mathrm{d}x$；

(3) 比较 (b) 中的积分和 $\int_0^1 x^2\sin x\mathrm{d}x$。

第6章 解线性方程组的迭代法

6.1 迭代法的基本理论

本章将继续讨论解线性方程组

$$\boldsymbol{A}\boldsymbol{x}=\boldsymbol{b} \tag{6.1}$$

的数值方法，其中 $\boldsymbol{A}=[a_{ij}]_{n\times n}$ 是 n 阶非奇异矩阵。线性方程组(6.1) 的数值解法一般分为两类：一类是直接法；另一类是迭代法，它是一种极限方法，即对任意给定的初始近似向量 $\boldsymbol{x}_0$，$\boldsymbol{x}_1$，…，$\boldsymbol{x}_{r-1}$，按某规则逐次生成一个无穷向量序列

$$\boldsymbol{x}_0,\boldsymbol{x}_1,\cdots,\boldsymbol{x}_{r-1},\boldsymbol{x}_r,\cdots,\boldsymbol{x}_k,\cdots \tag{6.2}$$

并使极限

$$\lim_{k\to\infty}\boldsymbol{x}_k=\boldsymbol{x}^*$$

为方程组(6.1) 的解。直接法和迭代法各有优缺点。迭代法一般用于求解大规模问题，而直接法只适用于小规模问题。

用迭代法求解线性方程组(6.1) 的一般迭代公式可写成

$$\boldsymbol{x}_k=f_k(\boldsymbol{x}_{k-1},\boldsymbol{x}_{k-2},\cdots,\boldsymbol{x}_{k-r}),\quad k=r,r+1,\cdots \tag{6.3}$$

其中 r 为某一个正整数，$f_k(\boldsymbol{x}_{k-1},\boldsymbol{x}_{k-2},\cdots,\boldsymbol{x}_{k-r})$ 为 $\boldsymbol{x}_{k-1},\boldsymbol{x}_{k-2},\cdots,\boldsymbol{x}_{k-r}$ 的一个（向量值）函数，给定初始近似向量 $\boldsymbol{x}_0,\boldsymbol{x}_1,\cdots,\boldsymbol{x}_{r-1}$，据式(6.3) 便可逐次生成向量序列(6.2)。于是，式(6.3) 称为 r 阶迭代公式或 r 阶迭代法。

若对任意给定的一组初始近似向量 $\boldsymbol{x}_0,\boldsymbol{x}_1,\cdots,\boldsymbol{x}_{r-1}$，由迭代法(6.3) 生成的向量序列 $\{\boldsymbol{x}_k\}$ 都收敛于方程组(6.1) 的解 $\boldsymbol{x}^*$，则说该迭代法收敛，否则说该迭代法不收敛或发散。迭代过程中，向量

$$\boldsymbol{e}^{(k)}=\boldsymbol{x}^*-\boldsymbol{x}_k$$

称为迭代法(6.3) 的第 k 步误差向量。若迭代法收敛，则称 $\boldsymbol{x}_k$ 为第 k 步迭代得到的方程组(6.1) 的近似解。

一阶线性迭代法的一般迭代公式可写成

$$\boldsymbol{x}_k=\boldsymbol{x}_{k-1}+\boldsymbol{H}_k(\boldsymbol{b}-\boldsymbol{A}\boldsymbol{x}_{k-1}),\quad k=1,2,\cdots \tag{6.4}$$

其中 $\{\boldsymbol{H}_k\}$ 为 n 阶矩阵序列。由式(6.4) 可知

$$\begin{aligned}\boldsymbol{x}_k&=\boldsymbol{x}_{k-1}-\boldsymbol{H}_k\boldsymbol{A}\boldsymbol{x}_{k-1}+\boldsymbol{H}_k\boldsymbol{b}\\&=(\boldsymbol{I}-\boldsymbol{H}_k\boldsymbol{A})\boldsymbol{x}_{k-1}+\boldsymbol{H}_k\boldsymbol{b}\end{aligned}$$

记 $\boldsymbol{G}_k=\boldsymbol{I}-\boldsymbol{H}_k\boldsymbol{A}$ 及 $\boldsymbol{g}_k=\boldsymbol{H}_k\boldsymbol{b}$，则迭代公式(6.4) 还可写成

$$\boldsymbol{x}_k=\boldsymbol{G}_k\boldsymbol{x}_{k-1}+\boldsymbol{g}_k \tag{6.5}$$

反之，若方程组(6.1)的解是与迭代公式(6.5)相应的方程组集

$$\boldsymbol{x}=\boldsymbol{G}_k\boldsymbol{x}+\boldsymbol{g}_k,\quad k=1,2,\cdots$$

的每一个方程组的解，则迭代公式(6.5)也可以写成式(6.4)的形式。假设 $\boldsymbol{x}^*$ 是方程组(6.1)的解，则

$$\begin{aligned}\boldsymbol{x}_k&=\boldsymbol{G}_k\boldsymbol{x}_{k-1}+\boldsymbol{g}_k\\&=\boldsymbol{x}^*-\boldsymbol{G}_k\boldsymbol{x}^*-\boldsymbol{g}_k+\boldsymbol{G}_k\boldsymbol{x}_{k-1}+\boldsymbol{g}_k\\&=\boldsymbol{x}^*-\boldsymbol{x}_{k-1}+\boldsymbol{x}_{k-1}-\boldsymbol{G}_k(\boldsymbol{x}^*-\boldsymbol{x}_{k-1})\\&=\boldsymbol{x}_{k-1}+(\boldsymbol{I}-\boldsymbol{G}_k)\boldsymbol{A}^{-1}\boldsymbol{A}(\boldsymbol{x}^*-\boldsymbol{x}_{k-1})\\&=\boldsymbol{x}_{k-1}+(\boldsymbol{I}-\boldsymbol{G}_k)\boldsymbol{A}^{-1}(\boldsymbol{A}\boldsymbol{x}^*-\boldsymbol{A}\boldsymbol{x}_{k-1})\\&=\boldsymbol{x}_{k-1}+\boldsymbol{H}_k(\boldsymbol{b}-\boldsymbol{A}\boldsymbol{x}_{k-1})\end{aligned}$$

其中

$$\boldsymbol{H}_k=(\boldsymbol{I}-\boldsymbol{G}_k)\boldsymbol{A}^{-1}\tag{6.6}$$

在一阶线性迭代公式(6.5)中，取 $\boldsymbol{G}_k=\boldsymbol{G},\boldsymbol{g}_k=\boldsymbol{g}(k=1,2,\cdots)$ 得到迭代公式

$$\boldsymbol{x}_k=\boldsymbol{G}\boldsymbol{x}_{k-1}+\boldsymbol{g},\quad k=1,2,\cdots\tag{6.7}$$

称式(6.7)为一阶线性定常迭代法，称 $\boldsymbol{G}$ 为迭代矩阵。

假定由一阶线性定常迭代公式(6.7)生成的向量序列 $\{\boldsymbol{x}_k\}$ 有极限 $\boldsymbol{x}^*$，显然 $\boldsymbol{x}^*$ 是与式(6.7)相应的方程组 $\boldsymbol{x}=\boldsymbol{G}\boldsymbol{x}+\boldsymbol{g}$，即

$$(\boldsymbol{I}-\boldsymbol{G})\boldsymbol{x}=\boldsymbol{g}\tag{6.8}$$

的解。若方程组(6.1)与方程组(6.8)同解，则说迭代公式(6.7)与方程组(6.1)是完全相容的。

下面，我们来构造与方程组(6.1)完全相容的一阶线性定常迭代法的迭代公式。将矩阵 $\boldsymbol{A}$ 分解成 $\boldsymbol{A}=\boldsymbol{Q}-\boldsymbol{R}$，其中非奇异矩阵 $\boldsymbol{Q}$ 称为分裂矩阵。于是，方程组(6.1)可表示成

$$\boldsymbol{Q}\boldsymbol{x}=\boldsymbol{R}\boldsymbol{x}+\boldsymbol{b}\text{ 或 }\boldsymbol{x}=\boldsymbol{Q}^{-1}\boldsymbol{R}\boldsymbol{x}+\boldsymbol{Q}^{-1}\boldsymbol{b}$$

即有

$$\boldsymbol{x}=\boldsymbol{G}\boldsymbol{x}+\boldsymbol{g}$$

式中，$\boldsymbol{G}=\boldsymbol{Q}^{-1}\boldsymbol{R}$，$\boldsymbol{g}=\boldsymbol{Q}^{-1}\boldsymbol{b}$。显然此方程组与方程组(6.1)同解。因此，上述构造的一阶线性定常迭代法

$$\boldsymbol{x}_k=\boldsymbol{G}\boldsymbol{x}_{k-1}+\boldsymbol{g}$$

与方程组(6.1)是完全相容的。

通常，一阶线性迭代法有下面的收敛性定理。

定理 6.1　迭代公式(6.4)收敛的充分必要条件是矩阵序列

$$\boldsymbol{T}_k=(\boldsymbol{I}-\boldsymbol{H}_k\boldsymbol{A})(\boldsymbol{I}-\boldsymbol{H}_{k-1}\boldsymbol{A})\cdots(\boldsymbol{I}-\boldsymbol{H}_1\boldsymbol{A}),\quad k=1,2,\cdots\tag{6.9}$$

收敛于零矩阵。

证明： 设 $\boldsymbol{x}^*$ 是方程组(6.1)的解，则由迭代公式(6.4)有

$$\begin{aligned}\boldsymbol{e}^{(k)}&=\boldsymbol{x}^*-\boldsymbol{x}_k\\&=\boldsymbol{x}^*-\boldsymbol{x}_{k-1}-\boldsymbol{H}_k(\boldsymbol{A}\boldsymbol{x}^*-\boldsymbol{A}\boldsymbol{x}_{k-1})\\&=(\boldsymbol{I}-\boldsymbol{H}_k\boldsymbol{A})(\boldsymbol{x}^*-\boldsymbol{x}_{k-1})\\&=(\boldsymbol{I}-\boldsymbol{H}_k\boldsymbol{A})(\boldsymbol{I}-\boldsymbol{H}_{k-1}\boldsymbol{A})\cdots(\boldsymbol{I}-\boldsymbol{H}_1\boldsymbol{A})(\boldsymbol{x}^*-\boldsymbol{x}_0)\end{aligned}$$

因而，根据式(6.9)有

$$\boldsymbol{e}^{(k)}=\boldsymbol{T}_k(\boldsymbol{x}^*-\boldsymbol{x}_0)=\boldsymbol{T}_k\boldsymbol{e}^{(0)}\tag{6.10}$$

迭代法收敛的充分必要条件是误差向量序列对任意的初始误差向量 $\boldsymbol{e}^{(0)}$ 都收敛于 $\boldsymbol{0}$。于

是，迭代法(6.4) 收敛的充分必要条件是$\lim\limits_{k\to\infty}\boldsymbol{T}_k=\boldsymbol{O}$。

实际问题常常用到一阶线性定常迭代法，所以下面讨论这类迭代法的收敛性，且假定所讨论的一阶线性定常迭代公式(6.7) 与方程组(6.1) 是完全相容的。根据定理 6.1 可立即得到如下一系列定理。

定理 6.2 与方程组(6.1) 完全相容的迭代公式(6.7) 收敛的充分必要条件是

$$\lim_{k\to\infty}\boldsymbol{G}^k=\boldsymbol{O}$$

定理 6.3 与方程组(6.1) 完全相容的迭代公式(6.7) 收敛的充分必要条件是迭代矩阵 $\boldsymbol{G}$ 的谱半径小于 1，即

$$\rho(\boldsymbol{G})<1$$

定理 6.4 若 $\|\boldsymbol{G}\|<1$，则迭代公式(6.7) 收敛。

接着，我们讨论一阶线性定常迭代公式(6.7) 的收敛速度问题。由式(6.9) 和式(6.10) 可知，误差向量满足

$$\boldsymbol{e}^{(k)}=\boldsymbol{G}^k\boldsymbol{e}^{(0)} \tag{6.11}$$

对式(6.11) 两边取范数有

$$\|\boldsymbol{e}^{(k)}\|\leqslant\|\boldsymbol{G}^k\|\,\|\boldsymbol{e}^{(0)}\|$$

其中 $\|\boldsymbol{G}^k\|$ 的大小决定误差向量收敛于零向量的速度。若要求 $\|\boldsymbol{e}^{(k)}\|$ 减小为 $\|\boldsymbol{e}^{(0)}\|$ 的 ξ 倍 ($\xi<1$)，即要求 $\|\boldsymbol{e}^{(k)}\|\leqslant\xi\|\boldsymbol{e}^{(0)}\|$，则只要

$$\|\boldsymbol{G}^k\|\leqslant\xi \text{ 或} (\|\boldsymbol{G}^k\|^{\frac{1}{k}})^k\leqslant\xi$$

从而迭代次数 k 需要满足不等式

$$k\geqslant\left(-\frac{1}{k}\ln\|\boldsymbol{G}^k\|\right)^{-1}\ln\xi^{-1}$$

于是，所需要的最小迭代次数与量 $-\frac{1}{k}\ln\|\boldsymbol{G}^k\|$ 成反比。我们称这个量为平均收敛速度，记作 $R_k(\boldsymbol{G})$，即

$$R_k(\boldsymbol{G})=-\frac{1}{k}\ln\|\boldsymbol{G}^k\| \tag{6.12}$$

可以证明

$$R(\boldsymbol{G})=\lim_{k\to\infty}R_k(\boldsymbol{G})=-\ln\rho(\boldsymbol{G}) \tag{6.13}$$

其中 $\rho(\boldsymbol{G})$ 为 $\boldsymbol{G}$ 的谱半径。$R(\boldsymbol{G})$ 称为渐近收敛速度。为了使误差向量 $\boldsymbol{e}^{(k)}$ 的范数减小为 $\|\boldsymbol{e}^{(0)}\|$ 的 ξ 倍，只要

$$k\geqslant[-\ln\rho(\boldsymbol{G})]^{-1}\ln\xi^{-1}=\frac{-\ln\xi}{R(\boldsymbol{G})} \tag{6.14}$$

再引进量

$$RR(\boldsymbol{G})=[-\ln\rho(\boldsymbol{G})]^{-1} \tag{6.15}$$

称为迭代公式(6.7) 的收敛速度倒数。据式(6.15) 知，为使 $\|\boldsymbol{e}^{(k)}\|$ 减小为 $\|\boldsymbol{e}^{(0)}\|$ 的 ξ 倍，所需的最小迭代次数近似地和收敛速度倒数成正比。

应用一阶线性定常迭代公式(6.7) 计算得方程组(6.1) 的近似解，有下面的误差估计定理。

定理 6.5 若 $\|\boldsymbol{G}\|<1$，则按迭代公式(6.7) 计算得方程组(6.1) 的近似解 $\boldsymbol{x}_k$ 满足不

等式

$$\|x_k-x^*\|\leqslant\|G\|^k\|x_0-x^*\| \tag{6.16}$$

和

$$\|x_k-x^*\|\leqslant\frac{\|G\|^k}{1-\|G\|}\|x_1-x_0\| \tag{6.17}$$

其中 x^* 是方程组(6.1) 的准确解。

证明：由于 $x_k-x^*=G(x_{k-1}-x^*)=\cdots=G^k(x_0-x^*)$，因此有

$$\|x_k-x^*\|=\|G^k(x_0-x^*)\|\leqslant\|G\|^k\|x_0-x^*\|$$

即式(6.16) 成立。

由于 $\|G\|<1$，据定理 6.4 知 $\lim\limits_{k\to\infty}x_k=x^*$。于是

$$x_k-x^*=\sum_{i=k}^{\infty}(x_i-x_{i+1})=\sum_{i=k}^{\infty}G(x_{i-1}-x_i)=\sum_{i=k}^{\infty}G^i(x_0-x_1)=\left(\sum_{i=k}^{\infty}G^i\right)(x_0-x_1)$$

对上式两边取范数，有

$$\|x_k-x^*\|\leqslant\left\|\sum_{i=k}^{\infty}G^i\right\|\|x_0-x_1\|\leqslant\frac{\|G\|^k}{1-\|G\|}\|x_1-x_0\|$$

由定理 6.5 得到迭代公式(6.7) 的收敛速度与其迭代矩阵的谱半径之间关系

$$\|x_k-x^*\|\approx[\rho(G)]^k\|x_0-x^*\| \tag{6.18}$$

当$\rho(G)<1$ 时，式(6.18) 说明$\rho(G)$ 越小则该迭代法收敛越快。

6.2 Jacobi 迭代法和 Gauss-Seidel 迭代法

6.2.1 Jacobi 迭代法

设线性方程组

$$Ax=b$$

的系数矩阵 $A=[a_{ij}]_{n\times n}$ 非奇异，且其主对角元素 $a_{ii}\neq0, i=1,2,\cdots,n$。将矩阵 A 分解成

$$A=D-(D-A)$$

其中 $D=\mathrm{diag}(a_{11},a_{22},\cdots,a_{nn})$。于是，方程组 $Ax=b$ 可写成

$$Dx=(D-A)x+b \text{ 或 } x=(I-D^{-1}A)x+D^{-1}b \tag{6.19}$$

令

$$B=I-D^{-1}A,\quad g=D^{-1}b \tag{6.20}$$

则式(6.19) 可写成

$$x=Bx+g \tag{6.21}$$

这样，可得到一阶线性定常迭代公式

$$x_k=Bx_{k-1}+g,\quad k=1,2,\cdots \tag{6.22}$$

式(6.22) 称为 Jacobi 迭代法，且与方程组 $Ax=b$ 是完全相容的。B 是 Jacobi 迭代法的迭代矩阵。

记 $x_k=[x_1^{(k)},x_2^{(k)},\cdots,x_n^{(k)}]^{\mathrm{T}}$，由于

$$
\boldsymbol{B}=\begin{bmatrix}
0 & b_{12} & b_{13} & \cdots & b_{1,n-1} & b_{1n}\\
b_{21} & 0 & b_{23} & \cdots & b_{2,n-1} & b_{2n}\\
\vdots & \vdots & \vdots & & \vdots & \vdots\\
b_{n-1,1} & b_{n-1,2} & b_{n-1,3} & \cdots & 0 & b_{n-1,n}\\
b_{n,1} & b_{n,2} & b_{n,3} & \cdots & b_{n,n-1} & 0
\end{bmatrix}
$$

$$
=\begin{bmatrix}
0 & -\dfrac{a_{12}}{a_{11}} & -\dfrac{a_{13}}{a_{11}} & \cdots & -\dfrac{a_{1,n-1}}{a_{11}} & \dfrac{a_{1,n}}{a_{11}}\\
-\dfrac{a_{21}}{a_{22}} & 0 & -\dfrac{a_{2,3}}{a_{22}} & \cdots & -\dfrac{a_{2,n-1}}{a_{22}} & -\dfrac{a_{2,n}}{a_{22}}\\
\vdots & \vdots & \vdots & & \vdots & \vdots\\
-\dfrac{a_{n-1,1}}{a_{n-1,n-1}} & -\dfrac{a_{n-1,2}}{a_{n-1,n-1}} & -\dfrac{a_{n-1,3}}{a_{n-1,n-1}} & \cdots & 0 & -\dfrac{a_{n-1,n}}{a_{n-1,n-1}}\\
-\dfrac{a_{n1}}{a_{nn}} & -\dfrac{a_{n2}}{a_{nn}} & -\dfrac{a_{n3}}{a_{nn}} & \cdots & -\dfrac{a_{n,n-1}}{a_{nn}} & 0
\end{bmatrix}
\tag{6.23}
$$

$$
\boldsymbol{g}=[g_1,g_2,\cdots,g_n]^{\mathrm{T}}=\left[\frac{b_1}{a_{11}},\frac{b_2}{a_{22}},\cdots,\frac{b_n}{a_{mn}}\right]^{\mathrm{T}}
$$

因此，从式(6.22）推得 Jacobi 迭代法计算 $\boldsymbol{x}_k$ 各分量的公式为

$$
x_i^{(k)}=\frac{1}{a_{ii}}\left(b_i-\sum_{\substack{j=1\\ j\neq i}}^{n}a_{ij}x_j^{(k-1)}\right),i=1,2,\cdots,n;k=1,2,\cdots \tag{6.24}
$$

从上述公式不难看出每一步迭代产生的乘除法计算量为 n^2。

【例 6.1】 设线性方程组$\begin{bmatrix}7 & -6\\ -8 & 9\end{bmatrix}\begin{bmatrix}x_1\\ x_2\end{bmatrix}=\begin{bmatrix}3\\ -4\end{bmatrix}$，试用 Jacobi 迭代法求解。

解：Jacobi 迭代法的迭代公式为

$$
x_1^{(k)}=\frac{6}{7}x_2^{(k-1)}+\frac{3}{7}
$$

$$
x_2^{(k)}=\frac{8}{9}x_1^{(k-1)}-\frac{4}{9}
$$

从初始向量 $\boldsymbol{x}_0=[0,0]$ 出发，迭代 50 次的结果如表 6.1 所示。

表 6.1 迭代 50 次的结果

k	$x_1^{(k)}$	$x_2^{(k)}$
0	0.000 00	0.000 00
10	0.186 82	−0.198 20
20	0.186 82	−0.249 09
30	0.196 62	−0.262 15
40	0.199 13	−0.265 51
50	0.199 78	−0.266 37

算法 6.1 应用 Jacobi 迭代法解线性方程组 $\boldsymbol{Ax}=\boldsymbol{b}$。

输入：方程组的阶数 n；矩阵 $\boldsymbol{A}$ 的元素 $a_{ij}(1\leqslant i,j\leqslant n)$；$\boldsymbol{b}$ 的分量 $b_i(1\leqslant i\leqslant n)$；初始向量 $\boldsymbol{x}_0$ 的分量 $\boldsymbol{x}_{0i}(1\leqslant i\leqslant n)$；误差容限 TOL；最大迭代次数 m。

输出：近似解 $\boldsymbol{x}=\{x_1,x_2,\cdots,x_n\}^{\mathrm{T}}$ 或迭代次数超过 m 的信息。

Step 1 对 $k=1,\cdots m$，执行 Step 2～4。

Step 2 对 $i=1,2,\cdots,n$，

$$x_i \leftarrow \left(b_i - \sum_{\substack{i=1\\ i\neq j}}^{n} a_{ij}x_{0j}\right)/a_{ii}$$

Step 3 若 $\|\boldsymbol{x}-\boldsymbol{x}_0\|<TOL$，则输出 $(x_1,x_2,\cdots,x_n)$，停机。

Step 4 对 $i=1,2,\cdots,n$，

$x_{0i}\leftarrow x_i$。

Step 5 输出（'Maximum number of iterations exceeded'），停机。

在第3步中的迭代终止准则，可用

$$\frac{\|\boldsymbol{x}-\boldsymbol{x}_0\|}{\|\boldsymbol{x}\|}<TOL$$

下面讨论Jacobi迭代法的收敛性。

定理 6.6 Jacobi迭代法收敛的充分必要条件为

$$\rho(\boldsymbol{B})<1$$

定理6.6中的条件$\rho(\boldsymbol{B})<1$很难检验，不妨使用下面定理。

定理 6.7 Jacobi迭代法收敛的充分条件为

$$\|\boldsymbol{B}\|<1$$

这样，下面的任一条件都是Jacobi迭代法收敛的充分条件。

① $\|\boldsymbol{B}\|_1=\max\limits_{1\leqslant j\leqslant n}\sum\limits_{\substack{i=1\\ i\neq j}}^{n}\left|\dfrac{a_{ij}}{a_{ii}}\right|<1$；

② $\|\boldsymbol{B}\|_\infty=\max\limits_{1\leqslant i\leqslant n}\sum\limits_{\substack{i=1\\ i\neq j}}^{n}\left|\dfrac{a_{ij}}{a_{ii}}\right|<1$；

③ $\|\boldsymbol{B}\|_F=\left(\sum\limits_{\substack{i,j=1\\ i\neq j}}^{n}\left|\dfrac{a_{ij}}{a_{ii}}\right|^2\right)^{1/2}<1$。

Jacobi迭代法的渐近收敛速度为

$$R(\boldsymbol{B})=-\ln\rho(\boldsymbol{I}-\boldsymbol{D}^{-1}\boldsymbol{A})$$

根据定理6.5，若 $\|\boldsymbol{B}\|<1$，则Jacobi迭代法的误差估计式是

$$\|\boldsymbol{x}_k-\boldsymbol{x}^*\|\leqslant\|\boldsymbol{B}\|^k\|\boldsymbol{x}_0-\boldsymbol{x}^*\| \text{ 或 } \|\boldsymbol{x}_k-\boldsymbol{x}^*\|\leqslant\frac{\|\boldsymbol{B}\|^k}{1-\|\boldsymbol{B}\|}\|\boldsymbol{x}_1-\boldsymbol{x}_0\| \quad (6.25)$$

其中 $\boldsymbol{x}^*$ 是方程组 $\boldsymbol{Ax}=\boldsymbol{b}$ 的准确解。

6.2.2 Gauss-Seidel 迭代法

假设方程组 $\boldsymbol{Ax}=\boldsymbol{b}$ 的系数矩阵 $\boldsymbol{A}=[a_{ij}]_{n\times n}$ 的主对角元素 $a_{ii}\neq0,i=1,2,\cdots,n$，将 $\boldsymbol{A}$ 分解成

$$\boldsymbol{A}=\boldsymbol{D}(\boldsymbol{I}-\boldsymbol{L})-\boldsymbol{DU} \quad (6.26)$$

其中 $\boldsymbol{D}=\mathrm{diag}(a_{11},a_{22},\cdots,a_{nn})$，

$$L=\begin{bmatrix} 0 & 0 & 0 & \cdots & 0 & 0 \\ -\frac{a_{21}}{a_{22}} & 0 & 0 & \cdots & 0 & 0 \\ -\frac{a_{31}}{a_{33}} & -\frac{a_{32}}{a_{33}} & 0 & \cdots & 0 & 0 \\ \vdots & \vdots & \vdots & \vdots & \vdots & \\ -\frac{a_{n1}}{a_{nn}} & -\frac{a_{n2}}{a_{nn}} & -\frac{a_{n3}}{a_{nn}} & \cdots & -\frac{a_{n,n-1}}{a_{nn}} & 0 \end{bmatrix}$$

$$U=\begin{bmatrix} 0 & -\frac{a_{12}}{a_{11}} & -\frac{a_{13}}{a_{11}} & \cdots & -\frac{a_{1,n-1}}{a_{11}} & -\frac{a_{1n}}{a_{11}} \\ 0 & 0 & -\frac{a_{23}}{a_{22}} & \cdots & -\frac{a_{2,n-1}}{a_{22}} & -\frac{a_{2n}}{a_{22}} \\ \vdots & \vdots & \vdots & \vdots & \vdots & \vdots \\ 0 & 0 & 0 & \cdots & 0 & -\frac{a_{n-1,n}}{a_{n-1,n-1}} \\ 0 & 0 & 0 & \cdots & 0 & 0 \end{bmatrix}$$

注意，由式(6.23) 有

$$\boldsymbol{B}=\boldsymbol{L}+\boldsymbol{U} \tag{6.27}$$

于是，方程组 $\boldsymbol{Ax}=\boldsymbol{b}$ 可写成

$$\boldsymbol{D}(\boldsymbol{I}-\boldsymbol{L})\boldsymbol{x}=\boldsymbol{DUx}+\boldsymbol{b} \tag{6.28}$$

由于 $\boldsymbol{D}$ 和 $\boldsymbol{I}-\boldsymbol{L}$ 都非奇异，因此可用 $(\boldsymbol{I}-\boldsymbol{L})^{-1}\boldsymbol{D}^{-1}$ 乘以式(6.28) 两端，得到

$$\boldsymbol{x}=(\boldsymbol{I}-\boldsymbol{L})^{-1}\boldsymbol{Ux}+(\boldsymbol{I}-\boldsymbol{L})^{-1}\boldsymbol{D}^{-1}\boldsymbol{b} \tag{6.29}$$

由式(6.29) 构造一阶线性定常迭代公式

$$\boldsymbol{x}_k=(\boldsymbol{I}-\boldsymbol{L})^{-1}\boldsymbol{Ux}_{k-1}+(\boldsymbol{I}-\boldsymbol{L})^{-1}\boldsymbol{D}^{-1}\boldsymbol{b} \tag{6.30}$$

且与方程组 $\boldsymbol{Ax}=\boldsymbol{b}$ 完全相容。式(6.30) 称为 Gauss-Seidel 迭代法，它还可以写成

$$\boldsymbol{x}_k=\boldsymbol{Lx}_k+\boldsymbol{Ux}_{k-1}+\boldsymbol{D}^{-1}\boldsymbol{b} \tag{6.31}$$

从而，容易得到 Gauss-Seidel 迭代法计算 $\boldsymbol{x}_k$ 分量的公式

$$x_i^{(k)}=\frac{1}{a_{ii}}\left(b_i-\sum_{j=1}^{i-1}a_{ij}x_j^{(k)}-\sum_{j=i+1}^{n}a_{ij}x_j^{(k-1)}\right),i=1,2,\cdots,n;k=1,2,\cdots \tag{6.32}$$

Gauss-Seidel 迭代法是修正的 Jacobi 迭代法。从 Jacobi 迭代法可见：在第 k 步迭代中，计算 $x_i^{(k)}$ 之前，$x_1^{(k)},x_2^{(k)},\cdots,x_{i-1}^{(k)}$ 已经计算好，但仍需用 $x_1^{(k-1)},x_2^{(k-1)},\cdots,x_{i-1}^{(k-1)}$。在 Gauss-Seide 迭代法中，计算 $x_i^{(k)}$ 时则改用 $x_1^{(k)},x_2^{(k)},\cdots,x_{i-1}^{(k)}$ 分别代替 $x_1^{(k-1)},x_2^{(k-1)},\cdots,x_{i-1}^{(k-1)}$。

算法 6.2 应用 Gauss-Seidel 迭代法解线性方程组 $\boldsymbol{Ax}=\boldsymbol{b}$。

输入：方程组的阶数 n；矩阵 $\boldsymbol{A}$ 的元素 $a_{ij}(1\leqslant i,j\leqslant n)$；右端项 $b_i(1\leqslant i\leqslant n)$；初始向量 $\boldsymbol{x}_0$ 的分量 $x_{0i}(1\leqslant i\leqslant n)$；误差容限 TOL；最大迭代次数 m。

输出：近似解 $\boldsymbol{x}=[x_1,x_2,\cdots,x_n]^{\mathrm{T}}$ 或迭代次数超过 m 的信息。

Step 1 对 $k=1,\cdots,m$，执行 Step 2～4。

Step 2 对 $i=1,2,\cdots,n$，

$$x_i \leftarrow \left(b_i-\sum_{j=1}^{i-1}a_{ij}x_j-\sum_{j=i+1}^{n}a_{ij}x_{0j}\right)/a_{ii}。$$

Step 3 若 $\| \boldsymbol{x}-\boldsymbol{x}_0 \| < TOL$，则输出 $(x_1, x_2, \cdots, x_n)$，停机。

Step 4 对 $i=1,2,\cdots,n$，

$x_{0i} \leftarrow x_i$。

Step 5 输出（'Maximum number of iterations exceeded'），停机。

下面讨论 Gauss-Seidel 迭代法的收敛性和误差估计。

定理 6.8 Gauss-Seidel 迭代法收敛的充分必要条件为

$$\rho[(\boldsymbol{I}-\boldsymbol{L})^{-1}\boldsymbol{U}]<1$$

关于 Gauss-Seidel 迭代法收敛的充分条件，它是 $\| (\boldsymbol{I}-\boldsymbol{L})^{-1}\boldsymbol{U} \| <1$。这个充分条件不太好检验，不过我们有下面的定理。

定理 6.9 若

$$\| \boldsymbol{B} \|_\infty = \max_{1\leqslant i\leqslant n} \sum_{\substack{j=1 \\ j\neq i}}^{n} \left| \frac{a_{ij}}{a_{ii}} \right| < 1 \tag{6.33}$$

则 Gauss-Seidel 迭代法收敛，且若记

$$\mu = \max_{1\leqslant i\leqslant n} \left\{ \left(\sum_{j=i+1}^{n} \left| \frac{a_{ij}}{a_{ii}} \right| \right) \Big/ \left(1 - \sum_{j=1}^{i-1} \left| \frac{a_{ij}}{a_{ii}} \right| \right) \right\} \tag{6.34}$$

则

$$\mu \leqslant \| \boldsymbol{B} \|_\infty < 1 \tag{6.35}$$

$$\| e^{(k)} \|_\infty = \| \boldsymbol{x}_k - \boldsymbol{x}^* \|_\infty \leqslant \frac{\mu^k}{1-\mu} \| \boldsymbol{x}_1 - \boldsymbol{x}_0 \|_\infty \tag{6.36}$$

【例 6.2】 设方程组

$$\begin{bmatrix} 2 & -1 & 0 \\ 1 & 6 & -2 \\ 4 & -3 & 8 \end{bmatrix} \begin{bmatrix} x_1 \\ x_2 \\ x_3 \end{bmatrix} = \begin{bmatrix} 2 \\ -4 \\ 5 \end{bmatrix}$$

给出初始向量 $\boldsymbol{x}^{(0)}=(0,0,0)^{\mathrm{T}}$，应用 Gauss-Seidel 迭代法求解。

解： 构造 Gauss-Seidel 迭代法的迭代公式：

$$x_1^{(k)} = \frac{1}{2} x_2^{(k-1)} + 1$$

$$x_2^{(k)} = -\frac{1}{6} x_1^{(k)} + \frac{1}{3} x_3^{(k-1)} - \frac{2}{3}$$

$$x_3^{(k)} = -\frac{1}{2} x_1^{(k)} + \frac{3}{8} x_2^{(k)} + \frac{5}{8}$$

通过计算得到下列迭代结果：

$$\boldsymbol{x}^{(1)} = (1.000\,000, -0.833\,333, -0.187\,500)^{\mathrm{T}}$$

$$\vdots$$

$$\boldsymbol{x}^{(5)} = (0.622\,836, -0.760\,042, 0.028\,566)^{\mathrm{T}}$$

$$\vdots$$

$$\boldsymbol{x}^{(10)} = (0.620\,001, -0.760\,003, 0.029\,998)^{\mathrm{T}}$$

$$\vdots$$

$$\boldsymbol{x}^{(13)} = (0.620\,000, -0.760\,000, 0.030\,000)^{\mathrm{T}}$$

其中 $\boldsymbol{x}^{(13)}$ 是正确解。

若$\|\boldsymbol{B}\|_\infty<1$，则Jacobi和Gauss-Seidel迭代法都收敛。由于$\mu\leqslant\|\boldsymbol{B}\|_\infty$，从误差估计式(6.25)和式(6.36)可见，当$\|\boldsymbol{B}\|_\infty<1$时，Gauss-Seidel迭代法一般比Jacobi迭代法收敛得快。

在科学和工程计算中常常遇到解一类特殊线性方程组，下面讨论其迭代法的收敛性问题。设矩阵$\boldsymbol{A}=[a_{ij}]_{n\times n}$的元素满足

$$|a_{ii}|\geqslant\sum_{\substack{j=1\\j\neq i}}^{n}|a_{ij}|,\quad i=1,2,\cdots,n$$

则称$\boldsymbol{A}$为对角占优矩阵。若$\boldsymbol{A}$的元素满足

$$|a_{ii}|>\sum_{\substack{j=1\\j\neq i}}^{n}|a_{ij}|,\quad i=1,2,\cdots,n$$

则称$\boldsymbol{A}$为严格对角占优矩阵。

严格对角占优矩阵$\boldsymbol{A}=[a_{ij}]_{n\times n}$是非奇异的。事实上，设$\det\boldsymbol{A}=0$，则方程组$\boldsymbol{Ax}=\boldsymbol{0}$有非零解$\boldsymbol{x}=[x_1,x_2,\cdots,x_n]^{\mathrm{T}}$，从而$|x_k|=\max\limits_{1\leqslant i\leqslant n}|x_i|\neq0$。于是，我们有$\sum\limits_{j=1}^{n}a_{kj}x_j=0$。据此，

$$|a_{kk}x_k|=\left|\sum_{\substack{j=1\\j\neq k}}^{n}a_{kj}x_j\right|\leqslant\sum_{\substack{j=1\\j\neq k}}^{n}|a_{kj}||x_j|\leqslant|x_k|\sum_{\substack{j=1\\j\neq k}}^{n}|a_{kj}|$$

即$|a_{kk}|\leqslant\sum\limits_{\substack{j=1\\j\neq k}}^{n}|a_{kj}|$。这与$\boldsymbol{A}$为严格对角占优的假设矛盾，所以$\det\boldsymbol{A}\neq0$。

定理6.10 设方程组$\boldsymbol{Ax}=\boldsymbol{b}$的系数矩阵$\boldsymbol{A}$是严格对角占优的，则解$\boldsymbol{Ax}=\boldsymbol{b}$的Jacobi迭代法和Gauss-Seidel迭代法均收敛。

6.3 逐次超松弛迭代法（SOR方法）

6.3.1 SOR方法

一般说来，Jacobi迭代法收敛慢，而Gauss-Seidel迭代法也不快，因此需要改进Gauss-Seidel迭代法，以提高收敛速度。

假设方程组$\boldsymbol{Ax}=\boldsymbol{b}$的系数矩阵$\boldsymbol{A}=[a_{ij}]_{n\times n}$，$a_{ii}\neq0\ (i=1,2,\cdots,n)$，$\boldsymbol{b}=[b_1,b_2,\cdots,b_n]^{\mathrm{T}}$，我们构造解方程组的逐次超松弛迭代法（SOR方法）：

$$\begin{aligned}&\tilde{x}_i^{(k)}=\frac{1}{a_{ii}}\left(b_i-\sum_{j=1}^{i-1}a_{ij}x_j^{(k)}-\sum_{j=i+1}^{n}a_{ij}x_j^{(k-1)}\right),i=1,2,\cdots,n\\&x_i^{(k)}=x_i^{(k-1)}+\omega(\tilde{x}_i^{(k)}-x_i^{(k-1)}),i=1,2,\cdots,n\end{aligned}\tag{6.37}$$

不妨引入一个中间量$\tilde{x}_i^{(k)}$和一个加速收敛的参数ω，并称ω为松弛因子。$x_i^{(k)}$可以看作是$x_i^{(k-1)}$和$\tilde{x}_i^{(k)}$的加权平均。当$\omega=1$时，式(6.37)就是Gauss-Seidel迭代法；$\omega>1$时，式(6.37)称为逐次超松弛迭代法；$\omega<1$时，式(6.37)称为逐次低松弛迭代法。

如果把式(6.37)中的中间量$\tilde{x}_i^{(k)}$消去，则有

$$x_i^{(k)}=\frac{\omega}{a_{ii}}\left\{b_i-\sum_{j=1}^{i-1}a_{ij}x_j^{(k)}-\sum_{j=i+1}^{n}a_{ij}x_j^{(k-1)}\right\}+(1-\omega)x_i^{(k-1)},i=1,2,\cdots,n;\quad k=1,2,\cdots \tag{6.38}$$

式(6.38)的矩阵表示形式是

$$\boldsymbol{x}_k=\omega(\boldsymbol{L}\boldsymbol{x}_k+\boldsymbol{U}\boldsymbol{x}_{k-1}+\boldsymbol{D}^{-1}\boldsymbol{b})+(1-\omega)\boldsymbol{x}_{k-1} \tag{6.39}$$

或者

$$\boldsymbol{x}_k=\boldsymbol{T}_\omega\boldsymbol{x}_{k-1}+\omega(\boldsymbol{I}-\omega\boldsymbol{L})^{-1}\boldsymbol{D}^{-1}\boldsymbol{b} \tag{6.40}$$

其中

$$\boldsymbol{T}_\omega=(\boldsymbol{I}-\omega\boldsymbol{L})^{-1}[(1-\omega)\boldsymbol{I}+\omega\boldsymbol{U}] \tag{6.41}$$

式(6.41)是SOR方法的迭代矩阵。当取$\omega=1$时，$\boldsymbol{T}_1=(\boldsymbol{I}-\boldsymbol{L})^{-1}\boldsymbol{U}$是Gauss-Seidel迭代法的迭代矩阵。

若将矩阵$\boldsymbol{A}$分解成

$$\boldsymbol{A}=\frac{1}{\omega}(\boldsymbol{D}-\omega\boldsymbol{DL})-\frac{1}{\omega}[(1-\omega)\boldsymbol{D}+\omega\boldsymbol{DU}],\omega\neq 0$$

按6.1节所述的建立相容迭代法的方法，即可得SOR方法。因此，SOR方法与方程组$\boldsymbol{Ax}=\boldsymbol{b}$是完全相容的。

【例6.3】 用SOR方法求解方程组

$$\begin{bmatrix}-4&1&1&1\\1&-4&1&1\\1&1&-4&1\\1&1&1&-4\end{bmatrix}\begin{bmatrix}x_1\\x_2\\x_3\\x_4\end{bmatrix}=\begin{bmatrix}1\\1\\1\\1\end{bmatrix}$$

它的精确解为$\boldsymbol{x}^*=[-1,-1,-1,-1]^{\mathrm{T}}$。

解： 取初始向量$\boldsymbol{x}^{(0)}=\boldsymbol{0}$，迭代公式为

$$\begin{cases}x_1^{(k+1)}=x_1^{(k)}-\omega(1+4x_1^{(k)}-x_2^{(k)}-x_3^{(k)}-x_4^{(4)})/4\\x_2^{(k+1)}=x_2^{(k)}-\omega(1-x_1^{(k+1)}+4x_2^{(k)}-x_3^{(k)}-x_4^{(k)})/4\\x_3^{(k+1)}=x_3^{(k)}-\omega(1-x_1^{(k+1)}-x_2^{(k+1)}+4x_3^{(k)}-x_4^{(k)})/4\\x_4^{(k+1)}=x_4^{(k)}-\omega(1-x_1^{(k+1)}-x_2^{(k+1)}-x_3^{(k+1)}+4x_4^{(k)})/4\end{cases}$$

取$\omega=1.3$，第11次迭代结果为

$$\boldsymbol{x}^{(11)}=[-0.99999646,-1.00000310,-0.9999953,-0.99999912]^{\mathrm{T}}$$

$$\|\boldsymbol{\varepsilon}^{(11)}\|_2=\|\boldsymbol{x}^{(11)}-\boldsymbol{x}^*\|_2\leqslant 0.46\times 10^{-5}$$

对ω取其他值，迭代次数如表6.2所示。由表6.2所示可见，好的松弛因子会使SOR迭代法的收敛大大加速。例6.3中$\omega=1.3$是最佳松弛因子。

表6.2 迭代次数

松弛因子ω	满足误差$\|x^{(k)}-x^*\|_2<10^{-s}$的迭代次数	松弛因子ω	满足误差$\|x^{(k)}-x^*\|_2<10^{-s}$的迭代次数
1.0	22	1.5	17
1.1	17	1.6	23
1.2	12	1.7	33
1.3	11(最少迭代次数)	1.8	53
1.4	14	1.9	109

算法 6.3 应用 SOR 方法解方程组 $\boldsymbol{Ax}=\boldsymbol{b}$。

输入：方程组的阶数 n；矩阵 $\boldsymbol{A}$ 的元素 $a_{ij}(1\leqslant i,j\leqslant n)$；$\boldsymbol{b}$ 的分量 $b_i(1\leqslant i\leqslant n)$；初始向量 $\boldsymbol{x}_0$ 的分量 $\boldsymbol{x}_{0i}(1\leqslant i\leqslant n)$；误差容限 TOL；最大迭代次数 m。

输出：近似解 $x_1,x_2,\cdots,x_n$ 或迭代次数超过 m 的信息。

Step 1 对 $k=1$，…，m，执行 Step 2～4。

Step 2 对 $i=1,\cdots,n$，

$$x_i \leftarrow (1-\omega)x_{0i}+\frac{\omega\left(b_i-\sum\limits_{j=1}^{i-1}a_{ij}x_j-\sum\limits_{j=i+1}^{n}a_{ij}x_{0i}\right)}{a_{ii}}。$$

Step 3 若 $\|\boldsymbol{x}-\boldsymbol{x}_0\|<TOL$，则输出$(x_1,\ x_2,\ \cdots,\ x_n)$，停机。

Step 4 对 $i=1,2,\cdots,n$，

$x_{0i}\leftarrow x_i$。

Step 5 输出（'Maximum number of iterations exceeded'），停机。

6.3.2 SOR 方法的收敛性和最佳松弛因子

下面给出逐次超松弛迭代法的收敛性定理。

定理 6.11 设方程组 $\boldsymbol{Ax}=\boldsymbol{b}$ 的系数矩阵 $\boldsymbol{A}$ 的主对角元素 $a_{ii}\neq 0(i=1,2,\cdots,n)$，则 SOR 方法收敛的充分必要条件为$\rho(\boldsymbol{T}_\omega)<1$，其中 $\boldsymbol{T}_\omega$ 是 SOR 方法的迭代矩阵。

定理 6.12 设方程组 $\boldsymbol{Ax}=\boldsymbol{b}$ 的系数矩阵 $\boldsymbol{A}$ 的主对角元素 $a_{ii}\neq 0(i=1,2,\cdots,n)$，则 SOR 方法的迭代矩阵 $\boldsymbol{T}_\omega$ 的谱半径大于等于$|1-\omega|$，即$\rho(\boldsymbol{T}_\omega)\geqslant|1-\omega|$，且 SOR 方法收敛的必要条件是

$$0<\omega<2 \tag{6.42}$$

证明：由式(6.41) 有

$$\det(\boldsymbol{T}_\omega)=\det[(\boldsymbol{I}-\omega\boldsymbol{L})^{-1}]\det[(1-\omega)\boldsymbol{I}+\omega\boldsymbol{U}]=\det[(1-\omega)\boldsymbol{I}+\omega\boldsymbol{U}]=(1-\omega)^n$$

则迭代矩阵 $\boldsymbol{T}_\omega$ 的所有特征值之积等于$(1-\omega)^n$，因此有

$$\rho(\boldsymbol{T}_\omega)\geqslant|1-\omega|$$

根据定理 6.11，若 SOR 方法收敛，则$\rho(\boldsymbol{T}_\omega)<1$，因此$|1-\omega|<1$，即 $0<\omega<2$。

定理 6.12 说明：若要 SOR 方法收敛，必须选取松弛因子 $\omega\in(0,2)$；但对任何线性方程组，当 $\omega\in(0,2)$ 时 SOR 方法未必都收敛。显然，SOR 方法收敛的快慢与松弛因子 ω 的选择有关。松弛因子选择得好，会加快 SOR 方法的收敛速度。实际方程组的求解中常遇到一些特殊的系数矩阵，例如对称正定矩阵、三对角矩阵等，于是有下面的收敛定理。

定理 6.13 若线性方程组 $\boldsymbol{Ax}=\boldsymbol{b}$ 的系数矩阵 $\boldsymbol{A}$ 是对称正定的，则当 $0<\omega<2$ 时，SOR 方法收敛。

定义 6.1 给定一个 n 阶矩阵 $\boldsymbol{A}=[a_{ij}]$，若自然数集合 $W=\{1,2,\cdots,n\}$ 的 t 个互不相交的子集 $W_1,W_2,\cdots,W_t$ 使得

① $\bigcup\limits_{k=1}^{t}W_k=W$。

② 对 $i\in W_k$，若 i,j 有联系，则当 $j>i$ 时，$j\in W_{k+1}$；当 $j<i$ 时，$j\in W_{k-1}$，则说 $\boldsymbol{A}$ 是具有相容次序的矩阵。

定理 6.14 若线性方程组 $\boldsymbol{A}\boldsymbol{x}=\boldsymbol{b}$ 的系数矩阵 $\boldsymbol{A}$ 具有相容次序，其主对角元全不为零。若矩阵 $\boldsymbol{B}=\boldsymbol{I}-\boldsymbol{D}^{-1}\boldsymbol{A}$ 的特征值全为实数，$\boldsymbol{D}=\mathrm{diag}(a_{11},a_{22},\cdots,a_{nn})$，且 $\bar{\mu}=\rho(\boldsymbol{B})<1$，令

$$\omega_b=\frac{2}{1+(1-\bar{\mu}^2)^{1/2}} \tag{6.43}$$

则

$$\rho(\boldsymbol{T}_\omega)=\begin{cases}\left[\dfrac{\omega\bar{\mu}+[\omega^2\bar{\mu}^2-4(\omega-1)]^{1/2}}{2}\right]^2, & 0<\omega\leqslant\omega_{\mathrm{b}}\\ \omega-1, & \omega_{\mathrm{b}}\leqslant\omega<2\end{cases}$$

当 $0<\omega\leqslant\omega_b$ 时，$\rho(\boldsymbol{T}_\omega)$ 是 ω 的单调减函数；当 $\omega_b\leqslant\omega<2$ 时，$\rho(\boldsymbol{T}_\omega)$ 是 ω 的单调增函数。

定理 6.15 假设线性方程组 $\boldsymbol{A}\boldsymbol{x}=\boldsymbol{b}$ 的系数矩阵 $\boldsymbol{A}$ 是对称正定，且是三对角的，若矩阵 $\boldsymbol{B}=\boldsymbol{I}-\boldsymbol{D}^{-1}\boldsymbol{A}$ 的特征值全为实数，$\rho(\boldsymbol{B})<1$，则 SOR 方法的最佳松弛因子是

$$\omega_b=\frac{2}{1+[1-\rho(B)^2]^{1/2}} \tag{6.44}$$

6.3.3 SOR 方法的收敛速度

由 6.1 节可知一阶线性定常迭代公式(6.7) 的渐近收敛速度为 $R(\boldsymbol{G})=-\ln\rho(\boldsymbol{G})$。本节讨论当采用最佳超松弛因子 ω_b 时，SOR 方法的收敛速度 $R(\boldsymbol{T}_{\omega_b})$ 比 Gauss-Seidel 迭代法的收敛速度 $R(\boldsymbol{T}_1)$ 大得多。

定理 6.16 假设矩阵 $\boldsymbol{A}=[a_{ij}]_{n\times n}$ 具有相容次序，且其主对角元全不为零，$\boldsymbol{D}=\mathrm{diag}(a_{11},a_{22},\cdots,a_{nn})$，矩阵 $\boldsymbol{B}=\boldsymbol{I}-\boldsymbol{D}^{-1}\boldsymbol{A}$ 的特征值全为实数且 $\bar{\mu}=\rho(\boldsymbol{B})<1$，$\omega_b$ 由式(6.44) 定义，那么

(1) $R(\boldsymbol{T}_1)=2R(\boldsymbol{B})$ (6.45)

(2) $2\bar{\mu}\,[R(\boldsymbol{T}_1)]^{\frac{1}{2}}\leqslant R(\boldsymbol{T}_{\omega_b})\leqslant R(\boldsymbol{T}_1)+2\,[R(\boldsymbol{T}_1)]^{\frac{1}{2}}$ (6.46)

当 $R(\boldsymbol{T}_1)\leqslant 3$ 时，式(6.46) 中右端不等式成立，而且

$$\lim_{\bar{\mu}\to 1^-}\frac{R(\boldsymbol{T}_{\omega_b})}{2\,[R(\boldsymbol{T}_1)]^{\frac{1}{2}}}=1 \tag{6.47}$$

式(6.45) 说明：在定理 6.16 的假设条件下，Gauss-Seidel 迭代法的收敛速度是 Jacobi 方法的 2 倍；式(6.46) 说明：在定理 6.16 的假设条件下，当 $\bar{\mu}\to 1^-$，SOR 方法采用最佳松弛因子时，其收敛速度较 Gauss-Seidel 迭代快一个数量级。

6.4 共轭斜量法

6.4.1 一般的共轭方向法

设线性方程组 $\boldsymbol{A}\boldsymbol{x}=\boldsymbol{b}$ 的系数矩阵 $\boldsymbol{A}\in R^{n\times n}$ 是实对称正定矩阵，$\boldsymbol{x}=[x_1,x_2,\cdots,x_n]^{\mathrm{T}}$，$\boldsymbol{b}=[b_1,b_2,\cdots,b_n]^{\mathrm{T}}$。本节讨论将求解线性方程组(6.1) 的问题化为求二次函数

$$f(\boldsymbol{x})=\frac{1}{2}\boldsymbol{x}^{\mathrm{T}}\boldsymbol{A}\boldsymbol{x}-\boldsymbol{b}^{\mathrm{T}}\boldsymbol{x} \tag{6.48}$$

的极小点问题。

一方面，不妨定义 $f(\boldsymbol{x})$ 的斜量（梯度）$\boldsymbol{g}(\boldsymbol{x})$ 为

$$\boldsymbol{g}(\boldsymbol{x})=\operatorname{grad}f(\boldsymbol{x})=\left[\frac{\partial f}{\partial x_1},\frac{\partial f}{\partial x_2},\cdots,\frac{\partial f}{\partial x_n}\right]^{\mathrm{T}}=\boldsymbol{A}\boldsymbol{x}-\boldsymbol{b} \tag{6.49}$$

则对任意给定的非零向量 $\boldsymbol{p}\in\boldsymbol{R}^n$ 有

$$f(\boldsymbol{x}+t\boldsymbol{p})-f(\boldsymbol{x})=t\boldsymbol{g}(\boldsymbol{x})^{\mathrm{T}}\boldsymbol{p}+\frac{1}{2}t^2\boldsymbol{p}^{\mathrm{T}}\boldsymbol{A}\boldsymbol{p} \tag{6.50}$$

其中 $\boldsymbol{g}(\boldsymbol{x})^{\mathrm{T}}$ 为 $\boldsymbol{g}(\boldsymbol{x})$ 的转置，t 为一实数。

若 $\boldsymbol{u}$ 是方程组(6.1) 的解，则 $\boldsymbol{g}(\boldsymbol{u})=\boldsymbol{0}$。因 $\boldsymbol{A}$ 是正定的，对任意的非零向量 $\boldsymbol{p}\in\boldsymbol{R}^n$，由式(6.50) 有

$$\begin{cases}f(\boldsymbol{u}+t\boldsymbol{p})-f(\boldsymbol{u})>0, t\neq 0\\ f(\boldsymbol{u}+t\boldsymbol{p})-f(\boldsymbol{u})=0, t=0\end{cases} \tag{6.51}$$

故 $\boldsymbol{u}$ 是 $f(x)$ 的极小点。

反之，因 $\boldsymbol{A}$ 正定，故在 $\boldsymbol{R}^n$ 中二次函数 $f(\boldsymbol{x})$ 有唯一的极小点。若 $\boldsymbol{u}$ 是 $f(\boldsymbol{x})$ 的极小点，则式(6.51) 成立，即当 $t=0$ 时 $\boldsymbol{u}$ 是 $f(\boldsymbol{u}+t\boldsymbol{p})$ 的极小点。将 $\boldsymbol{u}$ 代入式(6.50) 得到

$$f(\boldsymbol{u}+t\boldsymbol{p})-f(\boldsymbol{u})=t\boldsymbol{g}(\boldsymbol{u})^{\mathrm{T}}\boldsymbol{p}+\frac{1}{2}t^2\boldsymbol{p}^{\mathrm{T}}\boldsymbol{A}\boldsymbol{p}$$

于是

$$\left.\frac{\mathrm{d}f(\boldsymbol{u}+t\boldsymbol{p})}{\mathrm{d}t}\right|_{t=0}=\lim_{t\to 0}\frac{f(\boldsymbol{u}+t\boldsymbol{p})-f(\boldsymbol{u})}{t}=\boldsymbol{g}(\boldsymbol{u})^{\mathrm{T}}\boldsymbol{p}=0$$

由 $\boldsymbol{p}$ 的任意性知 $\boldsymbol{g}(\boldsymbol{u})=0$，所以 $\boldsymbol{u}$ 是方程组(6.1) 的解。

定理 6.17 $\boldsymbol{u}\in\boldsymbol{R}^n$ 是方程组(6.1) 的解的充分必要条件是 $\boldsymbol{u}$ 是二次函数(6.48) 的极小点。

下面介绍求解二次函数 $f(\boldsymbol{x})$ 的极小点的最速下降法。

假设 $\boldsymbol{x}_0$ 是任意给定的一个初始点，从点 $\boldsymbol{x}_0$ 出发沿某一规定方向 $\boldsymbol{p}_0$ 求函数 $f(\boldsymbol{x})$ 在直线 $\boldsymbol{x}=\boldsymbol{x}_0+t\boldsymbol{p}_0$ 上的极小点。假设求得的极小点为 $\boldsymbol{x}_1$，再从点 $\boldsymbol{x}_1$ 出发沿某一规定方向 $\boldsymbol{p}_1$ 求函数 $f(\boldsymbol{x})$ 在直线 $\boldsymbol{x}=\boldsymbol{x}_1+t\boldsymbol{p}_1$ 上的极小点，设其为 $\boldsymbol{x}_2$，如此继续下去，从点 $\boldsymbol{x}_k$ 出发沿某一规定方向 $\boldsymbol{p}_k$ 求函数 $f(\boldsymbol{x})$ 在直线

$$\boldsymbol{x}=\boldsymbol{x}_k+t\boldsymbol{p}_k \tag{6.52}$$

上的极小点，其中 $\boldsymbol{p}_k$ 称为寻查方向。

记 $\varphi_k(t)=f(\boldsymbol{x}_k+t\boldsymbol{p}_k)$，欲在 $t=\alpha_k$ 时确定系数 α_k 使得一元函数 $\varphi_k(t)$ 为极小。由于

$$\varphi_k(t)=\frac{1}{2}(\boldsymbol{x}_k+t\boldsymbol{p}_k)^{\mathrm{T}}\boldsymbol{A}(\boldsymbol{x}_k+t\boldsymbol{p}_k)-\boldsymbol{b}^{\mathrm{T}}(\boldsymbol{x}_k+t\boldsymbol{p}_k) \tag{6.53}$$

将 $\varphi_k(t)$ 对 t 求导数得

$$\varphi'_k(t)=t\boldsymbol{p}_k^{\mathrm{T}}\boldsymbol{A}\boldsymbol{p}_k+\boldsymbol{p}_k^{\mathrm{T}}(\boldsymbol{A}\boldsymbol{x}_k-\boldsymbol{b}) \tag{6.54}$$

令 $\varphi'_k(t)=0$，则

$$t=\alpha_k=-\frac{\boldsymbol{p}_k^{\mathrm{T}}(\boldsymbol{A}\boldsymbol{x}_k-\boldsymbol{b})}{\boldsymbol{p}_k^{\mathrm{T}}\boldsymbol{A}\boldsymbol{p}_k} \tag{6.55}$$

由于

$$\varphi''_k(t)=\boldsymbol{p}_k^{\mathrm{T}}\boldsymbol{A}\boldsymbol{p}_k>0(\boldsymbol{p}_k\neq 0)$$

所以，当 $t=\alpha_k$ 时，$\varphi_k(t)$ 为极小。于是，$\boldsymbol{x}_{k+1}=\boldsymbol{x}_k+\alpha_k\boldsymbol{p}_k$ 即为 $f(\boldsymbol{x})$ 在直线 $\boldsymbol{x}=\boldsymbol{x}_k+t\boldsymbol{p}_k$ 上的极小点。定义

$$r_k = Ax_k - b \tag{6.56}$$

为剩余向量，于是

$$r_k = g(x_k) = \mathrm{grad} f(x_k) \tag{6.57}$$

且式(6.55) 可改写为

$$\alpha_k = -\frac{r_k^T p_k}{p_k^T A p_k} \tag{6.58}$$

由式(6.58)，我们得到一类迭代法的迭代公式

$$x_{k+1} = x_k + \alpha_k p_k, \quad k=0,1,2,\cdots \tag{6.59}$$

显然，迭代公式(6.59) 具有下降性质：

$$f(x_{k+1}) \leqslant f(x_k)$$

① 若取

$$p_k = -r_k = -\mathrm{grad} f(x_k), \quad k=0,1,2,\cdots \tag{6.60}$$

则称迭代公式(6.60) 为最速下降法。此时

$$x_{k+1} = x_k + a_k r_k, \quad k=0,1,2,\cdots$$

$$\alpha_k = \frac{r_k^T r_k}{r_k^T A r_k}$$

以及

$$\begin{aligned} f(x_{k+1}) - f(x_k) &= f(x_k + \alpha_k x_k) - f(x_k) \\ &= -\alpha_k r_k^T r_k + \frac{1}{2}\alpha_k^2 r_k^T A r_k \\ &= -\frac{1}{2}\frac{(r_k^T r_k)^2}{r_k^T A r_k} < 0 \end{aligned}$$

因而 $f(x_{k+1}) < f(x_k)$。还可以证明，若 x^* 是方程组 $Ax=b$ 的解，当 $k\to\infty$ 时，$x_k \to x^*$。

② 若选取寻查方向 $p_0, p_1, \cdots, p_{n-1}$ 为一个 A 共轭向量组，即满足

$$p_i^T A p_j = 0, \quad i \neq j \tag{6.61}$$

的一个非零向量组 $\{p_k\}$，则称迭代法(6.59) 为共轭方向法。

线性无关向量组 $p_0, p_1, \cdots, p_{k-1}$ 所张成的子空间为 $L_k = \mathrm{span}\{p_0, p_1, \cdots, p_{k-1}\}$，$\pi_k$ 表示线性流形

$$\pi_k = \{x \mid x = x_0 + z, z \in L_k\}$$

引理 6.1 从任一点 x_0 出发，得到的点序列 $x_0, x_1, \cdots, x_k, \cdots$ 具有性质

$$f(x_k) = \min_{z\in L_k} f(x_0 + z) \tag{6.62}$$

的充分必要条件是 $x_k \in \pi_k$，且剩余向量 r_k 和 L_k 直交（$r_k \perp L_k$），即

$$r_k^T z = 0, \quad \forall z \in L_k \tag{6.63}$$

证明：①必要性。式(6.62) 表明：x_k 为二次函数 $f(x)$ 在线性流形 π_k 上的极小点，所以 $f(x)$ 在 x_k 沿任一方向 $z \in L_k$ 的方向导数都必须为零，从而有：$r_k^T z = 0$，$\forall z \in L_k$。

② 充分性。设 $x_k \in \pi_k$，令

$$\Delta x_k = x - x_k, \quad x = x_0 + z, \quad x_k = x_0 + z_k$$

其中 $z, z_k \in L_k$，则 $\Delta x_k = z - z_k$。于是

$$f(x) - f(x_k) = r_k^T \Delta x_k + \frac{1}{2}(\Delta x_k)^T A \Delta x_k$$

由于式(6.63) 成立，因此上式右端第一项

$$r_k^T \Delta x_k = r_k^T z - r_k^T z_k = 0$$

又因 A 正定，即$(\Delta x_k)^T A (\Delta x_k) \geqslant 0$，故有 $f(x) \geqslant f(x_k)$。

6.4.2 共轭斜量法

(1) 共轭斜量法的计算公式

上一小节介绍了一般的共轭方向法，并未给出具体的 A 共轭向量组 $\{p_i\}$，本节将讨论生成 $\{p_i\}$ 的具体方法。

对于任意的初始近似 x_0，取第一个寻查方向 p_0 为

$$p_0 = -r_0 = -(Ax_0 - b)$$

由式(6.59) 计算 x_1

$$x_1 = x_0 + \alpha_0 p_0$$

其中 $\alpha_0 = -\dfrac{p_0^T r_0}{p_0^T A p_0}$ $(p_0 \neq 0)$。计算剩余向量

$$r_1 = Ax_1 - b$$

由 $r_1 \perp p_0$ 可得 $r_1 \perp r_0$。于是，我们便可在 r_0，r_1 张成的子空间中求寻查方向 p_1。令

$$p_1 = -r_1 - \beta_0 r_0 = -r_1 + \beta_0 p_0$$

若希望 p_0 与 p_1 为 A 共轭，则必须

$$p_1^T A p_0 = (-r_1 + \beta_0 p_0)^T A p_0 = 0$$

从而得到

$$\beta_0 = \frac{r_1^T A p_0}{p_0^T A p_0}$$

如此继续下去，令

$$p_{k+1} = -r_{k+1} + \beta_k p_k \tag{6.64}$$

若希望 p_{k+1} 与 p_k 为 A 共轭，则必须

$$\beta_k = \frac{r_{k+1}^T A p_k}{p_k^T A p_k} \tag{6.65}$$

根据上面计算过程，我们得到一种迭代法的计算公式。给定初始近似 x_0，取

$$p_0 = -r_0 = b - Ax_0$$

对 $k = 0, 1, \cdots$，计算

$$\alpha_k = -\frac{r_k^T p_k}{p_k^T A p_k}, \quad x_{k+1} = x_k + \alpha_k p_k$$

$$r_{k+1} = Ax_{k+1} - b = r_k + \alpha_k A p_k$$

$$\beta_k = \frac{r_{k+1}^T A p_k}{p_k^T A p_k}, \quad p_{k+1} = -r_{k+1} + \beta_k p_k$$

显然，按式(6.64) 生成的向量组 $p_0, p_1, \cdots, p_k$ $(k \leqslant n-1)$ 是一个 A 共轭向量组，相应的迭代法称为共轭斜量法或共轭梯度法。

【例 6.4】 线性方程组

$$\begin{bmatrix} 4 & 3 & 0 \\ 3 & 4 & -1 \\ 0 & -1 & 4 \end{bmatrix}\begin{bmatrix} x_1 \\ x_2 \\ x_3 \end{bmatrix}=\begin{bmatrix} 24 \\ 30 \\ -24 \end{bmatrix}$$

有精确解 $\boldsymbol{x}^*=[3,4,-5]^{\mathrm{T}}$。为了近似求解，设 $\boldsymbol{x}^{(0)}=[0,0,0]^{\mathrm{T}}$，$\boldsymbol{b}=[24,30,-24]^{\mathrm{T}}$，有

$$\boldsymbol{r}^{(0)}=\boldsymbol{b}-\boldsymbol{A}\boldsymbol{x}^{(0)}=\boldsymbol{b}=[24,30,-24]^{\mathrm{T}}$$

故

$$\langle \boldsymbol{p}^{(1)},\boldsymbol{r}^{(0)}\rangle=\boldsymbol{p}^{(1)\mathrm{T}}\boldsymbol{r}^{(0)}=24,\langle \boldsymbol{p}^{(1)},\boldsymbol{A}\boldsymbol{p}^{(1)}\rangle=4 \text{ 和 } \beta_0=\frac{24}{4}=6$$

因此，有

$$\boldsymbol{x}^{(1)}=\boldsymbol{x}^{(0)}+\beta_0\boldsymbol{p}^{(1)}=[0,0,0]^{\mathrm{T}}+6\,[1,0,0]^{\mathrm{T}}=[6,0,0]^{\mathrm{T}}$$

继续上述过程，得到

$$\boldsymbol{r}^{(1)}=\boldsymbol{b}-\boldsymbol{A}\boldsymbol{x}^{(1)}=[0,12,-24]^{\mathrm{T}},\beta_1=\frac{\langle \boldsymbol{p}^{(2)},\boldsymbol{r}^{(1)}\rangle}{\langle \boldsymbol{p}^{(2)},\boldsymbol{A}\boldsymbol{p}^{(2)}\rangle}=\frac{12}{7/4}=\frac{48}{7}$$

$$\boldsymbol{x}^{(2)}=\boldsymbol{x}^{(1)}+\beta_1\boldsymbol{p}^{(2)}=[6,0,0]^{\mathrm{T}}+\frac{48}{7}\left[-\frac{3}{4},1,0\right]^{\mathrm{T}}=\left[\frac{6}{7},\frac{48}{7},0\right]^{\mathrm{T}}$$

$$\boldsymbol{r}^{(2)}=\boldsymbol{b}-\boldsymbol{A}\boldsymbol{x}^{(2)}=\left[0,0,-\frac{120}{7}\right],\beta_2=\frac{\langle \boldsymbol{v}^{(3)},\boldsymbol{r}^{(2)}\rangle}{\langle \boldsymbol{v}^{3},\boldsymbol{A}\boldsymbol{v}^{(3)}\rangle}=\frac{-120/7}{24/7}=-5$$

和

$$\boldsymbol{x}^{(3)}=\boldsymbol{x}^{(2)}+\beta_2\boldsymbol{p}^{(3)}=\left[\frac{6}{7},\frac{48}{7},0\right]^{\mathrm{T}}+(-5)\left[-\frac{3}{7},\frac{4}{7},1\right]^{\mathrm{T}}=[3,4,-5]^{\mathrm{T}}$$

因而迭代 $n=3$ 次后，得到精确解。

(2)共轭斜量法的性质

定理 6.18 若 $\boldsymbol{r}_k\neq 0$，则共轭斜量法具有下列性质：

$$\mathrm{span}\{\boldsymbol{r}_0,\boldsymbol{r}_1,\cdots,\boldsymbol{r}_k\}=\mathrm{span}\{\boldsymbol{r}_0,\boldsymbol{A}_0,\cdots,\boldsymbol{A}^k\boldsymbol{r}_0\} \tag{6.66}$$

$$\mathrm{span}\{\boldsymbol{p}_0,\boldsymbol{p}_1,\cdots,\boldsymbol{p}_k\}=\mathrm{span}\{\boldsymbol{r}_0,\boldsymbol{A}\boldsymbol{r}_0,\cdots,\boldsymbol{A}^k\boldsymbol{r}_0\} \tag{6.67}$$

$$\boldsymbol{p}_k^{\mathrm{T}}\boldsymbol{A}\boldsymbol{p}_i=0,\quad i=0,1,2,\cdots,k-1 \tag{6.68}$$

定理 6.19 共轭斜量法的剩余向量互为直交，即

$$\boldsymbol{r}_i^{\mathrm{T}}\boldsymbol{r}_j=0,\quad i\neq j$$

且剩余向量与寻查方向向量的关系如下：

$$\boldsymbol{r}_k^{\mathrm{T}}\boldsymbol{p}_i=0,\quad i=0,1,\cdots,k-1 \tag{6.69}$$

$$\boldsymbol{p}_k^{\mathrm{T}}\boldsymbol{r}_i=-\boldsymbol{r}_k^{\mathrm{T}}\boldsymbol{r}_k,\quad i=0,1,\cdots,k \tag{6.70}$$

证明： 首先，因为

$$\boldsymbol{p}_k^{\mathrm{T}}\boldsymbol{r}_k=\boldsymbol{p}_k^{\mathrm{T}}(\boldsymbol{r}_{k-1}+\alpha_{k-1}\boldsymbol{A}\boldsymbol{p}_{k-1})=\boldsymbol{p}_k^{\mathrm{T}}\boldsymbol{r}_{k-1}=\cdots=\boldsymbol{p}_k^{\mathrm{T}}\boldsymbol{r}_0$$

$$\boldsymbol{p}_k^{\mathrm{T}}\boldsymbol{r}_k=(-\boldsymbol{r}_k+\beta_{k-1}\boldsymbol{p}_{k-1})^{\mathrm{T}}\boldsymbol{r}_k=-\boldsymbol{r}_k^{\mathrm{T}}\boldsymbol{r}_k+\beta_{k-1}\boldsymbol{p}_{k-1}^{\mathrm{T}}\boldsymbol{r}_k=-\boldsymbol{r}_k^{\mathrm{T}}\boldsymbol{r}_k \tag{6.71}$$

所以据定理 6.17 知式(6.69) 成立。

其次，用归纳法证明

$$\boldsymbol{r}_i^{\mathrm{T}}\boldsymbol{r}_j=0,\quad i\neq j$$

显然，$\boldsymbol{r}_1^{\mathrm{T}}\boldsymbol{r}_0=0$。不妨假设 $\boldsymbol{r}_k^{\mathrm{T}}\boldsymbol{r}_j=0(j=0,1\cdots,k-1)$，下面证明

$$\boldsymbol{r}_{k+1}^{\mathrm{T}}\boldsymbol{r}_j=0,\quad j=0,1,\cdots,k$$

据定理 6.18 知，$\boldsymbol{r}_j$ 可以表示成 $\boldsymbol{p}_0$，$\boldsymbol{p}_1$，$\cdots$，$\boldsymbol{p}_j$ 的线性组合 $\boldsymbol{r}_j=\sum\limits_{i=0}^{j}\mu_i\boldsymbol{p}_i$，于是

$$r_{k+1}^{\mathrm{T}} r_j = \sum_{i=0}^{j} \mu_i r_{k+1}^{\mathrm{T}} p_i$$

据式(6.69)，上式右端等于零，因此 $r_{k+1}^{\mathrm{T}} r_j = 0(j=0,1,\cdots,k)$。

由定理 6.19 可将 α_k，β_k 的表达式改写为

$$\alpha_k = \frac{r_k^{\mathrm{T}} r_k}{p_k^{\mathrm{T}} A p_k} \tag{6.72}$$

$$\beta_k = \frac{r_{k+1}^{\mathrm{T}} r_{k+1}}{r_k^{\mathrm{T}} r_k} \tag{6.73}$$

应用共轭斜量法解方程组（6.1）得到的近似解向量序列 $\{x_k\}$ 具有下面的性质。

定理 6.20 当 $i<j$ 时，x_j 比 x_i 更接近方程组（6.1）的准确解 u，即

$$\| u - x_j \|_2 < \| u - x_i \|_2$$

现在我们给出应用共轭斜量法解方程组（6.1）的一种算法，其中使用式(6.72）和式(6.73）计算系数 α_k 和 β_k。

算法 6.4 应用共轭斜量法解实对称正定方程组 $Ax=b$。

输入：方程组的阶数 n；矩阵 A 的元素 a_{ij}（$1\leqslant i,j\leqslant n$）；$b$ 的分量 b_i（$1\leqslant i\leqslant n$）；初始向量 x_0；误差容限 TOL。

输出：近似解 x 或迭代次数超过 n 的信息。

Step 1　$k \leftarrow 1$。

Step 2　$x \leftarrow x_0$；

$r \leftarrow Ax - b$；

$p = -r$；

$\delta_0 = r^{\mathrm{T}} r$。

Step 3　若 $k=n+1$，则输出（'Maximum number of iterations exceeded'），停机。

Step 4　$k=k+1$。

Step 5　$\alpha \leftarrow \delta_0 / p^{\mathrm{T}} A p$。

Step 6　$x = x + \alpha p$。

Step 7　$r = Ax - b$。

Step 8　$\delta_1 = r^{\mathrm{T}} r$；

$\beta = \delta_1 / \delta_0$；

$\delta_0 = \delta_1$；

$p = -r + \beta p$。

Step 9　若 $\delta_1 > TOL$，则输出 Step 3。

Step 10　输出（x），停机。

由于 $r_{k+1} = Ax_{k+1} - b = r_k + \alpha_k A p_k$，因此可将算法 6.4 中 Step5 修改为

$$q \leftarrow Ap$$

$$\alpha \leftarrow \delta_0 / p^{\mathrm{T}} q$$

Step 7 修改为

$$r \leftarrow r + \alpha q$$

这样，每一步迭代都可减少矩阵的乘法运算次数，但必须增加存储向量 q。

6.5 条件预优方法

假设 n 阶线性方程组 $\boldsymbol{Ax}=\boldsymbol{b}$ 的系数矩阵 $\boldsymbol{A}=[a_{ij}]$ 是对称正定的。解方程组（6.1）的收敛速度通常与矩阵 $\boldsymbol{A}$ 的条件数有关。

【例 6.5】 线性方程组 $\boldsymbol{Ax}=\boldsymbol{b}$，其中

$$\boldsymbol{A}=\begin{bmatrix} 0.2 & 0.1 & 1 & 1 & 0 \\ 0.1 & 4 & -1 & 1 & -1 \\ 1 & -1 & 60 & 0 & -2 \\ 1 & 1 & 0 & 8 & 4 \\ 0 & -1 & -2 & 4 & 700 \end{bmatrix} \quad \text{和} \quad \boldsymbol{b}=\begin{bmatrix} 1 \\ 2 \\ 3 \\ 4 \\ 5 \end{bmatrix}$$

有解。

$\boldsymbol{x}^*=[7.859\,713\,071,\ 0.422\,926\,408\,2,\ -0.073\,592\,239\,06,\ -0.540\,643\,016\,4,\ 0.010\,626\,162\,86]^{\mathrm{T}}$。

矩阵 $\boldsymbol{A}$ 是对称、正定的，但在条件数 $\kappa_\infty(\boldsymbol{A})=13961.71$ 下是病态的。当矩阵 $\boldsymbol{A}$ 的条件数较大时，收敛速度往往很慢。于是，将方程组（6.1）转化为等价方程组

$$\widetilde{\boldsymbol{A}}\boldsymbol{y}=\widetilde{\boldsymbol{b}} \tag{6.74}$$

其中

$$\boldsymbol{y}=\boldsymbol{Cx}$$

$\widetilde{\boldsymbol{A}}$ 仍保持对称正定，且容易从方程组 $\boldsymbol{y}=\boldsymbol{Cx}$ 解得 $\boldsymbol{x}$。若 $\widetilde{\boldsymbol{A}}$ 的条件数 $\kappa(\widetilde{\boldsymbol{A}})$ 比 $\boldsymbol{A}$ 的条件数 $\kappa(\boldsymbol{A})$ 小，则用共轭斜量法解方程组（6.74）的收敛速度会比解方程组（6.1）快。上述方法就是条件预优处理的思想。

我们将矩阵 $\boldsymbol{A}$ 分解成

$$\boldsymbol{A}=\boldsymbol{Q}-\boldsymbol{R}$$

其中 $\boldsymbol{Q}$ 为对称正定矩阵，则存在对称正定矩阵 $\boldsymbol{C}$ 使得

$$\boldsymbol{Q}=\boldsymbol{CC} \tag{6.75}$$

用 $\boldsymbol{C}^{-1}$ 左乘方程组（6.1）的两端得

$$\boldsymbol{C}^{-1}\boldsymbol{Ax}=\boldsymbol{C}^{-1}\boldsymbol{b} \quad \text{或} \quad \boldsymbol{C}^{-1}\boldsymbol{AC}^{-1}\boldsymbol{Cx}=\boldsymbol{C}^{-1}\boldsymbol{b}$$

令

$$\widetilde{\boldsymbol{A}}=\boldsymbol{C}^{-1}\boldsymbol{AC}^{-1} \tag{6.76}$$

则 $\widetilde{\boldsymbol{A}}\boldsymbol{y}=\widetilde{\boldsymbol{b}}$，其中 $\boldsymbol{y}=\boldsymbol{Cx}$，$\widetilde{\boldsymbol{b}}=\boldsymbol{C}^{-1}\boldsymbol{b}$。

我们用共轭斜量法来解方程组（6.74），然后解方程组 $\boldsymbol{Cx}=\boldsymbol{y}$ 得到方程（6.1）的解。共轭斜量法求解方程组（6.74）的计算公式如下：

$$\widetilde{\boldsymbol{r}}_0=\widetilde{\boldsymbol{A}}\boldsymbol{y}_0-\boldsymbol{b},\quad \boldsymbol{p}_0=-\widetilde{\boldsymbol{r}}_0$$

对 $k=0,1,2,\cdots$

$$\alpha_k=\frac{\widetilde{\boldsymbol{r}}_k^{\mathrm{T}}\widetilde{\boldsymbol{r}}_k}{\widetilde{\boldsymbol{p}}_k^{\mathrm{T}}\widetilde{\boldsymbol{A}}\widetilde{\boldsymbol{p}}_k},\quad \boldsymbol{y}_{k+1}=\boldsymbol{y}_k+\alpha_k\widetilde{\boldsymbol{p}}_k,$$

$$\widetilde{\boldsymbol{r}}_{k+1}=\widetilde{\boldsymbol{r}}_k+\alpha_k\widetilde{\boldsymbol{A}}\widetilde{\boldsymbol{p}}_k,\quad \beta_k=\frac{\widetilde{\boldsymbol{r}}_{k+1}^{\mathrm{T}}\widetilde{\boldsymbol{r}}_{k+1}}{\widetilde{\boldsymbol{r}}_k^{\mathrm{T}}\widetilde{\boldsymbol{r}}_k},$$

$$\widetilde{p}_{k+1}=-\widetilde{r}_{k+1}+\beta_k\widetilde{p}_k$$

定义

$$\boldsymbol{p}_k=\boldsymbol{C}^{-1}\widetilde{\boldsymbol{p}}_k \tag{6.77}$$

$$\boldsymbol{r}_k=\boldsymbol{C}\widetilde{\boldsymbol{r}}_k \tag{6.78}$$

则上述计算公式可改写为

$$\boldsymbol{r}_0=\boldsymbol{A}\boldsymbol{C}^{-1}\boldsymbol{y}_0-\boldsymbol{b},\quad \boldsymbol{Q}\boldsymbol{p}_0=-\boldsymbol{r}_0 \tag{6.79}$$

对 $k=0,1,2,\cdots$

$$\begin{aligned}
\alpha_k&=\frac{\boldsymbol{r}_k^{\mathrm{T}}\boldsymbol{Q}^{-1}\boldsymbol{r}_k}{\boldsymbol{p}_k^{\mathrm{T}}\boldsymbol{A}\boldsymbol{p}_k},\\
\boldsymbol{y}_{k+1}&=\boldsymbol{y}_k+\alpha_k\boldsymbol{C}\boldsymbol{p}_k\\
\boldsymbol{r}_{k+1}&=\boldsymbol{r}_k+\alpha_k\boldsymbol{A}\boldsymbol{p}_k\\
\beta_k&=\frac{\boldsymbol{r}_{k+1}^{\mathrm{T}}\boldsymbol{Q}^{-1}\boldsymbol{r}_{k+1}}{\boldsymbol{r}_k^{\mathrm{T}}\boldsymbol{Q}^{-1}\boldsymbol{r}_k}\\
\boldsymbol{p}_{k+1}&=-\boldsymbol{Q}^{-1}\boldsymbol{r}_{k+1}+\beta_k\boldsymbol{p}_k
\end{aligned} \tag{6.80}$$

再令

$$\boldsymbol{x}_k=\boldsymbol{C}^{-1}\boldsymbol{y}_k \tag{6.81}$$

和

$$\boldsymbol{z}_k=\boldsymbol{Q}^{-1}\boldsymbol{r}_k \tag{6.82}$$

则解方程组 $\boldsymbol{C}\boldsymbol{x}=\boldsymbol{y}$ 的过程可结合在上述过程中进行，并且计算公式得到简化：

$$\boldsymbol{r}_0=\boldsymbol{A}\boldsymbol{x}_0-\boldsymbol{b},\quad \boldsymbol{z}_0=\boldsymbol{Q}^{-1}\boldsymbol{r}_0,\quad \boldsymbol{p}_0=-\boldsymbol{z}_0 \tag{6.83}$$

对 $k=0,1,2,\cdots$

$$\begin{aligned}
\alpha_k&=\frac{\boldsymbol{r}_k^{\mathrm{T}}\boldsymbol{z}_k}{\boldsymbol{p}_k^{\mathrm{T}}\boldsymbol{A}\boldsymbol{p}_k}\\
\boldsymbol{x}_{k+1}&=\boldsymbol{x}_k+\alpha_k\boldsymbol{p}_k\\
\boldsymbol{r}_{k+1}&=\boldsymbol{r}_k+\alpha_k\boldsymbol{A}\boldsymbol{p}_k\\
\boldsymbol{z}_{k+1}&=\boldsymbol{Q}^{-1}\boldsymbol{r}_{k+1}\text{（解方程组 }\boldsymbol{Q}\boldsymbol{z}_{k+1}=\boldsymbol{r}_{k+1}\text{）}\\
\beta_k&=\frac{\boldsymbol{r}_{k+1}^{\mathrm{T}}\boldsymbol{z}_{k+1}}{\boldsymbol{r}_k^{\mathrm{T}}\boldsymbol{z}_k}\\
\boldsymbol{p}_{k+1}&=-\boldsymbol{z}_{k+1}+\beta_k\boldsymbol{p}_k
\end{aligned} \tag{6.84}$$

上述方法称为条件预优共轭斜量法，对称正定矩阵 $\boldsymbol{Q}$ 称为条件预优矩阵。在条件预优共轭斜量法中，每一步迭代都要解方程组 $\boldsymbol{Q}\boldsymbol{z}_k=\boldsymbol{r}_k$，因此必须选择 $\boldsymbol{Q}$ 使得这个方程组容易求解。

另一个通用的条件预优矩阵是

$$\boldsymbol{Q}=(\boldsymbol{D}+\omega\boldsymbol{L})\boldsymbol{D}^{-1}(\boldsymbol{D}+\omega\boldsymbol{L})^{\mathrm{T}} \tag{6.85}$$

其中 $\boldsymbol{D}=\mathrm{diag}(a_{11},\ \cdots,\ a_{nn})$，$\boldsymbol{L}=\begin{bmatrix}0&0&\cdots&0&0\\a_{21}&0&\cdots&0&0\\\vdots&&&\vdots&\vdots\\a_{n1}&a_{n2}&\cdots&a_{n,n-1}&0\end{bmatrix}$。

记 $\boldsymbol{E}=\boldsymbol{D}^{\frac{1}{2}}+\omega\boldsymbol{L}\boldsymbol{D}^{-\frac{1}{2}}$，则

$$Q=EE^{\mathrm{T}} \tag{6.86}$$

令

$$\widetilde{A}=E^{-1}AE^{-\mathrm{T}} \tag{6.87}$$

则 A 为对称正定，且方程组（6.1）化为 $\widetilde{A}y=\widetilde{b}$，其中

$$y=E^{\mathrm{T}}x,\quad b=E^{-1}b$$

我们用共轭斜量法来解这个方程组，并定义

$$p_k=E^{-1}\widetilde{p}_k \tag{6.88}$$

$$r_k=E\widetilde{r}_k \tag{6.89}$$

则式(6.79）和式(6.80）成立，只需等式 $y_{k+1}=y_k+a_kCp_k$ 中 C 换成 E^{T}。再令

$$x_k=E^{-\mathrm{T}}y_k \tag{6.90}$$

$$z_k=Q^{-1}r_k \tag{6.91}$$

则式(6.83）和式(6.84）仍然成立。

习　题　6

1. 设方程组

$$\begin{cases}5x_1+2x_2+x_3=-12\\-x_1+4x_2+2x_3=20\\2x_1-3x_2+10x_3=3\end{cases}$$

（1）考查用 Jacobi 迭代法、Gauss-Seidel 迭代法解此方程组的收敛性；

（2）用 Jacobi 迭代法及 Gauss-Seidel 迭代法解此方程组，要求 $\|x^{(k+1)}-x^{(k)}\|_\infty<10^{-4}$ 时迭代终止。

2. 设方程组

（1）$\begin{cases}x_1+0.4x_2+0.4x_3=1\\0.4x_1+x_2+0.8x_3=2\\0.4x_1+0.8x_2+x_3=3\end{cases}$　（2）$\begin{cases}x_1+2x_2-2x_3=1\\x_1+x_2+x_3=1\\2x_1+2x_2+x_3=1\end{cases}$

试考查解此方程组的 Jacobi 迭代法及 Gauss-Seidel 迭代法的收敛性。

3. 设 $Ax=b$，其中 A 对称正定，问解此方程组的迭代法是否一定收敛？试考查习题 2（1）方程组。

4. 用 SOR 方法解方程组（分别取松弛因子 $\omega=1.03$，$\omega=1$，$\omega=1.1$）

$$\begin{cases}4x_1-x_2=1\\-x_1+4x_2-x_3=4\\-x_2-4x_3=-3\end{cases}$$

精确解 $x^*=\left[\frac{1}{2},1,-\frac{1}{2}\right]^{\mathrm{T}}$。要求当 $\|x^*-x^{(k)}\|_\infty<5\times10^{-6}$ 时迭代终止，并且对每一个 ω 值确定迭代次数。

5. 用 SOR 方法解方程组（取 $\omega=0.9$）

$$\begin{cases}5x_1+2x_2+x_3=-12\\-x_1+4x_2+2x_3=20\\2x_1-3x_2+10x_3=3\end{cases}$$

要求当 $\|\boldsymbol{x}^{(k+1)}-\boldsymbol{x}^{(k)}\|_\infty<10^{-4}$ 时迭代终止。

6. 设 $\boldsymbol{A}$ 对角占优，并设 $\boldsymbol{Q}$ 如 Gauss-Seidel 法中那样是 $\boldsymbol{A}$ 的下三角部分，证明 $\rho(\boldsymbol{I}-\boldsymbol{Q}^{-1}\boldsymbol{A})$ 不大于下列比值中最大的值：

$$r_i=\left\{\sum_{j=i+1}^{m}|a_{ij}|\right\}\Big/\left\{|a_{ij}|-\sum_{j=1}^{i-1}|a_{ij}|\right\}$$

7. 当

$$\boldsymbol{A}=\begin{bmatrix}2&-1&&&\\-1&2&-1&&\\&\ddots&\ddots&\ddots&\\&&-1&2&-1\\&&&-1&2\end{bmatrix}$$

时，求 Gauss-Seidel 法中迭代矩阵 $\boldsymbol{I}-\boldsymbol{Q}^{-1}\boldsymbol{A}$ 的显式形式。

8. 线性方程组

$$\begin{aligned}2x_1-x_2+x_3&=-1\\2x_1+2x_2+3x_3&=3\\-x_1-x_2+2x_3&=-5\end{aligned}$$

有解 $[1,2,-1]^{\mathrm{T}}$。

(1) 证明 $x^{(0)}=0$ 的 Jacobi 方法在 25 次迭代后不能得到一个好的近似解；

(2) 取 $x^{(0)}=0$ 的 Gauss-Seidel 方法近似求解线性方程组，误差按 l_∞ 范数不超过 10^{-5}。

9. 线性方程组

$$\begin{aligned}x_1+2x_2-2x_3&=7\\x_1+x_2+x_3&=2\\2x_1+2x_2+x_3&=5\end{aligned}$$

有解 $[1,2,-1]^{\mathrm{T}}$。

(1) 证明 $x^{(0)}=0$ 的 Jacobi 方法对线性方程组求近似解，误差按 l_∞ 范数不超过 10^{-5}；

(2) 证明分题 (1) 中用 Gauss-Seidel 方法在 25 次迭代后不能得到一个好的近似解。

10. 利用下列方法求解下面的方程组，初始为 $x^{(0)}=0$。

$$\begin{bmatrix}10&1&2&3&4\\1&9&-1&2&-3\\2&-1&7&3&-5\\3&2&3&12&-1\\4&-3&-5&-1&15\end{bmatrix}\begin{bmatrix}x_1\\x_2\\x_3\\x_4\\x_5\end{bmatrix}=\begin{bmatrix}12\\-27\\14\\-17\\12\end{bmatrix}$$

(1) Jacobi 法；

(2) Gauss-Seidel 法；

(3) 共轭斜量法。

11. 线性方程组

$$\begin{cases}x_1+\frac{1}{2}x_2+\frac{1}{3}x_3=\frac{5}{6}\\ \frac{1}{2}x_1+\frac{1}{3}x_2+\frac{1}{4}x_3=\frac{5}{12}\\ \frac{1}{3}x_1+\frac{1}{4}x_2+\frac{1}{5}x_3=\frac{17}{60}\end{cases}$$

有解$[1,-1,1]^T$。

(1) 用3位舍入运算的Gauss-Seidel求解线性方程组；

(2) 用3位舍入运算的共轭斜量法求解线性方程组。

12. 对下列各线性方程组只执行两步$\boldsymbol{C}=\boldsymbol{C}^{-1}=\boldsymbol{I}$的共轭斜量法。

(1) $\begin{cases}3x_1-x_2+x_3=1\\ -x_1+6x_2+2x_3=0\\ x_1+2x_2+7x_3=4\end{cases}$　　(2) $\begin{cases}10x_1-x_2=9\\ -x_1+10x_2-2x_3=7\\ -2x_2+10x_3=6\end{cases}$

13. 证明：非零的$\boldsymbol{A}$共轭向量组必为线性无关向量组。

14. 设$\boldsymbol{A}$为n阶实对称正定矩阵，$\boldsymbol{p}_1$，$\boldsymbol{p}_2$，…，$\boldsymbol{p}_n$为非零的$\boldsymbol{A}$共轭向量组，证明

$$\boldsymbol{A}^{-1}=\sum_{k=1}^{n}\boldsymbol{p}_k\boldsymbol{p}_k^T/\boldsymbol{p}_k^T\boldsymbol{A}\boldsymbol{p}_k$$

15. 试用共轭斜量法解下列方程组（取初始近似$\boldsymbol{x}_0=[0,0,0]^T$）。

(1) $\begin{bmatrix}3&1&1\\1&3&-1\\1&-1&3\end{bmatrix}\begin{bmatrix}x_1\\x_2\\x_3\end{bmatrix}=\begin{bmatrix}-1\\1\\1\end{bmatrix}$

(2) $\begin{bmatrix}2&-1&-1\\-1&2&1\\-1&1&2\end{bmatrix}\begin{bmatrix}x_1\\x_2\\x_3\end{bmatrix}=\begin{bmatrix}2\\0\\-2\end{bmatrix}$

16. 证明在共轭斜量法中，系数α_k、β_k可分别表示成

$$\alpha_k=\frac{\boldsymbol{r}_k^T\boldsymbol{r}_k}{\boldsymbol{p}_k^T\boldsymbol{A}\boldsymbol{p}_k},\quad \beta_k=\frac{\boldsymbol{r}_{k+1}^T\boldsymbol{r}_{k+1}}{\boldsymbol{r}_k^T\boldsymbol{r}_k}$$

17. 给定对称正定方程组$\boldsymbol{A}\boldsymbol{x}=\boldsymbol{b}$，其中

$$\boldsymbol{A}=\begin{bmatrix}1.001&1.000\\1.000&1.000\end{bmatrix},\quad \boldsymbol{b}=\begin{bmatrix}2.001\\2.000\end{bmatrix}$$

方程组的准确解为$\boldsymbol{x}^*=[1,1]^T$。试计算$\mathrm{cond}(\boldsymbol{A})_\infty=\|\boldsymbol{A}\|_\infty\|\boldsymbol{A}^{-1}\|_\infty$以及近似解$\boldsymbol{x}_1=[0,2]^T$，$\boldsymbol{x}_2=[1.0,1.1]^T$的剩余向量$\boldsymbol{r}(x_1)$和$\boldsymbol{r}(x_2)$。

第7章

数值微分与数值积分

计算函数 $f(x)$ 的导数和积分的问题在高等数学中已经被详细地讨论了，然而在实际科学与工程计算中，大多数情况下 $f(x)$ 的原函数不易被求出，或者 $f(x)$ 的值是通过列表给出的。在这些情况下，求导与积分公式都无法使用，此时，必须借助于数值微分与数值积分的手段。

众所周知，给定任意一个定义在闭区间上的函数，存在一个在此闭区间上的每一点与这个函数任意接近的多项式，因此，对于任意一组数据可以用代数多项式来逼近。另外，多项式的导数和积分是容易得到和求值的。因而，求积分和导数的近似值的大部分方法都可以使用逼近函数的多项式。

7.1 数值微分

数值微分就是用函数值的线性组合近似函数在某点的导数值。

函数 $f(x)$ 在 x_0 点处的导数定义为

$$f'(x_0)=\lim_{h\to 0}\frac{f(x_0+h)-f(x_0)}{h}$$

这个公式给出了得到 $f'(x)$ 的近似值的一个显而易见的方法，即对于较小的 h 值，计算

$$\frac{f(x_0+h)-f(x_0)}{h}$$

但是由于舍入误差这个老问题，这个方法并不是很成功。

为了求 $f'(x_0)$ 的近似值，首先假设 $x_0\in(a,b)$，这里 $f\in C^2(a,b)$，又假设 $x_1=x_0+h$ 对某充分小的 $h\neq 0$ 以保证 $x_1\in[a,b]$。对于 f 构造由 x_0 和 x_1 确定的一次 Lagrange 多项式 $P_1(x)$。

$$\begin{aligned}f(x)&=P_1(x)+\frac{(x-x_0)(x-x_1)}{2!}f''[\xi(x)]\\&=\frac{f(x_0)(x-x_0-h)}{-h}+\frac{f(x_0+h)(x-x_0)}{h}+\frac{(x-x_0)(x-x_0-h)}{2}f''[\xi(x)]\end{aligned}$$

其中 $\xi(x)$ 在 $[a,b]$ 内。对上式求导得到

$$\begin{aligned}f'(x)&=\frac{f(x_0+h)-f(x_0)}{h}+D_x\left\{\frac{(x-x_0)(x-x_0-h)}{2}f''[\xi(x)]\right\}\\&=\frac{f(x_0+h)-f(x_0)}{h}+\frac{2(x-x_0)-h}{2}f''[\xi(x)]+\end{aligned}$$

$$\frac{(x-x_0)(x-x_0-h)}{2}D_x\{f''[\xi(x)]\}$$

从而，有

$$f'(x)\approx\frac{f(x_0+h)-f(x_0)}{h}$$

这个公式的一个困难是没有关于 $D_xf''[\xi(x)]$ 的任何信息，所以不能估计截断误差。可是，当 x 为 x_0 时，$D_xf''[\xi(x)]$ 的系数是 0，公式化简为

$$f'(x_0)=\frac{f(x_0+h)-f(x_0)}{h}-\frac{h}{2}f''(\xi) \tag{7.1}$$

对于小的 h 值，差商 $[f(x_0+h)-f(x_0)]/h$ 可用于求 $f'(x_0)$ 的近似值，其误差以 $M|h|/2$ 为界，其中 M 是 $|f''(x)|$ 对 $x\in[a,b]$ 的一个界。如果 $h>0$，这个公式称为向前差分公式（见图 7.1）；如果 $h<0$，这个公式称为向后差分公式。

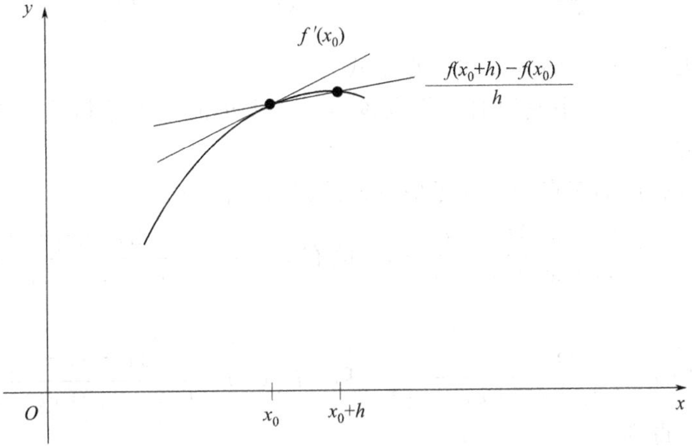

图 7.1 向前差分逼近一阶导数示意图

【例 7.1】 设 $f(x)=\ln x$，$x_0=1.8$。向前差分公式

$$\frac{f(1.8+h)-f(1.8)}{h}$$

用于求 $f'(1.8)$ 的近似值，其误差为

$$\frac{|hf''(\xi)|}{2}=\frac{|h|}{2\xi^2}\leqslant\frac{|h|}{2\times1.8^2},\quad 1.8<\xi<1.8+h$$

表 7.1 列出了当 $h=0.1$，0.01 和 0.001 时的结果。

表 7.1 向前差分计算结果

h	$f(1.8+h)$	$\frac{f(1.8+h)-f(1.8)}{h}$	$\frac{\lvert h\rvert}{2\times1.8^2}$
0.1	0.641 853 89	0.540 672 2	0.015 432 1
0.01	0.593 326 85	0.554 018 0	0.001 543 2
0.001	0.588 342 07	0.555 401 3	0.000 154 3

因为 $f'(x)=1/x$，所以 $f'(1.8)$ 的精确值是 0.555…。误差界与真正的逼近误差相当接近。

为得到一般的导数近似公式，假设 $\{x_0,x_1,\cdots,x_n\}$ 是某区间 I 内的 $(n+1)$ 个不同

的点，且 $f\in C^{n+1}(I)$，有

$$f(x)=\sum_{i=0}^{n} f(x_k)L_k(x)+\frac{(x-x_0)\cdots(x-x_n)}{(n+1)!}f^{(n+1)}[\xi(x)]$$

这里 $\xi(x)$ 在 $\boldsymbol{I}$ 内，$L_k(x)$ 表示 f 在 $x_0,x_1,\cdots,x_n$ 的 k 次 Lagrange 系数多项式。对这个表达式求导得到

$$f'(x)=\sum_{k=0}^{n} f(x_k)L_k'(x)+D_x\left[\frac{(x-x_0)\cdots(x-x_n)}{(n+1)!}\right]f^{(n+1)}[\xi(x)]+$$
$$\frac{(x-x_0)\cdots(x-x_n)}{(n+1)!}D_x\{f^{(n+1)}[\xi(x)]\}$$

再次遇到估计截断误差的问题，除非 x 是数 x_j 中的某一个。当 x 为某个 x_j 时，与 $D_x\{f^{(n+1)}[\xi(x)]\}$ 相乘的项为 0，公式变为

$$f'(x_j)=\sum_{k=0}^{n} f(x_k)L_k'(x_j)+\frac{f^{(n+1)}[\xi(x_j)]}{(n+1)!}\prod_{\substack{k=0\\k\neq j}}^{n}(x_j-x_k) \tag{7.2}$$

这个公式称为逼近 $f'(x_j)$ 的 $(n+1)$ 点公式。

一般地，在式（7.2）中使用的求值点越多，产生出的结果越精确。最普通的公式为 3 个和 5 个求值点的公式。

首先导出一些有用的三点公式并考虑它们的误差。由于

$$L_0(x)=\frac{(x-x_1)(x-x_2)}{(x_0-x_1)(x_0-x_2)},\quad 故有\ L_0'(x)=\frac{2x-x_1-x_2}{(x_0-x_1)(x_0-x_2)}$$

同样地，有

$$L_1'(x)=\frac{2x-x_0-x_2}{(x_1-x_0)(x_1-x_2)}\quad 和\quad L_2'(x)=\frac{2x-x_0-x_1}{(x_2-x_0)(x_2-x_1)}$$

因而，从式(7.2）得到

$$f'(x_j)=f(x_0)\left[\frac{2x_j-x_1-x_2}{(x_0-x_1)(x_0-x_2)}\right]+f(x_1)\left[\frac{2x_j-x_0-x_2}{(x_1-x_0)(x_1-x_2)}\right]+$$
$$f(x_2)\left[\frac{2x_j-x_0-x_1}{(x_2-x_0)(x_2-x_1)}\right]+\frac{1}{6}f^{(3)}(\xi_j)\prod_{\substack{k=0\\k\neq j}}^{2}(x_j-x_k) \tag{7.3}$$

对 $j=0,1,2$ 成立，其中记号 ξ_j 表示这个点依赖于 x_j。

如果节点是等距的，即当 $x_1=x_0+h$ 和 $x_2=x_0+2h$（对某个 $h\neq 0$）时，式(7.3）的三个公式将特别有用。在本节的剩余部分，我们假定节点都是等距的。

使用式(7.3）并取 $x_j=x_0$，$x_1=x_0+h$ 和 $x_2=x_0+2h$，得到

$$f'(x_0)=\frac{1}{h}\left[-\frac{3}{2}f(x_0)+2f(x_1)-\frac{1}{2}f(x_2)\right]+\frac{h^2}{3}f^{(3)}(\xi_0)$$

同样对 $x_j=x_1$，得到

$$f'(x_1)=\frac{1}{h}\left[-\frac{1}{2}f(x_0)+\frac{1}{2}f(x_2)\right]-\frac{h^2}{6}f^{(3)}(\xi_1)$$

对 $x_j=x_2$，得到

$$f'(x_2)=\frac{1}{h}\left[\frac{1}{2}f(x_0)-2f(x_1)+\frac{3}{2}f(x_2)\right]+\frac{h^2}{3}f^{(3)}(\xi_2)$$

因为 $x_1=x_0+h$ 和 $x_2=x_0+2h$，所以这些公式也可以表示为

$$f'(x_0)=\frac{1}{h}\left[-\frac{3}{2}f(x_0)+2f(x_0+h)-\frac{1}{2}(x_0+2h)\right]+\frac{h^2}{3}f^{(3)}(\xi_0)$$

$$f'(x_0+h)=\frac{1}{h}\left[-\frac{1}{2}f(x_0)+\frac{1}{2}f(x_0+2h)\right]-\frac{h^2}{6}f^{(3)}(\xi_1)$$

$$f'(x_0+2h)=\frac{1}{h}\left[\frac{1}{2}f(x_0)-2f(x_0+h)+\frac{2}{3}f(x_0+2h)\right]+\frac{h^2}{3}f^{(3)}(\xi_2)$$

为方便起见，在中间的方程中将 x_0+h 替换为 x_0，在最后的方程中，将 x_0+2h 替换为 x_0，由此得到逼近 $f'(x_0)$ 的三个公式：

$$f'(x_0)=\frac{1}{h}\left[-\frac{3}{2}f(x_0)+2f(x_0+h)-\frac{1}{2}f(x_0+2h)\right]+\frac{h^2}{3}f^{(3)}(\xi_0)$$

$$f'(x_0)=\frac{1}{2h}\left[-f(x_0-h)+f(x_0+h)\right]-\frac{h^2}{6}f^{(3)}(\xi_1)$$

$$f'(x_0)=\frac{1}{2h}\left[f(x_0-2h)-4f(x_0-h)+3f(x_0)\right]+\frac{h^2}{3}f^{(3)}(\xi_2)$$

最后，注意到因为由上面的第一个方程用 $-h$ 代替 h 可以得到最后一个方程，所以实际上仅有两个公式：

$$f'(x_0)=\frac{1}{2h}\left[-3f(x_0)+4f(x_0+h)-f(x_0+2h)\right]+\frac{h^2}{3}f^{(3)}(\xi_0) \tag{7.4}$$

其中，ξ_0 位于 x_0 和 x_0+2h 之间，和

$$f'(x_0)=\frac{1}{2h}\left[f(x_0+h)-f(x_0-h)\right]-\frac{h^2}{6}f^{(3)}(\xi_1) \tag{7.5}$$

其中，ξ_1 位于 x_0-h 和 x_0+h 之间。

虽然公式(7.4) 和式(7.5) 中的误差都为 $O(h^2)$，但是式(7.5) 的误差大约是式(7.4) 中误差的一半。这是因为式(7.5) 使用了在点 x_0 两侧的数据，而式(7.4) 仅使用了在点 x_0 一侧的数据。也可以注意到在式(7.5) 中，f 仅需在两个点求值，而在式(7.4) 中，需要在三个点求值。图 7.2 展示了由式(7.5) 所产生的近似。此外，由于区间外面关于 f 的信息可能是无法得到的，因此由式(7.4) 给出的近似值在区间的端点附近是有用的。

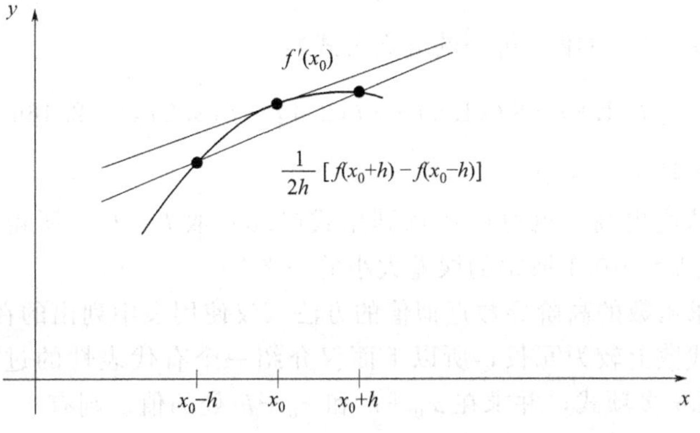

图 7.2　三点公式逼近一阶导数

式(7.4) 和式(7.5) 所示的方法称为三点公式 [尽管在式(7.5) 中第 3 个点 $f(x_0)$ 没有出现]，图 7.2 为三点公式逼近一阶导数。类似地，有五点公式，它们涉及求函数在另外两个点的值，其误差项是 $O(h^4)$。一个五点公式是

$$f'(x_0)=\frac{1}{12h}[f(x_0-2h)-8f(x_0-h)+8f(x_0+h)-f(x_0+2h)]+\frac{h^4}{30}f^{(5)}(\xi) \tag{7.6}$$

其中，ξ 位于 x_0-2h 和 x_0+2h 之间。另一个五点公式对于端点逼近是有用的，这个公式是

$$f'(x_0)=\frac{1}{12h}[-25f(x_0)+48f(x_0+h)-36f(x_0+2h)+16f(x_0+3h)-3f(x_0+4h)]+\frac{h^4}{5}f^{(5)}(\xi) \tag{7.7}$$

其中，ξ 位于 x_0 和 x_0+4h 之间。左端点逼近使用这个公式且取 $h>0$，右端点逼近取$h<0$。

【例 7.2】 $f(x)=xe^x$ 的值在表 7.2 中。

表 7.2 $f(x)=xe^x$ 精确值

x	$f(x)$	x	$f(x)$
1.8	10.889 365	2.1	17.148 957
1.9	12.703 199	2.2	19.855 030
2.0	14.778 112		

因为 $f'(x)=(x+1)e^x$，所以有 $f'(2.0)=22.167\ 168$，使用不同的三点和五点公式逼近 $f'(2.0)$ 所得出的结果如下。

(1) 三点公式

用式(7.4) 取 $h=0.1$，得到$\frac{1}{0.2}\times[-3f(2.0)+4f(2.1)-f(2.2)]=22.032\ 310$。

用式(7.4) 取 $h=-0.1$，得到$\frac{1}{-0.2}\times[-3f(2.0)+4f(1.9)-f(1.8)]=22.054\ 525$。

用式(7.5) 取 $h=0.1$，得到$\frac{1}{0.2}\times[f(2.1)-f(1.9)]=22.228\ 790$。

用式(7.5) 取 $h=0.2$，得到$\frac{1}{0.4}\times[f(2.2)-f(1.8)]=22.414\ 163$。

公式中的误差分别大约是

$$1.35\times10^{-1},\quad 1.13\times10^{-1},\quad -6.16\times10^{-2},\quad -2.47\times10^{-1}$$

(2) 五点公式

用式(7.6) 取 $h=0.1$（唯一可用的五点公式）：

$$\frac{1}{1.2}\times[f(1.8)-8f(1.9)+8f(2.1)-f(2.2)]=22.166\ 996$$

这个公式的误差大约是 1.69×10^{-4}。

显然五点公式精度更高。也可以注意到用式(7.5) 取 $h=0.1$ 所得的误差大约是用式(7.4) 取 $h=0.1$ 或 $h=-0.1$ 所得的误差大小的一半。

还可以推导出求函数的高阶导数近似值的方法（仅使用表中列出的在不同点的函数值）。可是，推导过程在代数上较为冗长，所以下面仅介绍一个有代表性的过程。将函数 f 在点 x_0 展开为三阶 Taylor 多项式，并求在 x_0+h 和 x_0-h 处的值。则有

$$f(x_0+h)=f(x_0)+f'(x_0)h+\frac{1}{2}f''(x_0)h^2+\frac{1}{6}f'''(x_0)h^3+\frac{1}{24}f^{(4)}(\xi_1)h^4$$

和

$$f(x_0-h)=f(x_0)-f'(x_0)h+\frac{1}{2}f''(x_0)h^2-\frac{1}{6}f'''(x_0)h^3+\frac{1}{24}f^{(4)}(\xi_{-1})h^4$$

其中，$x_0-h<\xi_{-1}<x_0<\xi_1<x_0+h$。

如果将这两个方程相加，则关于 $f'(x_0)$ 的项可以消掉，得到

$$f(x_0+h)+f(x_0-h)=2f(x_0)+f''(x_0)h^2+\frac{1}{24}[f^{(4)}(\xi_1)+f^{(4)}(\xi_{-1})]h^4$$

从这个方程解出 $f''(x_0)$，得

$$f''(x_0)=\frac{1}{h^2}[f(x_0-h)-2f(x_0)+f(x_0+h)]-\frac{h^2}{24}[f^{(4)}(\xi_1)+f^{(4)}(\xi_{-1})] \quad (7.8)$$

假设 $f^{(4)}$ 在 $[x_0-h, x_0+h]$ 上连续。因为 $\frac{1}{2}[f^{(4)}(\xi_1)+f^{(4)}(\xi_{-1})]$ 是在 $f^{(4)}(\xi_1)$ 和 $f^{(4)}(\xi_{-1})$ 之间，所以由介值定理可知存在一点 ξ 在 ξ_1 和 ξ_{-1} 之间，从而在 (x_0-h, x_0+h) 内，使得

$$f^{(4)}(\xi)=\frac{1}{2}[f^{(4)}(\xi_1)+f^{(4)}(\xi_{-1})]$$

由此，式(7.8) 可以重写为（对于某个 ξ）

$$f''(x_0)=\frac{1}{h^2}[f(x_0-h)-2f(x_0)+f(x_0+h)]-\frac{h^2}{12}f^{(4)}(\xi) \quad (7.9)$$

其中，$x_0-h<\xi<x_0+h$。

【例 7.3】 对于 $f(x)=xe^x$ 和例 7.2 中给出的数据，可以使用式(7.9) 求 $f''(2.0)$ 的近似值。因为 $f''(x)=(x+2)e^x$，所以准确值为 $f''(2,0)=29.556\,224$，用式(7.9) 并取 $h=0.1$ 得

$$f''(2.0)\approx\frac{1}{0.01}\times[f(1.9)-2f(2.0)+f(2.1)]=29.593\,200$$

用式(7.9) 取 $h=0.2$ 得

$$f''(2.0)\approx\frac{1}{0.04}\times[f(1.8)-2f(2.0)+f(2.2)]=29.704\,275$$

误差大约分别是 -3.70×10^{-2} 和 -1.48×10^{-1}。

在数值微分中的一个特别重要的问题是舍入误差在近似过程中的影响。进一步考虑式(7.5)：

$$f'(x_0)=\frac{1}{2h}[f(x_0+h)-f(x_0-h)]-\frac{h^2}{6}f^{(3)}(\xi_1)$$

假设在求 $f(x_0+h)$ 和 $f(x_0-h)$ 的值时，遇到了舍入误差 $e(x_0+h)$ 和 $e(x_0-h)$。则计算出的值 $\tilde{f}(x_0+h)$ 和 $\tilde{f}(x_0-h)$ 与实际值 $f(x_0+h)$ 和 $f(x_0-h)$ 的关系由下面的公式表示：

$$f(x_0+h)=\tilde{f}(x_0+h)+e(x_0+h)$$

和

$$f(x_0-h)=\tilde{f}(x_0-h)+e(x_0-h)$$

则近似的总误差包括舍入误差和截断误差，即

$$f'(x_0)-\frac{\tilde{f}(x_0+h)-\tilde{f}(x_0-h)}{2h}=\frac{e(x_0+h)-e(x_0-h)}{2h}-\frac{h^2}{6}f^{(3)}(\xi_1)$$

如果假设舍入误差 $e(x_0\pm h)$ 以某个数 $\varepsilon>0$ 为界，又假设 f 的三阶导数以数 $M>0$ 为界，则有

$$\left|f'(x_0)-\frac{\tilde{f}(x_0+h)-\tilde{f}(x_0-h)}{2h}\right|\leqslant\frac{\varepsilon}{h}+\frac{h^2}{6}M$$

为了减小截断误差 $h^2M/6$，必须减小 h，但是当 h 减小时，舍入误差 ε/h 增大。在实际计算中，由于舍入误差的影响，让 h 太小是非常不利的。

【例 7.4】 考虑使用表 7.3 中的值逼近 $f'(0.900)$，这里 $f(x)=\sin x$。准确值是 $\cos(0.900)=0.621\ 61$。

表 7.3 $f(x)=\sin x$

x	$\sin x$	x	$\sin x$
0.800	0.717 36	0.901	0.783 95
0.850	0.751 28	0.902	0.784 57
0.880	0.770 74	0.905	0.786 43
0.890	0.777 07	0.910	0.789 50
0.895	0.780 21	0.920	0.795 60
0.898	0.782 08	0.950	0.813 42
0.899	0.782 70	1.000	0.841 47

对于不同的 h 值，使用公式

$$f'(0.900)\approx\frac{f(0.900+h)-f(0.900-h)}{2h}$$

得到表 7.4 中的近似值。

表 7.4 计算结果

h	$f'(0.900)$的近似值	误差
0.001	0.625 00	0.003 39
0.002	0.622 50	0.000 89
0.005	0.622 00	0.000 39
0.010	0.621 50	−0.000 11
0.020	0.621 50	−0.000 11
0.050	0.621 40	−0.000 21
0.100	0.620 55	−0.001 06

对 h 的最优选取似乎位于 0.005 和 0.05 之间。如果对误差项

$$e(h)=\frac{\varepsilon}{h}+\frac{h^2}{6}M$$

进行分析，则可以用微积分来验证 e 的极小值发生在 $h=\sqrt[3]{3\varepsilon/M}$，其中

$$M=\max_{x\in[0.800,1.00]}|f'''(x)|=\max_{x\in[0.800,1.00]}|\cos x|=\cos 0.8\approx 0.696\ 71$$

因为所给的 f 值精确到小数点后 5 位，所以可以假设舍入误差以 $\varepsilon=0.000\ 005$ 为界。因而，h 的最优选择为

$$h=\sqrt[3]{\frac{3\times 0.000\ 005}{0.696\ 71}}\approx 0.028$$

这与表 7.4 中的结果一致。

实际上，由于函数的三阶导数是未知的，在导数的近似计算中无法计算出所用的最优 h 值。但是必须清楚的是减小步长并不总是改进近似计算。

上面仅考虑了三点公式(7.5) 所表现的舍入误差问题，类似的问题存在于所有的数值微分公式中。产生问题的原因在于需要用 h 的幂相除。用小的数据相除往往会使得使舍入误差增大，应尽可能避免这种操作。然而在数值微分的情况下，完全避免这个问题是不可能的。

同时我们应该注意到，作为一种近似方法，数值微分是不稳定的，因为减小截断误差所需的小的 h 值使得舍入误差增大。另外，除了用于计算目的外，求常微分方程和偏微分方程的近似解常需要这些公式。

7.2　数值积分基础

对于没有显式原函数或原函数不容易得到的函数，经常需要求它的定积分。求 $\int_a^b f(x)\mathrm{d}x$ 的近似值的基本方法称作数值求积。它使用和式

$$\sum_{i=0}^{n} a_i f(x_i)$$

求 $\int_a^b f(x)\mathrm{d}x$ 的近似值。

本节中的求积方法是以前面给出的插值多项式为基础。首先从区间 $[a,b]$ 选取一组不同的节点 $\{x_0,\cdots,x_n\}$。然后，对 Lagrange 插值多项式

$$P_n(x)=\sum_{i=0}^{n} f(x_i)L_i(x)$$

和它的截断误差项在 $[a,b]$ 上积分，得

$$\begin{aligned}\int_a^b f(x)\mathrm{d}x &= \int_a^b \sum_{i=0}^{n} f(x_i)L_i(x)\mathrm{d}x + \int_a^b \prod_{i=0}^{n}(x-x_i)\frac{f^{(n+1)}[\xi(x)]}{(n+1)!}\mathrm{d}x \\ &= \sum_{i=0}^{n} a_i f(x_i) + \frac{1}{(n+1)!}\int_a^b \prod_{i=0}^{n}(x-x_i)f^{(n+1)}[\xi(x)]\mathrm{d}x\end{aligned}$$

其中 $\xi(x)$ 位于 $[a,b]$ 内（对每一个 x），及

$$a_i=\int_a^b L_i(x)\mathrm{d}x,\quad i=0,1,\cdots,n$$

因而，求积公式是

$$\int_a^b f(x)\mathrm{d}x \approx \sum_{i=0}^{n} a_i f(x_i)$$

误差项为

$$E(f)=\frac{1}{(n+1)!}\int_a^b \prod_{i=0}^{n}(x-x_i)f^{(n+1)}[\xi(x)]\mathrm{d}x$$

在讨论求积公式的一般情况之前，先考虑用等距节点的一次和二次 Lagrange 多项式所产生的公式。这就给出一般的梯形法则和 Simpson 法则。

为推导求 $\int_a^b f(x)\mathrm{d}x$ 的近似值的梯形法则，令 $x_0=a$，$x_1=b$，$h=b-a$，并使用线性 Lagrange 多项式

$$P_1(x)=\frac{(x-x_1)}{(x_0-x_1)}f(x_0)+\frac{(x-x_0)}{(x_1-x_0)}f(x_1)$$

则

$$\begin{aligned}\int_a^b f(x)\mathrm{d}x &= \int_{x_0}^{x_1}\left[\frac{(x-x_1)}{(x_0-x_1)}f(x_0)+\frac{(x-x_0)}{(x_1-x_0)}f(x_1)\right]\mathrm{d}x + \\ &\quad \frac{1}{2}\int_{x_0}^{x_1} f''[\xi(x)](x-x_0)(x-x_1)\mathrm{d}x \qquad (7.10)\end{aligned}$$

因为 $(x-x_0)(x-x_1)$ 在 $[x_0,x_1]$ 上不变号，所以将加权的积分中值定理应用到误差项可得，对 (x_0,x_1) 内的某个 ξ 有

$$\int_{x_0}^{x_1} f''[\xi(x)](x-x_0)(x-x_1)\mathrm{d}x = f''(\xi)\int_{x_0}^{x_1}(x-x_0)(x-x_1)\mathrm{d}x$$
$$= f''(\xi)\left[\frac{x^3}{3}-\frac{(x_1+x_0)}{2}x^2+x_0x_1x\right]_{x_0}^{x_1}$$
$$= -\frac{h^3}{6}f''(\xi)$$

从而，式(7.10) 变为

$$\int_a^b f(x)\mathrm{d}x = \left[\frac{(x-x_1)^2}{2(x_0-x_1)}f(x_0)+\frac{(x-x_0)^2}{2(x_1-x_0)}f(x_1)\right]_{x_0}^{x_1}-\frac{h^3}{12}f''(\xi)$$
$$= \frac{(x_1-x_0)}{2}[f(x_0)+f(x_1)]-\frac{h^3}{12}f''(\xi)$$

因为 $h=x_1-x_0$，所以有下面的法则：

梯形法则：

$$\int_a^b f(x)\mathrm{d}x = \frac{h}{2}[f(x_0)+f(x_1)]-\frac{h^3}{12}f''(\xi)$$

这个公式称为梯形法则，因为当 f 是一个值为正的函数时，$\int_a^b f(x)\mathrm{d}x$ 由梯形的面积来近似代替，如图 7.3 所示。

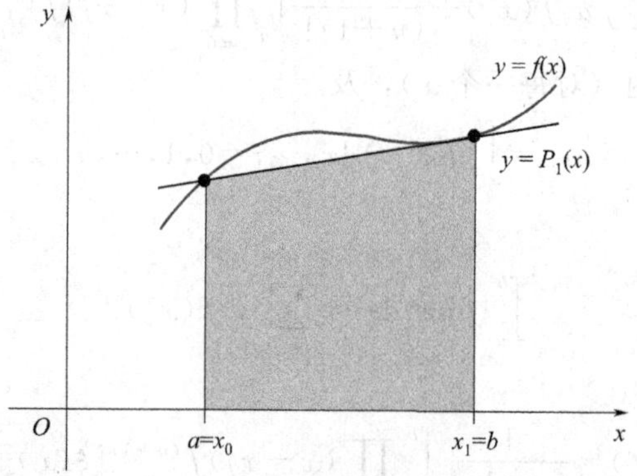

图 7.3 梯形法则示意图

因为梯形法则的误差项包含 f''，所以当对二阶导数值恒为零的任何函数（即任何一次或小于一次的多项式）应用这个法则时，它能够给出准确的结果。

在 $[a,b]$ 上对具有节点 $x_0=a$，$x_2=b$ 和 $x_1=a+h$ [这里 $h=(b-a)/2$] 的二次 Lagrange 多项式积分，就得到 Simpson 法则（见图 7.4）。

因而，有

$$\int_a^b f(x)\mathrm{d}x = \int_{x_0}^{x_2}\left[\frac{(x-x_1)(x-x_2)}{(x_0-x_1)(x_0-x_2)}f(x_0)+\frac{(x-x_0)(x-x_2)}{(x_1-x_0)(x_1-x_2)}f(x_1)\right.$$
$$\left.+\frac{(x-x_0)(x-x_1)}{(x_2-x_0)(x_2-x_1)}f(x_2)\right]\mathrm{d}x+\int_{x_0}^{x_2}\frac{(x-x_0)(x-x_1)(x-x_2)}{6}f^{(3)}[\xi(x)]\mathrm{d}x$$

但是，用这种方式推导 Simpson 法则仅能得到包含 $f^{(3)}$ 的 $O(h^4)$ 误差项。用另一种方式处理这个问题，可导出包含 $f^{(4)}$ 的较高阶的项。

为了说明这个替换公式，假设 f 在点 x_1 展开为三阶 Taylor 多项式，则对于 $[x_0,x_2]$ 内的每个 x，在 (x_0,x_2) 内存在一点 $\xi(x)$ 使得

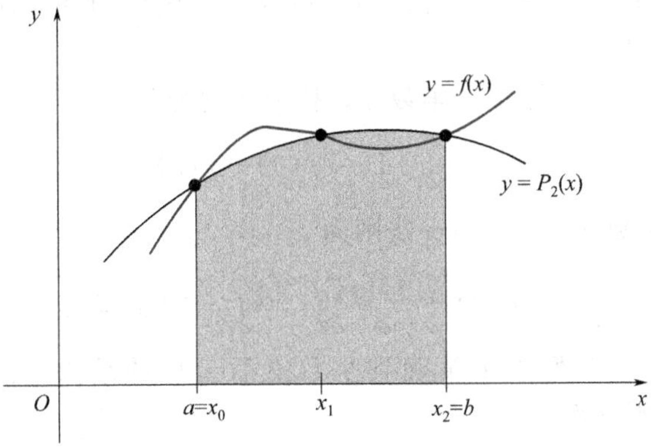

图 7.4　Simpson 法则示意图

$$f(x)=f(x_1)+f'(x_1)(x-x_1)+\frac{f''(x_1)}{2}(x-x_1)^2+\frac{f'''(x_1)}{6}(x-x_1)^3+\frac{f^{(4)}[\xi(x)]}{24}(x-x_1)^4$$

和

$$\int_{x_0}^{x_2} f(x)\mathrm{d}x=\left[f(x_1)(x-x_0)+\frac{f'(x_1)}{2}(x-x_1)^2+\frac{f''(x_1)}{6}(x-x_1)^3+\frac{f'''(x_1)}{24}(x-x_1)^4\right]_{x_0}^{x_2}+\frac{1}{24}\int_{x_0}^{x_2} f^{(4)}[\xi(x)](x-x_1)^4\mathrm{d}x \tag{7.11}$$

因为 $(x-x_1)^4$ 在 $[x_0,x_2]$ 上非负，所以由加权的积分中值定理得

$$\frac{1}{24}\int_{x_0}^{x_2} f^{(4)}[\xi(x)](x-x_1)^4\mathrm{d}x=\frac{f^{(4)}(\xi_1)}{24}\int_{x_0}^{x_2}(x-x_1)^4\mathrm{d}x=\frac{f^{(4)}(\xi_1)}{120}(x-x_1)^5\Big|_{x_0}^{x_2}$$

[对 (x_0,x_2) 内的某点 ξ_1]。

注意到，$h=x_2-x_1=x_1-x_0$，所以

$$(x_2-x_1)^2-(x_0-x_1)^2=(x_2-x_1)^4-(x_0-x_1)^4=0$$

及

$$(x_2-x_1)^3-(x_0-x_1)^3=2h^3 \text{ 和} (x_2-x_1)^5-(x_0-x_1)^5=2h^5$$

从而，式(7.11) 可重新写为

$$\int_{x_0}^{x_2} f(x)\mathrm{d}x=2hf(x_1)+\frac{h^3}{3}f''(x_1)+\frac{f^{(4)}(\xi_1)}{60}h^5$$

如果现在用式(7.9) 给出的近似来代替 $f''(x_1)$，就有

$$\begin{aligned}\int_{x_0}^{x_2} f(x)\mathrm{d}x &=2hf(x_1)+\frac{h^3}{3}\left\{\frac{1}{h^2}[f(x_0)-2f(x_1)+f(x_2)]-\frac{h^2}{12}f^{(4)}(\xi_2)\right\}+\frac{f^{(4)}(\xi_1)}{60}h^5\\ &=\frac{h}{3}[f(x_0)+4f(x_1)+f(x_2)]-\frac{h^5}{12}\left[\frac{1}{3}f^{(4)}(\xi_2)-\frac{1}{5}f^{(4)}(\xi_1)\right]\end{aligned}$$

可以证明，在上面表达式中的值 ξ_1 和 ξ_2 可用 (x_0,x_2) 内的一个公共值 ξ 来代替。这就得到 Simpson 法则。

Simpson 法则：

$$\int_{x_0}^{x_2} f(x)\mathrm{d}x=\frac{h}{3}[f(x_0)+4f(x_1)+f(x_2)]-\frac{h^5}{90}f^{(4)}(\xi)$$

因为误差项包含 f 的 4 阶导数，所以当 Simpson 法则应用到任何三次或三次以下的多项式时，它给出准确的结果。

【例 7.5】 对于区间 [0.2] 上的函数 f，梯形法则为

$$\int_0^2 f(x)\mathrm{d}x \approx f(0)+f(2)$$

对于区间 [0.2] 上的函数 f，Simpson 法则为

$$\int_0^2 f(x)\mathrm{d}x \approx \frac{1}{3}[f(0)+4f(1)+f(2)]$$

对于一些初等函数，表 7.5 列出了精确到小数点后三位的结果。注意到在每种情况下，Simpson 法则比梯形法则好得多。

表 7.5 计算结果

$f(x)$	x^2	x^4	$1/(x+1)$	$\sqrt{1+x^2}$	$\sin x$	e^x
准确值	2.667	6.400	1.099	2.958	1.416	6.389
梯形法则	4.000	16.000	1.333	3.326	0.909	8.389
Simpson 法则	2.667	6.667	1.111	2.964	1.425	6.421

求积误差公式的一般推导是以确定这些公式产生准确结果的多项式类为基础的。为讨论推导过程方便起见，给出下面的定义。

定义 7.1 求积公式的精确度（或称精度）是使得求积公式对 $x^k\ (k=0,1,\cdots,n)$ 精确成立的最大正整数 n。

定义 7.1 说明，梯形法则和 Simpson 法则的精度分别为一次和三次。

积分与求和是线性运算，即

$$\int_a^b [\alpha f(x)+\beta g(x)]\mathrm{d}x = \alpha\int_a^b f(x)\mathrm{d}x + \beta\int_a^b g(x)\mathrm{d}x$$

和

$$\sum_{i=0}^n [\alpha f(x_i)+\beta g(x_i)] = \alpha\sum_{i=0}^n f(x_i) + \beta\sum_{i=0}^n g(x_i)$$

对每一对可积函数 f 和 g、每一对实常数 a 和 β 成立。这说明，求积公式的精度为 n 次当且仅当误差 $E[P(x)]=0$ 对所有次数为 $k=0,1,\cdots,n$ 的多项式 $P(x)$ 成立，但 $E[P(x)]\neq 0$ 对某个次数为 $n+1$ 的多项式 $P(x)$ 成立。

梯形法则和 Simpson 法则是称为 Newton-Cotes 公式的一类方法的例子。Newton-Cotes 公式有两种类型：开的和闭的。

$(n+1)$ 点闭 Newton-Cotes 公式使用节点 $x_i=x_0+ih\ (i=0,1,\cdots,n)$，这里 $x_0=a$，$x_n=b$ 和 $h=(b-a)/n$。如图 7.5 所示，它称为闭的是因为节点包含闭区间 $[a,b]$ 的端点。

这个公式假定形式

$$\int_a^b f(x)\mathrm{d}x \approx \sum_{i=0}^n a_i f(x_i)$$

其中

$$a_i = \int_{x_0}^{x_n} L_i(x)\mathrm{d}x = \int_{x_0}^{x_n} \prod_{\substack{j=0\\ j\neq i}}^{n} \frac{(x-x_j)}{(x_i-x_j)}\mathrm{d}x$$

下面的定理详述了与闭 Newton-Cotes 公式有关的误差分析。

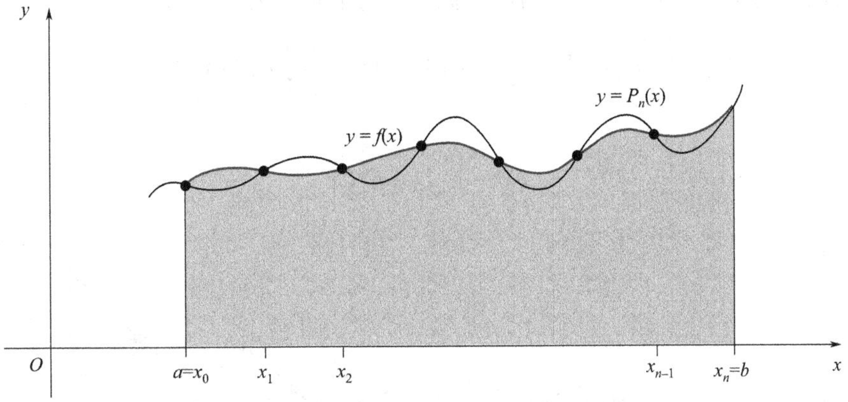

图 7.5 闭 Newton-Cotes 公式示意图

定理 7.1 假设 $\sum_{i=0}^{n} a_i f(x_i)$ 表示具有 $x_0=a$，$x_n=b$ 和 $h=(b-a)/n$ 的 $(n+1)$ 点闭 Newton-Cotes 公式。存在一点 $\xi \in (a,b)$ 使得

$$\int_a^b f(x)\mathrm{d}x = \sum_{i=0}^{n} a_i f(x_i) + \frac{h^{n+3} f^{(n+2)}(\xi)}{(n+2)!}\int_0^n t^2(t-1)\cdots(t-n)\mathrm{d}t$$

n 是偶数且 $f \in C^{n+2}[a,b]$

还有

$$\int_a^b f(x)\mathrm{d}x = \sum_{i=0}^{n} a_i f(x_i) + \frac{h^{n+2} f^{(n+1)}(\xi)}{(n+1)!}\int_0^n t(t-1)\cdots(t-n)\mathrm{d}t$$

n 是奇数且 $f \in C^{n+1}[a,b]$

注意当 n 是偶数时，精度的次数为 $n+1$，即使插值多项式的次数至多为 n。在 n 是奇数的情况，精度的次数仅为 n。

一些常用的闭 Newton-Cotes 公式及它们的误差项如下：

$n=1$：梯形法则

$$\int_{x_0}^{x_1} f(x)\mathrm{d}x = \frac{h}{2}[f(x_0)+f(x_1)] - \frac{h^5}{12}f''(\xi), \quad x_0<\xi<x_1 \tag{7.12}$$

$n=2$：Simpson 法则

$$\int_{x_0}^{x_2} f(x)\mathrm{d}x = \frac{h}{3}[f(x_0)+4f(x_1)+f(x_2)] - \frac{h^5}{90}f^{(4)}(\xi), \quad x_0<\xi<x_2 \tag{7.13}$$

$n=3$：Simpson 3/8 法则

$$\int_{x_0}^{x_3} f(x)\mathrm{d}x = \frac{3h}{8}[f(x_0)+3f(x_1)+3f(x_2)+f(x_3)] - \frac{3h^5}{80}f^{(4)}(\xi), \quad x_0<\xi<x_3 \tag{7.14}$$

$n=4$：

$$\int_{x_0}^{x_4} f(x)\mathrm{d}x = \frac{2h}{45}[7f(x_0)+32f(x_1)+12f(x_2)+32f(x_3)+7f(x_4)] - \frac{8h^7}{945}f^{(6)}(\xi), \quad x_0<\xi<x_4 \tag{7.15}$$

开 Newton-Cotes 公式使用节点 $x_i=x_0+ih\ (i=0,1,\cdots,n)$，这里 $h=(b-a)/(n+2)$ 和 $x_0=a+h$。这意味着 $x_n=b-h$，所以将端点标记为 $x_{-1}=a$ 和 $x_{n+1}=b$，如图 7.6 所

示。开公式包含用于开区间（a,b）内的近似的所有节点。公式变为

$$\int_a^b f(x)\mathrm{d}x=\int_{x_{-1}}^{x_{n+1}} f(x)\mathrm{d}x\approx\sum_{i=0}^{n} a_i f(x_i)$$

其中

$$a_i=\int_a^b L_i(x)\mathrm{d}x$$

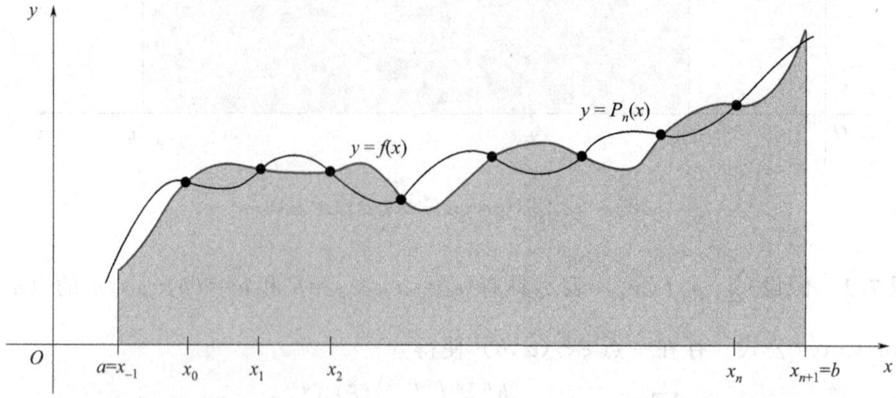

图 7.6 开 Newton-Cotes 公式示意图

下面的定理类似于定理 7.1。

定理 7.2 假设 $\sum_{i=0}^{n} a_i f(x_i)$ 表示具有 $x_{-1}=a$，$x_{n+1}=b$ 和 $h=(b-a)/(n+2)$ 的 $(n+1)$ 点开 Newton-Cotes 公式，则存在一点 $\xi\in(a,b)$ 使得

$$\int_a^b f(x)\mathrm{d}x=\sum_{i=0}^{n} a_i f(x_i)+\frac{h^{n+3}f^{(n+2)}(\xi)}{(n+2)!}\int_{-1}^{n+1} t^2(t-1)\cdots(t-n)\mathrm{d}t$$

n 是偶数且 $f\in C^{n+2}[a,b]$

还有

$$\int_a^b f(x)\mathrm{d}x=\sum_{i=0}^{n} a_i f(x_i)+\frac{h^{n+2}f^{(n+1)}(\xi)}{(n+1)!}\int_{-1}^{n+1} t(t-1)\cdots(t-n)\mathrm{d}t$$

n 是奇数且 $f\in C^{n+1}[a,b]$

一些常用的开 Newton-Cotes 公式及它们的误差项如下：

n=0：中点法则

$$\int_{x_{-1}}^{x_1} f(x)\mathrm{d}x=2hf(x_0)+\frac{h^3}{3}f''(\xi),\quad x_{-1}<\xi<x_1 \tag{7.16}$$

n=1：

$$\int_{x_{-1}}^{x_2} f(x)\mathrm{d}x=\frac{3h}{2}[f(x_0)+f(x_1)]+\frac{3h^3}{4}f''(\xi),\quad x_{-1}<\xi<x_2 \tag{7.17}$$

n=2：

$$\int_{x_{-1}}^{x_3} f(x)\mathrm{d}x=\frac{4h}{3}[2f(x_0)-f(x_1)+2f(x_2)]+\frac{14h^5}{45}f^{(4)}(\xi),\quad x_{-1}<\xi<x_3 \tag{7.18}$$

n=3：

$$\int_{x_{-1}}^{x_4} f(x)\mathrm{d}x=\frac{5h}{24}[11f(x_0)+f(x_1)+f(x_2)+11f(x_3)]+\frac{95}{144}h^5 f^{(4)}(\xi),$$

$$x_{-1}<\xi<x_4 \tag{7.19}$$

【例 7.6】 使用式(7.12)~式(7.15) 和式(7.16)~式(7.19) 所列的闭 Newton-Cotes 公式和开 Newton-Cotes 公式求

$$\int_0^{\pi/4} \sin x \, dx = 1-\sqrt{2}/2 \approx 0.292\,893\,22$$

的近似值，其结果在表 7.6 中给出。

表 7.6 计算结果

n	0	1	2	3	4
闭公式		0.277 680 18	0.292 932 64	0.292 910 70	0.292893 18
误差		0.015 213 03	0.000 039 42	0.000 017 48	0.000 000 04
开公式	0.300 558 87	0.297 987 54	0.292 858 66	0.292 869 23	
误差	0.007 665 65	0.005 094 32	0.000 034 56	0.000 023 99	

7.3 复合数值积分

Newton-Cotes 公式一般不适于在大的积分区间上使用。我们可以考虑高次公式，可是这些公式中系数的值难以获得。另外，Newton-Cotes 公式以等距节点的插值多项式为基础，而由于高次多项式的振荡性，这个过程在大的区间上是不精确的。本节讨论对于数值积分使用低阶 Newton-Cotes 公式的分段解决办法。这些是最常使用的方法。

考虑求 $\int_0^4 e^x \, dx$ 的近似值。$h=2$ 的 Simpson 法则给出

$$\int_0^4 e^x \, dx \approx \frac{2}{3}(e^0+4e^2+e^4)=56.769\,58$$

因为这种情况的精确答案为 $e^4-e^0=53.598\,15$，所以其误差 $-3.171\,43$ 比通常所能接受的要大得多。

为了把分段方法应用于这个问题，将 [0,4] 划分为 [0,2] 和 [2,4]，并两次应用 Simpson 法则（取 $h=1$）。由此得出

$$\begin{aligned}\int_0^4 e^x \, dx &= \int_0^2 e^x \, dx + \int_2^4 e^x \, dx \\ &\approx \frac{1}{3}(e^0+4e+e^2)+\frac{1}{3}(e^2+4e^3+e^4) \\ &= \frac{1}{3}(e^0+4e+2e^2+4e^3+e^4) \\ &= 53.863\,85\end{aligned}$$

可以看到，上述计算将误差减小到 $-0.265\,70$，受上述结果的鼓舞，将区间 [0,2] 和 [2,4] 进一步划分为子区间，并使用 Simpson 法则（取 $h=\frac{1}{2}$），得

$$\begin{aligned}\int_0^4 e^x \, dx &= \int_0^1 e^x \, dx + \int_1^2 e^x \, dx + \int_2^3 e^x \, dx + \int_3^4 e^x \, dx \\ &\approx \frac{1}{6}(e^0+4e^{1/2}+e)+\frac{1}{6}(e+4e^{3/2}+e^2)+\frac{1}{6}(e^2+4e^{5/2}+e^3)+\frac{1}{6}(e^3+4e^{7/2}+e^4) \\ &= \frac{1}{6}(e^0+4e^{1/2}+2e+4e^{3/2}+2e^2+4e^{5/2}+2e^3+4e^{7/2}+e^4) \\ &= 53.616\,22\end{aligned}$$

这个近似的误差是−0.018 07。

为了推广这个过程，选择一个偶数 n。把区间 $[a,b]$ 分成 n 个子区间，并在每一对相邻的子区间上应用 Simpson 法则（见图 7.7）。对于 $h=(b-a)/n$，$x_j=a+jh(j=0,1,\cdots,n)$，如果 $f\in C^4[a,b]$，则有

$$\int_a^b f(x)\mathrm{d}x=\sum_{j=1}^{n/2}\int_{x_{2j-2}}^{x_{2j}} f(x)\mathrm{d}x=\sum_{j=1}^{n/2}\left\{\frac{h}{3}[f(x_{2j-2})+4f(x_{2j-1})+f(x_{2j})]-\frac{h^5}{90}f^{(4)}(\xi_j)\right\}$$

对某个 ξ_j，$x_{2j-2}<\xi_j<x_{2j}$。可以知道，对于每个 $j=1,2,\cdots,(n/2)-1$，$f(x_{2j})$ 出现在对应区间 $[x_{2j-2},x_{2j}]$ 的项中，也出现在对应于区间 $[x_{2j},x_{2j+2}]$ 的项中。利用这个事实，可以将上面的和化简为

$$\int_a^b f(x)\mathrm{d}x=\frac{h}{3}\left[f(x_0)+2\sum_{j=1}^{(n/2)-1}f(x_{2j})+4\sum_{j=1}^{n/2}f(x_{2j-1})+f(x_n)\right]-\frac{h^5}{90}\sum_{j=1}^{n/2}f^{(4)}(\xi_j)$$

这个近似的误差为

$$E(f)=-\frac{h^5}{90}\sum_{j=1}^{n/2}f^{(4)}(\xi_j)$$

其中，$x_{2j-2}<\xi_j<x_{2j}(j=1,2,\cdots,n/2)$。

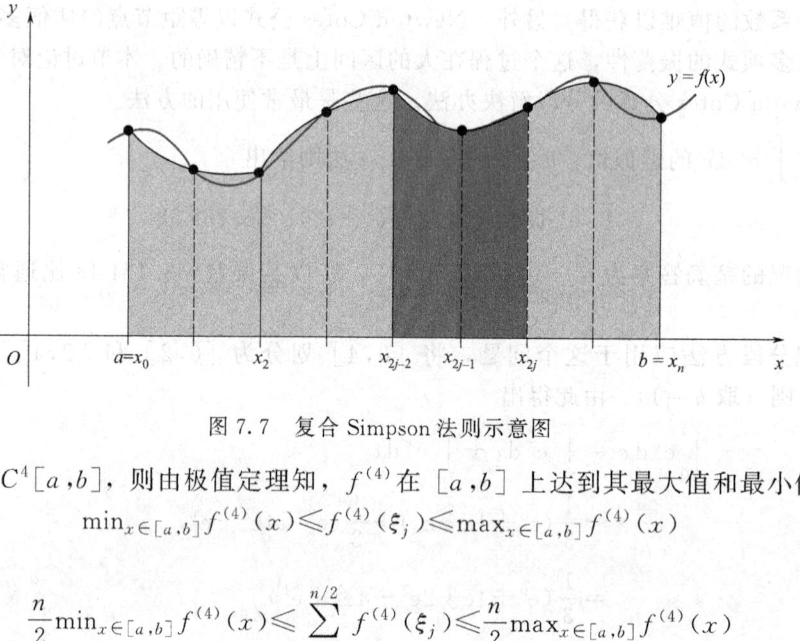

图 7.7 复合 Simpson 法则示意图

如果 $f\in C^4[a,b]$，则由极值定理知，$f^{(4)}$ 在 $[a,b]$ 上达到其最大值和最小值。因为

$$\min_{x\in[a,b]}f^{(4)}(x)\leqslant f^{(4)}(\xi_j)\leqslant\max_{x\in[a,b]}f^{(4)}(x)$$

所以有

$$\frac{n}{2}\min_{x\in[a,b]}f^{(4)}(x)\leqslant\sum_{j=1}^{n/2}f^{(4)}(\xi_j)\leqslant\frac{n}{2}\max_{x\in[a,b]}f^{(4)}(x)$$

和

$$\min_{x\in[a,b]}f^{(4)}(x)\leqslant\frac{2}{n}\sum_{j=1}^{n/2}f^{(4)}(\xi_j)\leqslant\max_{x\in[a,b]}f^{(4)}(x)$$

由介值定理知，存在一个 $\mu\in(a,b)$ 使得

$$f^{(4)}(\mu)=\frac{2}{n}\sum_{j=1}^{n/2}f^{(4)}(\xi_j)$$

从而，有

$$E(f)=-\frac{h^5}{90}\sum_{j=1}^{n/2}f^{(4)}(\xi_j)=-\frac{h^5}{180}nf^{(4)}(\mu)$$

或因为 $h=(b-a)/n$，所以

$$E(f)=-\frac{(b-a)}{180}h^4 f^{(4)}(\mu)$$

从上面这些叙述可得下面的结果。

定理 7.3　设 $f\in C^4[a,b]$，n 是偶数，$h=(b-a)/n$，$x_j=a+jh(j=0,1,\cdots,n)$。存在一个 $\mu\in(a,b)$ 使得对于 n 个子区间的复合 Simpson 法则及其误差项可以写为

$$\int_a^b f(x)\mathrm{d}x=\frac{h}{3}\left[f(a)+2\sum_{j=1}^{(n/2)-1}f(x_{2j})+4\sum_{j=1}^{n/2}f(x_{2j-1})+f(b)\right]-\frac{b-a}{180}h^4 f^{(4)}(\mu)$$

算法 7.1 使用 n 个子区间上的复合 Simpson 法则。这是最常用的通用求积算法。

算法 7.1　复合 Simpson 法则。

求积分 $I=\int_a^b f(x)\mathrm{d}x$ 的近似值：

输入： 端点 a，b；正偶数 n。

输出： I 的近似值 XI。

Step 1　set $h=(b-a)/n$.

Step 2　set $XI0=f(a)+f(b)$;

　　$XI1=0$; [$f(x_{2i-1})$ 的和]

　　$XI2=0$. [$f(x_{2i})$ 的和]

Step 3　for $1,\cdots,n-1$ do Step 4 and Step 5.

Step 4　set $X=a+ih$.

Step 5　if i is even then set $XI2=XI2+f(X)$

　　else set $XI1=XI1+f(X)$.

Step 6　set $XI=h(XI0+2XI2+4XI1)/3$.

Step 7　output (XI);

　　stop.

划分的解决方法可用于任何 Newton-Cotes 公式。梯形法则的扩展（见图 7.8）和中点法则的扩展在下面不加证明地给出。因为梯形法则对于每一个应用仅需要一个区间，所以整数 n 可以是奇数也可以是偶数。

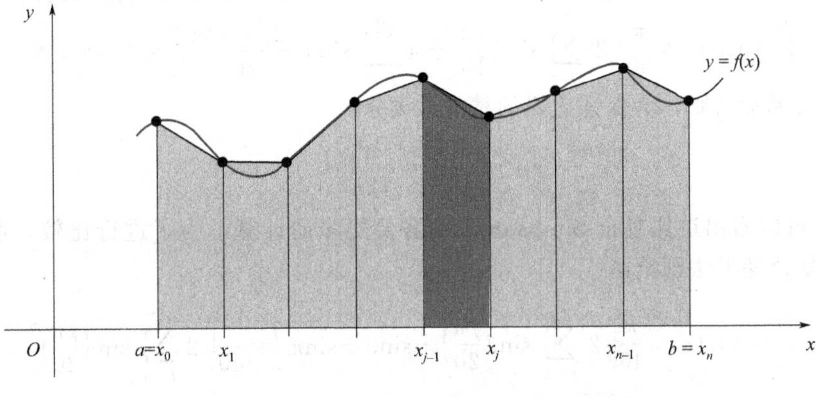

图 7.8　复合梯形法则示意图

定理 7.4　设 $f\in C^2[a,b]$，$h=(b-a)/n$，$x_j=a+jh(j=0,1,\cdots,n)$，则存在一个 $\mu\in(a,b)$ 使得对于 n 个子区间的复合梯形法则及其误差项可以写为

$$\int_a^b f(x)\mathrm{d}x=\frac{h}{2}\left[f(a)+2\sum_{j=1}^{n-1}f(x_j)+f(b)\right]-\frac{b-a}{12}h^2f''(\mu)$$

对于复合中点法则，n 必须是偶数。如图 7.9 所示。

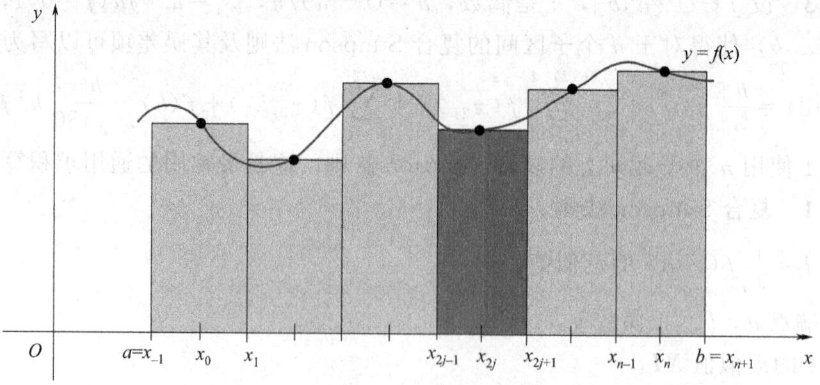

图 7.9 复合中点法则示意图

定理 7.5 设 $f\in C^2[a,b]$，n 是偶数，$h=(b-a)/(n+2)$，$x_i=a+(j+1)h(j=-1,0,\cdots,n+1)$。存在一个 $\mu\in(a,b)$ 使得对于 $n+2$ 个子区间的复合中点法则及其误差项可以写为

$$\int_a^b f(x)\mathrm{d}x=2h\sum_{j=0}^{n/2}f(x_{2j})+\frac{b-a}{6}h^2f''(\mu)$$

【例 7.7】 考虑用复合 Simpson 法则求 $\int_0^\pi \sin x\,\mathrm{d}x$ 的近似值，使绝对误差小于 0.00002。

复合 Simpson 法则给出

$$\int_0^\pi \sin x\,\mathrm{d}x=\frac{h}{3}\left[2\sum_{j=1}^{(n/2)-1}\sin x_{2j}+4\sum_{j=1}^{n/2}\sin x_{2j-1}\right]-\frac{\pi h^4}{180}\sin\mu$$

对 $(0,\pi)$ 内的某个 μ，因为绝对误差要小于 0.000 02，所以用不等式

$$\left|\frac{\pi h^4}{180}\sin\mu\right|\leqslant\frac{\pi h^4}{180}=\frac{\pi^5}{180n^4}<0.000\,02$$

确定 n 和 h。由此计算得出 $n\geqslant 18$。如果 $n=20$，则 $h=\pi/20$，上面的公式给出

$$\int_0^\pi \sin x\,\mathrm{d}x\approx\frac{\pi}{60}\left[2\sum_{j=1}^{9}\sin\left(\frac{j\pi}{10}\right)+4\sum_{j=1}^{10}\sin\left(\frac{(2j-1)\pi}{20}\right)\right]=2.000\,006$$

使用复合梯形法则，为保证这样的精度，要求

$$\left|\frac{\pi h^2}{12}\sin\mu\right|\leqslant\frac{\pi h^2}{12}=\frac{\pi^3}{12n^2}<0.000\,02$$

即 $n\geqslant 360$。可以看出这比复合 Simpson 法则需要更多的计算，为了进行比较，取 $n=20$ 和 $h=\pi/20$ 的复合梯形法则给出

$$\int_0^\pi \sin x\,\mathrm{d}x\approx\frac{\pi}{40}\left[2\sum_{j=1}^{19}\sin\left(\frac{j\pi}{20}\right)+\sin 0+\sin\pi\right]=\frac{\pi}{40}\left[2\sum_{j=1}^{19}\sin\left(\frac{j\pi}{20}\right)\right]$$
$$=1.995\,886\,0$$

精确答案是 2，所以取 $n=20$ 的 Simpson 法则给出的答案较好地在所需的误差界之内，而取 $n=20$ 的梯形法则显然不能。

所有的复合积分方法共有的一个重要性质是关于舍入误差的稳定性。为了说明这一点，

假设将在 $[a,b]$ 上具有 n 个子区间的复合 Simpson 法则应用到函数 f，并确定舍入误差的最大界。假定 $f(x_i)$ 由 $\overline{f}(x_i)$ 来近似代替，且

$$f(x_i)=\overline{f}(x_i)+e_i,\quad i=0,1,\cdots,n$$

其中，e_i 表示用 $\overline{f}(x_i)$ 近似代替 $f(x_i)$ 所产生的舍入误差。则复合 Simpson 法则中的累积误差 $e(h)$ 是

$$\begin{aligned}e(h)&=\left|\frac{h}{3}\left[e_0+2\sum_{j=1}^{(n/2)-1}e_{2j}+4\sum_{j=1}^{n/2}e_{2j-1}+e_n\right]\right|\\&\leqslant\frac{h}{3}\left[|e_0|+2\sum_{j=1}^{(n/2)-1}|e_{2j}|+4\sum_{j=1}^{n/2}|e_{2j-1}|+|e_n|\right]\end{aligned}$$

如果舍入误差一致地以 ε 为界，则

$$e(h)\leqslant\frac{h}{3}\left[\varepsilon+2\left(\frac{n}{2}-1\right)\varepsilon+4\left(\frac{n}{2}\right)\varepsilon+\varepsilon\right]=\frac{h}{3}3n\varepsilon=nh\varepsilon$$

但是 $nh=b-a$，所以

$$e(h)\leqslant(b-a)\varepsilon$$

这个界与 h（和 n）无关。这说明即使可能需要将一个区间分成更多子区间来保证精度，所需增加的计算也不增加舍入误差。这个结果意味着当 h 趋于 0 时，这个过程是稳定的。而在本章开始讨论的数值微分方法，这一点并不成立。

7.4　Romberg 积分

由前面的例子可以看出，复合梯形法则比复合 Simpson 法则精度低，收敛慢，这是其缺点，但是它的最大优点是算法简单。因此人们构造一个新的算法，在提高精度的同时发扬复合梯形法则的优点，这就是本节要介绍的 Romberg 积分。

Romberg 积分使用复合梯形法则给出初步的近似值，然后应用 Richardson 外推过程改进近似值。为开始介绍 Romberg 积分方法，回想一下对于使用 m 个子区间求在区间 $[a,b]$ 上函数 f 的积分的近似值，其复合梯形法则是

$$\int_a^b f(x)\mathrm{d}x=\frac{h}{2}\left[f(a)+f(b)+2\sum_{i=1}^{m-1}f(x_j)\right]-\frac{(b-a)}{12}h^2f''(\mu)$$

其中，$a<\mu<b$，$h=(b-a)/m$，$x_j=a+jh(j=0,1,\cdots,m)$。

首先获得复合梯形法则近似值，取 $m_1=1$，$m_2=2$，$m_3=4$，$\cdots m_n=2^{n-1}$，其中 n 是正整数。对应于 m_k 的步长 h_k，$h_k=(b-a)/m_k=(b-a)/2^{k-1}$，梯形法则变为

$$\int_a^b f(x)\mathrm{d}x=\frac{h_k}{2}\left\{f(a)+f(b)+2\left[\sum_{i=1}^{2^{k-1}-1}f(a+ih_k)\right]\right\}-\frac{(b-a)}{12}h_k^2f''(\mu_k)\quad(7.20)$$

其中，μ_k 是 (a,b) 内的一个数。

如果引入记号 $R_{k,1}$ 来表示式(7.20) 中用于梯形近似的部分，则

$$R_{1,1}=\frac{h_1}{2}[f(a)+f(b)]=\frac{(b-a)}{2}[f(a)+f(b)]$$

$$\begin{aligned}R_{2,1}&=\frac{h_2}{2}[f(a)+f(b)+2f(a+h_2)]\\&=\frac{(b-a)}{4}\left\{f(a)+f(b)+2f\left[a+\frac{(b-a)}{2}\right]\right\}\end{aligned}$$

$$=\frac{1}{2}[R_{1,1}+h_1 f(a+h_2)]$$

$$R_{3,1}=\frac{1}{2}\{R_{2,1}+h_2[f(a+h_3)+f(a+3h_3)]\}$$

一般地（见图 7.10），有

$$R_{k,1}=\frac{1}{2}\left\{R_{k-1,1}+h_{k-1}\sum_{i=1}^{2^{k-2}} f[a+(2i-1)h_k]\right\},\quad k=2,3,\cdots,n \tag{7.21}$$

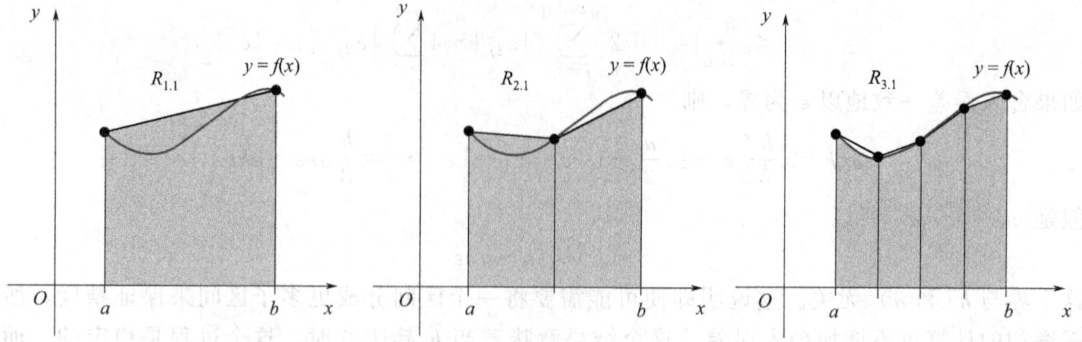

图 7.10 梯形近似部分示意图

【例 7.8】 为求 $\int_0^{\pi}\sin x\,dx$ 的近似值，取 $n=6$，使用式(7.21) 完成 Romberg 积分方法的第一步，可得

$$R_{1,1}=\frac{\pi}{2}(\sin 0+\sin\pi)=0$$

$$R_{2,1}=\frac{1}{2}\left(R_{1,1}+\pi\sin\frac{\pi}{2}\right)=1.570\,796\,33$$

$$R_{3,1}=\frac{1}{2}\left[R_{2,1}+\frac{\pi}{2}\left(\sin\frac{\pi}{4}+\sin\frac{3\pi}{4}\right)\right]=1.896\,118\,90$$

$$R_{4,1}=\frac{1}{2}\left[R_{3,1}+\frac{\pi}{4}\left(\sin\frac{\pi}{8}+\sin\frac{3\pi}{8}+\sin\frac{5\pi}{8}+\sin\frac{7\pi}{8}\right)\right]=1.974\,231\,60$$

$$R_{5,1}=1.993\,570\,34$$

$$R_{6,1}=1.998\,393\,36$$

因为例 7.8 中积分的准确值是 2，所以收敛相当慢。下面将使用 Richardson 外推法来加速收敛。

可以证明，如果 $f\in C^{\infty}[a,b]$，则复合梯形法则及其替代误差项可以写为下面的形式

$$\int_a^b f(x)dx-R_{k,1}=\sum_{i=1}^{\infty}K_i h_k^{2i}=K_1h_k^2+\sum_{i=2}^{\infty}K_i h_k^{2i} \tag{7.22}$$

其中，每一个 K_i 不依赖于 h_k，仅依赖于 $f^{(2i-1)}(a)$ 和 $f^{(2i-1)}(b)$。

用上述形式的复合梯形法则可以消去含 h_k^2 的项。在式(7.22) 中用 $h_{k+1}=h_k/2$ 代替 h_k，相应得到

$$\int_a^b f(x)dx-R_{k+1,1}=\sum_{i=1}^{\infty}K_i h_{k+1}^{2i}=\sum_{i=1}^{\infty}\frac{K_i h_k^{2i}}{2^{2i}}=\frac{K_1h_k^2}{4}+\sum_{i=2}^{\infty}\frac{K_i h_k^{2i}}{4^i} \tag{7.23}$$

用 4 乘以式(7.23) 两端，然后与式(7.22) 相减并化简，得到 $O(h_k^4)$ 公式：

$$\int_a^b f(x)\mathrm{d}x-\left[R_{k+1,1}+\frac{R_{k+1,1}-R_{k,1}}{3}\right]=\sum_{i=2}^{\infty}\frac{K_i}{3}\left(\frac{h_k^{2i}}{4^{i-1}}-h_k^{2i}\right)=\sum_{i=2}^{\infty}\frac{K_i}{3}\left(\frac{1-4^{i-1}}{4^{i-1}}\right)h_k^{2i}$$

这种将计算积分值的近似值的误差阶由 $O(h_k^2)$ 提高到 $O(h_k^4)$ 的方法称为外推方法，也称为 Richardson 外推法。这是“数值分析”中一个非常重要的技巧。只要真值与近似值的误差能表示为 h 的幂级数，都可以使用外推算法，提高精度。

进一步地，把外推法应用到这个公式以得到 $O(h_k^6)$ 的结果，等等。为简化记号可以定义

$$R_{k,2}=R_{k,1}+\frac{R_{k,1}-R_{k-1,1}}{3},\quad k=2,3,\cdots,n$$

并将 Richardson 外推法应用到这些值中。继续使用这个记号，对每一个 $k=2,3,4,\cdots,n$ 和 $j=2,\cdots,k$，有 $O(h_k^{2j})$ 逼近公式定义为

$$R_{k,j}=R_{k,j-1}+\frac{R_{k,j-1}-R_{k-1,j-1}}{4^{j-1}-1}\tag{7.24}$$

即得到 Romberg 积分方法。

根据这些公式所得的结果如表 7.7 所示。

表 7.7　Romberg 积分示意表

$R_{1,1}$					
$R_{2,1}$	$R_{2,2}$				
$R_{3,1}$	$R_{3,2}$	$R_{3,3}$			
$R_{7,1}$	$R_{4,2}$	$R_{4,3}$	$R_{4,4}$		
⋮	⋮	⋮	⋮		
$R_{\pi,1}$	$R_{\pi,2}$	$R_{\pi,3}$	$R_{\pi,4}$	…	$R_{\pi,\pi}$

Romberg 方法的另一个吸引人的特性是允许表中的整个新的一行可以通过另外应用一次复合梯形法则来计算。然后，它对前面计算出的值求平均以获得此行的其余各项。用于构造此类表格的方法按行计算表中的各项，即按照顺序求 $R_{1,1}$，$R_{2,1}$，$R_{2,2}$，$R_{3,1}$，$R_{3,2}$，$R_{3,3}$，等等。算法 7.2 详细描述了这个方法。

算法 7.2　Romberg。

求积分 $I=\int_a^b f(x)\mathrm{d}x$ 的近似值，选取一整数 $n>0$。

输入： 端点 a，b；整数 n。

输出： 数组 R （按行计算 R；仅保存最近的两行）。

Step 1　set $h=b-a$；

$$R_{1,1}=\frac{h}{2}[f(a)+f(b)].$$

Step 2　output $(R_{1,1})$.

Step 3　for $i=2,\cdots,n$ do Step 4～8.

Step 4　set $R_{2,1}=\frac{1}{2}\left\{R_{1,1}+h\sum_{k=1}^{2^{i-2}}f[a+(k-0.5)h]\right\}$.

（梯形方法近似）

Step 5 for $j=2,\cdots,i$

$$\text{set } R_{2,j}=R_{2,j-1}+\frac{R_{2,j-1}-R_{1,j-1}}{4^{j-1}-1}.\ (\text{外推})$$

Step 6 output($R_{2,j}$ for $j=1,2,\cdots,i$).

Step 7 set$h=h/2$.

Step 8 for$j=1,2,\cdots,i$ set $R_{1,j}=R_{2,j}$.（更新 R 的第 1 行）

Step 9 stop.

【例 7.9】 在例 7.8 中，得到了逼近 $\int_0^{\pi}\sin x\,dx$ 的 $R_{1,1}\sim R_{6,1}$ 的值。用算法 7.2，Romberg 表如表 7.8 所示。

虽然在表中有 21 项，但是仅第一列中的 6 项需要函数求值，因为仅这些项是由积分方法产生的。其余的各项是由求平均过程得到的。

表 7.8 Romberg 计算表

0					
1.570 796 33	2.094 395 11				
1.896 118 90	2.004 559 76	1.998 570 73			
1.974 231 60	2.000 269 17	1.999 983 13	2.000 005 55		
1.993 570 34	2.000 016 59	1.999 999 75	2.000 000 01	1.999 99999	
1.998 393 36	2.000 00103	2.000 000 00	2.000 000 00	2.000 000 00	2.000 000 00

算法 7.2 需要一个预置的整数 n 以确定要产生的行数。也可以对近似值设置一个误差要求，并在某个上界内产生 n 值，直到相邻的对角线项 $R_{n-1,n-1}$ 与 $R_{n,n}$ 在这个误差要求以内为止。有可能相邻的两行元素满足误差要求，但它们与所逼近积分的值不满足要求，为避免这种可能性，通常的做法是产生近似值不仅到 $|R_{n-1,n-1}-R_{n,n}|$ 在误差要求内为止，而且也使得 $|R_{n-2,n-2}-R_{n-1,n-1}|$ 在误差要求之内。尽管这个措施不是万能的，但是它将确保在 $\boldsymbol{R}_{n,n}$ 被接受为满足精度要求之前，两个各自产生的近似值集合在指定的误差要求之内。

在 $[a,b]$ 上应用于 f 的 Romberg 积分依赖于这样的假设：复合梯形法则具有可以表示为形如式(7.22) 的误差项。即对于要产生的第 k 行，必须有 $f\in C^{2k+2}[a,b]$。

7.5 自适应求积方法

复合公式需要使用等距节点。当在一个既包含大的函数变化区域又包含小的函数变化区域的区间上对函数积分时，这是不合适的。如果要使逼近误差均等地分布，对于大变化的区域比对于小变化的区域需要更小的步长。此类问题的一个有效方法应该预言函数变化的大小，并能使步长适应变化的需求。这些方法称作自适应求积方法。我们讨论的方法是以复合 Simpson 法则为基础，对于其他的复合方法也可以类似得到。

假设在给定的精度要求 $\varepsilon>0$ 内，要计算 $\int_a^b f(x)\,dx$ 的近似值。过程的第一步是应用 Simpson 法则，取步长 $h=(b-a)/2$。这给出（见图 7.11）

$$\int_a^b f(x)\,dx=S(a,b)-\frac{h^5}{90}f^{(4)}(\mu),\quad \text{对}(a,b)\text{内的某个 }\mu \tag{7.25}$$

其中

$$S(a,b)=\frac{h}{3}[f(a)+4f(a+h)+f(b)]$$

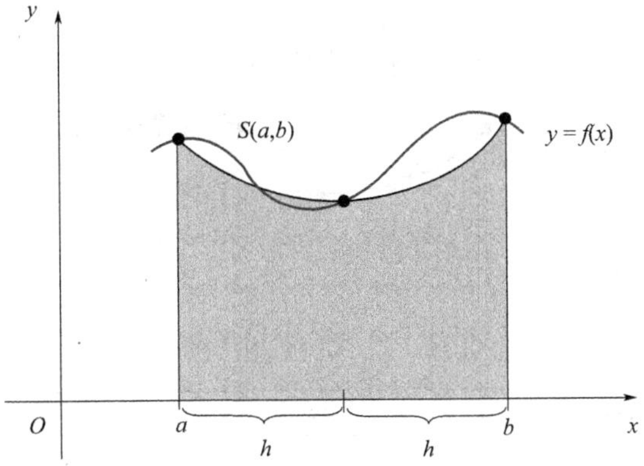

图 7.11 Simpson 法则逼近 $\int_a^b f(x)\mathrm{d}x$

下一步是确定一个不需要 $f^{(4)}(\mu)$ 的精确近似值。为此，取 $n=4$ 和步长 $(b-a)/4=h/2$，应用复合 Simpson 法则得

$$\int_a^b f(x)\mathrm{d}x=\frac{h}{6}\left[f(a)+4f\left(a+\frac{h}{2}\right)+2f(a+h)+4f\left(a+\frac{3h}{2}\right)+f(b)\right]-\left(\frac{h}{2}\right)^4\frac{(b-a)}{180}f^{(4)}(\tilde{\mu}) \tag{7.26}$$

对 (a, b) 内的某个 $\tilde{\mu}$。为了简化记号，令

$$S\left(a,\frac{a+b}{2}\right)=\frac{h}{6}\left[f(a)+4f\left(a+\frac{h}{2}\right)+f(a+h)\right]$$

和

$$S\left(\frac{a+b}{2},b\right)=\frac{h}{6}\left[f(a+h)+4f\left(a+\frac{3h}{2}\right)+f(b)\right]$$

则式(7.26) 可以重写（见图 7.12）为

$$\int_a^b f(x)\mathrm{d}x=S\left(a,\frac{a+b}{2}\right)+S\left(\frac{a+b}{2},b\right)-\frac{1}{16}\left(\frac{h^5}{90}\right)f^{(4)}(\tilde{\mu}) \tag{7.27}$$

通过假定 $\mu=\tilde{\mu}$，或更精确地讲，$f^{(4)}(\mu)\approx f^{(4)}(\tilde{\mu})$，可以推导出误差估计。这个方法的成功与否取决于此假设是否准确。如果此假设是准确的，则在式(7.25) 和式(7.27) 中积分的相等意味着

$$S\left(a,\frac{a+b}{2}\right)+S\left(\frac{a+b}{2},b\right)-\frac{1}{16}\left(\frac{h^5}{90}\right)f^{(4)}(\tilde{\mu})\approx S(a,b)-\frac{h^5}{90}f^{(4)}(\mu)$$

从而

$$\frac{h^5}{90}f^{(4)}(\mu)\approx\frac{16}{15}\left[S(a,b)-S\left(a,\frac{a+b}{2}\right)-S\left(\frac{a+b}{2},b\right)\right]$$

在式(7.27) 中使用上面的近似式，得误差估计

$$\left|\int_a^b f(x)\mathrm{d}x-S\left(a,\frac{a+b}{2}\right)-S\left(\frac{a+b}{2},b\right)\right|$$

$$\approx\frac{1}{15}\left|S(a,b)-S\left(a,\frac{a+b}{2}\right)-S\left(\frac{a+b}{2},b\right)\right|$$

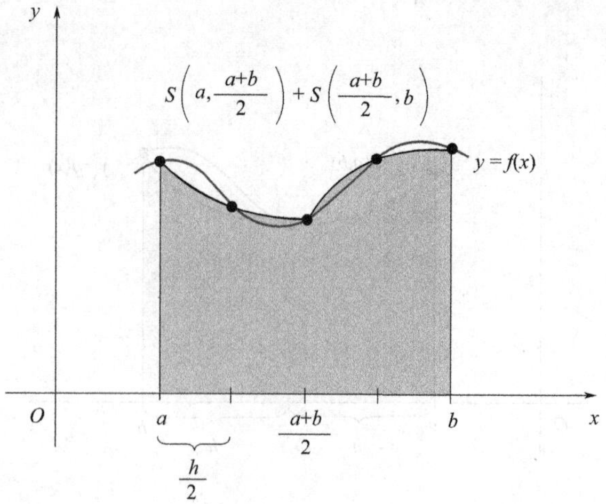

图 7.12 $n=4$，Simpson 法则逼近 $\int_a^b f(x)\mathrm{d}x$

这个结果说明，$S(a,(a+b)/2)+S((a+b)/2,b)$ 逼近 $\int_a^b f(x)\mathrm{d}x$ 比它逼近已知值 $S(a,b)$ 大约好 15 倍。因而，如果

$$\left|S(a,b)-S\left(a,\frac{a+b}{2}\right)-S\left(\frac{a+b}{2},b\right)\right|<15\varepsilon \tag{7.28}$$

则期望有

$$\left|\int_a^b f(x)\mathrm{d}x-S\left(a,\frac{a+b}{2}\right)-S\left(\frac{a+b}{2},b\right)\right|<\varepsilon \tag{7.29}$$

且

$$S\left(a,\frac{a+b}{2}\right)+S\left(\frac{a+b}{2},b\right)$$

被假定为对 $\int_a^b f(x)\mathrm{d}x$ 的一个足够精确的近似值。

【例 7.10】 为检验式(7.28) 和式(7.29) 给出的误差估计的精度，考虑它应用于积分

$$\int_0^{\pi/2}\sin x\,\mathrm{d}x=1$$

在这种情况下，有

$$S\left(0,\frac{\pi}{2}\right)=\frac{\pi/4}{3}\times\left(\sin 0+4\sin\frac{\pi}{4}+\sin\frac{\pi}{2}\right)=\frac{\pi}{12}\times(2\sqrt{2}+1)=1.002\,279\,878$$

和

$$S\left(0,\frac{\pi}{4}\right)+S\left(\frac{\pi}{4},\frac{\pi}{2}\right)=\frac{\pi/8}{3}\times\left(\sin 0+4\sin\frac{\pi}{8}+2\sin\frac{\pi}{4}+4\sin\frac{3\pi}{8}+\sin\frac{\pi}{2}\right)$$
$$=1.000\,134\,585$$

所以

$$\frac{1}{15}\left|S\left(0,\frac{\pi}{2}\right)-S\left(0,\frac{\pi}{4}\right)-S\left(\frac{\pi}{4},\frac{\pi}{2}\right)\right|=0.000\,143\,020$$

这较好地逼近实际误差

$$\left|\int_0^{\pi/2}\sin x\,dx-1.000\,134\,585\right|=0.000\,134\,585$$

即使 $D_x^4\sin x=\sin x$ 在区间 $(0,\pi/2)$ 变化较大。

当式(7.28)中的近似值相差大于 15ε 时，将 Simpson 法则单独应用到子区间 $[a,(a+b)/2]$ 和 $[(a+b)/2,b]$ 上。然后使用误差估计过程来确定积分在每个子区间上的近似值是否在精度要求 $\varepsilon/2$ 之内。如果是这样，将子区间上的近似值相加就得到在精度要求 ε 之内的 $\int_a^b f(x)dx$ 的近似值。

如果在某个子区间上近似值不能在精度要求 $\varepsilon/2$ 之内，就将这个子区间进一步划分成两个子区间，并将上述过程再应用到划分后的这两个子区间上以确定在各子区间上的近似值是否精确到 $\varepsilon/4$，这个减半过程一直进行下去直到每一部分都在所需的精度要求之内。虽然有可能上述构造过程永不会满足精度要求，但是这个方法通常是成功的，因为每一个子划分对于近似的精度一般增加至 16 倍，而需要增加的精确性因子仅是 2 倍。

算法 7.3 详细描述了 Simpson 法则的自适应求积方法，在第一步，精度要求设置为 10ε，而不是不等式(7.28)中的 15ε。这个界的选取较为保守，以补偿在假设 $f^{(4)}(\mu)\approx f^{(4)}(\tilde{\mu})$ 中的误差。在已知 $f^{(4)}$ 变化很大的一些问题中，应该进一步降低这个界值。

算法所列的程序首先在划分中最左边的子区间上逼近积分。对于右半边子区间的节点，这需要有效地存储和调出以前计算的函数值。第 3 步、第 4 步、第 5 步包含一个堆积方法。为计算与正在产生近似值的子区间右边紧相邻的子区间上的近似值，堆积方法有一个指示符以跟踪所需的数据。

算法 7.3　自适应求积。

在给定的精度要求内，求积分 $I=\int_a^b f(x)dx$ 的近似值。

输入： 端点 a，b；精度要求 TOL；层次数的界 N。

输出： 近似值 APP 或超过 N 的信息。

Step 1　set $APP=0$；

$i=1$；

$TOL_i=10TOL$

$a_i=a$；

$h_i=(b-a)/2$；

$FA_i=f(a)$；

$FC_i=f(a+h_i)$；

$FB_i=f(b)$；

$S_i=h_i(FA_i+4FC_i+FB_i)/3$；（对于整个区间的 Simpson 方法近似）

$L_i=1$.

Step 2　while $i>0$ do Steps 3～5。

Step 3　set $FD=f(a_i+h_i/2)$；

$FE=f(a_i+3h_i/2)$；

$S_1=h_i(FA_i+4FD+FC_i)/6$；（对于子区间一半的 Simpson 方法的近似）

$S_2=h_i(FC_i+4FE+FB_i)/6$；

$v_1=a_i$；（在此层次保存数据）

$v_2=FA_i$；

$v_3=FC_i$；

$v_4=FB_i$；

$v_5=h_i$；

$v_6=TOL_i$；

$v_7=S_i$；

$v_8=L_i$.

Step 4 set $i=i-1$.（删除此层次）

Step 5 if $|S_1+S_2-v_7|<v_6$

then set $APP=APP+(S_1+S_2)$

else if $(v_8\geqslant N)$ then

output ('LEVEL EXCEEDED')；（算法失败）

stop

else（增加一个层次）

set $i=i+1$；（左半子区间的数据）

$a_i=v_1+v_5$；

$FA_i=v_3$；

$FC_i=FE$；

$FB_i=v_4$；

$h_i=v_5/2$；

$TOL_i=v_6/2$；

$S_i=S_2$；

$L_i=v_8+1$；

set $i=i+1$；（左半子区间的数据）

$a_i=v_1$；

$FA_i=v_2$；

$FC_i=FD$；

$FB_i=v_3$；

$h_i=h_{i-1}$；

$TOL_i=TOL_{i-1}$；

$S_i=S_1$；

$L_i=L_{i-1}$.

Step 6 output (APP)；（精确到 TOL 的 I 的近似值 APP）

stop.

【例 7.11】 函数 $f(x)=(100/x^2)\sin(10/x)$ 在 x 的区间 $[1,3]$ 上的图形如图 7.13 所示。使用精度要求 10^{-4}的自适应求积算法 7.3 逼近 $\int_1^3 f(x)\mathrm{d}x$，得到的结果是 $-1.426\,014$，这个结果精确到 1.1×10^{-5} 逼近过程需要在 23 个子区间上应用 $n=4$ 的 Simpson 法则，这 23 个子区间的端点在图 7.13 的横坐标轴上标出。整个逼近所需的函数求值的总次数是 93。

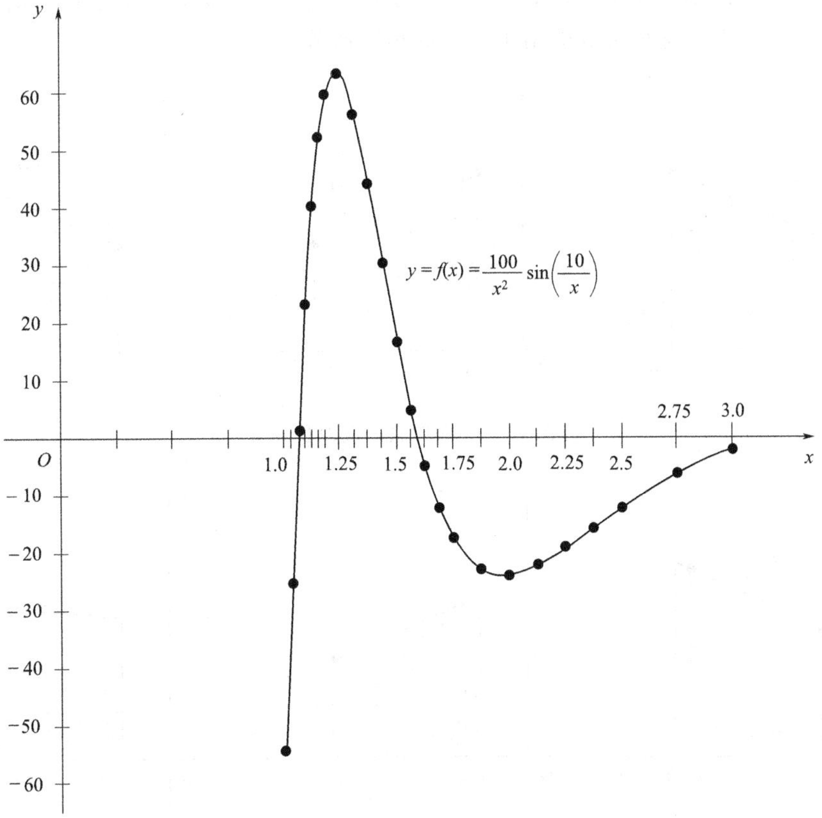

图 7.13 函数 $f(x)=(100/x^2)\sin(10/x)$ 图像

标准的复合 Simpson 法则给出 10^{-4} 精度的最大的 h 值为 $h=\frac{1}{88}$。此应用需要 177 次函数求值，几乎是自适应求积方法所需次数的 2 倍。

7.6 Gauss 求积

7.2 节的 Newton-Cotes 公式是由对插值多项式积分推导出来的。因为 n 次插值多项式的误差项包含所逼近函数的 $(n+1)$ 阶导数，所以当逼近任何次数小于或等于 n 的多项式时，此类公式是精确的。

所有 Newton-Cotes 公式使用等距节点的函数值。当这些公式结合起来以形成在 7.3 节考虑的复合法则时，这个限制是方便的，但是它可能大幅减小逼近的精度。例如，为确定在图 7.14 中所示函数的积分，考虑应用梯形法则。

梯形法则通过对连接函数图形的端点所得的线性函数积分来逼近原来函数的积分。但是这很可能并不是逼近原来积分的最好直线。在多数情况下，像图 7.15 所示的直线很可能给出更好的逼近。

Gauss 求积以最优的方式而不是等距的方式选取求值点。选取区间 $[a,b]$ 内的节点 $x_1,x_2,\cdots,x_n$ 和系数 $c_1,c_2,\cdots,c_n$，使得在近似

$$\int_a^b f(x)\mathrm{d}x \approx \sum_{i=1}^{n} c_i f(x_i)$$

中所得的预期误差最小。为了度量此精度，假定这些值的最好选取是对于最大的多项式类能产生精确的结果，也即这种选取能给出最大的精度次数。

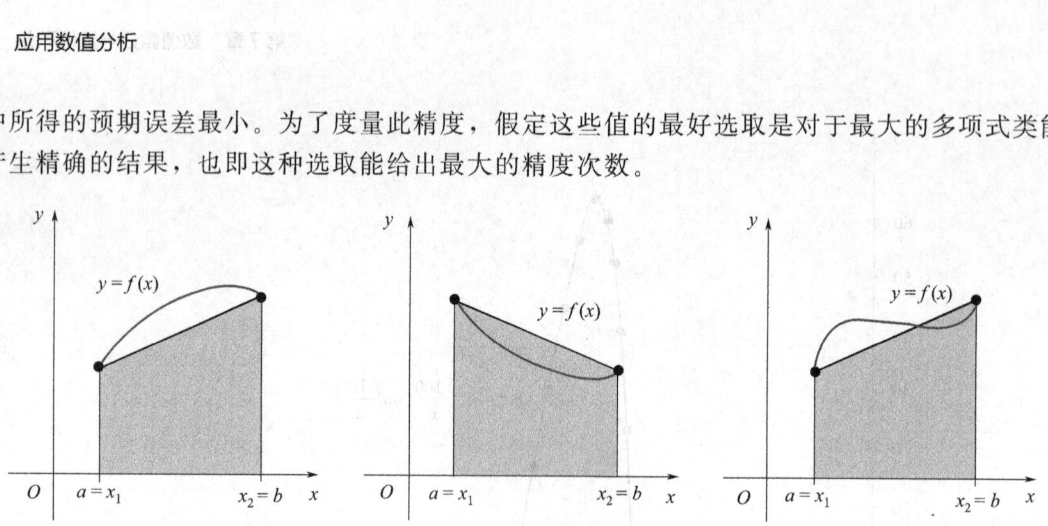

图 7.14　梯形法则近似积分

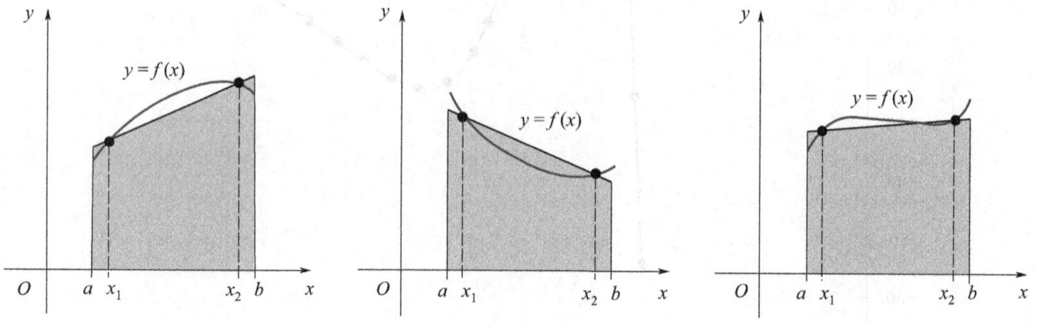

图 7.15　特殊梯形近似积分

逼近公式中的系数 $c_1, c_2, \cdots, c_n$ 是任意的，对于节点 $x_1, x_2, \cdots, x_n$ 的限制仅是它们必须位于积分区间 $[a,b]$ 内。这给出 $2n$ 个参数来选取。如果把一个多项式的系数看作参数，那么次数不超过 $2n-1$ 的这类多项式也含有 $2n$ 个参数。这就可以期望上述逼近公式是精确的最大多项式类。适当选取节点的值和常数，就可获得在此集合上的精确逼近公式。

为了说明选取适当参数的过程，将给出当 $n=2$ 和积分区间是 $[-1,1]$ 时如何选取系数和节点。然后将讨论对节点和系数任意选取的更一般情况，并说明当在一个任意区间上积分时，这个方法是如何修改的。

假设要确定 c_1, c_2, x_1 和 x_2，使得积分公式

$$\int_{-1}^{1} f(x)\mathrm{d}x \approx c_1 f(x_1) + c_2 f(x_2)$$

给出精确结果，只要当 $f(x)$ 是次数不超过 $2\times 2-1=3$ 次的多项式时，即当

$$f(x) = a_0 + a_1 x + a_2 x^2 + a_3 x^3$$

（对某组常数 a_0, a_1, a_2 和 a_3）时。因为

$$\int (a_0 + a_1 x + a_2 x^2 + a_3 x^3)\mathrm{d}x = a_0 \int 1\mathrm{d}x + a_1 \int x\mathrm{d}x + a_2 \int x^2 \mathrm{d}x + a_3 \int x^3 \mathrm{d}x$$

所以这等价于证明当 $f(x)$ 为 1，x, x^2 和 x^3 时，公式给出精确结果。因而，需要 c_1, c_2，x_1 和 x_2，使得

$$c_1 \times 1 + c_2 \times 1 = \int_{-1}^{1} 1\mathrm{d}x = 2, \quad c_1 x_1 + c_2 x_2 = \int_{-1}^{1} x\mathrm{d}x = 0$$

$$c_1x_1^2+c_2x_2^2=\int_{-1}^{1}x^2\mathrm{d}x=\frac{2}{3},\quad c_1x_1^3+c_2x_2^3=\int_{-1}^{1}x^3\mathrm{d}x=0$$

用简单的代数知识就可证明这个方程组有唯一解

$$c_1=1,\quad c_2=1,\quad x_1=-\frac{\sqrt{3}}{3},\quad x_2=\frac{\sqrt{3}}{3}$$

由此得到逼近公式

$$\int_{-1}^{1}f(x)\mathrm{d}x\approx f\left(\frac{-\sqrt{3}}{3}\right)+f\left(\frac{\sqrt{3}}{3}\right)\tag{7.30}$$

这个公式的精度次数为 3，即它对于每一个次数不超过 3 的多项式产生精确的结果。

这个方法可用于确定对更高次数的多项式能产生精确结果的公式中的节点和系数，但是用别的方法更容易得到结果。与我们的问题有关的集合是 Legendre 多项式集合，即具有下述性质的集合 $\{P_0(x),P_1(x),\cdots,P_n(x),\cdots\}$。

① 对每一个 n，$P_n(x)$ 是一个次数为 n 的多项式。

② $\int_{-1}^{1}P(x)P_n(x)\mathrm{d}x=0$ 对于次数小于 n 的多项式 $P(x)$ 成立。开始的几个 Legendre 多项式是

$$P_0(x)=1,\quad P_1(x)=x,\quad P_2(x)=x^2-\frac{1}{3}$$

$$P_3(x)=x^3-\frac{3}{5}x,\quad P_4(x)=x^4-\frac{6}{7}x^2+\frac{3}{35}$$

这些多项式的根是不同的，位于区间 $(-1,1)$ 内，关于原点具有对称性，更重要的是，它们可以确定求解问题的参数。

为产生对任何次数小于 $2n$ 的多项式给出精确结果的积分近似公式，所需的节点 x_1，$x_2,\cdots,x_n$ 是 n 次 Legendre 多项式的根。这是根据下面的结果而得的。

定理 7.6　假设 $x_1,x_2,\cdots,x_n$ 是 n 次 Legendre 多项式 $P_n(x)$ 的根，又假设对 $i=1,2,\cdots,n$，数 c_i，定义为

$$c_i=\int_{-1}^{1}\prod_{\substack{j=1\\j\neq i}}^{n}\frac{x-x_j}{x_i-x_j}\mathrm{d}x$$

如果 $P(x)$ 是任何次数小于 $2n$ 的多项式，则

$$\int_{-1}^{1}P(x)\mathrm{d}x=\sum_{i=1}^{n}c_iP(x_i)$$

证明：首先考虑 $P(x)$ 为次数小于 n 的多项式的情况。将 $P(x)$ 重新写为节点为 n 次 Legendre 多项式 $P_n(x)$ 的根的 $(n-1)$ 次 Lagrange 多项式。$P(x)$ 的这个表示是精确的，因为误差项包含 P 的 n 阶导数且 P 的 n 阶导数为 0。因而，有

$$\begin{aligned}\int_{-1}^{1}P(x)\mathrm{d}x&=\int_{-1}^{1}\left[\sum_{i=1}^{n}\prod_{j=1}^{n}\frac{x-x_j}{x_i-x_j}P(x_i)\right]\mathrm{d}x\\&=\sum_{i=1}^{n}\left[\int_{-1}^{1}\prod_{\substack{j=1\\j\neq i}}^{n}\frac{x-x_j}{x_i-x_j}\mathrm{d}x\right]P(x_i)=\sum_{i=1}^{n}c_iP(x_i)\end{aligned}$$

这对于次数小于 n 的多项式验证了我们的结论。

如果次数至少为 n 但小于 $2n$ 的多项式 $P(x)$ 用 n 次 Legendre 多项式 $P_n(x)$ 相除，就

得到次数小于 n 的两个多项式 $Q(x)$ 和 $R(x)$；

$$P(x)=Q(x)P_n(x)+R(x)$$

现在引用 Legendre 多项式的特性。首先，多项式 $Q(x)$ 的次数小于 n，所以（由 Legendre 性质②）有

$$\int_{-1}^{1} Q(x)P_n(x)\mathrm{d}x=0$$

因为 x_i 是 $P_n(x)$ 的根，其中 $i=1,2,\cdots,n$，所以有

$$P(x_i)=Q(x_i)P_n(x_i)+R(x_i)=R(x_i)$$

最后，因为 $R(x)$ 是一个次数小于 n 的多项式，所以开始证明的结论意味着

$$\int_{-1}^{1} R(x)\mathrm{d}x=\sum_{i=1}^{n} c_iR(x_i)$$

把这些事实放在一起就可得到公式对于多项式 $P(x)$ 是精确的。

$$\int_{-1}^{1} P(x)\mathrm{d}x=\int_{-1}^{1}\left[Q(x)P_n(x)+R(x)\right]\mathrm{d}x=\int_{-1}^{1} R(x)\mathrm{d}x=\sum_{i=1}^{n} c_iR(x_i)=\sum_{i=1}^{n} c_iP(x_i)$$

求积法则所需的常数 c_i，可以根据定理 7.6 的方程得到，但是这些常数和 Legendre 多项式的根都可用表格详细列出。对 $n=2,3,4$ 和 5，表 7.9 列出了这些值。

表 7.9 计算结果

n	根 $r_{n,i}$	系数 $c_{n,i}$
2	0.577 350 269 2	1.000 000 000 0
	−0.577 350 269 2	1.000 000 000 0
3	0.774 596 669 2	0.555 555 555 6
	0.000 000 000 0	0.888 888 888 9
	−0.774 596 669 2	0.555 555 555 6
4	0.861 136 311 6	0.347 854 845 1
	0.339 981 043 6	0.652 145 154 9
	−0.339 981 043 6	0.652 145 154 9
	−0.861 136 311 6	0.347 854 845 1
5	0.906 179 845 9	0.236 926 885 0
	0.538 469 310 1	0.478 628 670 5
	0.000 000 000 0	0.568 888 888 9
	−0.538 469 310 1	0.478 628 670 5
	−0.906 179 845 9	0.236 926 885 0

在任意区间 $[a,b]$ 上的积分 $\int_a^b f(x)\mathrm{d}x$ 可以转换成在 $[-1,1]$ 上的积分，通过使用变量替换（见图 7.16）：

$$t=\frac{2x-a-b}{b-a}\Leftrightarrow x=\frac{1}{2}[(b-a)t+a+b]$$

这就允许 Gauss 求积应用于任何区间 $[a,b]$，因为

$$\int_a^b f(x)\mathrm{d}x=\int_{-1}^{1} f\left[\frac{(b-a)t+(b+a)}{2}\right]\frac{(b-a)}{2}\mathrm{d}t \tag{7.31}$$

【例 7.12】 考虑求 $\int_1^{1.5} \mathrm{e}^{-x^2}\mathrm{d}x$ 的近似值问题。表 7.10 列出了 7.2 节给出的 Newton-Cotes 公式的值。积分的精确值（保留到小数后 7 位）是 0.109 364 3。

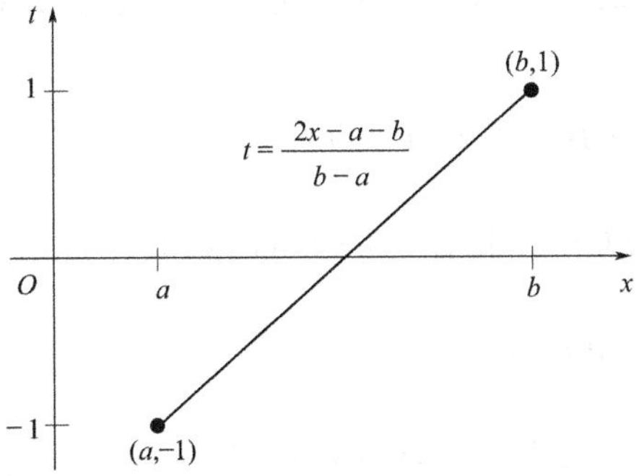

图 7.16 区间转换示意图

表 7.10 计算结果（1）

n	0	1	2	3	4
闭公式		0.118 319 7	0.109 310 4	0.109 340 4	0.109 364 3
开公式	0.104 805 7	0.106 347 3	0.109 411 6	0.109 397 1	

用于此问题的 Gauss 求积过程首先需要将积分转换为积分区间是 $[-1,1]$ 的问题。用式(7.31)，有

$$\int_{1}^{1.5} \mathrm{e}^{-x^2}\mathrm{d}x = \frac{1}{4}\int_{-1}^{1} \mathrm{e}^{-(t+5)^2/16}\mathrm{d}t$$

对于此问题，表 7.11 中的值给出下列 Gauss 求积近似；

$n=2$：

$$\int_{1}^{1.5} \mathrm{e}^{-x^2}\mathrm{d}x \approx \frac{1}{4}\left[\mathrm{e}^{-(5+0.577\,350\,269\,2)^2/16} + \mathrm{e}^{-(5-0.577\,350\,269\,2)^2/16}\right] = 0.109\,400\,3$$

$n=3$：

$$\begin{aligned}\int_{1}^{1.5} \mathrm{e}^{-x^2}\mathrm{d}x &\approx \frac{1}{4}[0.555\,555\,555\,6\mathrm{e}^{-(5+0.774\,596\,692)^2/16} + 0.888\,888\,888\,9\mathrm{e}^{-5^2/16} \\ &\quad + 0.555\,555\,555\,6\mathrm{e}^{-(5-0.774596692)^2/16}] \\ &= 0.109\,364\,2\end{aligned}$$

为进一步进行比较，用 $n=4$ 的 Romberg 方法得到的值在表 7.11 中列出。

表 7.11 计算结果（2）

0.118 319 7			
0.111 562 7	0.109 310 4		
0.109 911 4	0.109 361 0	0.109 364 3	
0.109 500 9	0.109 364 1	0.109 364 3	0.109 364 3

习 题 7

1. 分别用向前差分、向后差分和中心差分公式计算 $f(x)=\sqrt{x}$ 在 $x=2$ 的导数的近似值。其中，步长 $h=0.1$。

2. 确定下列求积公式中的待定参数，使其代数精确度尽量高，并指明求积公式所具有的代数精确度。

(1) $\int_0^1 f(x)\mathrm{d}x \approx Af(0)+Bf(x_1)+Cf(1)$

(2) $\int_{-h}^{h} f(x)\mathrm{d}x \approx A_{-1}f(-h)+A_0 f(0)+A_1 f(h)$

(3) $\int_{-h}^{h} f(x)\mathrm{d}x \approx Af(-h)+Bf(x_1)$

3. 求积公式 $\int_0^1 f(x)\mathrm{d}x \approx A_0 f(0)+A_1 f(1)+B_0 f'(0)$，已知其余项表达式为 $R(f)=kf'''(\xi),\xi\in(0,1)$，试确定系数 A_0,A_1,B_0，使该求积公式具有尽可能高的代数精度，并给出代数精度的次数及求积公式余项。

4. 已知 $x_0=\frac{1}{4}$，$x_1=\frac{1}{2}$，$x_2=\frac{3}{4}$，给出以这 3 个点为求积节点在 $[0,1]$ 上的插值型求积公式。

5. 根据下面给出的函数 $f(x)=\frac{\sin x}{x}$ 的数据表，分别用复合梯形公式和复合 Simpson 公式计算 $I=\int_0^1 \frac{\sin x}{x}\mathrm{d}x$。

x_k	0.000	0.125	0.250	0.375	0.500
$f(x_k)$	1	0.997 397 84	0.989 615 84	0.976 726 75	0.958 851 08
x_k	0.625	0.750	0.875	1.000	
$f(x_k)$	0.936 155 63	0.908 851 68	0.877 192 57	0.841 470 98	

6. 用复化 Simpson 公式计算积分 $I=\int_0^1 \frac{\sin x}{x}\mathrm{d}x$ 的近似值，要求误差限为 0.5×10^{-5}。

7. 数值求积公式 $\int_0^3 f(x)\mathrm{d}x \approx \frac{3}{2}[f(1)+f(2)]$ 是否为插值型求积公式？为什么？其代数精度是多少？

8. 用龙贝格方法计算积分 $\frac{2}{\sqrt{\pi}}\int_0^1 \mathrm{e}^{-x}\mathrm{d}x$，要求误差不超过 10^{-5}。

9. 用下列方法计算积分 $\int_1^3 \frac{\mathrm{d}y}{y}$ 并比较结果。

(1) 龙贝格方法；

(2) 三点及五点高斯公式；

(3) 将积分区间分为四等分，用复化两点高斯公式。

10. 计算 $n=4$ 时的所有 Cotes 系数。

11. 用三点公式和五点公式分别求 $f(x)=\frac{1}{(1+x)^2}$ 在 $x=1.0,1.1$ 和 1.2 处的导数值，并估计误差。$f(x)$ 的值由下表给出：

x	1.0	1.1	1.2	1.3	1.4
$f(x)$	0.250 0	0.226 8	0.206 6	0.189 0	0.173 6

12. 证明对任何 k，有

$$\sum_{i=1}^{2^{k-1}-1} f\left(a+\frac{i}{2}h_{k-1}\right)=\sum_{i=1}^{2^{k-2}} f\left[a+\left(i-\frac{1}{2}\right)h_{k-1}\right]+\sum_{i=1}^{2^{k-2}-1} f(a+ih_{k-1})$$

13. 利用 12 题的结果证明对一切 k，有

$$R_{k,1}=\frac{1}{2}\left\{R_{k-1,1}+h_{k-1}\sum_{i=1}^{2^{k-2}} f\left[a+\left(i-\frac{1}{2}\right)h_{k-1}\right]\right\}$$

14. 验证 Gauss 型求积公式

$$\int_0^{+\infty} \mathrm{e}^{-x} f(x)\mathrm{d}x \approx A_0 f(x_0)+A_1 f(x_1)$$

求积系数及节点分别为

$$A_0=\frac{\sqrt{2}+1}{2\sqrt{2}},\quad A_1=\frac{\sqrt{2}-1}{2\sqrt{2}},\quad x_0=2-\sqrt{2},\quad x_1=2+\sqrt{2}$$

15. 导出中矩形公式 $\int_a^b f(x)\mathrm{d}x \approx (b-a)f\left(\frac{a+b}{2}\right)$的余项。

16. 确定求积公式

$$\int_{-1}^{1} f(x)\mathrm{d}x \approx \frac{1}{9}[5f(\sqrt{0.6})+8f(0)+5f(-\sqrt{0.6})]$$

的代数精度，它是 Gauss 公式吗？

17. 证明梯形公式和辛普森公式 $n\to\infty$收敛到积分 $\int_a^b f(x)\mathrm{d}x$。

18. 使用

$$\int_{x_0}^{x_2} f(x)\mathrm{d}x \approx a_0 f(x_0)+a_1 f(x_1)+a_2 f(x_2)+kf^{(4)}(\xi)$$

推导具有误差项的 Simpson 法则，根据 Simpson 法则对于 $f(x)=x^n$ $(n=1,2,3)$ 是精确的，求出 a_0,a_1,a_2，然后将积分公式应用于 $f(x)=x^4$，求 k。

19. 证明求积公式的次数为 n 的充要条件是误差 $E[P(x)]=0$ 对所有次数为 $k=0,1,\cdots,n$ 的多项式 $P(x)$ 成立，但是对于某个次数为 $n+1$ 的多项式，$E[P(x)]\neq 0$。

第8章

解非线性方程组的数值方法

本章将要讨论求解非线性方程组

$$f_1(x_1,\cdots,x_n)=0$$
$$f_2(x_1,\cdots,x_n)=0$$
$$\vdots$$
$$f_n(x_1,\cdots,x_n)=0$$

式中，$f_i(x_1,x_2,\cdots,x_n)$ 是 $x_1,x_2,\cdots,x_n$ 的 n 元实值函数，$i=1,2,\cdots,n$。记 $\boldsymbol{x}=[x_1,x_2,\cdots,x_n]^{\mathrm{T}}\in R^n$，则非线性方程组可表示成

$$f(\boldsymbol{x})=\boldsymbol{0}$$

其中

$$f(\boldsymbol{x})=\begin{bmatrix} f_1(x_1,x_2,\cdots,x_n) \\ f_2(x_1,x_2,\cdots,x_n) \\ \vdots \\ f_n(x_1,x_2,\cdots,x_n) \end{bmatrix}=\begin{bmatrix} f_1(\boldsymbol{x}) \\ f_2(\boldsymbol{x}) \\ \vdots \\ f_n(\boldsymbol{x}) \end{bmatrix}$$

$$f_i(\boldsymbol{x})=f_i(x_1,x_2,\cdots,x_n),i=1,2,\cdots,n$$

因此，$f(\boldsymbol{x})\in R^n$，f 是 R^n 中的一个子集 D 到另一个子集 W 的一个映射（算子），它使得 $D\subseteq R^n$ 中的每一个向量 $\boldsymbol{x}$，都有 $W\subseteq R^n$ 中唯一的向量 $f(\boldsymbol{x})$ 与之对应。我们常常将映射 f 表示成

$$f:D\to W,\quad D\subseteq R^n,\quad W\subseteq R^n$$

D 是映射 f 的定义域。集合 $W=\{\boldsymbol{y}\mid\boldsymbol{y}=f(\boldsymbol{x}),\forall\,\boldsymbol{x}\in D\}$ 是映射 f 的值域。若不强调映射 f 的定义域和值域，则可写成

$$f:R^n\to R^n$$

我们也常常称 $f(\boldsymbol{x})$ 为 $\boldsymbol{x}$ 的（实）向量值函数。

在讨论解非线性方程组之前，我们先介绍 $f(\boldsymbol{x})$ 的微分与积分等概念及有关结论。

8.1 多变元微分

8.1.1 Frechet 导数

设 $f:R\to R$，f 在 $x\in R$ 的导数为 $f'(x)$，则有

$$\lim_{\Delta x\to 0}\frac{f(x+\Delta x)-f(x)-f'(x)\Delta x}{\Delta x}=0$$

现把它推广到映射 $f:R^n \to R^m$ 的情形。

定义 8.1 设 $f:R^n \to R^m$，R^n、R^m 都是赋范空间。若存在线性算子 $f'(\boldsymbol{x})$：$R^n \to R^m$，使得

$$\lim_{\|\Delta x\| \to 0} \frac{\| f(\boldsymbol{x}+\Delta \boldsymbol{x}) - f(\boldsymbol{x}) - f'(\boldsymbol{x})\Delta \boldsymbol{x} \|}{\| \Delta \boldsymbol{x} \|} = 0, \quad \Delta \boldsymbol{x}, \boldsymbol{x} \in R^n \tag{8.1}$$

则称 $f'(\boldsymbol{x})$ 为映射 f 在 $\boldsymbol{x}$ 的 Frechet 导数，或称 f 在 $\boldsymbol{x}$ 是 Frechet 可微的。算子

$$f:R^n \to L_1[R^n, R^m] \tag{8.2}$$

称为 f 的 Frechet 导数。对于 $\boldsymbol{x} \in R^n$，它确定了 $f'(\boldsymbol{x}) \in L_1[R^n, R^m]$，$L_1[R^n, R^m]$ 是由 R^n 到 R^m 的一切线性算子构成的赋范线性空间。

在 R^n、R^m 空间中，取定基底后，$L_1[R^n, R^m]$ 的元素可用 $m \times n$ 阶矩阵（例如 $\boldsymbol{A} = [a_{ij}]_{m \times n}$）来表示，若在 $L_1[R^n, R^m]$ 中引进矩阵范数，如

$$\| \boldsymbol{A} \| = \max_{\| x \|_\alpha = 1} \| \boldsymbol{A}\boldsymbol{x} \|_\beta \tag{8.3}$$

其中 $\| \cdot \|_\alpha$，$\| \cdot \|_\beta$ 分别为 R^n 和 R^m 中的范数，则 $L_1[R^n, R^m]$ 是赋范空间。

下面讨论 Frechet 导数 $f'(\boldsymbol{x})$ 的矩阵表示形式。设 R^n、R^m 都取自然基，$f:R^n \to R^m$ 在 $\boldsymbol{x} \in R^m$ 为 Frechet 可微。于是，线性算子 $f'(\boldsymbol{x})$：$R^n \to R^m$ 可以用一个 $m \times n$ 阶矩阵来表示。记

$$f'(\boldsymbol{x}) = \begin{bmatrix} a_{11} & a_{12} & \cdots & a_{1n} \\ a_{21} & a_{22} & \cdots & a_{2n} \\ \vdots & \vdots & & \vdots \\ a_{m1} & a_{m2} & \cdots & a_{mn} \end{bmatrix} = \boldsymbol{A}$$

因为

$$\lim_{t \to 0} \left\| \frac{f(\boldsymbol{x}+t\Delta \boldsymbol{x}) - f(\boldsymbol{x})}{t} - f'(\boldsymbol{x})\Delta \boldsymbol{x} \right\| = 0$$

有

$$\lim_{t \to 0} \left\| \frac{f(\boldsymbol{x}+t\boldsymbol{e}_j) - f(\boldsymbol{x})}{t} - \boldsymbol{A}\boldsymbol{e}_j \right\| = 0 \tag{8.4}$$

将 $\boldsymbol{A}\boldsymbol{e}_j = \boldsymbol{a}_j = [a_{1j}, a_{2j} \cdots, a_{mj}]^{\mathrm{T}}$ 代入式(8.4)，有

$$\lim_{t \to 0} \left[\frac{f_i(\boldsymbol{x}+t\boldsymbol{e}_j) - f_i(\boldsymbol{x})}{t} - a_{ij} \right] = 0, \quad i = 1, 2, \cdots, m$$

即 $\dfrac{\partial f_i(\boldsymbol{x})}{\partial x_j} = a_{ij}$，故

$$f'(\boldsymbol{x}) = Df(\boldsymbol{x}) = \begin{bmatrix} \dfrac{\partial f_1(\boldsymbol{x})}{\partial x_1} & \dfrac{\partial f_1(\boldsymbol{x})}{\partial x_2} & \cdots & \dfrac{\partial f_1(\boldsymbol{x})}{\partial x_n} \\ \dfrac{\partial f_2(\boldsymbol{x})}{\partial x_1} & \dfrac{\partial f_2(\boldsymbol{x})}{\partial x_2} & \cdots & \dfrac{\partial f_2(\boldsymbol{x})}{\partial x_n} \\ \vdots & \vdots & & \vdots \\ \dfrac{\partial f_m(\boldsymbol{x})}{\partial x_1} & \dfrac{\partial f_m(\boldsymbol{x})}{\partial x_2} & \cdots & \dfrac{\partial f_m(\boldsymbol{x})}{\partial x_n} \end{bmatrix} \tag{8.5}$$

上式右端是 Jacobi 矩阵。

特别，若 $f:R^n \to R$ 在 $\boldsymbol{x} \in R^n$ 为 Frechet 可微，则

$$f'(\boldsymbol{x})=Df(\boldsymbol{x})=\left[\frac{\partial f(\boldsymbol{x})}{\partial x_1},\frac{\partial f(\boldsymbol{x})}{\partial x_2},\cdots,\frac{\partial f(\boldsymbol{x})}{\partial x_n}\right]=[\mathrm{grad}f(\boldsymbol{x})]^{\mathrm{T}} \tag{8.6}$$

$\mathrm{grad}f(\boldsymbol{x})$ 是 f 的梯度。

若 $f:R\to R^n$ 在 $t\in R$ 为 Frechet 可微，且记

$$f(t)=\begin{bmatrix} f_1(t)\\ f_2(t)\\ \vdots \\ f_n(t)\end{bmatrix}$$

则

$$f'(t)=\begin{bmatrix} \dfrac{\mathrm{d}f_1(t)}{\mathrm{d}t}\\ \dfrac{\mathrm{d}f_2(t)}{\mathrm{d}t}\\ \vdots \\ \dfrac{\mathrm{d}f_n(t)}{\mathrm{d}t}\end{bmatrix}=\lim_{\Delta t\to 0}\frac{f(t+\Delta t)-f(t)}{\Delta t} \tag{8.7}$$

反之，若式(8.7) 右端极限存在，则 f 在 t 为 Frechet 可微。

假设 $f:R^n\to R^m$ 定义为 $f(\boldsymbol{x})=[f_1(\boldsymbol{x}),f_2(\boldsymbol{x}),\cdots,f_m(\boldsymbol{x})]^{\mathrm{T}}$，其中 $\boldsymbol{x}=[x_1,x_2,\cdots,x_n]^{\mathrm{T}}$。如果 $f_1(\boldsymbol{x}),f_2(\boldsymbol{x}),\cdots,f_m(\boldsymbol{x})$ 在点 x_0 的邻域内关于 $x_1,x_2,\cdots,x_n$ 的偏导数 $\dfrac{\partial f_i(\boldsymbol{x})}{\partial x_j}(i=1,2,\cdots,m,j=1,2,\cdots,n)$ 都存在，且这些偏导数在 $\boldsymbol{x}_0$ 都连续，则 f 在 $\boldsymbol{x}_0$ 是 Frechet 可微的，从而式(8.5) 成立。

定理 8.1 设 $f:R^n\to R^m$ 在 $x\in R^n$ 是 Frechet 可微的，则 f 在 $\boldsymbol{x}$ 连续

$$\lim_{\|\Delta x\|\to 0}\|f(\boldsymbol{x}+\Delta\boldsymbol{x})-f(\boldsymbol{x})\|=0$$

8.1.2 高阶导数

设 R^n、R^m 都是赋范空间，$f:R^n\to R^m$ 在 R^n 的一个开子集 D 中为 Frechet 可微，则 $f':R^n\to L_1[R^n,R^m]$，$f'(\boldsymbol{x})\in L_1[R^n,R^m]$。再设 $L_1[R^n,R^m]$ 是赋范空间，考虑 f' 在 $\boldsymbol{x}\in D$ 的 Frechet 导数。若存在线性算子 $f''(\boldsymbol{x})$：$R^n\to L_1[R^n,R^m]$，使得

$$\lim_{\|\Delta x\|\to 0}\frac{\|f'(\boldsymbol{x}+\Delta\boldsymbol{x})-f'(\boldsymbol{x})-f''(\boldsymbol{x})\Delta\boldsymbol{x}\|}{\|\Delta\boldsymbol{x}\|}=0,\quad \Delta\boldsymbol{x}\in D$$

则称 $f''(\boldsymbol{x})$ 为 f 在 $\boldsymbol{x}$ 的二阶 Frechet 导数。

由于 $f''(\boldsymbol{x}):R^n\to L_1[R^n,R^m]$是线性算子，因此 $f''(\boldsymbol{x})\in L_1[R^n,L_1[R^n,R^m]]$，$L_1[R^n,L_1[R^n,R^m]]$是由 R^n 到 $L_1[R^n,R^m]$的一切线性算子构成的线性空间。一般地，用 $L_k[R^n,R^m]$表示 $L_1[R^n,L_{k-1}[R^n,R^m]],k=2,3,\cdots$。$f$ 的 k 阶 Frechet 导数 $f^{(k)}$ 定义为 f 的 $k-1$ 阶 Frechet 导数的 Frechet 导数（$k=2,3,\cdots$）。可见 $f^{(k)}$：$R^n\to L_k[R^n,R^m]$，$f^{(k)}(\boldsymbol{x})\in L_k[R^n,R^m]$。

8.2 不动点迭代

下面讨论非线性方程组

$$\begin{cases} f_1(x_1,x_2,\cdots,x_n)=0 \\ f_2(x_1,x_2,\cdots,x_n)=0 \\ \vdots \\ f_n(x_1,x_2,\cdots,x_n)=0 \end{cases} \tag{8.8}$$

的数值解法，其中 $f_i(x_1,x_2,\cdots,x_n)(i=1,2,\cdots,n)$是实变元 $x_1,x_2,\cdots,x_n$ 的非线性实值函数。将方程组（8.8）表示成

$$f(\boldsymbol{x})=\boldsymbol{0} \tag{8.9}$$

其中

$$\boldsymbol{x}=\begin{bmatrix} x_1 \\ x_2 \\ \vdots \\ x_n \end{bmatrix},\quad f(\boldsymbol{x})=\begin{bmatrix} f_1(x_1,\cdots,x_n) \\ f_2(x_1,\cdots,x_n) \\ \vdots \\ f_n(x_1,\cdots,x_n) \end{bmatrix}=\begin{bmatrix} f_1(\boldsymbol{x}) \\ f_2(\boldsymbol{x}) \\ \vdots \\ f_n(\boldsymbol{x}) \end{bmatrix}$$

$\boldsymbol{x}\in R^n$，$f:R^n\to R^n$，$f(\boldsymbol{x})\in R^n$，R^n 为赋范空间。

我们将第 2 章中介绍的 Newton 法推广到解非线性方程组（8.9）。设 $f:R^n\to R^n$ 在$\boldsymbol{x}_0\in R^n$ 是 Frechet 可微的，则

$$\lim_{\|\Delta\boldsymbol{x}\|\to 0}\frac{\|f(\boldsymbol{x}_0+\Delta\boldsymbol{x})-f(\boldsymbol{x}_0)-f'(\boldsymbol{x}_0)\Delta\boldsymbol{x}\|}{\|\Delta\boldsymbol{x}\|}=0$$

从而有

$$f(\boldsymbol{x}_0+\Delta\boldsymbol{x})\simeq f(\boldsymbol{x}_0)+f'(\boldsymbol{x}_0)\Delta\boldsymbol{x}$$

设 $\boldsymbol{x}^*$ 是非线性方程组 $f(\boldsymbol{x})=0$ 的一个解，$\boldsymbol{x}_0$ 是 $\boldsymbol{x}^*$ 的一个近似令 $\Delta\boldsymbol{x}=\boldsymbol{x}^*-\boldsymbol{x}_0$，则

$$f(\boldsymbol{x}_0)+f'(\boldsymbol{x}_0)(\boldsymbol{x}^*-\boldsymbol{x}_0)\approx 0$$

考虑线性方程组

$$f(\boldsymbol{x}_0)+f'(\boldsymbol{x}_0)(\boldsymbol{x}-\boldsymbol{x}_0)=0$$

若 $f'(\boldsymbol{x}_0)$ 非奇异，则方程组有唯一解 $\boldsymbol{x}_1$，则

$$\boldsymbol{x}_1=\boldsymbol{x}_0-[f'(\boldsymbol{x}_0)]^{-1}f(\boldsymbol{x}_0)$$

不妨用 $\boldsymbol{x}_1$ 作为 $\boldsymbol{x}^*$ 的近似。若 f 在 $\boldsymbol{x}_1$ 为 Frechet 可微，则考虑线性方程组

$$f(\boldsymbol{x}_1)+f'(\boldsymbol{x}_1)(\boldsymbol{x}-\boldsymbol{x}_1)=0$$

再设 $f'(\boldsymbol{x}_1)$ 非奇异，则令

$$\boldsymbol{x}_2=\boldsymbol{x}_1-[f'(\boldsymbol{x}_1)]^{-1}f(\boldsymbol{x}_1)$$

作为 $\boldsymbol{x}^*$ 的近似。一般地，令

$$\boldsymbol{x}_{k+1}=\boldsymbol{x}_k-[f'(\boldsymbol{x}_k)]^{-1}f(\boldsymbol{x}_k),\quad k=0,1,2,\cdots \tag{8.10}$$

这是解非线性方程组（8.9）的 Newton 法的迭代公式。

类似于第 2 章所述，解非线性方程组（8.9）的一般迭代公式可表示成

$$\boldsymbol{x}_{k+1}=\psi_k(\boldsymbol{x}_{k-r},\boldsymbol{x}_{k-r+1},\cdots,\boldsymbol{x}_k),\quad k=r,r+1,\cdots \tag{8.11}$$

其中 $\boldsymbol{x}_0,\boldsymbol{x}_1,\cdots,\boldsymbol{x}_r$ 是方程组（8.9）的一组解的初始近似向量，$\psi_k(\boldsymbol{x}_{k-r},\boldsymbol{x}_{k-r+1},\cdots,\boldsymbol{x}_k)$ 称为迭代函数（或向量值函数）。由式(8.11) 产生的序列 $\{\boldsymbol{x}_k\}$ 称为迭代序列。

在式(8.11) 中取 $r=0$，$\psi_k=\varphi$，可得到最常用的迭代公式

$$\boldsymbol{x}_{k+1}=\varphi(\boldsymbol{x}_k),\quad k=0,1,2,\cdots \tag{8.12}$$

其中 $\varphi:R^n\to R^n$ 为映射。例如，在 Newton 法（8.10）中

$$\varphi(\boldsymbol{x})=\boldsymbol{x}-[f'(\boldsymbol{x})]^{-1}f(\boldsymbol{x})$$

对于非线性方程组的迭代解法，首先应该保证迭代序列是完全确定的，例如，在 Newton 法 (8.10) 中，要保证 $\boldsymbol{x}_k(k=0,1,2,\cdots)$ 都在 f 的定义域中，f 在每一点 $\boldsymbol{x}_k$ 处 Frechet 导数 $f'(\boldsymbol{x}_k)$ 存在且非奇异。

解非线性方程组要比解线性方程组复杂得多。对于 R^n 中任意取的初始近似向量，不能要求一种迭代法产生的迭代序列 $\{\boldsymbol{x}_k\}$ 都收敛于方程组 (8.9) 的解。下面，我们分三种情形来讨论收敛性。

① 假设方程组 (8.9) 存在一个解 $\boldsymbol{x}^*$，且有 $\boldsymbol{x}^*$ 的一个邻域 U 使得 U 中任何一组初始近似向量、迭代序列 $\{\boldsymbol{x}_k\}$ 都是完全确定的 ($\boldsymbol{x}_k\in U$，$k=0,1,\cdots$)，且收敛于 $\boldsymbol{x}^*$。这种收敛性称为局部收敛性。

② 不假定方程组 (8.9) 的解存在，但从 R^n 中满足一定条件的某一开（闭）集 U 中任意的初始近似向量出发，迭代序列 $\{\boldsymbol{x}_k\}$ 是完全确定的 ($\boldsymbol{x}_k\in U$，$k=0,1,\cdots$)，且收敛于 $\boldsymbol{x}^*$，$\boldsymbol{x}^*$ 是方程组 (8.9) 的一个解。这种收敛性称为半局部收敛性。

③ 不假定方程组的解存在，但从 R^n 或至少 R^n 的大范围区域中任意向量出发，迭代序列 $\{\boldsymbol{x}_k\}$ 都收敛于 $\boldsymbol{x}^*$，且 $\boldsymbol{x}^*$ 是方程组 (8.9) 的解。这种收敛性称为大范围收敛性。

为了讨论迭代法的收敛速度，不妨引进收敛阶数的概念。假设一种迭代法产生的迭代序列 $\{\boldsymbol{x}_k\}$（局部、半局部或大范围）收敛于方程组 (8.9) 的一个解，并且存在一个正常数 C 使得不等式

$$\|\boldsymbol{x}_{k+1}-\boldsymbol{x}^*\|\leqslant \boldsymbol{C}\|\boldsymbol{x}_k-\boldsymbol{x}^*\|^p,\quad k=0,1,2,\cdots \tag{8.13}$$

成立，其中当 $p=1$ 时，$0<C<1$，称该迭代法（或 $\{\boldsymbol{x}_k\}$）至少为 p 阶收敛。特别地，当 $p=1$ 时，称该迭代法为至少 Q-线性收敛，或至少线性收敛。

若迭代序列 $\{\boldsymbol{x}_k\}$ 收敛于 $\boldsymbol{x}^*$，且存在收敛于零的数列 $\{\alpha_k\}$，使得

$$\|\boldsymbol{x}_{k+1}-\boldsymbol{x}^*\|\leqslant\alpha_k\|\boldsymbol{x}_k-x^*\|,\quad k=0,1,2,\cdots \tag{8.14}$$

则称该迭代法为 Q-超线性收敛。

现在讨论迭代法 (8.12) 的收敛性和收敛速度问题。若存在 $\boldsymbol{x}^*\in R^n$，使得

$$\boldsymbol{x}^*=\varphi(\boldsymbol{x}^*)$$

则称 $\boldsymbol{x}^*$ 为映射 $\varphi:R^n\to R^n$ 的一个不动点。例如，$\varphi:R\to R$ 定义为 $\varphi(x)=x^2$，它有两个不动点 $x=0$ 和 $x=1$。

解非线性方程组与求不动点之间有着密切的联系。例如，考虑非线性方程组

$$f(\boldsymbol{x})-\boldsymbol{y}=0 \tag{8.15}$$

其中 $f:R^n\to R^n$，$\boldsymbol{x},\boldsymbol{y}\in R^n$，$\boldsymbol{y}$ 为 R^n 的一个固定向量。设映射 $\varphi:R^n\to R^n$ 定义为

$$\varphi(\boldsymbol{x})=\boldsymbol{x}+f(\boldsymbol{x})-\boldsymbol{y} \tag{8.16}$$

显然，$\boldsymbol{x}^*$ 是方程组 (8.15) 的一个解的充分必要条件为 $\boldsymbol{x}^*$ 是映射 (8.16) 的一个不动点。又例如，方程组 (8.9) 与映射 $\varphi:R^n\to R^n$：

$$\varphi(\boldsymbol{x})=x-[f'(\boldsymbol{x})]^{-1}f(\boldsymbol{x}) \tag{8.17}$$

若 $f'(\boldsymbol{x})$ 非奇异，则方程组 (8.9) 的解与映射 (8.17) 的不动点相同。因此，若方程组 (8.9) 的解与某一映射 $\varphi:R^n\to R^n$ 的不动点相同，则可将方程组的求解问题化为求映射 φ 的不动点，而求 φ 的不动点可用不动点迭代公式(8.12)。

定理 8.2 设 $\varphi:R^n\to R^n$ 有一个不动点 $\boldsymbol{x}^*$，若存在一个开球 $S_r(\boldsymbol{x}^*)=\{\boldsymbol{x}\mid\|\boldsymbol{x}-\boldsymbol{x}^*\|<r,r>0\}$ 使得

$$\|\varphi(\boldsymbol{x})-\varphi(\boldsymbol{x}^*)\|\leqslant C\|\boldsymbol{x}-\boldsymbol{x}^*\|,\quad 0<C<1,\forall\boldsymbol{x}\in S_r(\boldsymbol{x}^*) \tag{8.18}$$

则对任意的初始近似 $\boldsymbol{x}_0\in S_r(\boldsymbol{x}^*)$，由迭代公式(8.12) 产生的序列 $\{\boldsymbol{x}_k\}$ 具有如下性质：

① 对一切 $k=0,1,2,\cdots,\boldsymbol{x}_k\in S_r(\boldsymbol{x}^*)$；

② $\lim\limits_{k\to\infty}\boldsymbol{x}_k=\boldsymbol{x}^*$；

③ 序列 $\{\boldsymbol{x}_k\}$ 至少为线性收敛。

证明： 由于 $\boldsymbol{x}_0\in S_r(\boldsymbol{x}^*)$，根据式(8.12) 和式(8.18) 有

$$\|\boldsymbol{x}_1-\boldsymbol{x}^*\|=\|\varphi(\boldsymbol{x}_0)-\varphi(\boldsymbol{x}^*)\|\leqslant C\|\boldsymbol{x}_0-\boldsymbol{x}^*\|<r$$

因此，$\boldsymbol{x}_1\in S_r(\boldsymbol{x}^*)$。现设 $\boldsymbol{x}_k\in S_r(\boldsymbol{x}^*)$，则由

$$\|\boldsymbol{x}_{k+1}-\boldsymbol{x}^*\|=\|\varphi(\boldsymbol{x}_k)-\varphi(\boldsymbol{x}^*)\|\leqslant C\|\boldsymbol{x}_k-\boldsymbol{x}^*\|\leqslant\cdots\leqslant C^{k+1}\|\boldsymbol{x}_0-\boldsymbol{x}^*\|<r \tag{8.19}$$

可知 $\boldsymbol{x}_{k+1}\in S_r(\boldsymbol{x}^*)$。从而可证，对一切 $k=0,1,2,\cdots,\boldsymbol{x}_k\in S_r(\boldsymbol{x}^*)$，而且据式(8.19)，当 $0<C<1$ 时有 $\lim\limits_{k\to\infty}\boldsymbol{x}_k=\boldsymbol{x}^*$。

再据不等式

$$\|\boldsymbol{x}_{k+1}-\boldsymbol{x}^*\|\leqslant C\|\boldsymbol{x}_k-\boldsymbol{x}^*\|,\quad 0<C<1$$

可知迭代序列 $\{\boldsymbol{x}_k\}$ 至少为线性收敛。

关于不动点的存在唯一性以及误差估计，我们有下面的定理。

定理 8.3（压缩映射原理） 设 D 为 R^n 中的一个闭集，$\varphi:D\to D$ 为压缩映射，即满足条件

$$\|\varphi(\boldsymbol{x})-\varphi(\boldsymbol{y})\|\leqslant C\|\boldsymbol{x}-\boldsymbol{y}\|,\quad 0<C<1,\forall\boldsymbol{x},\boldsymbol{y}\in D \tag{8.20}$$

则下列结论成立：

① 对任意的 $\boldsymbol{x}_0\in D$，由（8.12）产生的迭代序列 $\{\boldsymbol{x}_k\}$ 都有 $\boldsymbol{x}_k\in D$，$k=1,2,\cdots$；

② φ 在 D 上有唯一的不动点 $\boldsymbol{x}^*$，$\boldsymbol{x}^*=\varphi(\boldsymbol{x}^*)$，且 $\lim\limits_{k\to\infty}\boldsymbol{x}_k=\boldsymbol{x}^*$；

③ $\|\boldsymbol{x}_{k+1}-\boldsymbol{x}^*\|\leqslant C\|\boldsymbol{x}_k-\boldsymbol{x}^*\|,k=0,1,2,\cdots$，即 $\{\boldsymbol{x}_k\}$ 至少线性收敛；

④ 有估计 $\|\boldsymbol{x}_k-\boldsymbol{x}^*\|\leqslant\dfrac{C^k}{1-C}\|\boldsymbol{x}_1-\boldsymbol{x}_0\|$。

【例 8.1】 设非线性方程组

$$\begin{cases}3x_1-\cos(x_2x_3)-\dfrac{1}{2}=0\\ x_1^2-81(x_2+0.1)^2+\sin x_3+1.06=0\\ \mathrm{e}^{-x_1x_2}+20x_3+\dfrac{10\pi-3}{3}=0\end{cases}$$

若求第 i 个方程的 x_i，该方程组可变为不动点问题

$$x_1=\frac{1}{3}\cos(x_2x_3)+\frac{1}{6}$$

$$x_2=\frac{1}{9}\sqrt{x_1^2+\sin x_3+1.06}-0.1$$

$$x_3=-\frac{1}{20}\mathrm{e}^{-x_1x_2}-\frac{10\pi-3}{60}$$

要想近似求不动点 p，可选择 $x^{(0)}=(0.1,0.1,-0.1)^{\mathrm{T}}$。由

$$x_1^{(k)}=\frac{1}{3}\cos x_2^{(k-1)}x_3^{(k-1)}+\frac{1}{6}$$

$$x_2^{(k)}=\frac{1}{9}\sqrt{(x_1^{(k-1)})^2+\sin x_3^{(k-1)}+1.06}-0.1$$

$$x_3^{(k)}=-\frac{1}{20}e^{-x_1^{(k-1)}x_2^{(k-1)}}-\frac{10\pi-3}{60}$$

产生的向量序列收敛于非线性方程组的唯一解。表 8.1 产生的结果最终满足 $\|x^{(k)}-x^{(k-1)}\|_\infty<10^{-5}$。

表 8.1 不动点产生的近似解的迭代误差

k	$x_1^{(k)}$	$x_2^{(k)}$	$x_3^{(k)}$	$\|x^{(k)}-x^{(k-1)}\|_\infty$
0	0.100 000 00	0.100 000 00	−0.100 000 00	
1	0.499 983 33	0.009 441 15	−0.523 101 27	0.423
2	0.499 995 93	0.000 025 57	−0.523 363 31	9.4×10^{-3}
3	0.500 000 00	0.000 012 34	−0.523 598 14	2.3×10^{-4}
4	0.500 000 00	0.000 000 03	−0.523 598 47	1.2×10^{-5}
5	0.500 000 00	0.000 000 02	−0.523 598 77	3.1×10^{-7}

使用 $C=0.843$ 的误差界为

$$\|x^{(5)}-p\|_\infty\leqslant\frac{0.843^5}{1-0.843}\times0.423<1.15$$

这并不是 $x^{(5)}$ 的真实精度，因为初始近似值是不精确的。实际解为

$$p=\left(0.5,0,-\frac{\pi}{6}\right)^T\approx(0.5,0,-0.523\,598\,775\,7)^T$$

所以真实误差为

$$\|x^{(5)}-p\|_\infty\leqslant2\times10^{-8}$$

8.3 Newton 法

8.3.1 Newton 法

8.2 节给出了解非线性方程组（8.9）的 Newton 法的迭代公式

$$x_{k+1}=x_k-[f'(x_k)]^{-1}f(x_k),\quad k=0,1,2,\cdots$$

或将之写成 $f'(x_k)(x_{k+1}-x_k)+f(x_k)=0,\quad k=0,1,2,\cdots$。$x_{k+1}$ 是线性方程组

$$f'(x_k)(x-x_k)+f(x_k)=0 \tag{8.21}$$

的解，这就是说，线性方程组（8.21）的解作为非线性方程组（8.9）的近似解，而把线性（向量值）函数

$$l_k(x)=f'(x_k)(x-x_k)+f(x_k)$$

看作是向量值函数 $f(x)$ 在包含点 x_k 的某邻域 D 内的近似函数。一般地，若在包含 x_k 的某邻域 D 内，用线性函数

$$l_k(x)=A_kx+b_k$$

近似地代替向量值函数 $f(x)$，其中 A_k 是 n 阶矩阵，则可将线性方程组

$$l_k(x)=A_kx+b_k=0 \tag{8.22}$$

的解作为非线性方程组（8.9）的近似解，从而将非线性问题化为线性问题。这种方法称为线性化方法，并称线性方程组（8.22）为非线性方程组（8.9）的线性化方程。Newton 法是一种线性化方法，线性化方程（8.21）称为 Newton 方程组。

应用 Newton 法（8.10）解非线性方程组（8.9）的计算过程中，每一步计算 $\boldsymbol{x}_{k+1}$ 时，一般不直接计算 $f'(\boldsymbol{x}_k)$ 的逆矩阵 $[f'(\boldsymbol{x}_k)]^{-1}$，而是解 Newton 方程组（8.21）。于是令 $\Delta\boldsymbol{x}_k=\boldsymbol{x}_{k+1}-\boldsymbol{x}_k$，将 Newton 法的迭代公式改写成

$$\begin{cases} f'(\boldsymbol{x}_k)\Delta\boldsymbol{x}_k=-f(\boldsymbol{x}_k), \\ \boldsymbol{x}_{k+1}=\boldsymbol{x}_k+\Delta\boldsymbol{x}_k, \end{cases} \quad k=0,1,2,\cdots$$

每一步迭代均需解 Newton 方程组

$$f'(\boldsymbol{x}_k)\Delta\boldsymbol{x}_k=-f(\boldsymbol{x}_k)$$

这是一个线性方程组，可以用第 3 章中介绍的 Crout 方法等求解。

通常，可用

$$\|f(\boldsymbol{x}_k)\|<\delta \quad 或 \quad \|\Delta\boldsymbol{x}_k\|<\varepsilon$$

作为 Newton 法的终止迭代准则，其中 ε、δ 为预先给定的精度要求。

记 $f(\boldsymbol{x})=[f_1(\boldsymbol{x}),f_2(\boldsymbol{x}),\cdots,f_n(\boldsymbol{x})]^{\mathrm{T}}$，$\boldsymbol{x}=[x_1, x_2, \cdots, x_n]^{\mathrm{T}}$，以及

$$f'(\boldsymbol{x})=\begin{bmatrix} \dfrac{\partial f_1(\boldsymbol{x})}{\partial x_1} & \dfrac{\partial f_1(\boldsymbol{x})}{\partial x_2} & \cdots & \dfrac{\partial f_1(\boldsymbol{x})}{\partial x_n} \\ \dfrac{\partial f_2(\boldsymbol{x})}{\partial x_1} & \dfrac{\partial f_2(\boldsymbol{x})}{\partial x_2} & \cdots & \dfrac{\partial f_2(\boldsymbol{x})}{\partial x_n} \\ \vdots & \vdots & & \vdots \\ \dfrac{\partial f_n(\boldsymbol{x})}{\partial x_1} & \dfrac{\partial f_n(\boldsymbol{x})}{\partial x_2} & \cdots & \dfrac{\partial f_n(\boldsymbol{x})}{\partial x_n} \end{bmatrix}$$

解非线性方程组 $f(\boldsymbol{x})=0$ 的 Newton 法（8.10）的算法如下：

算法 8.1 应用 Newton 法求非线性方程组的解（对给定的初始近似 $\boldsymbol{x}$）。

输入：方程组的阶数 n；初始近似 $\boldsymbol{x}=[x_1,x_2,\cdots,x_n]^{\mathrm{T}}$；误差容限 TOL；最大迭代次数 m。

输出：近似解 $\boldsymbol{x}=[x_1,x_2,\cdots,x_n]^{\mathrm{T}}$ 或迭代次数超过 m 的信息。

Step 1 对 $k=1,2,\cdots,m$，执行 Step 2～5。

Step 2 计算 $f(x)$ 和 $f'(x)$。

Step 3 求得 $f'(x)y=-f(x)$。

Step 4 $x\leftarrow x+y$。

Step 5 若 $\|y\|<TOL$，则输出（x），停机。

Step 6 输出（'Maximum number of iterations exceede'），停机。

下面讨论 Newton 法的收敛性和收敛速度。首先有下面的局部收敛性定理。

定理 8.4 设 $\boldsymbol{x}^*$ 是方程组（8.9）的一个解，$f:R^n\rightarrow R^n$ 在包含 $\boldsymbol{x}^*$ 的邻域 D 中 Frechet 可微，$f'(\boldsymbol{x})$ 在 $\boldsymbol{x}^*$ 连续且 $f'(\boldsymbol{x}^*)$ 非奇异，则存在闭球 $\overline{S}_r(\boldsymbol{x}^*)=\{\boldsymbol{x}\mid\|\boldsymbol{x}-\boldsymbol{x}^*\|\leqslant r,r>0\}\subset D$，使得对一切 $\boldsymbol{x}_0\in\overline{S}_r(\boldsymbol{x}^*)$，由 Newton 法产生的迭代序列 $\{\boldsymbol{x}_k\}$ 是完全确定的，$\boldsymbol{x}_k\in\overline{S}_r(\boldsymbol{x}^*),k=1,2,\cdots$，且 $\{\boldsymbol{x}_k\}$ 收敛于 $\boldsymbol{x}^*$。

关于 Newton 法还有下面的半局部收敛性定理。

定理 8.5（Kantorovich） 假设给定了 R^n 中的一个开集 D，D_0 为一凸集，且 $\overline{D}_0\subseteq D$。设对于给定的 $\boldsymbol{x}_0\in D_0$，存在正常数 r，α,β,γ,h 满足如下性质：

$$S_r(\boldsymbol{x}_0)\subseteq D_0, \quad h=\alpha\beta\gamma/2<1, \quad r=\alpha/(1-h)$$

若 $f:R^n\to R^n$ 在 D 中连续，在 D_0 上处处 Frechet 可微，且满足如下性质：

① $\|f'(\boldsymbol{x})-f'(\boldsymbol{y})\|\leqslant\gamma\|\boldsymbol{x}-\boldsymbol{y}\|,\forall\boldsymbol{x},\boldsymbol{y}\in D_0$；

② $f'(\boldsymbol{x})^{-1}$存在，且 $\|f'(\boldsymbol{x})^{-1}\|\leqslant\beta,\forall\boldsymbol{x}\in D_0$；

③ $\|f'(\boldsymbol{x}_0)^{-1}f(\boldsymbol{x}_0)\|\leqslant\alpha$。

则

① 从 $\boldsymbol{x}_0$ 出发

$$\boldsymbol{x}_{k+1}=\boldsymbol{x}_k-f'(\boldsymbol{x}_k)^{-1}f(\boldsymbol{x}_k),\quad k=0,1,2,\cdots$$

都是完全确定的，且对 $k=0,1,2,\cdots,\boldsymbol{x}_k\in S_r(\boldsymbol{x}_0)$；

② 极限 $\lim\limits_{k\to\infty}\boldsymbol{x}_k=\boldsymbol{x}^*$ 存在，且

$$\boldsymbol{x}^*\in\overline{S}_r(\boldsymbol{x}_0),\quad f(\boldsymbol{x}^*)=0;$$

③ Newton 法至少为二阶收敛；

④ 对 $k=0,1,2,\cdots$

$$\|\boldsymbol{x}_k-\boldsymbol{x}^*\|\leqslant\alpha\frac{h^{2^k-1}}{1-h^{2^k}}$$

【例 8.2】 用 Newton 法求解方程组

$$\begin{cases}f_1(x_1,x_2)=x_1+2x_2-3=0\\f_2(x_1,x_2)=2x_1^2+x_2^2-5=0\end{cases}$$

给定初值 $\boldsymbol{x}^{(0)}=[1.5,1.0]^{\mathrm{T}}$。

解：先求 Jacobi 矩阵

$$F'(\boldsymbol{x})=\begin{bmatrix}1&2\\4x_1&2x_2\end{bmatrix},\quad F'(\boldsymbol{x})^{-1}=\frac{1}{2x_2-8x_1}\begin{bmatrix}2x_2&-2\\-4x_1&1\end{bmatrix}$$

由 Newton 法可得

$$\boldsymbol{x}^{(k+1)}=\boldsymbol{x}^{(k)}-\frac{1}{2x_2^{(k)}-8x_1^{(k)}}\begin{bmatrix}2x_2^{(k)}&-2\\-4x_1^{(k)}&1\end{bmatrix}\begin{bmatrix}x_1^{(k)}+2x_2^{(k)}-3\\2(x_1^{(k)})^2+(x_2^{(k)})^2-5\end{bmatrix}$$

即

$$x_1^{(k+1)}=x_1^{(k)}-\frac{(x_2^{(k)})^2-2(x_1^{(k)})^2+x_1^{(k)}x_2^{(k)}-3x_2^{(k)}+5}{x_2^{(k)}-4x_1^{(k)}}$$

$$x_2^{(k+1)}=x_2^{(k)}-\frac{(x_2^{(k)})^2-2(x_1^{(k)})^2-8x_1^{(k)}x_2^{(k)}+12x_2^{(k)}-5}{2(x_2^{(k)}-4x_1^{(k)})}$$

其中 $k=0,1,\cdots$。由 $\boldsymbol{x}^{(0)}=[1.5,1.0]^{\mathrm{T}}$ 逐次迭代得到

$$\boldsymbol{x}^{(1)}=[1.5,0.75]^{\mathrm{T}}$$
$$\boldsymbol{x}^{(2)}=[1.488\,095,0.755\,952]^{\mathrm{T}}$$
$$\boldsymbol{x}^{(3)}=[1.488\,034,0.755\,983]^{\mathrm{T}}$$

$\boldsymbol{x}^{(3)}$ 的每一位都是有效数字。

8.3.2 修正 Newton 法

Newton 法具有较高的收敛速度，然而计算量很大。在每一步迭代中，要计算 n 个函数值，以及形成 Jacobi 矩阵 $f'(\boldsymbol{x}_k)$ 时还要计算 n^2 个偏导数值，而且要求 $f'(\boldsymbol{x}_k)$ 的逆阵或者解一个 n 阶线性方程组。为了减少计算量，在 Newton 法（8.10）中，对一切 $k=0,1,$

2,…，取 $f'(\boldsymbol{x}_k)$ 为 $f'(\boldsymbol{x}_0)$。于是迭代公式便修正为

$$\boldsymbol{x}_{k+1}=\boldsymbol{x}_k-f'(\boldsymbol{x}_0)^{-1}f(\boldsymbol{x}_k),\quad k=0,1,2,\cdots \tag{8.23}$$

式(8.23)称为修正 Newton 法。这样，虽计算量大为减少，但大大降低了收敛速度。

减少计算量的另一途径是在不增加求逆次数的情况下提高收敛速度。为此，假定已经计算得 $\boldsymbol{x}_k$，则用下面的公式计算 $\boldsymbol{x}_{k+1}(k=0,1,2,\cdots)$：

$$\begin{aligned}&\boldsymbol{x}_{k,0}=\boldsymbol{x}_k\\&\boldsymbol{x}_{k,j}=\boldsymbol{x}_{k,j-1}-f'(\boldsymbol{x}_k)^{-1}f(\boldsymbol{x}_{k,j-1}),\quad j=1,2,\cdots,m\\&\boldsymbol{x}_{k+1}=\boldsymbol{x}_{k,m}\end{aligned} \tag{8.24}$$

实际应用中常用 $m=2$ 的情形。此时，式(8.23)可简化为

$$\boldsymbol{x}_{k+1}=\boldsymbol{x}_k-f'(\boldsymbol{x}_k)^{-1}\{f(\boldsymbol{x}_k)+f[\boldsymbol{x}_k-f'(\boldsymbol{x}_k)^{-1}f(\boldsymbol{x}_k)]\} \tag{8.25}$$

迭代公式(8.24)与 Newton 法公式(8.10)相比，在每一步迭代中增加计算 n 个函数值，并不增加求逆次数。然而收敛速度提高了，可以证明，在一定的假设条件下，迭代公式(8.25)至少是三阶收敛的。

8.4 割线法

在 Newton 法的每一步迭代形成 Jacobi 矩阵 $f'(\boldsymbol{x})$ 时，要计算 n^2 个偏导数值，对 $f(\boldsymbol{x})$ 的分量 $f_i(\boldsymbol{x})(i=1,\cdots,n)$ 的偏导数无法计算或计算过程很复杂的问题，应用 Newton 法将会有很大困难，为了克服这种困难，下面介绍可避免求导过程的割线法。

回顾第 2 章解一元实函数方程 $f(x)=0$ 的割线法，其迭代公式为

$$x_{k+1}=x_k-\left[\frac{f(x_k+h_k)-f(x_k)}{h_k}\right]^{-1}f(x_k) \tag{8.26}$$

其中 $h_k=x_{k-1}-x_k$，因此 x_{k+1} 是线性化方程

$$l(x)=\left[\frac{f(x_k+h_k)-f(x_k)}{h_k}\right](x-x_k)+f(x_k)=0$$

的解，$l(x)$ 是切线 $l_T(x)=f'(x_k)(x-x_k)+f(x_k)$ 的近似，或者是 $f(x)$ 在点 x_k 与 x_k+h_k 之间的线性插值。据此将割线法推广到 n 维而得到解非线性方程组(8.9)的不同方法。

若采用近似的方法，常常使用差商

$$\frac{f_i(\boldsymbol{x}+h_{ij}\boldsymbol{e}_j)-f_i(\boldsymbol{x})}{h_{ij}}\quad 或\quad \frac{f_i\left(\boldsymbol{x}+\sum\limits_{k=1}^{j}h_{ik}\boldsymbol{e}_k\right)-f_i\left(\boldsymbol{x}+\sum\limits_{k=1}^{j-1}h_{ik}\boldsymbol{e}_k\right)}{h_{ij}}$$

近似地代替偏导数 $\dfrac{\partial f_i(\boldsymbol{x})}{\partial x_j}$，其中 h_{ij} 是离散化参数。更一般地，令 $\boldsymbol{h}\in R^p$ 表示一个向量参数，$\Delta_{ij}(\boldsymbol{x},\boldsymbol{h})$ 表示 $\dfrac{\partial f_i(\boldsymbol{x})}{\partial x_j}$ 的一种差商逼近，使得

$$\lim_{h\to 0}\Delta_{ij}(\boldsymbol{x},\boldsymbol{h})=\frac{\partial f_i(\boldsymbol{x})}{\partial x_j},\quad i,j=1,2,\cdots,n$$

令

$$J(\boldsymbol{x},\boldsymbol{h})=[\Delta_{ij}(\boldsymbol{x},\boldsymbol{h})]_{n\times n}$$

则得到离散的 Newton 法

$$x_{k+1}=x_k-J(x_k,h_k)^{-1}f(x_k),\quad k=0,1,2,\cdots \tag{8.27}$$

其中

$$J(x_k,h_k)=[\Delta_{ij}(x_k,h_k)]_{n\times n}$$

称为差商矩阵，迭代公式 (8.27) 又称为割线法。

若采用插值的方法，常用分量曲面 $z=f_i(x)(i=1,2,\cdots,n)$ 在点 x_k 的某领域内的 $n+1$ 个辅助点 $x_{k,0}$，$x_{k,1}$，…，$x_{k,n}$ 的插值超平面代替 $f_i(x)$。寻找 n 维向量 $a^i=[a_{i1},a_{i2},\cdots,a_{in}]^T$ 及 $b_k=[b_1,b_2,\cdots,b_n]^T$ 满足

$$\begin{cases}(a^1)^T x_{k,j}+b_1=f_1(x_{k,j})\\ \cdots\\ (a^n)^T x_{k,j}+b_n=f_n(x_{k,j})\end{cases} \tag{8.28}$$

若记

$$A_k=\begin{bmatrix}(a^1)^T\\(a^2)^T\\ \vdots\\(a^n)^T\end{bmatrix}$$

则要使得

$$l_k(x)=A_k x+b_k \tag{8.29}$$

在点 $x_{k,j}$ 处有

$$l_k(x_{k,j})=A_k x_{k,j}+b_k=f(x_{k,j}) \tag{8.30}$$

于是有

$$l_k(x_{k,j})-l_k(x_{k,0})=A_k(x_{k,j}-x_{k,0})=f(x_{k,j})-f(x_{k,0}) \tag{8.31}$$

记

$$\begin{aligned}H_k&=[x_{k,1}-x_{k,0},\cdots,x_{k,n}-x_{k,0}]\\ \Gamma_k&=[f(x_{k,1})-f(x_{k,0}),\cdots,f(x_{k,n})-f(x_{k,0})]\end{aligned} \tag{8.32}$$

则式(8.31) 可改写为 $A_kH_k=\Gamma_k$。若 H_k 和 Γ_k 非奇异，则可得到迭代公式

$$\begin{cases}A_k(x-x_k)+f(x_k)=0\\ A_k=\Gamma_k H_k^{-1}\end{cases} \tag{8.33}$$

由式(8.33) 解出 x，且令 $x=x_{k+1}$，得到迭代公式

$$\begin{cases}x_{k+1}=x_k-A_k^{-1}f(x_k)\\ A_k^{-1}=H_k\Gamma_k^{-1}\end{cases} \tag{8.34}$$

称为解非线性方程组 (8.9) 的割线法。

下面讨论辅助点选择方法：两点序列割线法。取辅助点为

$$x_{k,j}=x_k+(x_j^{(k-1)}-x_j^{(k)})e_j,\quad j=1,2,\cdots,n \tag{8.35}$$

其中 $x_j^{(k-1)}$，$x_j^{(k)}(j=1,\cdots,n)$ 分别为向量 x_{k-1} 和 x_k 的第 j 个分量。此时，割线法 (8.34) 中的矩阵 H_k 为对角阵

$$H_k=[x_{k,1}-x_k,\cdots,x_{k,n}-x_k]=\mathrm{diag}(x_1^{(k-1)}-x_1^{(k)},\cdots,x_n^{(k-1)}-x_n^{(k)})$$

记 $h_j^{(k)}=x_j^{(k-1)}-x_j^{(k)},j=1,\cdots,n$，若 $h_j^{(k)}\neq 0(j=1,\cdots,n)$，则 H_k 非奇异，而

$$\Gamma_k=[f(x_k+h_1^{(k)}e_1)-f(x_k),\cdots,f(x_k+h_n^{(k)}e_n)-f(x_k)]$$

因此

$$\boldsymbol{A}_k=\boldsymbol{\Gamma}_k\boldsymbol{H}_k^{-1}=\left\{\frac{1}{h_1^{(k)}}\left[f(\boldsymbol{x}_k+h_1^{(k)}\boldsymbol{e}_1)-f(\boldsymbol{x}_k)\right],\cdots,\frac{1}{h_n^{(k)}}\left[f(\boldsymbol{x}_k+h_n^{(k)}\boldsymbol{e}_n)-f(\boldsymbol{x}_k)\right]\right\} \tag{8.36}$$

假设 $\boldsymbol{\Gamma}_k$ 非奇异，将式(8.36) 代入式(8.33) 便得到一种两点序列割线法。它实际上是用差商

$$\frac{f_i(\boldsymbol{x}_k+h_j^{(k)}\boldsymbol{e}_j)-f_i(\boldsymbol{x}_k)}{h_j^{(k)}}$$

代替偏导数 $\dfrac{\partial f_i(\boldsymbol{x}_k)}{\partial \boldsymbol{x}_j}(i,j=1,2,\cdots,n)$ 的离散化 Newton 法公式(8.27)。

上述两点序列割线法，每一迭代步形成矩阵 $\boldsymbol{A}_k$ 时，要计算一个向量值函数 $f(\boldsymbol{x}_k)$ 和 n 个向量值函数 $f(\boldsymbol{x}_k+h_j^{(k)}\boldsymbol{e}_j),j=1,2,\cdots,n$，即要计算 n^2+n 个函数值。为了减少函数值的计算量，取辅助点为

$$\boldsymbol{x}_{k,j}=\boldsymbol{x}_k+\sum_{i=1}^{i}(x_i^{(k-1)}-x_i^{(k)})\boldsymbol{e}_i,\quad j=1,2,\cdots,n \tag{8.37}$$

记 $h_j^{(k)}=x_j^{(k-1)}-x_j^{(k)}$，则

$$\boldsymbol{H}_k=\left[h_1^{(k)}\boldsymbol{e}_1,\sum_{i=1}^{2}h_i^{(k)}\boldsymbol{e}_i,\cdots,\sum_{i=1}^{n}h_i^{(k)}\boldsymbol{e}_i\right]=\begin{bmatrix} h_1^{(k)} & h_1^{(k)} & \cdots & h_1^{(k)} \\ & h_2^{(k)} & \cdots & h_2^{(k)} \\ & & \ddots & \vdots \\ & & & h_n^{(k)} \end{bmatrix} \tag{8.38}$$

若 $h_j^{(k)}\neq 0(j=1,2,\cdots,n)$，则 $\boldsymbol{H}_k$ 非奇异，而

$$\begin{aligned}\boldsymbol{\Gamma}_k=&\left[f(\boldsymbol{x}_k+h_1^{(k)}\boldsymbol{e}_1)-f(\boldsymbol{x}_k),f\left(\boldsymbol{x}_k+\sum_{i=1}^{2}h_i^{(k)}\boldsymbol{e}_i\right)-f(\boldsymbol{x}_k),\cdots,\right.\\ &\left.f\left(\boldsymbol{x}_k+\sum_{i=1}^{n}h_i^{(k)}\boldsymbol{e}_i\right)-f(\boldsymbol{x}_k)\right]\end{aligned} \tag{8.39}$$

令

$$\boldsymbol{P}=\begin{bmatrix} 1 & -1 & & \\ & 1 & -1 & \\ & & \ddots & \ddots \\ & & & -1 \\ & & & 1 \end{bmatrix} \tag{8.40}$$

则

$$\boldsymbol{H}_k\boldsymbol{P}=\begin{bmatrix} h_1^{(k)} & & & \\ & h_2^{(k)} & & \\ & & \ddots & \\ & & & h_n^{(k)} \end{bmatrix}$$

$$\boldsymbol{\Gamma}_k\boldsymbol{P}=\left[f(\boldsymbol{x}_k+h_1^{(k)}\boldsymbol{e}_1)-f(\boldsymbol{x}_k),\cdots,f\left(\boldsymbol{x}_k+\sum_{i=1}^{n}h_i^{(k)}\boldsymbol{e}_i\right)-f\left(\boldsymbol{x}_k+\sum_{i=1}^{n-1}h_i^{(k)}\boldsymbol{e}_i\right)\right]$$

从而

$$\boldsymbol{A}_k=\boldsymbol{\Gamma}_k\boldsymbol{P}\boldsymbol{P}^{-1}\boldsymbol{H}_k^{-1}=\boldsymbol{\Gamma}_k\boldsymbol{P}(\boldsymbol{H}_k\boldsymbol{P})^{-1}$$

$$=\left\{\frac{1}{h_1^{(k)}}(f(\boldsymbol{x}_k+h_1^{(k)}\boldsymbol{e}_1)-f(\boldsymbol{x}_k)),\cdots,\frac{1}{h_n^{(k)}}\left[f\left(\boldsymbol{x}_k+\sum_{i=1}^{n}h_i^{(k)}\boldsymbol{e}_i\right)-\right.\right.$$

$$\left.\left.f\left(\boldsymbol{x}_k+\sum_{i=1}^{n-1}h_i^{(k)}\boldsymbol{e}_i\right)\right]\right\} \tag{8.41}$$

假设 $\boldsymbol{\Gamma}_k$ 非奇异，将式(8.41) 代入式(8.34) 便得到另一种两点序列割线法。它实际上是用差商

$$\frac{f_i\left(\boldsymbol{x}_k+\sum_{r=1}^{j}h_r^{(k)}\boldsymbol{e}_r\right)-f_i\left(\boldsymbol{x}_k+\sum_{r=1}^{j-1}h_r^{(k)}\boldsymbol{e}_r\right)}{h_j^{(k)}}$$

代替偏导数$\dfrac{\partial f_i(\boldsymbol{x}_k)}{\partial x_j}(i,j=1,2,\cdots,n)$的离散 Newton 法公式(8.27)。据式(8.37) 有

$$\boldsymbol{x}_{k,n}=\boldsymbol{x}_k+\sum_{i=1}^{n}(x_i^{(k-1)}-x_i^{(k)})\boldsymbol{e}_i=\boldsymbol{x}_k+(\boldsymbol{x}_{k-1}-\boldsymbol{x}_k)=\boldsymbol{x}_{k-1}$$

由于 $f(\boldsymbol{x}_{k-1})$ 在前一迭代步已计算出来，因此在这种两点割线法中，每一迭代步只需计算 n 个向量值函数，即计算 n^2 个函数值。它比前一种两点序列割线法少计算 n 个函数值。

8.5 拟 Newton 法

前两节讨论了解非线性方程组 (8.9) 的修正 Newton 法和离散的 Newton 法，这两种方法用矩阵 $\boldsymbol{B}_k$ 近似地代替 $f'(\boldsymbol{x}_k)$，从而得到如下的迭代法

$$\boldsymbol{x}_{k+1}=\boldsymbol{x}_k-\boldsymbol{B}_k^{-1}f(\boldsymbol{x}_k),\quad k=0,1,\cdots \tag{8.42}$$

其中 $\boldsymbol{B}_k(k=0,1,2,\cdots)$ 均非奇异。为了每次迭代时不计算逆矩阵，我们设法构造 $\boldsymbol{H}_k$ 直接逼近 $f'(\boldsymbol{x}_k)$ 的逆阵 $f'(\boldsymbol{x}_k)^{-1}$。于是，迭代式为

$$\boldsymbol{x}_{k+1}=\boldsymbol{x}_k-\boldsymbol{H}_k f(\boldsymbol{x}_k),\quad k=0,1,\cdots \tag{8.43}$$

迭代公式(8.42) 或式 (8.43) 称为拟 Newton 法。

假设 $f:R^n\to R^n$ 在凸集 $D\subset R^n$ 为 Frechet 可微。若 $\boldsymbol{x}_k,\boldsymbol{x}_{k+1}\in D$，则 $\Delta\boldsymbol{x}_k=\boldsymbol{x}_{k+1}-\boldsymbol{x}_k\in D$，且当 $\|\Delta\boldsymbol{x}_k\|$ 很小时，

$$f(\boldsymbol{x}_{k+1})-f(\boldsymbol{x}_k)\simeq f'(\boldsymbol{x}_{k+1})\Delta\boldsymbol{x}_k$$

于是，$\boldsymbol{B}_{k+1}$需要满足关系式

$$f(\boldsymbol{x}_{k+1})-f(\boldsymbol{x}_k)=\boldsymbol{B}_{k+1}\Delta\boldsymbol{x}_k$$

记 $\boldsymbol{y}_k=f(\boldsymbol{x}_{k+1})-f(\boldsymbol{x}_k)$，则上式可写成

$$\boldsymbol{y}_k=\boldsymbol{B}_{k+1}\Delta\boldsymbol{x}_k \tag{8.44}$$

或者 $\boldsymbol{H}_{k+1}$满足关系式

$$\boldsymbol{H}_{k+1}\boldsymbol{y}_k=\Delta\boldsymbol{x}_k \tag{8.45}$$

式(8.44) 或式(8.45) 称为拟 Newton 方程 (或拟 Newton 条件)。这是拟 Newton 法中近似矩阵 $\boldsymbol{B}_{k+1}$或 $\boldsymbol{H}_{k+1}$所应满足的基本关系式。选取不同的矩阵序列 $\{\boldsymbol{B}_k\}$ 或 $\{\boldsymbol{H}_k\}$，可得到各类拟 Newton 法。

下面讨论产生矩阵 $\boldsymbol{B}_k$ 或 $\boldsymbol{H}_k$ 的具体方法。假设已作出矩阵 $\boldsymbol{B}_k$，为了从 $\boldsymbol{B}_k$ 产生 $\boldsymbol{B}_{k+1}$，不妨令

$$\boldsymbol{B}_{k+1}=\boldsymbol{B}_k+\boldsymbol{E}_k \tag{8.46}$$

称矩阵 $\boldsymbol{E}_k$ 为第 k 次校正矩阵。若能确定 $\boldsymbol{E}_k$ 使得 $\boldsymbol{B}_{k+1}$满足拟 Newton 方程，则 $\boldsymbol{B}_{k+1}$就产生

出来了。

8.5.1 Broyden 方法

如果限制 $\boldsymbol{E}_k$ 的秩为 1，即 $\mathrm{rank}\boldsymbol{E}_k=1$，那么 $\boldsymbol{E}_k$ 将表示成

$$\boldsymbol{E}_k=\boldsymbol{u}_k\boldsymbol{v}_k^{\mathrm{T}} \tag{8.47}$$

其中 $\boldsymbol{u}_k$，$\boldsymbol{v}_k\in R^n$，且 $\boldsymbol{u}_k$，$\boldsymbol{v}_k\neq 0$。将式(8.46) 和式(8.47) 代入拟 Newton 方程（8.44）得到

$$\boldsymbol{y}_k=(\boldsymbol{B}_k+\boldsymbol{u}_k\boldsymbol{v}_k^{\mathrm{T}})\Delta\boldsymbol{x}_k$$

或

$$\boldsymbol{u}_k\boldsymbol{v}_k^{\mathrm{T}}\Delta\boldsymbol{x}_k=\boldsymbol{y}_k-\boldsymbol{B}_k\Delta\boldsymbol{x}_k$$

若 $\boldsymbol{v}_k^{\mathrm{T}}\Delta\boldsymbol{x}_k\neq 0$，则有

$$\boldsymbol{u}_k=(\boldsymbol{y}_k-\boldsymbol{B}_k\Delta\boldsymbol{x}_k)/\boldsymbol{v}_k^{\mathrm{T}}\Delta\boldsymbol{x}_k$$

将之代入式(8.47) 可得

$$\boldsymbol{E}_k=\frac{(\boldsymbol{y}_k-\boldsymbol{B}_k\Delta\boldsymbol{x}_k)\boldsymbol{v}_k^{\mathrm{T}}}{\boldsymbol{v}_k^{\mathrm{T}}\Delta\boldsymbol{x}_k}$$

于是，我们得到解非线性方程组（8.9）的一类 1 秩方法

$$\begin{cases}\boldsymbol{x}_{k+1}=\boldsymbol{x}_k-\boldsymbol{B}_k^{-1}f(\boldsymbol{x}_k)\\ \boldsymbol{B}_{k+1}=\boldsymbol{B}_k+(\boldsymbol{y}_k-\boldsymbol{B}_k\Delta\boldsymbol{x}_k)\dfrac{\boldsymbol{v}_k^{\mathrm{T}}}{\boldsymbol{v}_k^{\mathrm{T}}\Delta\boldsymbol{x}_k}, \quad k=0,1,2,\cdots\\ \boldsymbol{v}_k^{\mathrm{T}}\Delta\boldsymbol{x}_k\neq 0\end{cases} \tag{8.48}$$

其中 $\Delta\boldsymbol{x}_k=\boldsymbol{x}_{k+1}-\boldsymbol{x}_k$，$\boldsymbol{y}_k=f(\boldsymbol{x}_{k+1})-f(\boldsymbol{x}_k)$。

下面给出解非线性方程组（8.9）的 Broyden 方法。

算法 8.2　应用 Broyden 方法求非线性方程组 $f(\boldsymbol{x})=0$ 的近似解。

输入：方程组的阶数 n；初始近似 $\boldsymbol{x}=[x_1,x_2,\cdots,x_n]^{\mathrm{T}}$；误差容限 TOL；最大迭代次数 m。

输出：近似解 $\boldsymbol{x}=[x_1,x_2,\cdots,x_n]^{\mathrm{T}}$ 或方法失败信息。

Step 1　$A\leftarrow f'(\boldsymbol{x})$；

　　　　$\boldsymbol{v}\leftarrow f(\boldsymbol{x})$；

Step 2　$H\leftarrow A^{-1}$。

Step 3　$k\leftarrow 1$；

　　　　$s\leftarrow -Hv$；

　　　　$\boldsymbol{x}\leftarrow\boldsymbol{x}+\boldsymbol{s}$。

Step 4　对 $k=1,\cdots,m$，执行 Step 5～14。

Step 5　$w\leftarrow v$；

　　　　$v\leftarrow f(x)$；

　　　　$y\leftarrow v-w$。

Step 6　$z\leftarrow -Hy$。

Step 7　$p\leftarrow -s^{\mathrm{T}}z$。

Step 8　若 $p=0$，则输出（'Method failed'），停机。

Step 9 $C \leftarrow pI+(s+z)s^{\mathrm{T}}$。

Step 10 $H \leftarrow (1/p)CH$。

Step 11 $\boldsymbol{s} \leftarrow -H\boldsymbol{v}$。

Step 12 $x \leftarrow x+\boldsymbol{s}$。

Step 13 若 $\|\boldsymbol{s}\| < TOL$，则输出(x)，停机。

Step 14 $k \leftarrow k+1$。

Step 15 输出（'Maximum number of iterations exceeded'），停机。

【例 8.3】 设非线性方程组

$$3x_1-\cos(x_2x_3)-\frac{1}{2}=0$$

$$x_1^2-81(x_2+0.1)^2+\sin x_3+1.06=0$$

$$\mathrm{e}^{-x_1x_2}+20x_3+\frac{10\pi-3}{3}=0$$

该方程组的 Jacobi 矩阵为

$$\boldsymbol{J}(x_1,x_2,x_3)=\begin{bmatrix} 3 & x_3\sin x_2x_3 & x_2\sin x_2x_3 \\ 2x_1 & -162(x_2+0.1) & \cos x_3 \\ -x_2\mathrm{e}^{-x_1x_2} & -x_1\mathrm{e}^{-x_1x_2} & 20 \end{bmatrix}$$

设 $\boldsymbol{x}^{(0)}=[0.1,0.1,-0.1]^{\mathrm{T}}$ 和 $\boldsymbol{F}(x_1,x_2,x_3)=[f_1(x_1,x_2,x_3),f_2(x_1,x_2,x_3),f_3(x_1,x_2,x_3)]^{\mathrm{T}}$，其中

$$f_1(x_1,x_2,x_3)=3x_1-\cos(x_2x_3)-\frac{1}{2}$$

$$f_2(x_1,x_2,x_3)=x_1^2-81(x_2+0.1)^2+\sin x_3+1.06$$

$$f_3(x_1,x_2,x_3)=\mathrm{e}^{-x_1x_2}+20x_3+\frac{10\pi-3}{3}$$

于是

$$\boldsymbol{F}(\boldsymbol{x}^{(0)})=\begin{bmatrix} -1.194\,949 \\ -2.269\,822 \\ 8.462\,926 \end{bmatrix}$$

并且因为

$$\begin{aligned}\boldsymbol{A}_0&=\boldsymbol{J}(x_1^{(0)},x_2^{(0)},x_3^{(0)})\\&=\begin{bmatrix} 3 & 9.999\,833\times10^{-4} & -9.999\,833\times10^{-4} \\ 0.2 & -323.999 & 0.995\,004\,2 \\ -9.900\,498\times10^{-2} & -9.900\,498\times10^{-2} & 20 \end{bmatrix}\end{aligned}$$

有

$$\begin{aligned}\boldsymbol{A}_0^{-1}&=\boldsymbol{J}(x_1^{(0)},x_2^{(0)},x_3^{(0)})^{-1}\\&=\begin{bmatrix} 0.333\,333\,2 & 1.023\,852\times10^{-5} & 1.615\,701\times10^{-5} \\ 2.108\,607\times10^{-3} & -3.086\,883\times10^{-2} & 1.535\,836\times10^{-3} \\ 1.660\,520\times10^{-3} & -1.52\,757\,7\times10^{-4} & 5.000\,768\times10^{-2} \end{bmatrix}\end{aligned}$$

所以

$$\boldsymbol{x}^{(1)}=\boldsymbol{x}^{(0)}-\boldsymbol{A}_0^{-1}\boldsymbol{F}(\boldsymbol{x}^{(0)})=\begin{bmatrix}0.4998697\\1.946685\times10^{-2}\\-0.5215205\end{bmatrix}$$

$$\boldsymbol{F}(\boldsymbol{x}^{(1)})=\begin{bmatrix}-3.394465\times10^{-4}\\-0.3443879\\3.188238\times10^{-2}\end{bmatrix}$$

$$\boldsymbol{y}_1=\boldsymbol{F}(\boldsymbol{x}^1)-\boldsymbol{F}(\boldsymbol{x}^{(0)})=\begin{bmatrix}1.199611\\1.925445\\-8.430143\end{bmatrix}$$

$$\boldsymbol{s}_1=\begin{bmatrix}0.3998697\\-8.053315\times10^{-2}\\-0.4215204\end{bmatrix}$$

$$\boldsymbol{s}_1^{\mathrm{T}}\boldsymbol{A}_0^{-1}\boldsymbol{y}_1=0.3424604$$

$$\begin{aligned}\boldsymbol{A}_1^{-1}&=\boldsymbol{A}_0^{-1}+(1/0.3424604)[(\boldsymbol{s}_1-\boldsymbol{A}_0^{-1}\boldsymbol{y}_1)\boldsymbol{s}_1^{\mathrm{T}}\boldsymbol{A}_0^{-1}]\\&=\begin{bmatrix}0.3333781 & 1.11050\times10^{-5} & 8.967344\times10^{-6}\\-2.021270\times10^{-3} & -3.094849\times10^{-2} & 2.196906\times10^{-3}\\1.022214\times10^{-3} & -1.650709\times10^{-4} & 5.010986\times10^{-2}\end{bmatrix}\end{aligned}$$

$$\boldsymbol{x}^{(2)}=\boldsymbol{x}^{(1)}-\boldsymbol{A}_1^{-1}\boldsymbol{F}(\boldsymbol{x}^{(1)})=\begin{bmatrix}0.4999863\\8.737833\times10^{-3}\\-0.5231746\end{bmatrix}$$

表 8.2 列出了另外的迭代结果。

表 8.2 另外的迭代结果

k	$x_1^{(k)}$	$x_2^{(k)}$	$x_3^{(k)}$	$\Vert x^{(k)}-x^{(k-1)}\Vert_2$
3	0.500 006 6	8.672157×10^{-4}	−0.523 691 8	7.88×10^{-3}
4	0.500 000 3	6.083352×10^{-5}	−0.523 595 4	8.12×10^{-4}
5	0.500 000 0	-1.448889×10^{-6}	−0.523 598 9	6.24×10^{-5}
6	0.500 000 0	6.059030×10^{-9}	−0.523 598 8	1.50×10^{-6}

8.5.2 DFP 方法和 BFS 方法

现在考虑式(8.49)中校正矩阵 $\boldsymbol{E}_k$ 的秩为 2，即 $\mathrm{rank}\boldsymbol{E}_k=2$ 的情形

$$\boldsymbol{H}_{k+1}=\boldsymbol{H}_k+\boldsymbol{E}_k=\boldsymbol{H}_k+\boldsymbol{U}_k\boldsymbol{V}_k^{\mathrm{T}} \tag{8.49}$$

其中 $\boldsymbol{E}_k=\boldsymbol{U}_k\boldsymbol{V}_k^{\mathrm{T}}$，$\boldsymbol{U}_k$、$\boldsymbol{V}_k$ 均为 $n\times2$ 阶矩阵。将 $\boldsymbol{U}_k$ 的第 1、2 列向量分别记作 $\boldsymbol{u}_k^{(1)}$ 和 $\boldsymbol{u}_k^{(2)}$，$\boldsymbol{V}_k$ 的第 1、2 列向量分别记作 $\boldsymbol{v}_k^{(1)}$ 和 $\boldsymbol{v}_k^{(2)}$，则

$$\boldsymbol{E}_k=[\boldsymbol{u}_k^{(1)},\boldsymbol{u}_k^{(2)}]\begin{bmatrix}\boldsymbol{v}_k^{(1)^{\mathrm{T}}}\\\boldsymbol{v}_k^{(2)^{\mathrm{T}}}\end{bmatrix}=\boldsymbol{u}_k^{(1)}\boldsymbol{v}_k^{(1)^{\mathrm{T}}}+\boldsymbol{u}_k^{(2)}\boldsymbol{v}_k^{(2)^{\mathrm{T}}} \tag{8.50}$$

将式(8.49)和式(8.50)代入拟 Newton 方程（8.45）得

$$(\boldsymbol{H}_k+\boldsymbol{u}_k^{(1)}\boldsymbol{v}_k^{(1)^{\mathrm{T}}}+\boldsymbol{u}_k^{(2)}\boldsymbol{v}_k^{(2)^{\mathrm{T}}})\boldsymbol{y}_k=\Delta\boldsymbol{x}_k$$

或写成

$$\boldsymbol{u}_k^{(1)}\boldsymbol{v}_k^{(1)\mathrm{T}}\boldsymbol{y}_k+\boldsymbol{u}_k^{(2)}\boldsymbol{v}_k^{(2)\mathrm{T}}\boldsymbol{y}_k=\Delta\boldsymbol{x}_k-\boldsymbol{H}_k\boldsymbol{y}_k \tag{8.51}$$

现取

$$\boldsymbol{u}_k^{(1)}=\Delta\boldsymbol{x}_k,\ \boldsymbol{u}_k^{(2)}=-\boldsymbol{H}_k\boldsymbol{y}_k \tag{8.52}$$

则式(8.51)可化为

$$\Delta\boldsymbol{x}_k\boldsymbol{v}_k^{(1)\mathrm{T}}\boldsymbol{y}_k-\boldsymbol{H}_k\boldsymbol{y}_k\boldsymbol{v}_k^{(2)\mathrm{T}}\boldsymbol{y}_k=\Delta\boldsymbol{x}_k-\boldsymbol{H}_k\boldsymbol{y}_k \tag{8.53}$$

显然，若取 $\boldsymbol{v}_k^{(1)}$、$\boldsymbol{v}_k^{(2)}$ 使得

$$\boldsymbol{v}_k^{(1)\mathrm{T}}\boldsymbol{y}_k=1,\quad \boldsymbol{v}_k^{(2)\mathrm{T}}\boldsymbol{y}_k=1 \tag{8.54}$$

则式(8.53)成立，从而也满足拟 Newton 方程（8.45）。

令

$$\boldsymbol{v}_k^{(1)\mathrm{T}}=(1+\beta\boldsymbol{y}_k^{\mathrm{T}}\boldsymbol{H}_k\boldsymbol{y}_k)\frac{(\Delta\boldsymbol{x}_k)^{\mathrm{T}}}{(\Delta\boldsymbol{x}_k)^{\mathrm{T}}\boldsymbol{y}_k}-\beta\boldsymbol{y}_k^{\mathrm{T}}\boldsymbol{H}_k \tag{8.55}$$

$$\boldsymbol{v}_k^{(2)\mathrm{T}}=[1-\beta(\Delta\boldsymbol{x}_k)^{\mathrm{T}}\boldsymbol{y}_k]\frac{\boldsymbol{y}_k^{\mathrm{T}}\boldsymbol{H}_k}{\boldsymbol{y}_k^{\mathrm{T}}\boldsymbol{H}_k\boldsymbol{y}_k}+\beta(\Delta\boldsymbol{x}_k)^{\mathrm{T}} \tag{8.56}$$

其中 β 是一个实参数，显然式(8.54)成立。将式(8.52)、式(8.55)和式(8.56)代入 $\boldsymbol{E}_k$ 的表达式(8.50)，并整理得到

$$\begin{aligned}\boldsymbol{H}_{k+1}&=\boldsymbol{H}_k+\boldsymbol{E}_k\\&=\boldsymbol{H}_k+\frac{(\Delta\boldsymbol{x}_k)(\Delta\boldsymbol{x}_k)^{\mathrm{T}}}{(\Delta\boldsymbol{x}_k)^{\mathrm{T}}\boldsymbol{y}_k}-\frac{\boldsymbol{H}_k\boldsymbol{y}_k\boldsymbol{y}_k^{\mathrm{T}}\boldsymbol{H}_k}{\boldsymbol{y}_k^{\mathrm{T}}\boldsymbol{H}_k\boldsymbol{y}_k}+\beta\left[\frac{\boldsymbol{H}_k\boldsymbol{y}_k\boldsymbol{y}_k^{\mathrm{T}}\boldsymbol{H}_k}{\boldsymbol{y}_k^{\mathrm{T}}\boldsymbol{H}_k\boldsymbol{y}_k}(\Delta\boldsymbol{x}_k)^{\mathrm{T}}\boldsymbol{y}_k-\right.\\&\quad\left.\boldsymbol{H}_k\boldsymbol{y}_k(\Delta\boldsymbol{x}_k)^{\mathrm{T}}-(\Delta\boldsymbol{x}_k)\boldsymbol{y}_k^{\mathrm{T}}\boldsymbol{H}_k+\frac{(\Delta\boldsymbol{x}_k)(\Delta\boldsymbol{x}_k)^{\mathrm{T}}}{(\Delta\boldsymbol{x}_k)^{\mathrm{T}}\boldsymbol{y}_k}\boldsymbol{y}_k^{\mathrm{T}}\boldsymbol{H}_k\boldsymbol{y}_k\right]\end{aligned} \tag{8.57}$$

显然，式(8.57)选取不同的参数 β 可得到不同的公式，从而得到解方程组（8.9）的不同迭代法。

若取 $\beta=0$，则得到 DFP（Davidon，Fletcher，Powell）方法

$$\begin{cases}\boldsymbol{x}_{k+1}=\boldsymbol{x}_k-\boldsymbol{H}_k\boldsymbol{f}(\boldsymbol{x}_k),\quad k=0,1,2,\cdots\\ \boldsymbol{H}_{k+1}=\boldsymbol{H}_k+\dfrac{(\Delta\boldsymbol{x}_k)(\Delta\boldsymbol{x}_k)^{\mathrm{T}}}{(\Delta\boldsymbol{x}_k)^{\mathrm{T}}\boldsymbol{y}_k}-\dfrac{\boldsymbol{H}_k\boldsymbol{y}_k\boldsymbol{y}_k^{\mathrm{T}}\boldsymbol{H}_k}{\boldsymbol{y}_k^{\mathrm{T}}\boldsymbol{H}_k\boldsymbol{y}_k}\end{cases} \tag{8.58}$$

若取 $\beta=\dfrac{1}{(\Delta\boldsymbol{x}_k)^{\mathrm{T}}\boldsymbol{y}_k}$，则得到 BFS（Broyden，Fletcher，Shanmo）方法

$$\begin{cases}\boldsymbol{x}_{k+1}=\boldsymbol{x}_k-\boldsymbol{H}_k\boldsymbol{f}(\boldsymbol{x}_k),\quad k=0,1,2,\cdots\\ \boldsymbol{H}_{k+1}=\boldsymbol{H}_k+[\mu_k\Delta\boldsymbol{x}_k(\Delta\boldsymbol{x}_k)^{\mathrm{T}}-\boldsymbol{H}_k\boldsymbol{y}_k(\Delta\boldsymbol{x}_k)^{\mathrm{T}}-(\Delta\boldsymbol{x}_k)\boldsymbol{y}_k^{\mathrm{T}}\boldsymbol{H}_k]/(\Delta\boldsymbol{x}_k)^{\mathrm{T}}\boldsymbol{y}_k\\ \boldsymbol{\mu}_k=1+\boldsymbol{y}_k^{\mathrm{T}}\boldsymbol{H}_k\boldsymbol{y}_k/(\Delta\boldsymbol{x}_k)^{\mathrm{T}}\boldsymbol{y}_k\end{cases}$$

数值计算实践表明 BFS 方法比 DFP 方法具有更好的稳定性。

8.6 下降算法

解非线性方程组（8.9）的问题，可以转化为多元实值函数的极小化问题，即求多元函数的极小点问题。例如，令

$$h(\boldsymbol{x})=\boldsymbol{f}(\boldsymbol{x})^{\mathrm{T}}\boldsymbol{f}(\boldsymbol{x})=f_1(\boldsymbol{x})^2+f_2(\boldsymbol{x})^2+\cdots+f_n(\boldsymbol{x})^2 \tag{8.59}$$

则 $f(\boldsymbol{x})=0$ 的充分必要条件是 $h(\boldsymbol{x})=0$。由于

$$h(\boldsymbol{x})\geqslant 0, \quad \forall \boldsymbol{x}\in R^n$$

因此 $\min h(\boldsymbol{x})\geqslant 0$，从而使 $h(\boldsymbol{x})=0$ 的任何极小点必为方程组 $f(\boldsymbol{x})=0$ 的解。

解极小化问题（8.59）的一类方法如下：从某一初始点 $\boldsymbol{x}_0$ 出发，沿着使 $h(\boldsymbol{x})$ 下降的方向 $\boldsymbol{p}_0$，令

$$\boldsymbol{x}_1=\boldsymbol{x}_0+\lambda\boldsymbol{p}_0$$

确定 $\lambda=\lambda_0$，使

$$h(\boldsymbol{x}_1)<h(\boldsymbol{x}_0)$$

依此类推，从点 $\boldsymbol{x}_k$ 出发，沿方向 $\boldsymbol{p}_k$，令

$$\boldsymbol{x}_{k+1}=\boldsymbol{x}_k+\lambda\boldsymbol{p}_k, \quad k=0,1,2,\cdots \tag{8.60}$$

确定 $\lambda=\lambda_k$，使得

$$h(\boldsymbol{x}_{k+1})<h(\boldsymbol{x}_k)$$

于是，得到一个点序列 $\boldsymbol{x}_0,\boldsymbol{x}_1,\cdots,\boldsymbol{x}_k$，…。上述方法称为下降算法，其中 λ_k 称为步长因子。我们可以选择 λ_k 使得

$$h(\boldsymbol{x}_{k+1})=\min_{\lambda} h(\boldsymbol{x}_k+\lambda\boldsymbol{p}_k)$$

在下降算法中，如何在每次迭代中选择寻查方向 $\boldsymbol{p}_k$ 是一个重要的问题。如果在式（8.60）中取

$$p(\boldsymbol{x})=-\mathrm{grad}h(\boldsymbol{x}), \quad \boldsymbol{p}_k=\boldsymbol{p}(\boldsymbol{x}_k) \tag{8.61}$$

其中 $h(\boldsymbol{x})$ 的梯度为

$$\mathrm{grad}h(\boldsymbol{x})=\left[\frac{\partial h(\boldsymbol{x})}{\partial x_1},\cdots,\frac{\partial h(\boldsymbol{x})}{\partial x_n}\right]^{\mathrm{T}} \tag{8.62}$$

上述选取寻查方向的下降算法（8.60）称为最速下降法。通常，Newton 方法或拟 Newton 方法对初始值近似接近于解的情况收敛得快，所以实际应用中常用最速下降法来计算 Newton 方法等的初始近似。

8.7 延拓法

设 $f:R^n\to R^n$，非线性方程组 $f(\boldsymbol{x})=0$ 有未知解 $\boldsymbol{x}^*$。我们考虑一类以 $t(t\in[0,1])$ 为参数的非线性方程组，它对应于 $t=0$ 有一个已知解 $\boldsymbol{x}(0)$，而对应于 $t=1$ 有未知解 $\boldsymbol{x}(1)=\boldsymbol{x}^*$。例如，假设 $\boldsymbol{x}(0)$ 是方程组 $f(\boldsymbol{x})=0$ 的解 $\boldsymbol{x}^*$ 的一个初始近似，不妨定义

$$g(t,\boldsymbol{x})=tf(\boldsymbol{x})+(1-t)\{f(\boldsymbol{x})-f[\boldsymbol{x}(0)]\}=f(\boldsymbol{x})+(t-1)f[\boldsymbol{x}(0)],t\in[0,1] \tag{8.63}$$

对于 t 的各种数值，希望求方程组

$$g(t,\boldsymbol{x})=0 \tag{8.64}$$

的解。当 $t=0$ 时，方程组（8.64）为

$$g(0,\boldsymbol{x})=f(\boldsymbol{x})-f[\boldsymbol{x}(0)]=0$$

且 $\boldsymbol{x}(0)$ 是其一个解；当 $t=1$ 时，方程组（8.64）为

$$g(1,\boldsymbol{x})=f(\boldsymbol{x})=0$$

且 $\boldsymbol{x}(1)=\boldsymbol{x}^*$ 是其一个解。

延拓问题是确定一条从方程组 $g(0,\boldsymbol{x})=0$ 的已知解 $\boldsymbol{x}(0)$ 到 $g(1,\boldsymbol{x})=0$ 的未知解 $\boldsymbol{x}(1)=\boldsymbol{x}^*$ 的路径，以解方程组 $f(\boldsymbol{x})=0$。假设对每一个 $t\in[0,1]$ 方程组（8.64）都有唯

一解$\boldsymbol{x}(t)$，且$\boldsymbol{x}(t)$连续依赖于t，则$\boldsymbol{x}=\boldsymbol{x}(t)$表示$R^n$中的一条空间曲线，它的一个端点是$\boldsymbol{x}(0)$，另一个端点是$\boldsymbol{x}(1)=\boldsymbol{x}^*$。延拓法是沿着这条曲线寻求序列$\{\boldsymbol{x}(t_k)\}_{k=0}^{m}$，其中$t_0=0<t_1<t_2<\cdots<t_m=1$。

假设函数$\boldsymbol{x}(t)$和g都是Frechet可微的，则方程组（8.64）对t求导数得

$$\frac{\partial g(t,\boldsymbol{x}(t))}{\partial t}+\frac{\partial g(t,\boldsymbol{x}(t))}{\partial \boldsymbol{x}}\boldsymbol{x}'(t)=0$$

又设$\left[\frac{\partial g(t,\boldsymbol{x}(t))}{\partial \boldsymbol{x}}\right]^{-1}$存在，则求解得到

$$\boldsymbol{x}'(t)=-\left[\frac{\partial g(t,\boldsymbol{x}(t))}{\partial \boldsymbol{x}}\right]^{-1}\frac{\partial g(t,\boldsymbol{x}(t))}{\partial t} \tag{8.65}$$

由于

$$g(t,\boldsymbol{x}(t))=f[\boldsymbol{x}(t)]+(t-1)f[\boldsymbol{x}(0)]$$

记$f(\boldsymbol{x})=[f_1(\boldsymbol{x}),f_2(\boldsymbol{x}),\cdots,f_n(\boldsymbol{x})]^{\mathrm{T}}$，$\boldsymbol{x}=[x_1,x_2,\cdots,x_n]^{\mathrm{T}}$，则

$$\frac{\partial g(t,\boldsymbol{x}(t))}{\partial x}=\begin{bmatrix}\frac{\partial f_1[\boldsymbol{x}(t)]}{\partial x_1} & \frac{\partial f_1[\boldsymbol{x}(t)]}{\partial x_2} & \cdots & \frac{\partial f_1[\boldsymbol{x}(t)]}{\partial x_n}\\ \frac{\partial f_2[\boldsymbol{x}(t)]}{\partial x_1} & \frac{\partial f_2[\boldsymbol{x}(t)]}{\partial x_2} & \cdots & \frac{\partial f_2[\boldsymbol{x}(t)]}{\partial x_n}\\ \vdots & \vdots & & \vdots\\ \frac{\partial f_n[\boldsymbol{x}(t)]}{\partial x_1} & \frac{\partial f_n[\boldsymbol{x}(t)]}{\partial x_2} & \cdots & \frac{\partial f_n[\boldsymbol{x}(t)]}{\partial x_n}\end{bmatrix} \tag{8.66}$$

式(8.66)是Jacobi矩阵，或记作$J[\boldsymbol{x}(t)]$，且$\frac{\partial g(t,\boldsymbol{x}(t))}{\partial t}=f[\boldsymbol{x}(0)]$。于是，式(8.65)可写成

$$\boldsymbol{x}'(t)=-\{J[\boldsymbol{x}(t)]\}^{-1}f[\boldsymbol{x}(0)],\quad 0\leqslant t\leqslant 1 \tag{8.67}$$

式(8.67)是一个微分方程组，具有初值条件$\boldsymbol{x}(0)$。若取$t_j=jh$，$h=\frac{1-0}{m}$，$j=0,1,2,\cdots,m$，则应用延拓法解方程组$f(\boldsymbol{x})=\boldsymbol{0}$可转化为求微分方程组（8.67）的数值解$\boldsymbol{x}(t_j)$，$j=1,2,\cdots,m$，最后$\boldsymbol{x}(t_m)$作为方程组$f(\boldsymbol{x})=\boldsymbol{0}$的解$\boldsymbol{x}^*$的近似。

下面定理说明在一定的假设条件下延拓法是可行的。

定理 8.6 假设对一切$\boldsymbol{x}\in R^n$，$f(\boldsymbol{x})$是连续Frechet可微的，它的Jacobi矩阵$J(\boldsymbol{x})=f'(\boldsymbol{x})$是非奇异的，且存在常数$M$使得$\|f'(\boldsymbol{x})^{-1}\|\leqslant M$，$x\in R^n$。那么，对于任一个$\boldsymbol{x}(0)\in R^n$，存在唯一解函数$\boldsymbol{x}(t)$使得

$$f(t,\boldsymbol{x}(t))=0$$

对于$[0,1]$中一切t都成立。同时，$\boldsymbol{x}(t)$是连续可微的，且满足

$$\boldsymbol{x}'(t)=-\{J[\boldsymbol{x}(t)]\}^{-1}f[\boldsymbol{x}(0)],\quad t\in[0,1]$$

【例 8.4】 考虑非线性方程组

$$f_1(x_1,x_2,x_3)=3x_1-\cos(x_2x_3)-0.5=0$$
$$f_2(x_1,x_2,x_3)=x_1^2-81(x_2+0.1)^2+\sin x_3+1.06=0$$
$$f_3(x_1,x_2,x_3)=\mathrm{e}^{-x_1x_2}+20x_3+\frac{10\pi-3}{3}=0$$

其Jacobi矩阵为

$$J(x)=\begin{bmatrix} 3 & x_3\sin x_2x_3 & x_2\sin x_2x_3 \\ 2x_1 & -162(x_2+0.1) & \cos x_3 \\ -x_2e^{-x_1x_2} & -x_1e^{-x_1x_2} & 20 \end{bmatrix}$$

设 $\boldsymbol{x}(0)=(0,0,0)^T$，使得 $f[\boldsymbol{x}(0)]=(-1.5,0.25,10\pi/3)^T$，则微分方程组为

$$\begin{bmatrix} x_1'(t) \\ x_2'(t) \\ x_3'(t) \end{bmatrix}=-\begin{bmatrix} 3 & x_3\sin x_2x_3 & x_2\sin x_2x_3 \\ 2x_1 & -162(x_2+0.1) & \cos x_3 \\ -x_2e^{-x_1x_2} & -x_1e^{-x_1x_2} & 20 \end{bmatrix}^{-1}\begin{bmatrix} -1.5 \\ 0.25 \\ 10\pi/3 \end{bmatrix}$$

习 题 8

1. 非线性方程组

$$x_1^2-10x_1+x_2^2+8=0$$
$$x_1x_2^2+x_1-10x_2+8=0$$

可以转换为不动点问题

$$x_1=g_1(x_1,x_2)=\frac{x_1^2+x_2^2+8}{10}$$
$$x_2=g_2(x_1,x_2)=\frac{x_1x_2^2+x_1+8}{10}$$

(1) 证明 $D\subset R^2$ 到 R^2 的映射 $G=(g_1,g_2)^T$ 在

$$D=\{(x_1,x_2)^T\,|\,0\leqslant x_1,x_2\leqslant 1.5\}$$

有唯一不动点。

(2) 应用函数迭代近似求解。

2. 非线性方程组

$$5x_1^2-x_2^2=0$$
$$x_2-0.25(\sin x_1+\cos x_2)=0$$

在$\left(\frac{1}{4},\ \frac{1}{4}\right)^T$ 附近有一个解。

(1) 求一个函数 G 和 R^2 上的集合 D 使得 $G:D\to R^2$ 并且 G 在 D 上有唯一不动点。

(2) 应用函数迭代近似求解，按 l_∞ 范数精确到10^{-5}。

3. 试用 Newton 法解非线性方程组

$$x_1+2x_2-3=0$$
$$2x_1^2+x_2^2-5=0$$

取初始向量 $\boldsymbol{x}_0=(1.5,1.0)^T$，进行二次迭代，结果取三位小数。

4. 应用 Newton 法解非线性方程组

$$x_1^2+x_2^2-x_1=0$$
$$x_1^2-x_2^2-x_2=0$$

取初始近似 $\boldsymbol{x}_0=(0.8,0.4)^T$，要求 $\|x_k-x_{k-1}\|_\infty<10^{-5}$。

5. 试证明方程组

$$x_1=0.5\cos x_2$$
$$x_2=0.5\sin x_1$$

有唯一解 $\boldsymbol{u}$，且存在闭球 $\overline{S}_r(\boldsymbol{u})$ 使得对一切 $\boldsymbol{x}^{(0)}\in\overline{S}_r(\boldsymbol{u})$，由 Newton 法产生的迭代序列 $\{\boldsymbol{x}^{(k)}\}$ 都收敛于 $\boldsymbol{u}$。

6. 用牛顿法解方程组

$$x_1^2+y_2^2=4$$
$$x_1^2-y_2^2=1$$

取 $\boldsymbol{x}^{(0)}=(1.6,1.2)^{\mathrm{T}}$。

7. 非线性方程组

$$\begin{aligned}
4x_1-x_2+x_3&=x_1x_4\\
-x_1+3x_2-2x_3&=x_2x_4\\
x_1-2x_2+3x_3&=x_3x_4\\
x_1^2+x_2^2+x_3^2&=1
\end{aligned}$$

有 6 个解。

(1) 证明如果 $(x_1,x_2,x_3,x_4)^{\mathrm{T}}$ 是解，那么 $(-x_1,-x_2,-x_3,-x_4)^{\mathrm{T}}$ 也是解。

(2) 使用 Newton 方法三次，近似求所有的解，迭代到 $\|\boldsymbol{x}^{(k)}-\boldsymbol{x}^{(k-1)}\|_\infty<10^{-5}$ 时终止。

8. 取 $\boldsymbol{x}^{(0)}=0$ 用 Broyden 方法对下面非线性方程组进行计算求解 $\boldsymbol{x}^{(2)}$。

(1) $\begin{cases}4x_1^2-20x_1+\dfrac{1}{4}x_2^2+8=0\\ \dfrac{1}{2}x_1x_2^2+2x_1-5x_2+8=0\end{cases}$ (2) $\begin{cases}\sin(4\pi x_1x_2)-2x_2-x_1=0\\ \left(\dfrac{4\pi-1}{4\pi}\right)(\mathrm{e}^{2x_1}-\mathrm{e})+4\mathrm{e}x_2^2-2\mathrm{e}x_1=0\end{cases}$

(3) $\begin{cases}3x_1-\cos(x_2x_3)-\dfrac{1}{2}=0\\ 4x_1^2-625x_2^2+2x_2-1=0\\ \mathrm{e}^{-x_1x_2}+20x_3+\dfrac{10\pi-3}{3}=0\end{cases}$ (4) $\begin{cases}x_1^2+x_2-37=0\\ x_1-x_2^2-5=0\\ x_1+x_2+x_3-3=0\end{cases}$

9. 使用 Broyden 方法求下面非线性方程组的近似解，迭代到 $\|\boldsymbol{x}^{(k)}-\boldsymbol{x}^{(k-1)}\|_\infty<10^{-6}$ 时终止。

(1) $\begin{cases}x_1(1-x_1)+4x_2=12\\ (x_1-2)^2+(2x_2-3)^2=25\end{cases}$ (2) $\begin{cases}5x_1^2-x_2^2=0\\ x_2-0.25(\sin x_1+\cos x_2)=0\end{cases}$

(3) $\begin{cases}10x_1-2x_2^2+x_2-2x_3-5=0\\ 8x_2^2+4x_3^2-9=0\\ 8x_2x_3+4=0\end{cases}$ (4) $\begin{cases}15x_1+x_2^2-4x_3=13\\ x_1^2+10x_2-x_3=11\\ x_2^3-25x_3=-22\end{cases}$

10. 使用最速下降法来近似求解下面的非线性方程组，其中 $TOL=0.05$。

(1) $\begin{cases}4x_1^2-20x_1+\dfrac{1}{4}x_2^2+8=0\\ \dfrac{1}{2}x_1x_2^2+2x_1-5x_2+8=0\end{cases}$ (2) $\begin{cases}3x_1^2-x_2^2=0\\ 3x_1x_2^2-x_1^3-1=0\end{cases}$

(3) $\begin{cases} \ln(x_1^2+x_2^2)-\sin(x_1x_2)=\ln 2+\ln\pi \\ e^{x_1-x_2}+\cos(x_1x_2)=0 \end{cases}$ (4) $\begin{cases} \sin(4\pi x_1x_2)-2x_2-x_1=0 \\ \left(\dfrac{4\pi-1}{4\pi}\right)(e^{2x_1}-e)+4e^{x_2^2}-2e^{x_1}=0 \end{cases}$

11. 使用误差为 $TOL=0.05$ 的最速下降方法求下面非线性方程组的近似解。

(1) $\begin{cases} 15x_1+x_2^2-4x_3=13 \\ x_1^2+10x_2-x_3=11 \\ x_2^3-25x_3=-22 \end{cases}$ (2) $\begin{cases} 10x_1-2x_2^2+x_2-2x_3-5=0 \\ 8x_2^2+4x_3^2-9=0 \\ 8x_2x_3+4=0 \end{cases}$

(3) $\begin{cases} x_1{}^3+x_1^2x_2-x_1x_3+6=0 \\ e^{x_1}+e^{x_2}-x_3=0 \\ x_2^2-2x_1x_3=4 \end{cases}$ (4) $\begin{cases} x_1+\cos(x_1x_2x_3)-1=0 \\ (1-x_1)^{\frac{1}{4}}+x_2+0.05x_3^2-0.15x_3-1=0 \\ -x_1^2-0.1x_2^2+0.01x_2+x_3-1=0 \end{cases}$

12. 非线性方程组

$$f_1(x_1,x_2)=x_1^2-x_2^2+2x_2=0$$
$$f_2(x_1,x_2)=2x_1+x_2^2-6=0$$

有两个解 $(0.625\,204\,094,\ 2.179\,355\,825)^T$ 和 $(2.109\,511\,920,\ -1.334\,532\,188)^T$，使用延拓方法求近似解，其中

(1) $\boldsymbol{x}(0)=(0,0)^T$ (2) $\boldsymbol{x}(0)=(1,1)^T$ (3) $\boldsymbol{x}(0)=(3,-2)^T$

13. 对下面的非线性方程组应用延拓方法求解。

(1) $\begin{cases} 4x_1^2-20x_1+\dfrac{1}{4}x_2^2+8=0 \\ \dfrac{1}{2}x_1x_2^2+2x_1-5x_2+8=0 \end{cases}$ (2) $\begin{cases} \sin(4\pi x_1x_2)-2x_2-x_1=0 \\ \left(\dfrac{4\pi-1}{4\pi}\right)(e^{2x_1}-e)+4e^{x_2^2}-2e^{x_1}=0 \end{cases}$

(3) $\begin{cases} 3x_1-\cos(x_2x_3)-\dfrac{1}{2}=0 \\ 4x_1^2-625x_2^2+2x_2-1=0 \\ e^{-x_1x_2}+20x_3+\dfrac{10\pi-3}{3}=0 \end{cases}$ (4) $\begin{cases} x_1^2+x_2-37=0 \\ x_1-x_2^2-5=0 \\ x_1+x_2+x_3-3=0 \end{cases}$

第9章

矩阵特征值与特征向量的近似计算

在前面的介绍中，我们知道特征值和特征向量与线性方程组求解迭代法的收敛性有关，与线性方程组条件数有关。为了确定 $n\times n$ 矩阵 $\boldsymbol{A}$ 的特征值，构造特征多项式

$$p(\lambda)=\det(\boldsymbol{A}-\lambda\boldsymbol{I})$$

然后确定其零点。求 $n\times n$ 矩阵的行列式的计算量很大，而求 $p(\lambda)=0$ 方程根的好的近似值也很困难。在本章中，将探讨求特征值及特征向量的其他方法。

9.1 乘幂法

在许多实际应用中，往往不需要计算矩阵的全部特征值，而只要计算矩阵模数最大的特征值，通常称为主特征值。乘幂法是计算一个矩阵的模数最大特征值及其特征向量的迭代算法。

设 n 阶实矩阵 $\boldsymbol{A}$ 有完备的特征向量系，即有 n 个线性无关的特征向量。在实际应用中，常遇到的实对称矩阵和特征值互不相同的矩阵就具有这种性质。设

$$\boldsymbol{x}_j=[x_{1j},x_{2j},\cdots,x_{nj}]^{\mathrm{T}},\quad j=1,2,\cdots,n$$

是 $\boldsymbol{A}$ 的 n 个线性无关的特征向量，且

$$\boldsymbol{A}\boldsymbol{x}_j=\lambda_j\boldsymbol{x}_j,\quad j=1,2,\cdots,n$$

其中 λ_j 是 $\boldsymbol{A}$ 的特征值，并假设

$$|\lambda_1|\geqslant|\lambda_2|\geqslant\cdots\geqslant|\lambda_n|$$

首先，我们讨论 λ_1 是实数且为单根的情形，此时有

$$|\lambda_1|>|\lambda_2|\geqslant\cdots\geqslant|\lambda_n| \tag{9.1}$$

设 $\boldsymbol{v}_0$ 是任意一个非零 n 维向量，则根据前面的假设，$\boldsymbol{v}_0$ 可唯一表示成

$$\boldsymbol{v}_0=\alpha_1\boldsymbol{x}_1+\alpha_2\boldsymbol{x}_2+\cdots+\alpha_n\boldsymbol{x}_n$$

令

$$\boldsymbol{v}_k=\boldsymbol{A}\boldsymbol{v}_{k-1},\quad k=1,2,\cdots$$

则有

$$\begin{aligned}\boldsymbol{v}_k&=\boldsymbol{A}\boldsymbol{v}_{k-1}=\boldsymbol{A}^2\boldsymbol{v}_{k-2}=\cdots=\boldsymbol{A}^k\boldsymbol{v}_0\\&=\alpha_1\lambda_1^k\boldsymbol{x}_1+\alpha_2\lambda_2^k\boldsymbol{x}_2+\cdots+\alpha_n\lambda_n^k\boldsymbol{x}_n\end{aligned} \tag{9.2}$$

我们用 $(\boldsymbol{v}_k)_i$ 表示向量 $\boldsymbol{v}_k$ 的第 i 个分量。根据式(9.2)，我们有

$$(\boldsymbol{v}_k)_i=\alpha_1\lambda_1^k x_{i1}+\alpha_2\lambda_2^k x_{i2}+\cdots+\alpha_n\lambda_n^k x_{in} \tag{9.3}$$

从而

$$\frac{(\boldsymbol{v}_{k+1})_i}{(\boldsymbol{v}_k)_i}=\frac{\sum_{j=1}^{n}\alpha_j\lambda_j^{k+1}x_{ij}}{\sum_{j=1}^{n}\alpha_j\lambda_j^{k}x_{ij}}$$

其中 x_{ij} 表示向量 $\boldsymbol{x}_j$ 的第 i 个分量。假设 $\alpha_1\neq0$，$x_{i1}\neq0$，则有

$$\frac{(\boldsymbol{v}_{k+1})_i}{(\boldsymbol{v}_k)_i}=\lambda_1\frac{1+\sum_{j=2}^{n}b_j\left(\frac{\lambda_j}{\lambda_1}\right)^{k+1}}{1+\sum_{j=2}^{n}b_j\left(\frac{\lambda_j}{\lambda_1}\right)^{k}} \tag{9.4}$$

其中

$$b_j=\frac{\alpha_j x_{ij}}{\alpha_1 x_{i1}},\quad j=2,3,\cdots,n \tag{9.5}$$

根据式(9.1) 和式(9.4)，我们有

$$\lim_{k\to\infty}\frac{(\boldsymbol{v}_{k+1})_i}{(\boldsymbol{v}_k)_i}=\lambda_1 \tag{9.6}$$

和

$$\frac{(\boldsymbol{v}_{k+1})_i}{(\boldsymbol{v}_k)_i}-\lambda_1=\lambda_1\left[\frac{1+\sum_{j=2}^{n}b_j\left(\frac{\lambda_j}{\lambda_1}\right)^{k+1}}{1+\sum_{j=2}^{n}b_j\left(\frac{\lambda_j}{\lambda_1}\right)^{k}}-1\right]$$

$$=\frac{\lambda_1\left[b_2\left(\frac{\lambda_2}{\lambda_1}\right)^k\left(\frac{\lambda_2}{\lambda_1}-1\right)+\sum_{j=2}^{n}b_j\left(\frac{\lambda_j}{\lambda_1}\right)^k\left(\frac{\lambda_j}{\lambda_1}-1\right)\right]}{1+\sum_{j=2}^{n}b_j\left(\frac{\lambda_j}{\lambda_1}\right)^k}$$

因此，当 $k\to\infty$ 时，上式右端趋于 $\lambda_1 b_2\left(\frac{\lambda_2}{\lambda_1}\right)^k\left(\frac{\lambda_2}{\lambda_1}-1\right)$，或表示为

$$\left|\frac{(\boldsymbol{v}_{k+1})_i}{(\boldsymbol{v}_k)_i}-\lambda_1\right|\leqslant C\left|\frac{\lambda_2}{\lambda_1}\right|^k$$

其中 C 为一个正常数，故

$$\frac{(\boldsymbol{v}_{k+1})_i}{(\boldsymbol{v}_k)_i}=\lambda_1+O\left[\left(\frac{\lambda_2}{\lambda_1}\right)^k\right] \tag{9.7}$$

因此，当 k 充分大时

$$\lambda_1\approx\frac{(\boldsymbol{v}_{k+1})_i}{(\boldsymbol{v}_k)_i} \tag{9.8}$$

这就是求矩阵主特征值的乘幂法。由式(9.7) 可以看出，乘幂法的收敛速度主要取决于 $\left|\frac{\lambda_2}{\lambda_1}\right|$ 的大小。显然，$\left|\frac{\lambda_2}{\lambda_1}\right|$ 越接近 1，迭代收敛的速度越慢。

在上述讨论中，我们假定 $\alpha_1\neq0$，$x_{i1}\neq0$。因为 $\boldsymbol{x}_1\neq\boldsymbol{0}$，因此 $\boldsymbol{x}_1$ 的分量不会全为零，即一定存在 $x_{i1}\neq0$。当 $\alpha_1\neq0$ 不能满足时，我们讨论会出现什么情况。设 $\boldsymbol{u}_1$ 是 $\boldsymbol{A}^{\mathrm{T}}$ 的与特征值 λ_1 相应的特征向量，即有

$$\boldsymbol{A}^{\mathrm{T}}\boldsymbol{u}_1=\lambda_1\boldsymbol{u}_1$$

则

$$\boldsymbol{v}_0^{\mathrm{T}}\boldsymbol{u}_1=\left(\sum_{j=1}^{n}\alpha_j\boldsymbol{x}_j\right)^{\mathrm{T}}\boldsymbol{u}_1=\sum_{j=1}^{n}\alpha_j\boldsymbol{x}_j^{\mathrm{T}}\boldsymbol{u}_1 \tag{9.9}$$

因为 $\boldsymbol{u}_1$ 是 $\boldsymbol{A}^{\mathrm{T}}$ 的与特征值 λ_1 相对应的特征向量，且 $\lambda_1\neq\lambda_j(j=2,3,\cdots,n)$，因此 $\boldsymbol{x}_j^{\mathrm{T}}\boldsymbol{u}_1=0$ $(j=2,\cdots,n)$。但 $\boldsymbol{x}_1^{\mathrm{T}}\boldsymbol{u}_1\neq0$，根据式(9.9) 可得

$$\alpha_1=\frac{\boldsymbol{v}_0^{\mathrm{T}}\boldsymbol{u}_1}{\boldsymbol{x}_1^{\mathrm{T}}\boldsymbol{u}_1}$$

这样若 $\boldsymbol{v}_0^{\mathrm{T}}\boldsymbol{u}_1\neq0$，则 $\alpha_1\neq0$。因为 $\boldsymbol{u}_1$ 是未知的，所选的初始近似向量 $\boldsymbol{v}_0$ 可能使 $\alpha_1=0$ 或 α_1 接近 0，这时需要另选初始向量 $\boldsymbol{v}_0$。

现在，我们来讨论矩阵 $\boldsymbol{A}$ 的与 λ_1 相应的特征向量的计算。由公式(9.2) 可知

$$\boldsymbol{v}_k=\alpha_1\lambda_1^k\left[\boldsymbol{x}_1+\sum_{j=2}^{n}\frac{\alpha_j}{\alpha_1}\left(\frac{\lambda_j}{\lambda_1}\right)^k\boldsymbol{x}_j\right] \tag{9.10}$$

由假设式(9.1) 得

$$\lim_{k\to\infty}\left(\frac{\lambda_j}{\lambda_1}\right)^k=0,\quad j>1$$

因此，当 k 充分大时，

$$\boldsymbol{v}_k\approx\alpha_1\lambda_1^k\boldsymbol{x}_1 \tag{9.11}$$

即 $\boldsymbol{v}_k$ 可以作为与 λ_1 相应的特征向量的近似。

然而，当 $k\to\infty$时，若 $|\lambda_1|>1$，则 $\boldsymbol{v}_k$ 的分量会趋于无穷大，导致计算过程的上溢；若 $|\lambda_1|<1$，则 $\boldsymbol{v}_k$ 的分量会趋于零，导致计算过程的下溢。因此，为了控制计算过程中出现的量的大小，常在每一步中将 $\boldsymbol{v}_k$ 规格化，即用式(9.12) 来代替式(9.8) 计算特征值的近似：

$$\left.\begin{aligned}\boldsymbol{u}_k&=\boldsymbol{A}\boldsymbol{v}_{k-1}\\ \boldsymbol{v}_k&=\frac{\boldsymbol{u}_k}{m_k}\end{aligned}\right\},\quad k=1,2,\cdots \tag{9.12}$$

其中 $m_k=\max(\boldsymbol{u}_k)$ 表示 $\boldsymbol{u}_k$ 中绝对值最大的头一个分量。我们用下式计算特征向量的近似：

$$\boldsymbol{v}_k=\frac{\boldsymbol{A}^k\boldsymbol{v}_0}{\max(\boldsymbol{A}^k\boldsymbol{v}_0)}$$

事实上不难证明

$$m_k=\lambda_1+O\left[\left(\frac{\lambda_2}{\lambda_1}\right)^k\right]$$

和

$$\boldsymbol{v}_k=\frac{\alpha_1\boldsymbol{x}_1+\sum\limits_{j=2}^{n}\alpha_j\left(\dfrac{\lambda_j}{\lambda_1}\right)^2\boldsymbol{x}_j}{\max\left[\alpha_1\boldsymbol{x}_1+\sum\limits_{j=2}^{n}\alpha_j\left(\dfrac{\lambda_j}{\lambda_1}\right)^2\boldsymbol{x}_j\right]}\to\frac{\boldsymbol{x}_1}{\max(\boldsymbol{x}_1)}$$

算法 9.1 设 $\boldsymbol{A}=[a_{ij}]\in R^{n\times n}$。应用乘幂法计算矩阵 $\boldsymbol{A}$ 的主特征值及其相应的特征向量。

输入：$\boldsymbol{A}$ 的阶数 n，元素 a_{ij}；非零初始向量 $\boldsymbol{u}_0$；误差容限 TOL；最大迭代次数 m。

输出：$\boldsymbol{A}$ 的主特征值的近似值 p；近似特征向量 $\boldsymbol{u}$；或最大迭代次数超过 m 的信息。

Step 1 $k \leftarrow 1$;

$\boldsymbol{u} \leftarrow \boldsymbol{u}_0$。

Step 2 $p \leftarrow \max(\boldsymbol{u})$。

Step 3 $\boldsymbol{u} \leftarrow \frac{u}{p}$。

Step 4 当 $k \leqslant m$ 时，执行 Step 5～10。

Step 5 $\boldsymbol{v} \leftarrow \boldsymbol{A}\boldsymbol{u}$。

Step 6 $p \leftarrow \max(\boldsymbol{v})$。

Step 7 若 $p=0$，则输出（'eigenvector'，$\boldsymbol{u}$）；（'A has eigenvalue 0，select new vector $\boldsymbol{u}_0$ and restart'）；

Step 8 $\boldsymbol{\omega} \leftarrow \boldsymbol{v}/b$;

$ERR \leftarrow \| \boldsymbol{u}-\boldsymbol{\omega} \|_\infty$;

$\boldsymbol{u} \leftarrow \boldsymbol{\omega}$。

Step 9 若 $ERR < TOL$，则输出（b，$\boldsymbol{u}$），停机。

Step 10 $k \leftarrow k+1$。

Step11 输出（'Maximum number of iterations exceeded'），停机。

若 $\lambda_2 = \overline{\lambda}_1$，即 λ_1，λ_2 为一对共轭复特征值，并且

$$|\lambda_1| = |\lambda_2| > |\lambda_3| \geqslant \cdots \geqslant |\lambda_n|$$

由于 $\boldsymbol{A}$ 是实矩阵，因此，此时 $\boldsymbol{x}_2 = \overline{\boldsymbol{x}}_1$。这时通过乘幂法可以成对地求出特征值 λ_1、λ_2 和相应的特征向量 $\boldsymbol{x}_1$、$\boldsymbol{x}_2$。考虑到本书主要讨论实数相关算法，这里略去关于共轭复特征值及其向量的计算。

【例 9.1】 计算矩阵 $\boldsymbol{A}$ 的主特征值。

$$\boldsymbol{A} = \begin{bmatrix} -4 & 14 & 0 \\ -5 & 13 & 0 \\ -1 & 0 & 2 \end{bmatrix}$$

解：设 $\boldsymbol{v}^{(0)} = [1,1,1]^{\mathrm{T}}$，那么

$$\boldsymbol{u}^{(1)} = \boldsymbol{A}\boldsymbol{v}^{(0)} = [10,8,1]^{\mathrm{T}}$$

而 $\max(\boldsymbol{u}^{(1)}) = 10$，所以 $\boldsymbol{v}^{(1)} = [1,0.8,0.1]^{\mathrm{T}}$。以同样的方式继续下去会生成表 9.1 中的值。

表 9.1 例 9.1 的表

k	$(\boldsymbol{v}^{(k)})^{\mathrm{T}}$	m_k
0	[1,1,1]	
1	[1,0.8,0.1]	10
2	[1,0.75,−0.111]	7.2
3	[1,0.730 769,−0.188 803]	6.5
4	[1,0.722 200,−0.220 850]	6.230 769

续表

k	$(\boldsymbol{v}^{(k)})^{\mathrm{T}}$	m_k
5	[1,0.718 182,−0.235 915]	6.111 000
6	[1,0.716 216,−0.243 095]	6.054 546
7	[1,0.715 247,−0.246 588]	6.027 027
8	[1,0.714 765,−0.248 306]	6.013 453
9	[1,0.714 525,−0.249 157]	6.006 711
10	[1,0.714 405,−0.249 579]	6.003 352

9.2 求模数次大特征值的降阶法

设 n 阶实矩阵 $\boldsymbol{A}$ 的特征值按模数大小顺序的排列为

$$|\lambda_1|>|\lambda_2|>\cdots>|\lambda_m|\gg|\lambda_{m+1}|\geqslant\cdots\geqslant|\lambda_n|$$

并且前 m 个特征值远大于其他的特征值。现在，我们假设 $\boldsymbol{A}$ 的模数最大的特征值 λ_1 和相应的特征向量 $\boldsymbol{x}_1$ 已通过乘幂法求得。记 $\boldsymbol{A}$ 为 $\boldsymbol{A}_1$。若能求得一个非奇异矩阵 $\boldsymbol{S}_1$（暂时不考虑具体计算），使得

$$\boldsymbol{S}_1\boldsymbol{x}_1=t\boldsymbol{e}_1,\quad t\neq0 \tag{9.13}$$

其中 $\boldsymbol{e}_1=[1,0,\cdots,0]^{\mathrm{T}}\in R^n$，则有

$$\boldsymbol{S}_1\boldsymbol{A}_1(\boldsymbol{S}_1^{-1}\boldsymbol{S}_1)\boldsymbol{x}_1=\lambda_1\boldsymbol{S}_1\boldsymbol{x}_1$$

从而有

$$\boldsymbol{S}_1\boldsymbol{A}_1\boldsymbol{S}_1^{-1}\boldsymbol{e}_1=\lambda_1\boldsymbol{e}_1 \tag{9.14}$$

现在记 $\boldsymbol{A}_2=\boldsymbol{S}_1\boldsymbol{A}_1\boldsymbol{S}_1^{-1}$。由于 $\boldsymbol{A}_2\boldsymbol{e}_1=\boldsymbol{b}_1$，这里 $\boldsymbol{b}_1$ 为矩阵 $\boldsymbol{A}_2$ 的第一列向量，因此根据式(9.14) 可知

$$\boldsymbol{A}_2=\boldsymbol{S}_1\boldsymbol{A}_1\boldsymbol{S}_1^{-1}=\begin{bmatrix}\lambda_1 & \boldsymbol{\omega}^{\mathrm{T}}\\ 0 & \boldsymbol{B}_2\end{bmatrix} \tag{9.15}$$

其中 $\boldsymbol{\omega}$ 为 $n-1$ 维向量，而 $\boldsymbol{B}_2$ 则是一个 $(n-1)\times(n-1)$ 阶矩阵。由于 $\boldsymbol{A}_2$ 和 $\boldsymbol{A}_1$ 的特征值相同，故 $\boldsymbol{B}_2$ 的 $n-1$ 个特征值就是 $\lambda_2,\cdots,\lambda_n$。于是，计算矩阵 $\boldsymbol{A}$ 的模数次大特征值 λ_2 的问题就转化为计算一个较低阶的矩阵 $\boldsymbol{B}_2$ 的模数最大特征值问题。

我们可以继续应用乘幂法计算 $\boldsymbol{B}_2$ 的模数最大特征值 λ_2 以及 $\boldsymbol{B}_2$ 的相应于 λ_2 的特征向量 $\boldsymbol{y}_2$。为了计算矩阵 $\boldsymbol{A}$ 的相应于 λ_2 的特征向量 $\boldsymbol{x}_2$，设 $\boldsymbol{z}_2$ 是 $\boldsymbol{A}_2$ 的与 λ_2 相应的特征向量，则

$$\begin{bmatrix}\lambda_1 & \boldsymbol{\omega}^{\mathrm{T}}\\ 0 & \boldsymbol{B}_2\end{bmatrix}\boldsymbol{z}_2=\lambda_2\boldsymbol{z}_2 \tag{9.16}$$

由于

$$\boldsymbol{B}_2\boldsymbol{y}_2=\lambda_2\boldsymbol{y}_2$$

因此可取

$$\boldsymbol{z}_2=\begin{bmatrix}\alpha\\ \boldsymbol{y}_2\end{bmatrix} \tag{9.17}$$

将上式代入式(9.16)，得

$$(\lambda_1-\lambda_2)\alpha+\boldsymbol{\omega}^{\mathrm{T}}\boldsymbol{y}_2=0$$

故

$$\alpha=-\frac{\boldsymbol{\omega}^{\mathrm{T}}\boldsymbol{y}_2}{\lambda_1-\lambda_2}$$

这样由式(9.17)可以完全确定 $\boldsymbol{z}_2$。再据式(9.15)、式(9.16)得

$$\boldsymbol{x}_2=\boldsymbol{S}_1^{-1}\boldsymbol{z}_2 \tag{9.18}$$

继续上述过程，就可以将矩阵 $\boldsymbol{A}$ 的模数次大特征值 $\lambda_3,\lambda_4,\cdots,\lambda_m$ 以及与其相应的特征向量 $\boldsymbol{x}_3,\boldsymbol{x}_4,\cdots,\boldsymbol{x}_m$ 都计算出来。

下面，我们来考虑相似变换矩阵 $\boldsymbol{S}_1$ 的计算方法。记 $\boldsymbol{x}_1=[x_1,x_2,\cdots,x_n]^{\mathrm{T}}$。为了简单起见，假设 $x_1\neq 0$，这时不妨取

$$\boldsymbol{S}_1=\begin{bmatrix} 1 & 0 & 0 & \cdots & 0 & 0 \\ -x_2/x_1 & 1 & 0 & \cdots & 0 & 0 \\ -x_2/x_1 & 0 & 1 & \ddots & \vdots & \vdots \\ \vdots & \vdots & \vdots & \cdots & 1 & 0 \\ -x_n/x_1 & 0 & 9 & \cdots & 0 & 1 \end{bmatrix}$$

容易验证式(9.13)成立，其中 $t=x_1$。考虑到数值稳定性，可以采用选主元素的方法，即将向量 $\boldsymbol{x}_1$ 的模数最大的分量与第一个分量 x_1 互换。这里我们略去相关的讨论。

9.3 逆迭代法（反乘幂法）

由线性代数的知识可知，非奇异矩阵 $\boldsymbol{A}$ 的逆矩阵 $\boldsymbol{A}^{-1}$ 的特征值是矩阵 $\boldsymbol{A}$ 的特征值的倒数。因此，$\boldsymbol{A}^{-1}$ 的主特征值的倒数就是 $\boldsymbol{A}$ 的模数最小的特征值。逆迭代法就是将乘幂法应用于矩阵 $\boldsymbol{A}^{-1}$ 的迭代法。逆迭代法又被称为反幂法，它是用来计算非奇异矩阵 $\boldsymbol{A}$ 的模数最小的特征值及其相应特征向量的算法。

设非奇异矩阵 $\boldsymbol{A}$ 的特征值为 $\lambda_1,\lambda_2,\cdots,\lambda_n$，与它们相应的一组线性无关的特征向量 $\boldsymbol{x}_1$，$\boldsymbol{x}_2,\cdots,\boldsymbol{x}_n$，并设

$$|\lambda_1|\geqslant|\lambda_2|\geqslant\cdots\geqslant|\lambda_n|$$

则 $\boldsymbol{A}^{-1}$ 的特征值的排序为

$$\left|\frac{1}{\lambda_n}\right|\geqslant\left|\frac{1}{\lambda_{n-1}}\right|\geqslant\cdots\geqslant\left|\frac{1}{\lambda_1}\right|$$

设 $\boldsymbol{v}_0$ 为初始向量，则逆迭代法的迭代过程如下：

$$\left.\begin{aligned} \boldsymbol{A}\boldsymbol{u}_k&=\boldsymbol{v}_{k-1} \\ \boldsymbol{v}_k&=\frac{\boldsymbol{u}_k}{m_k} \end{aligned}\right\},\quad k=1,2,\cdots$$

其中 $m_k=\max(\boldsymbol{u}_k)$ 表示向量 $\boldsymbol{u}_k$ 绝对值最大的头一个分量。若 $|\lambda_n|<|\lambda_{n-1}|$，则当 $k\to\infty$ 时，

$$m_k\to\frac{1}{\lambda_n} \tag{9.19}$$

$$\boldsymbol{v}_k\to\frac{\boldsymbol{x}_n}{\max(\boldsymbol{x}_n)} \tag{9.20}$$

下面，我们考虑逆迭代法的一个更一般且更有用的形式。它可以用来确定与特定的数 q 最接近的矩阵 $\boldsymbol{A}$ 的特征值。

假设矩阵 $\boldsymbol{A}$ 的特征值为 $\lambda_1,\lambda_2,\cdots,\lambda_n$，与它们相应的一组线性无关的特征向量 $\boldsymbol{x}_1,\boldsymbol{x}_2,\cdots,\boldsymbol{x}_n$。显然，矩阵 $(\boldsymbol{A}-q\boldsymbol{I})^{-1}$（这里 $q\neq\lambda_i$，$i=1,2,\cdots,n$）的特征值为

$$\frac{1}{\lambda_1-q},\frac{1}{\lambda_2-q},\cdots,\frac{1}{\lambda_n-q}$$

相应的特征向量依然为 $\boldsymbol{x}_1,\boldsymbol{x}_2,\cdots,\boldsymbol{x}_n$。对 $(\boldsymbol{A}-q\boldsymbol{I})^{-1}$ 应用乘幂法，得出迭代公式如下：

$$\left.\begin{aligned}(\boldsymbol{A}-q\boldsymbol{I})\boldsymbol{u}_k&=\boldsymbol{v}_{k-1}\\ \boldsymbol{v}_k&=\frac{\boldsymbol{u}_k}{m_k}\end{aligned}\right\},\quad k=1,2,\cdots$$

其中 $m_k=\max(\boldsymbol{u}_k)$。

任取一非零向量 $\boldsymbol{v}_0$，则有

$$\boldsymbol{v}_0=\sum_{j=1}^{n}\alpha_j\boldsymbol{x}_j$$

因此

$$\boldsymbol{v}_k=\frac{(\boldsymbol{A}-q\boldsymbol{I})^{-k}\boldsymbol{v}_0}{\max[(\boldsymbol{A}-q\boldsymbol{I})^{-k}\boldsymbol{v}_0]}=\frac{\sum_{j=1}^{n}\alpha_j(\lambda_j-q)^{-k}\boldsymbol{x}_j}{\max\left(\sum_{j=1}^{n}\alpha_j(\lambda_j-q)^{-k}\boldsymbol{x}_j\right)}$$

设 $\boldsymbol{A}$ 的某一特征值 λ_p 远较其他诸特征值接近于 q，即

$$0<|\lambda_p-q|\ll|\lambda_i-q|,\quad i\neq p$$

则

$$\boldsymbol{v}_k=\frac{\alpha_p\boldsymbol{x}_p+\sum_{\substack{j=1\\ j\neq p}}^{n}\alpha_j\left(\dfrac{\lambda_p-q}{\lambda_j-q}\right)^k\boldsymbol{x}_j}{\max\left[\alpha_p\boldsymbol{x}_p+\sum_{\substack{j=1\\ j\neq p}}^{n}\alpha_j\left(\dfrac{\lambda_p-q}{\lambda_j-q}\right)^k\boldsymbol{x}_j\right]}\xrightarrow{k\to\infty}\frac{\boldsymbol{x}_p}{\max(\boldsymbol{x}_p)}$$

且

$$m_k\xrightarrow{k\to\infty}\frac{1}{\lambda_p-q}$$

9.4 特征值的大致估计

矩阵特征值在科学计算过程中非常重要，比如判断主成分的数目、估计线性方程组的条件数等。而利用前面介绍的算法虽然可以得到所需要的特征值较为准确的值，但很多时候这样做没有必要，因为我们并不需要准确近似矩阵的特征值。下面的定理有助于人们对矩阵的特征值的取值范围进行估算。

定理 9.1（Gerschgorin 圆盘定理） 设 $\boldsymbol{A}=(a_{ij})_{n\times n}$ 是一个 $n\times n$ 矩阵，R_i 为复平面上以 a_{ii} 为圆盘中心且半径为 $\sum\limits_{\substack{j=1\\ j\neq i}}^{n}|a_{ij}|$ 的圆盘，即

$$R_i=\left\{ z\in\mathbb{C} \,\middle|\, |z-a_{ii}|\leqslant \sum_{\substack{j=1\\ j\neq i}}^{n} |a_{ij}|\right\}$$

其中$\mathbb{C}$表示复平面。$\boldsymbol{A}$ 的特征值包含在$R=\bigcup_{i=1}^{n} R_i$ 内。更有，与其余 $n-k$ 个圆盘不相交的任意k 个这种圆盘的并集正好包含k 个（计入重数）特征值。

证明：假设λ 是矩阵$\boldsymbol{A}$ 的特征值，其对应的特征向量 $\boldsymbol{x}$，这里为了方便，令$\|\boldsymbol{x}\|_\infty=1$。因为$\boldsymbol{Ax}=\lambda\boldsymbol{x}$，等价的分量表示为

$$\sum_{j=1}^{n} a_{ij}\boldsymbol{x}_j=\lambda\boldsymbol{x}_j,\quad i=1,2,\cdots,n$$

如果 k 是满足 $|x_k|=\|\boldsymbol{x}\|_\infty=1$ 的整数，取 $i=k$ 的等式意味着

$$\sum_{j=1}^{n} a_{kj}x_j=\lambda x_k$$

这样，有

$$\sum_{\substack{j=1\\ j\neq k}}^{n} a_{kj}x_j=\lambda x_k-a_{kk}x_k=(\lambda-a_{kk})x_k$$

且

$$|\lambda-a_{kk}||x_k|=\left|\sum_{\substack{j=1\\ j\neq k}}^{n} a_{kj}x_j\right|\leqslant\sum_{\substack{j=1\\ j\neq k}}^{n} |a_{kj}||x_j|$$

因为对所有的 $j=1,2,\cdots,n$，$|x_j|\leqslant|x_k|=1$，故

$$|\lambda-a_{kk}|\leqslant\sum_{\substack{j=1\\ j\neq i}}^{n} |a_{kj}|$$

因此，$\lambda\in R_k$，这证明了定理的第一部分。该定理的第二部分需要用到连通性假设，比较复杂，这里略去。

【例 9.2】　对于矩阵

$$\boldsymbol{A}=\begin{bmatrix} 4 & 1 & 1\\ 0 & 2 & 1\\ -2 & 0 & 9 \end{bmatrix}$$

Gerschgorin 定理中的圆盘（图 9.1）为

$$R_1=\{z\in\mathbb{C}\,|\,|z-4|\leqslant 2\}$$
$$R_2=\{z\in\mathbb{C}\,|\,|z-2|\leqslant 1\}$$

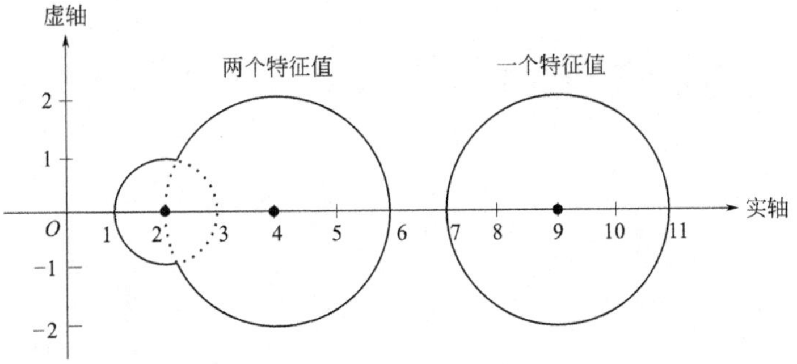

图 9.1　Gerschgorin 圆盘示意图

和

$$R_3=\{z\in \mathbb{C}\mid |z-9|\leqslant 2\}$$

因为R_1和R_2与R_3分离，$R_1\cup R_2$中仅有两个特征值，R_3中有一个特征值。更有，因为$\rho(\boldsymbol{A})=\max\limits_{1\leqslant i\leqslant 3}|\lambda_i|$，则有$7\leqslant\rho(\boldsymbol{A})\leqslant 11$。此外，该矩阵的谱条件数$\mathrm{cond}_2(\boldsymbol{A})\leqslant 11$。

习 题 9

1. 用乘幂法求下列矩阵的主特征值及其相应的特征向量。

(1) $\begin{bmatrix} 1 & 1 & 0 \\ -1 & 2 & 0 \\ 1 & 0 & 3 \end{bmatrix}$　　(2) $\begin{bmatrix} 5 & 1 & 0 \\ 4 & 2 & 3 \\ 1 & 0 & 3 \end{bmatrix}$

2. 设$\boldsymbol{A}\in R^{n\times n}$有$n$个线性无关的特征向量，且其主特征值$\lambda_1$满足

$$|\lambda_1|>|\lambda_2|\geqslant\cdots\geqslant|\lambda_n|$$

这里$\lambda_2,\cdots,\lambda_n$都是$\boldsymbol{A}$的特征值。取初始向量$\boldsymbol{v}_0$（要求$\boldsymbol{v}_0$在对应于主特征值的特征向量上的投影不为零），定义

$$\boldsymbol{u}_k=\boldsymbol{A}\boldsymbol{v}_{k-1},\quad k=1,2,\cdots;\quad \boldsymbol{v}_k=\frac{\boldsymbol{u}_k}{\|\boldsymbol{u}_k\|_\infty}$$

证明：当$k\to\infty$时，$\|\boldsymbol{u}_k\|_\infty\to|\lambda_1|$。

3. 应用反幂法求矩阵

$$\begin{bmatrix} 3 & 1 & 1 & 5 \\ 9 & 2 & 5 & 7 \\ 2 & 0 & 3 & 2 \\ 1 & 4 & 2 & 1 \end{bmatrix}$$

的模数最小特征值。

4. 使用 Gerschgorin 圆盘定理证明，如果λ是矩阵

$$\boldsymbol{B}=\begin{bmatrix} 3 & -1 & -1 & 1 \\ -1 & 3 & -1 & -1 \\ -1 & -1 & 3 & -1 \\ 1 & -1 & -1 & 3 \end{bmatrix}$$

的最小特征值，那么$|\lambda-6|=\rho(\boldsymbol{B}-6\boldsymbol{I})$。

第10章

常微分方程数值解法

10.1 引言

科学技术中很多问题都可用到常微分方程的定解问题来描述，主要有初值问题与边值问题两大类。常微分方程初值问题中最简单的例子是人口模型，设某特定区域在 t_0 时刻人口 $y(t_0)=y_0$ 为已知的，该区域的人口自然增长率为 λ，人口增长与人口总数成正比，所以 t 时刻的人口总数 $y(t)$ 满足以下微分方程：

$$y'(t)=\lambda y(t), \quad y(t_0)=y_0$$

很多物理系统与时间有关，从卫星运行轨道到单摆运动，从化学反应到物种竞争都是随时间的延续而不断变化的。常微分方程是描述连续变化的数学语言。微分方程的求解就是确定满足给定方程的可微函数 $y(t)$，研究它的数值方法是本章的主要目的。考虑一阶微分方程的初值问题：

$$y'=f(x,y), \quad x\in[x_0,b] \tag{10.1}$$

$$y(x_0)=y_0 \tag{10.2}$$

如果存在实数 $L>0$，使得

$$|f(x,y_1)-f(x,y_2)|\leqslant L|y_1-y_2|, \forall y_1,y_2\in \mathbf{R}$$

则称 f 关于 y 满足利普西茨（Lipschitz）条件，L 称为 f 的利普西茨常数（简称 Lips. 常数）。

定理 10.1 设 f 在区域 $D=\{(x,y)|a\leqslant x\leqslant b, y\in\mathbf{R}\}$ 上连续，关于 y 满足利普西茨条件，则对任意 $x_0\in[a, b]$，$y\in\mathbf{R}$，常微分方程初值问题式(10.1) 和式(10.2) 当 $x\in[a, b]$ 时存在唯一的连续可微解 $y(x)$。

解的存在唯一性定理是常微分方程理论的基本内容，也是数值方法的出发点，此外还要考虑方程的解对扰动的敏感性，它有以下结论。

定理 10.2 设 f 在区域 D（如定理 10.1 所定义）上连续，且关于 y 满足利普西茨条件，设初值问题

$$y'=f(x,y), \quad y(x_0)=s$$

的解为 $y(x,s)$，则

$$y(x,s_1)-y(x,s_2)\leqslant \mathrm{e}^{L|x-x_0|}|s_1-s_2|$$

这个定理表明解对初值依赖的敏感性，它与右端函数 f 有关，当 f 的 Lips. 常数 L 比较小时对初值和右端函数相对不敏感，可视为好条件。若 L 较大则可认为坏条件，即为病态问题。

如果右端函数可导，由中值定理有

$$|f(x,y_1)-f(x,y_2)|=\left|\frac{\partial f(x,\xi)}{\partial y}\right||y_1-y_2|,\quad \xi\text{ 在 }y_1\text{ 到 }y_2\text{ 之间。}$$

若假定$\frac{\partial f(x,y)}{\partial y}$在域$D$内有界，设$\left|\frac{\partial f(x,y)}{\partial y}\right|\leqslant L$，则

$$|f(x,y_1)-f(x,y_2)|\leqslant L|y_1-y_2|$$

它表明f满足利普西茨条件，且L的大小反映了右端函数f关于y变化的快慢，刻画了初值问题式(10.1)和式(10.2)是否为好条件。这在数值求解中也是很重要的。

虽然求解常微分方程有各种各样的解析方法，但解析方法只能用来求解一些特殊类型的方程，实际问题中归结出来的微分方程主要靠数值解法。所谓数值解法，就是寻求解$y(x)$在一系列离散节点

$$x_1<x_2<\cdots<x_n<x_{n+1}<\cdots$$

上的近似值$y_1,y_2,\cdots,y_n,y_{n+1},\cdots$。相邻节点的间距$h_n=x_{n+1}-x_n$称为步长。今后如不特别说明，总是假定$h_i=h(i=0,1,\cdots)$为常数，这时节点为$x_n=x_0+nh$，$n=0,1,2,\cdots$。

本章首先要对常微分方程（10.1）离散化，建立求数值解的递推公式。一类是计算y_{n+1}时只用到前一点的值y_n，称为单步法。另一类是用到y_{n+1}前面k点的值$y_n,y_{n-1},\cdots,y_{n-k+1}$，称为$k$步法。其次，要研究公式的局部截断误差和阶，数值解$y_n$和精确解$y(x_n)$的误差估计及收敛性，还有递推公式的计算稳定性等问题。

10.2 简单的数值方法

10.2.1 欧拉法与后退欧拉法

我们知道，在xy平面上，微分方程（10.1）的解$y=y(x)$称作它的**积分曲线**，积分曲线上一点（x，y）的切线斜率等于函数$f(x,y)$的值，如果按函数$f(x,y)$在xy平面上建立一个方向场，那么，积分曲线上每一点的切线方向均与方向场在该点的方向一致。

基于上述几何解释，我们从初始点$P_0(x_0,y_0)$出发，先依方向场在该点的方向推进到$x=x_1$上一点P_1，然后再从P_1依方向场的方向推进到$x=x_2$上一点P_2，循此前进作一条折线$\overline{P_0P_1P_2\cdots}$（图10.1）。

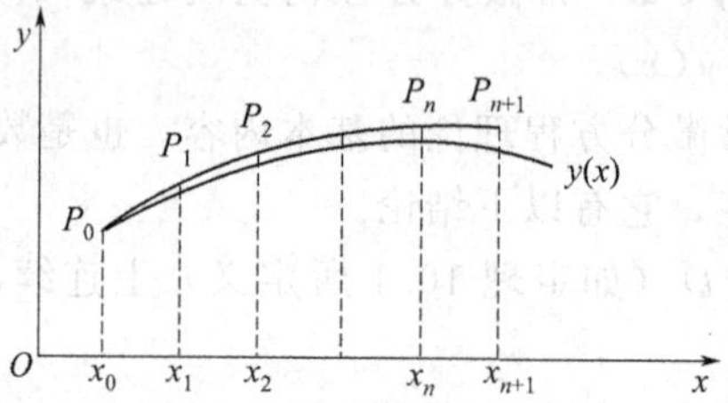

图10.1 欧拉法示意图

一般地，设已作出该折线的顶点P_n，过$P_n(x_n,y_n)$依方向场的方向再推进到$P_{n+1}(x_{n+1},y_{n+1})$，显然两个顶点P_n，P_{n+1}的坐标有关系

$$\frac{y_{n+1}-y_n}{x_{n+1}-x_n}=f(x_n,y_n)$$

即

$$y_{n+1}=y_n+hf(x_n,y_n) \tag{10.3}$$

此方法称为欧拉方法（Euler）。实际上，这是对常微分方程（10.1）的导数用均差近似，即

$$\frac{y(x_{n+1})-y(x_n)}{h}\approx y'(x_n)=f(x_n,y(x_n))$$

直接得到的。若初值 y_0 已知，则由式(10.3）可逐次算出

$$y_1=y_0+hf(x_0,y_0)$$

$$y_2=y_1+hf(x_1,y_1)$$

【例 10.1】 求解初值问题

$$\begin{cases} y'=y-\dfrac{2x}{y}, & 0<x<1 \\ y(0)=1 \end{cases} \tag{10.4}$$

解： 为便于进行比较，本章将用多种数值方法求解上述初值问题。这里先用欧拉方法，欧拉公式的具体形式为

$$y_{n+1}=y_n+h\left(y_n-\frac{2x_n}{y_n}\right)$$

取步长 $h=0.1$，计算结果见表 10.1。

表 10.1 计算结果对比

x_n	y_n	$y(x_n)$	x_n	y_n	$y(x_n)$
0.1	1.100 0	1.095 4	0.6	1.509 0	1.483 2
0.2	1.191 8	1.183 2	0.7	1.580 3	1.549 2
0.3	1.277 4	1.264 9	0.8	1.649 8	1.612 5
0.4	1.358 2	1.341 6	0.9	1.717 8	1.673 3
0.5	1.435 1	1.414 2	1.0	1.784 8	1.732 1

初值问题（10.4）有解 $y=\sqrt{1+2x}$，按这个解析式算出的准确值 $y(x_n)$ 同近似值 y_n 一起列在表 10.1 中，两者相比较可以看出欧拉方法的精度很差。还可以通过几何直观来考查欧拉方法的精度，假设 $y_n=y(x_n)$，即顶点 P_n 落在积分曲线 $y=y(x)$ 上，那么，按欧拉方法作出的折线 P_nP_{n+1} 便是 $y=y(x)$ 过点 P_n 的切线（图 10.2）。

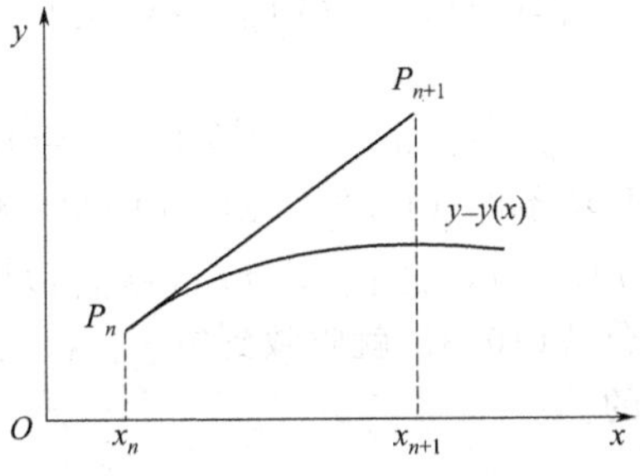

图 10.2 欧拉方法误差直观图

从图形上看，这样定出的顶点 P_{n+1} 显著地偏离了原来的积分曲线，可见欧拉方法是相当粗糙的。

为了分析计算公式的精度，通常可以用泰勒展开式将 $y(x_{n+1})$ 在 x_n 处展开，则有

$$y(x_{n+1})=y(x_n+h)=y(x_n)+y'(x_n)h+\frac{h^2}{2}y''(\xi_n),\xi\in(x_n,x_{n+1})$$

在 $y_n=y(x_n)$ 的前提下，$f(x_n,y_n)=f(x_n,y(x_n))=y'(x_n)$。可得欧拉法（10.3）的误差。

$$y(x_{n+1})-y_{n+1}=\frac{h^2}{2}y''(\xi_n)\approx\frac{h^2}{2}y''(x_n) \tag{10.5}$$

称为此方法的局部截断误差。

如果对微分方程（10.1）从 x_n 到 x_{n+1} 积分，得

$$y(x_{n+1})=y(x_n)+\int_{x_n}^{x_{n+1}}f(t,y(t))\mathrm{d}t \tag{10.6}$$

右端积分用左矩形公式 $hf(x_n,y(x_n))$ 近似，再以 y_n 代替 $y(x_n)$，y_{n+1} 代替 $y(x_{n+1})$ 也得到欧拉法式(10.3)，局部截断误差也是式(10.5)。

如果在式(10.6) 右端积分用右矩形公式 $hf(x_{n+1},y(x_{n+1}))$ 近似，则得另一个公式

$$y_{n+1}=y_n+hf(x_{n+1},y_{n+1}) \tag{10.7}$$

称为**后退的欧拉法**。它也可以通过利用均差近似导数 $y'(x_{n+1})$，即

$$\frac{y(x_{n+1})-y(x_n)}{x_{n+1}-x_n}\approx y'(x_{n+1})=f(x_{n+1},y(x_{n+1}))$$

直接得到。

后退的欧拉公式与欧拉公式有着本质的区别，后者是关于 y_{n+1} 的一个直接的计算公式，这类公式称作**显式的**；然而式(10.7) 的右端含有未知的 y_{n+1}，它实际上是关于 y_{n+1} 的一个函数方程，这类公式称作**隐式的**。后退的欧拉法式(10.7) 也称作**隐式欧拉法**。

显式与隐式两类方法各有特点，考虑到数值稳定性等其他因素，人们有时需要选用隐式方法，但使用显式方法远比隐式方法更方便。隐式方程（10.7）通常用迭代法求解，而迭代过程的实质是逐步显示化。

设用欧拉公式

$$y_{n+1}^{(0)}=y_n+hf(x_n,y_n)$$

给出迭代初值 $y_{n+1}^{(0)}$，用它代入式(10.7) 的右端，使之转化为显式，直接计算得

$$y_{n+1}^{(1)}=y_n+hf(x_{n+1},y_{n+1}^{(0)})$$

然后用 $y_{n+1}^{(1)}$ 代入式(10.7)，又有

$$y_{n+1}^{(2)}=y_n+hf(x_{n+1},y_{n+1}^{(1)})$$

如此反复进行，得

$$y_{n+1}^{(k+1)}=y_n+hf(x_{n+1},y_{n+1}^{(k)}),\quad k=0,1,\cdots \tag{10.8}$$

由于 $f(x,y)$ 对 y 满足利普西茨条件（10.3）。由式(10.8) 减式(10.7) 得

$$|y_{n+1}^{(k+1)}-y_{n+1}|=h|f(x_{n+1},y_{n+1}^{(k)}-f(x_{n+1},y_{n+1})|\leqslant hL|y_{n+1}^{(k)}-y_{n+1}|$$

由此可知，只要 $hL<1$，迭代公式(10.8) 就收敛到解 y_{n+1}。关于后退欧拉法的误差，从积分公式看到它与欧拉法是相似的。

10.2.2 梯形方法

为得到比欧拉法精度高的计算公式，在等式（10.6）右端积分中若用梯形求积公式近似，并用 y_n 代替 $y(x_n)$，y_{n+1} 代替 $y(x_{n+1})$，则得

$$y_{n+1}=y_n+\frac{h}{2}[f(x_n,y_n)+f(x_{n+1},y_{n+1})] \tag{10.9}$$

称其为梯形方法。

梯形方法是隐式单步法，可用迭代法求解，同后退的欧拉方法一样，仍用欧拉方法提供迭代初值，则梯形法的迭代公式为

$$\begin{cases} y_{n+1}^{(0)}=y_n+hf(x_n,y_n) \\ y_{n+1}^{(k+1)}=y_n+\frac{h}{2}[f(x_n,y_n)+f(x_{n+1},y_{n+1}^{(k)})],k=0,1,2,\cdots \end{cases} \tag{10.10}$$

为了分析迭代过程的收敛性，将式(10.9)与式(10.10)相减，得

$$y_{n+1}-y_{n+1}^{(k+1)}=\frac{h}{2}[f(x_{n+1},y_{n+1})-f(x_{n+1},y_{n+1}^{(k)})]$$

于是有

$$|y_{n+1}-y_{n+1}^{(k+1)}|\leqslant\frac{hL}{2}|y_{n+1}-y_{n+1}^{(k)}|$$

式中 L 为 $f(x, y)$ 关于 y 的利普西茨常数，如果取 h 充分小，使得

$$\frac{hL}{2}<1$$

则当 $k\to\infty$ 时有 $y_{n+1}^{(k)}\to y_{n+1}$，这说明迭代过程（10.10）是收敛的。

10.2.3 改进欧拉公式

我们看到，梯形方法虽然提高了精度，但其算法复杂，在应用迭代公式（10.10）进行实际计算时，每迭代一次，都要重新计算函数 $f(x, y)$ 的值，而迭代又要反复进行若干次，计算量很大，而且往往难以预测，为了控制计算量，通常只迭代一两次就转入下一步的计算，这就简化了算法。

具体地说，我们先用欧拉公式求得一个初步的近似值 $\overline{y}_{n+1}$，称之为**预测值**，预测值 $\overline{y}_{n+1}$ 的精度可能很差，再用梯形公式(10.9)将它校正一次，即按式(10.10)迭代一次得 y_{n+1}，这个结果称为**校正值**，而这样建立的预测-校正系统通常称为**改进的欧拉公式**：

$$\begin{cases} \text{预测}\ \overline{y}_{n+1}=y_n+hf(x_n,y_n) \\ \text{校正}\ y_{n+1}=y_n+\frac{h}{2}[f(x_n,y_n)+f(x_{n+1},\overline{y}_{n+1})] \end{cases} \tag{10.11}$$

或表示为下列平均化形式

$$\begin{cases} y_p=y_n+hf(x_n,y_n) \\ y_c=y_n+hf(x_{n+1},y_p) \\ y_{n+1}=\frac{1}{2}(y_p+y_c) \end{cases}$$

【例 10.2】 用改进的欧拉方法求解初值问题式(10.2)。

解：改进的欧拉公式为

$$\begin{cases} y_p=y_n-h\left(y_n+\frac{2x_n}{y_n}\right) \\ y_c=y_n-h\left(y_p+\frac{2x_{n+1}}{y_p}\right) \\ y_{n+1}=\frac{1}{2}(y_p+y_c) \end{cases}$$

仍取 $h=0.1$，计算结果见表 10.2，同例 10.1 中欧拉法的计算结果比较，改进的欧拉法明显

改善了精度。

表 10.2 计算结果对比

x_n	y_n	$y(x_n)$	x_n	y_n	$y(x_n)$
0.1	1.0959	1.0954	0.6	1.4850	1.4832
0.2	1.1841	1.1832	0.7	1.5525	1.5492
0.3	1.2662	1.2649	0.8	1.6165	1.6125
0.4	1.3434	1.3416	0.9	1.6782	1.6733
0.5	1.4164	1.4142	1.0	1.7379	1.7321

10.2.4 单步法的局部截断误差与阶

初值问题式(10.1)、式(10.2) 的单步法可用一般形式表示为

$$y_{n+1}=y_n+h\varphi(x_n,y_n,y_{n+1},h) \tag{10.12}$$

其中多元函数 φ 与 $f(x,y)$ 有关，当 φ 含有 y_{n+1} 时，方法是隐式的，若 φ 中不含 y_{n+1} 则为显式方法，所以显式单步法可表示为

$$y_{n+1}=y_n+h\varphi(x_n,y_n,h) \tag{10.13}$$

$\varphi(x,y,h)$ 称为增量函数，例如对欧拉法式(10.3) 有

$$\varphi(x,y,h)=f(x,y)$$

它的局部截断误差已由式(10.5) 给出，对一般显式单步法则可如下定义。

定义 10.1 设 $y(x)$ 是初值问题式(10.1)、式(10.2) 的准确解，称

$$T_{n+1}=y(x_{n+1})-y(x_n)-h\varphi(x_n,y(x_n),h) \tag{10.14}$$

为显式单步法式(10.13) 的**局部截断误差**。

T_{n+1}之所以称为局部的，是假设在 x_n 前各步没有误差。当 $y_n=y(x_n)$ 时，计算一步，则有

$$\begin{aligned}y(x_{n+1})-y_{n+1}&=y(x_{n+1})-[y_n+h\varphi(x_n,y_n,h)]\\&=y(x_{n+1})-y(x_n)-h\varphi(x_n,y(x_n),h)=T_{n+1}\end{aligned}$$

所以，局部截断误差可理解为用方法式(10.13) 计算一步的误差，也即公式(10.13) 中用准确值 $y(x)$ 代替数值解产生的公式误差。根据定义，显然欧拉法的局部截断误差

$$\begin{aligned}T_{n+1}&=y(x_{n+1})-y(x_n)-hf(x_n,y(x_n))\\&=y(x_n+h)-y(x_n)-hy'(x_n)=\frac{h^2}{2}y''(x_n)+O(h^3)\end{aligned}$$

即为式(10.5) 的结果。这里$\frac{h^2}{2}y''(x_n)$ 称为局部截断误差主项，显然 $T_{n+1}=O(h^2)$，一般情形的定义如下。

定义 10.2 设 $y(x)$ 是初值问题式(10.1)、式(10.2) 的准确解，若存在最大整数 p 使显式单步法式(10.13) 的局部截断误差满足

$$T_{n+1}=y(x+h)-y(x)-h\varphi(x,y,h)=O(h^{p+1}) \tag{10.15}$$

则称方法 (10.13) 具有 $\boldsymbol{p}$ **阶精度**。

若将式(10.15) 展开写成

$$T_{n+1}=\phi(x_n,y(x_n))h^{p+1}+O(h^{p+1})$$

则 $\phi(x_n,y(x_n))h^{p+1}$称为**局部截断误差主项**。

以上定义对隐式单步法式(10.12) 也是适用的。例如，对后退欧拉法式(10.7) 其局部截断误差为

$$T_{n+1}=y(x_{n+1})-y(x_n)-hf(x_{n+1},y(x_{n+1}))$$
$$=hy'(x_n)+\frac{h^2}{2}y''(x_n)+O(h^3)-h[y'(x_n)+hy''(x_n)+O(h^3)]$$
$$=-\frac{h^2}{2}y''(x_n)+O(h^3)$$

这里 $p=1$，是一阶方法，局部截断误差主项为 $-\frac{h^2}{2}y''(x_n)$。

同样对梯形法式(10.9) 有

$$T_{n+1}=y(x_{n+1})-y(x_n)-\frac{h}{2}[y'(x_n)+y'(x_{n+1})]$$
$$=hy'(x_n)+\frac{h^2}{2}y''(x_n)+\frac{h^3}{3!}y'''(x_n)-\frac{h}{2}[y'(x_n)+y'(x_n)$$
$$+hy''(x_n)+\frac{h^2}{2}y'''(x_n)]+O(h^4)$$
$$=-\frac{h^3}{12}y'''(x_n)+O(h^4)$$

所以梯形方法式(10.9) 是二阶方法，其局部误差主项是 $-\frac{h^3}{12}y'''(x_n)$。

10.3 龙格-库塔方法

10.3.1 显式龙格-库塔法的一般形式

10.2 节给出了显式单步法的表达式 [式(10.13)]，其局部截断误差为式(10.15)，对欧拉法 $T_{n+1}=O(h^2)$，即方法为 $p=1$ 阶，若用改进的欧拉法式(10.11)，它可表示为

$$y_{n+1}=y_n+\frac{h}{2}[f(x_n,y_n)+f(x_n+h,y_n+hf(x_n,y_n))] \tag{10.16}$$

此时增量函数

$$\varphi(x_n,y_n,h)=\frac{1}{2}[f(x_n,y_n)+f(x_n+h,y_n+hf(x_n,y_n))] \tag{10.17}$$

它比欧拉法的 $\varphi(x_n,y_n,h)=f(x_n,y_n)$增加了计算一个右函数 f 的值，可望 $p=2$。若要使得到的公式阶数 p 更大，φ 就必须包含更多的 f 值。实际上从与方程 (10.1) 等价的积分形式 (10.6)，即

$$y(x_{n+1})-y(x_n)=\int_{x_n}^{x_{n+1}}f(x,y(x))\mathrm{d}x \tag{10.18}$$

若要使公式阶数提高，就必须使右端积分的数值求积公式精度提高，它必须要增加求积节点，为此可将式(10.18) 右端用求积公式表示为

$$\int_{x_n}^{x_{n+1}}f(x,y(x))\mathrm{d}x\approx h\sum_{i=1}^{r}c_if(x_n+\lambda_ih,y(x_n+\lambda_ih))$$

一般来说，点数 r 越多，精度越高，上式右端相当于增量函数 $\varphi(x,y,h)$，为得到便于计算的显式方法，可类似于改进的欧拉法式(10.16) 及式(10.17)，将公式表示为

$$y_{n+1}=y_n+h\varphi(x_n,y_n,h) \tag{10.19}$$

其中

$$\varphi(x_n,y_n,h)=\sum_{i=1}^{r}c_iK_i \tag{10.20}$$

$$K_1=f(x_n,y_n)$$

$$K_i=f(x_n+\lambda h,y_n+h\sum_{j=1}^{i-1}\mu_{ij}K_j),i=2,\cdots,r$$

这里 c_i，λ_i，μ_{ij} 均为常数，式(10.19）和式(10.20）称为 r 级显式**龙格-库塔法（Runge—Kutta)**，简称 R-K 方法。

当 $r=1$，$\varphi(x_n,y_n,h)=f(x_n,y_n)$时，就是欧拉法，此时方法的阶为 $p=1$，当 $r=2$ 时，改进的欧拉法（10.16）式就是其中的一种，下面将证明阶 $p=2$，要使式（10.19)、式(10.20）具有更高的阶 p，就要增加点数 r。下面我们只就 $r=2$ 推导 R-K 方法，并给出$r=3,4$ 时的常用公式，其推导方法 $r=2$ 时类似，只是计算较复杂。

10.3.2 二阶显式 R-K 方法

对 $r=2$ 的 R-K 方法，由式(10.19)、式(10.20）可得到如下的计算公式：

$$\begin{cases}y_{n+1}=y_n+h(c_1K_1+c_2K_2)\\K_1=f(x_n,y_n)\\K_2=f(x_n+\lambda_2h,y_n+\mu_{21}hK_1)\end{cases} \tag{10.21}$$

这里 $c_1,c_2,\lambda_2,\mu_{21}$ 均为待定常数，我们希望适当选取这些系数，使公式阶数 p 尽量高，根据局部截断误差定义，式(10.21）的局部截断误差为

$$T_{n+1}=y(x_{n+1})-y(x_n)-h[c_1f(x_n,y_n)+c_2f(x_n+\lambda_2h,y_n+\mu_{21}hf_n)] \tag{10.22}$$

这里 $y_n=y(x_n),f_n=f(x_n,y_n)$为得到 T_{n+1} 的阶数 p，要将上式各项在（x_n,y_n）处作泰勒展开，由于 $f(x,y)$ 是二元函数，故要用到二元泰勒展开，各项展开式为

$$y(x_{n+1})=y_n+hy'_n+\frac{h^2}{2}y''_n+\frac{h^3}{3!}y'''_n+O(h^4)$$

其中

$$\begin{cases}y'_n=f(x_n,y_n)=f_n\\y''_n=\dfrac{\mathrm{d}}{\mathrm{d}x}f(x_n,y(x_n))=f'_x(x_n,y_n)+f'_y(x_n,y_n)f_n\\y'''_n=f''_{xx}(x_n,y_n)+2f_nf''_{xy}(x_n,y_n)+f_n^2f''_{yy}(x_n,y_n)\\\qquad+f'_y(x_n,y_n)[f'_x(x_n,y_n)+f_nf'_y(x_n,y_n)]\end{cases} \tag{10.23}$$

$$f(x_n+\lambda_2h,y_n+\mu_{21}hf_n)=f_n+f'_x(x_n,y_n)\lambda_2h+f'_y(x_n,y_n)\mu_{21}hf_n+O(h^2)$$

将以上结果代入式(10.22）则有

$$\begin{aligned}T_{n+1}&=hf_n+\frac{h^2}{2}[f'_x(x_n,y_n)+f'_y(x_n,y_n)f_n]-h\{c_1f_n+c_2[f_n\\&\quad+\lambda_2f'_x(x_n,y_n)h+\mu_{21}f'_y(x_n,y_n)f_nh]\}+O(h^3)\\&=(1-c_1-c_2)f_nh+\left(\frac{1}{2}-c_2\lambda_2\right)f'_x\left(x_n,y_n\right)h^2+\left(\frac{1}{2}-c_2\mu_{21}\right)\\&\quad f'_y(x_n,y_n)f_nh^2+O(h^3)\end{aligned}$$

要使公式(10.21）具有 $p=2$ 阶，必须使

$$1-c_1-c_2=0,\quad \frac{1}{2}-c_2\lambda_2=0,\quad \frac{1}{2}-c_2\mu_{21}=0 \tag{10.24}$$

即

$$c_2\lambda_2=\frac{1}{2},\quad c_2\mu_{21}=\frac{1}{2},\quad c_1+c_2=1$$

非线性方程组（10.24）的解是不唯一的，可令 $c_2=a\neq0$，则得

$$c_1=1-a,\lambda_2=\mu_{21}=\frac{1}{2a}$$

这样得到的公式称为二阶 R-K 方法，如取 $a=\frac{1}{2}$，则得 $c_1=c_2=\frac{1}{2}$，$\lambda_2=\mu_{21}=1$，这就是改进的欧拉法式(10.16)。

若取 $a=1$，则 $c_2=1$，$c_1=0$，$\lambda_2=\mu_{21}=1/2$，得计算公式

$$\begin{cases} y_{n+1}=y_n+hK_2 \\ K_1=f(x_n,y_n) \\ K_2=f\left(x_n+\dfrac{h}{2},y_n+\dfrac{h}{2}K_1\right) \end{cases} \tag{10.25}$$

称其为中点公式，相当于数值积分的中矩形公式。式(10.25）也可表示为

$$y_{n+1}=y_n+hf\left(x_n+\frac{h}{2},y_n+\frac{h}{2}f(x_n,y_n)\right)$$

对 $r=2$ 的 R-K 公式(10.21）能否使局部误差提高到 $O(h^4)$？为此需要把 K_2 多展开一项，从式（10.23）的 y'''_n 看到展开式中 $f'_yf'_x+(f'_y)^2f$ 的项是不能通过选择参数消掉的，实际上要使 h^3 的项为零，需增加三个方程，要确定 4 个参数 c_1，c_2，λ_2，μ_{21}，这是不可能的，故 $r=2$ 的显式 R-K 方法的阶只能是 $p=2$，而不能得到三阶公式。

10.3.3 三阶与四阶显式 R-K 方法

要得到三阶显式 R-K 方法，必须取 $r=3$。此时式(10.19）和式(10.20）表示为

$$\begin{cases} y_{n+1}=y_n+h(c_1K_1+c_2K_2+c_3K_3) \\ K_1=f(x_n,y_n) \\ K_2=f(x_n+\lambda_2h,y_n+\mu_{21}hK_1) \\ K_3=f(x_n+\lambda_3h,y_n+\mu_{31}hK_1+\mu_{32}hK_2) \end{cases} \tag{10.26}$$

其中 c_1，c_2，c_3，λ_2，μ_{21}，λ_3，μ_{31}，μ_{32} 均为待定参数，式(10.26）的局部截断误差为

$$T_{n+1}=y(x_{n+1})-y(x_n)-h(c_1K_1+c_2K_2+c_3K_3)$$

只要将 K_2，K_3 按二元泰勒展开，使 $T_{n+1}=O(h^4)$，可得待定参数满足方程组

$$\begin{cases} c_1+c_2+c_3=1 \\ \lambda_2=\mu_{21} \\ \lambda_3=\mu_{31}+\mu_{32} \\ c_2\lambda_2+c_3\lambda_3=\dfrac{1}{2} \\ c_2\lambda_2^2+c_2\lambda_3^3=\dfrac{1}{3} \\ c_3\lambda_2\mu_{32}=\dfrac{1}{6} \end{cases} \tag{10.27}$$

这是 8 个未知数 6 个方程的非线性方程组，解也不是唯一的，可以得到很多公式。满足条件式(10.27) 的式(10.26) 统称为三阶 R-K 公式，下面只给出其中一个常见的公式。

$$\begin{cases} y_{n+1}=y_n+\dfrac{h}{6}(K_1+4K_2+K_3) \\ K_1=f(x_n,y_n) \\ K_2=f\left(x_n+\dfrac{h}{2},y_n+\dfrac{h}{2}K_1\right) \\ K_3=f(x_n+h,y_n-hK_1+2hK_2) \end{cases}$$

继续上述过程，经过复杂的数学演算，可以导出各种四阶龙格-库塔公式，下列经典公式是其中常用的一个：

$$\begin{cases} y_{n+1}=y_n+\dfrac{h}{6}(K_1+2K_2+2K_3+K_4) \\ K_1=f(x_n,y_n) \\ K_2=f\left(x_n+\dfrac{h}{2},y_n+\dfrac{h}{2}K_1\right) \\ K_3=f\left(x_n+\dfrac{h}{2},y_n+\dfrac{h}{2}K_2\right) \\ K_4=f(x_n+h,y_n+hK_3) \end{cases} \tag{10.28}$$

四阶龙格-库塔方法的每一步需要计算四次函数值 f，可以证明其截断误差为 $O(h^5)$，不过证明极其繁琐，这里从略。

【例 10.3】 设取步长 $h=0.2$，用四阶龙格-库塔方法求解初值问题式(10.4)。

解： 这里，经典的四阶龙格-库塔公式(10.28) 具有形式

$$\begin{cases} y_{n+1}=y_n+\dfrac{h}{6}(K_1+2K_2+2K_3+K_4) \\ K_1=y_n-\dfrac{2x_n}{y_n} \\ K_2=y_n+\dfrac{h}{2}K_1-\dfrac{2x_n+h}{y_n+\dfrac{h}{2}K_1} \\ K_3=y_n+\dfrac{h}{2}K_2-\dfrac{2x_n+h}{y_n+\dfrac{h}{2}K_2} \\ K_4=y_n+hK_3-\dfrac{2(x_n+h)}{y_n+hK_3} \end{cases}$$

表 10.3 列出计算结果 y_n，表 10.3 中 $y(x_n)$ 仍表示准确解。

比较例 10.3 和例 10.2 的计算结果，显然龙格-库塔方法的精度更高，要注意，虽然四阶龙格-库塔方法的计算量（每一步要 4 次计算函数 f）比改进的欧拉方法（它是种二阶龙格-库塔方法，每一步只要 2 次计算函数 f）大一倍，但由于这里放大了步长（$h=0.2$），表 10.3 和表 10.2 所耗费的计算量几乎相同，这个例子又一次显示了选择算法的重要意义。

表 10.3 计算结果

x_n	y_n	$y(x_n)$	x_n	y_n	$y(x_n)$
0.2	1.1832	1.1832	0.8	1.6125	1.6125
0.4	1.3417	1.3416	1.0	1.7321	1.7321
0.6	1.4883	1.4832			

然而值得指出的是，龙格-库塔方法的推导基于泰勒展开方法，因而它要求所求的解具有较好的光滑性质。反之，如果解的光滑性差，那么使用四阶龙格库塔方法求得的数值解的精度可能反而不如改进的欧拉方法。实际计算时，我们应当针对问题的具体特点选择合适的算法。

10.3.4 变步长的龙格-库塔方法

单从每一步看，步长越小，截断误差就越小，但随着步长的缩小，在一定求解范围内所要完成的步数就增加了。步数的增加不但引起计算量的增大，而且可能导致舍入误差的严重积累。因此同积分的数值计算一样，微分方程的数值解法也有个选择步长的问题。在选择步长时，需要考虑两个问题：

① 怎样衡量和检验计算结果的精度？

② 如何依据所获得的精度处理步长？

我们考查经典的四阶龙格-库塔公式(10.28)。从节点 x_n 出发，先以 h 为步长求出一个近似值，记为 $y_{n+1}^{(h)}$，由 f 公式的局部截断误差为 $O(h^5)$，故有

$$y(x_{n+1})-y_{n+1}^{(h)}\approx ch^5 \tag{10.29}$$

然后将步长折半，即取 $\frac{h}{2}$ 为步长从 x_n 跨两步到 x_{n+1}，再求得一个近似值 $y_{n+1}^{\left(\frac{h}{2}\right)}$，每跨一步的截断误差是 $c\left(\frac{h}{2}\right)^5$，因此有

$$y(x_{n+1})-y_{n+1}^{\left(\frac{h}{2}\right)}\approx 2c\left(\frac{h}{2}\right)^5 \tag{10.30}$$

比较式(10.29) 和式(10.30) 我们看到，步长折半后，误差大约减少到 $\frac{1}{16}$，即有

$$\frac{y(x_{n+1})-y_{n+1}^{\left(\frac{h}{2}\right)}}{y(x_{n+1})-y_{n+1}^{(h)}}\approx\frac{1}{16}$$

由此易得下列事后估计式

$$y(x_{n+1})-y_{n+1}^{\left(\frac{h}{2}\right)}\approx\frac{1}{15}\left[y_{n+1}^{\left(\frac{h}{2}\right)}-y_{n+1}^{(h)}\right]$$

这样，我们可以通过检查步长，折半前后两次计算结果的偏差

$$\Delta=\left|y_{n+1}^{\left(\frac{h}{2}\right)}-y_{n+1}^{(h)}\right|$$

来判定所选的步长是否合适，具体地说，将区分以下两种情况处理：

① 对于给定的精度 ε，如果 $\Delta>\varepsilon$，我们反复将步长折半进行计算，直至 $\Delta<\varepsilon$ 为止，这时取最终得到的 $y_{n+1}^{\left(\frac{h}{2}\right)}$ 作为结果；

② 如果 $\Delta<\varepsilon$，我们将反复将步长加倍，直到 $\Delta>\varepsilon$，这时再将步长折半一次，就得到所要的结果。

这种通过加倍或折半处理步长的方法称为变步长方法。表面上看，为了选择步长，每一步的计算量增加了，但总体考虑往往是合算的。

10.4 单步法的收敛性与稳定性

10.4.1 收敛性与相容性

数值解法的基本思想是通过某种离散化手段将微分方程（10.1）转化为差分方程。如单步法（10.13），即

$$y_{n+1}=y_n+h\varphi(x_n,y_n,h) \tag{10.31}$$

它在 x_n 处的解为 y_n，初值问题式(10.1)、式(10.2) 在 x_n 处的精确解为 $y(x_n)$。记 $e_n=y(x_n)-y_n$，称为整体截断误差。收敛性就是讨论当 $x=x_n$ 固定且 $h=\dfrac{x_n-x_0}{n}\to 0$ 时 $e_n\to 0$ 的问题。

定义 10.3 若一种数值方法［如单步法（10.31)］对于固定的 $x_n=x_0+nh$，当 $h\to 0$ 时有 $y_n\to y(x_n)$，其中 $y(x)$ 是初值问题式(10.1)、式(10.2) 的准确解，则称该方法是**收敛的**。

显然数值方法收敛是指 $e_n=y(x_n)-y_n\to 0$，对单步法（10.31）有下述收收敛性定理。

定理 10.3 假设单步法（10.31）具有 p 阶精度，且增量函数 $\varphi(x,y,h)$关于 y 满足利普西茨条件

$$\varphi(x,y,h)-\varphi(x,\overline{y},h)\leqslant L_\varphi|y-\overline{y}| \tag{10.32}$$

又设初值 y_0 是准确的，即 $y_0=y(x_0)$，则其整体截断误差

$$y(x_n)-y_n=O(h^p) \tag{10.33}$$

证明： 设以 $\overline{y}_{n+1}$表示取 $y_n=y(x_n)$ 用式(10.31) 求得的结果，即

$$\overline{y}_{n+1}=y(x_n)+h\varphi(x_n,y(x_n),h) \tag{10.34}$$

则 $y(x_{n+1})-\overline{y}_{n+1}$为局部截断误差，由于所给的方法具有 p 阶精度，按定义 10.2，存在定数 C，使

$$|y(x_{n+1})-\overline{y}_{n+1}|\leqslant Ch^{p+1}$$

又由式(10.31) 与式(10.34)，得

$$|\overline{y}_{n+1}-y_{n+1}|\leqslant|y(x_n)-y_n|+h|\varphi(x_n,y(x_n),h)-\varphi(x_n,y_n,h)|$$

利用假设条件（10.32)，有

$$|\overline{y}_{n+1}-y_{n+1}|\leqslant(1+hL_\varphi)|y(x_n)-y_n|$$

从而有

$$\begin{aligned}|y(x_{n+1})-y_{n+1}|&\leqslant|\overline{y}_{n+1}-y_{n+1}|+|y(x_{n+1})-\overline{y}_{n+1}|\\&\leqslant(1+hL_\varphi)|y(x_n)-y_n|+Ch^{p+1}\end{aligned}$$

即对整体截断误差 $e_n=y(x_n)-y_n$ 成立下列递推关系式

$$|e_{n+1}|\leqslant(1+hL_\varphi)|e_n|+Ch^{p+1} \tag{10.35}$$

据此不等式反复递推，可得

$$|e_n|\leqslant(1+hL_\varphi)^n|e_0|+\frac{Ch^p}{L_\varphi}[(1+hL_\varphi)^n-1] \tag{10.36}$$

再注意到 $x_n-x_0=nh\leqslant T$ 时

$$(1+hL_{\varphi})^n \leqslant (e^{hL_{\varphi}})^n \leqslant e^{TL_{\varphi}}$$

最终得下列估计式

$$|e_n| \leqslant |e_0| e^{TL_{\varphi}} + \frac{Ch^p}{L_{\varphi}}(e^{TL_{\varphi}}-1) \tag{10.37}$$

由此可以断定，如果初值是准确的，即 $e_0=0$，则式(10.33) 成立，证毕。

依据这一定理，判断单步法 (10.31) 的收敛性，归结为验证增量函数 φ 是否满足利普西茨条件 (10.32)。

对于欧拉方法，由于增量函数 φ 就是 $f(x,y)$，故当 $f(x,y)$ 关于 y 满足利普西茨条件时它是收敛的。

再考察改进的欧拉方法，其增量函数已由式(10.17) 给出，这时有

$$|\varphi(x,y,h)-\varphi(x,\overline{y},h)| \leqslant \frac{1}{2}[|f(x,y)-f(x,\overline{y})| + |f(x+h,y+hf(x,y))-f(x+h,\overline{y}+hf(x,\overline{y}))|]$$

假设 $f(x,y)$ 关于 y 满足利普西茨条件，记利普西茨常数为 L，则由上式推得

$$|\varphi(x,y,h)-\varphi(x,\overline{y},h)| \leqslant L\left(1+\frac{h}{2}L\right)|y-\overline{y}|$$

设限定 $h \leqslant h_0$ (h_0 为定数)，上式表明 φ 关于 y 的利普西茨常数

$$L_{\varphi}=L\left(1+\frac{h_0}{2}L\right)$$

因此改进的欧拉方法也是收敛的。

类似地，不难验证其他龙格-库塔方法的收敛性。

定理 10.3 表明 $p \geqslant 1$ 时单步法收敛，并且当 $y(x)$ 是初值问题式(10.1)、式(10.2) 的解，式(10.31) 具有 p 阶精度时，则有展开式

$$\begin{aligned} T_{n+1} &= y(x+h)-y(x)-h\varphi(x,y(x),h) = y'(x)h+\frac{y''(x)}{2}h^2+\cdots \\ &\quad -h[\varphi(x,y(x),0)+\varphi'_x(x,y(x),0)h+\cdots] \\ &= h[y'(x)-\varphi(x,y(x),0)]+O(h^2) \end{aligned}$$

所以 $p \geqslant 1$ 的充要条件是 $y'(x)-\varphi(x,y(x),0)=0$ 而 $y'(x)=f(x,y(x))$，于是可给出如下定义。

定义 10.4　若单步法式(10.31) 的增量函数 φ 满足

$$\varphi(x,y,0)=f(x,y)$$

则称单步法式(10.31) 与初值问题式(10.1)、式(10.2) 相容。

相容性是指数值方法逼近微分方程 (10.1)，即微分方程 (10.1) 离散化得到的数值方法，当 $h \to 0$ 时可得到 $y'(x)=f(x,y)$。

定理 10.4　p 阶方法 (10.31) 与初值问题式(10.1)、式(10.2) 相容的充分必要条件是 $p \geqslant 1$。

由定理 10.3 可知单步法 (10.1) 收敛的充分必要条件是方法 (10.31) 是相容的。

以上讨论表明 p 阶方法 (10.31) 当 $p \geqslant 1$ 时与式(10.1)、式(10.2) 相容，反之相容方法至少是一阶的。于是由定理 10.3 可知方法 (10.1) 收敛的充分必要条件是此方法是相容的。

10.4.2　绝对稳定性与绝对稳定域

前面关于收敛性的讨论有个前提：必须假定数值方法本身的计算是准确的。实际情形并

不是这样，差分方程的求解还会有计算误差，譬如由于数字舍入而引起的小扰动。这类小扰动在传播过程中会不会恶性增长，以至于“淹设”了差分方程的“真解”呢？这就是差分算法的稳定性问题。在实际计算时，我们希望某一步产生的扰动值在后面的计算中能够被控制，甚至是逐步衰减的。

定义 10.5 若一种数值方法在节点值 y_n 上大小为 δ 的扰动，以后各节点值 y_m（$m>n$）上产生的偏差均不超过 δ，则称该方法是**稳定**的。

下面先以欧拉法为例考察计算稳定性。

【例 10.4】 考察初值问题。

$$\begin{cases} y'=-100y \\ y(0)=1 \end{cases}$$

其准确解 $y(x)=e^{-100x}$ 是一个按指数曲线衰减很快的函数。

用欧拉法解方程 $y'=-100y$ 得

$$y_{n+1}=(1-100h)y_n$$

若取 $h=0.025$，则欧拉公式的具体形式为

$$y_{n+1}=-1.5y_n$$

计算结果列于表 10.4 的第 2 列，我们看到，欧拉方法的解 y_n 在准确值 $y(x_n)$ 的上下波动，计算过程明显地不稳定。但若取 $h=0.005$，$y_{n+1}=0.5y_n$，则计算过程稳定。

表 10.4 计算结果对比

节点	欧拉方法	后退欧拉方法	节点	欧拉方法	后退欧拉方法
0.025	−1.5	0.2875	0.075	−3.375	0.0233
0.050	2.25	0.0816	0.100	5.0625	0.0067

再考察后退的欧拉方法。取 $h=0.025$ 时计算公式为

$$y_{n+1}=\frac{1}{3.5}y_n$$

计算结果列于表 10.4 的第三列，这时计算过程是稳定的。

例题表明稳定性不但与方法有关，也与步长 h 的大小有关系，当然也与方程中的 $f(x, y)$ 有关。为了考察数值方法本身，通常只检验将数值方法用于解模型方程的稳定性。模型方程为

$$y'=\lambda y \tag{10.38}$$

其中 λ 为复数，这个方程分析较简单，对一般方程可以通过局部线性化化为这种形式，例如在 $(\overline{x}, y)$ 的邻域，可展开为

$$y'=f(x,y)=f(\overline{x},\overline{y})+f'_x(\overline{x},\overline{y})(x-\overline{x})+f'_y(\overline{x},\overline{y})(y-\overline{y})+\cdots$$

略去高阶项，再作变换即可得到 $u'=\lambda u$ 的形式。对于 m 个方程的常微分方程组，可线性化为 $y'=\mathbf{A}y$。这里 $\mathbf{A}$ 为 $m\times m$ 的雅可比矩阵$\left(\frac{\partial f_i}{\partial y_i}\right)$。若 $\mathbf{A}$ 有 m 个特征值 $\lambda_1,\lambda_2,\cdots,\lambda_m$，其中 λ_1 可能是复数，所以，为了使模型方程结果能推广到常微分方程组，方程（10.38）中 λ 为复数。为保证微分方程本身的稳定性，还应假定 $Re(\lambda)<0$。

下面先研究欧拉方法的稳定性。模型方程 $y'=\lambda y$ 的欧拉公式为

$$y_{n+1}=(1+h\lambda)y_n \tag{10.39}$$

设在节点值 y_n 上有一扰动值 ε_n，它的传播使节点值 y_{n+1} 产生大小为 ε_{n+1} 的扰动值，假设用

$y_n^* = y_n + \varepsilon_n$ 按欧拉公式得出 $y_{n+1}^* = y_{n+1} + \varepsilon_{n+1}$ 的计算过程不再有新的误差，则扰动值满足

$$\varepsilon_{n+1} = (1+h\lambda)\varepsilon_n$$

可见扰动值满足原来的差分方程（10.39）。这样，如果差分方程的解是不增长的，即有

$$|y_{n+1}| \leqslant |y_n|$$

则它就是稳定的。这一论断对于下面将要研究的其他方法同样适用。

显然，为要保证差分方程（10.39）的解是不增长的，只要选取 h 充分小，使

$$|1+h\lambda| \leqslant 1 \tag{10.40}$$

在 $\mu = h\lambda$ 的复平面上。这是以（-1，0）为圆心，1 为半径的单位圆内部（见图 10.3），称为欧拉法的绝对稳定域，相应的绝对稳定区间为（-2，0），一般情形可如下定义。

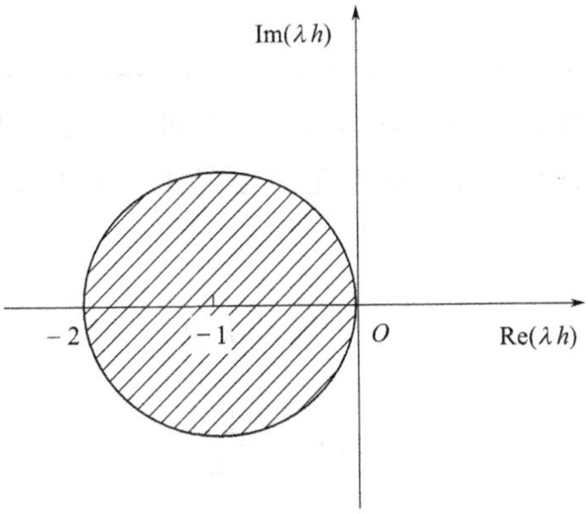

图 10.3　欧拉法的绝对稳定域

定义 10.6　单步法（10.31）用于解模型方程（10.38），若得到的解 $y_{n+1} = E(h\lambda)y_n$ 满足 $|E(h\lambda)| < 1$，则称方法（10.31）是绝对稳定的。在 $\mu = h\lambda$ 的平面上，使 $|E(h\lambda)| < 1$ 的变量围成的区域称为绝对稳定域，它与实轴的交称为绝对稳定区间。

对欧拉法 $E(h\lambda) = 1 + h\lambda$ 其绝对稳定域已由式(10.31) 给出，绝对稳定区间为 $-2 < h\lambda < 0$，在例 10.4 中 $\lambda = -100$，$-2 < -100h < 0$，即 $0 < h < 2/100 = 0.02$ 为绝对稳定区间，取 $h = 0.025$，它是不稳定的，当取 $h = 0.005$ 时它是稳定的。对二阶 R-K 方法，解模型方程（10.38）可得到

$$y_{n+1} = \left[1 + h\lambda + \frac{(h\lambda)^2}{2}\right] y_n$$

故

$$E(h\lambda) = 1 + h\lambda + \frac{(h\lambda)^2}{2}$$

绝对稳定域由 $\left|1 + h\lambda + \frac{(h\lambda)^2}{2}\right| < 1$ 得到，于是可得绝对稳定区间为 $-2 < h\lambda < 0$，即 $0 < h < -2/\lambda$。类似可得三阶及四阶的 R-K 方法的 $E(h\lambda)$ 分别为

$$E(h\lambda) = 1 + h\lambda + \frac{(h\lambda)^2}{2!} + \frac{(h\lambda)^3}{3!}$$

$$E(h\lambda) = 1 + h\lambda + \frac{(h\lambda)^2}{2!} + \frac{(h\lambda)^3}{3!} + \frac{(h\lambda)^4}{4!}$$

由 $|E(h\lambda)| < 1$ 可得到相应的绝对稳定域。当 λ 为实数时则得绝对稳定区间，它们分别为：

三阶显式 R-K 方法：$-2.51 < h\lambda < 0$ 即 $0 < h < -2.51/\lambda$；

四阶显式 R-K 方法：$-2.78<h\lambda<0$ 即 $0<h<2.78/\lambda$。

从以上讨论可知显式的 R-K 方法的绝对稳定域均为有限域，都对步长 h 有限制。如果 h 不在所给的绝对稳定区间内，方法就不稳定。

【例 10.5】 $y'=-20y(0\leqslant x\leqslant 1)$，$y(0)=1$，分别取 $h=0.1$ 及 $h=0.2$，用经典的四阶 R-K 方法（10.28）计算。

解：本例 $\lambda=-20$，$h\lambda$ 分别为 -2 及 -4，前者在绝对稳定区间内，后者则不在，用四阶 R-K 方法计算其误差（见表 10.5）。

表 10.5 计算结果

x_n	0.2	0.4	0.6	0.8	1.0
$h=0.1$	0.93×10^{-1}	0.12×10^{-1}	0.14×10^{-2}	0.15×10^{-3}	0.17×10^{-4}
$h=0.2$	4.98	25.0	125.0	625.0	3125.0

从以上结果看到，如果步长 h 不满足绝对稳定条件，则误差增长很快。

对于隐式单步法，可以同样讨论方法的绝对稳定性。例如对后退欧拉法，用它解模型方程可得

$$y_{n+1}=\frac{1}{1-h\lambda}y_n$$

故

$$E(h\lambda)=\frac{1}{1-h\lambda}$$

由 $|E(h\lambda)|=\left|\frac{1}{1-h\lambda}\right|<1$，可得绝对稳定域为 $|1-h\lambda|>1$，它是以（1，0）为圆心，1 为半径的单位圆外部，故绝对稳定区间为 $-\infty<h\lambda<0$。当 $\lambda<0$ 时，$0<h<\infty$，且对任何步长均为稳定的。

对于梯形法，用它解模型方程（10.38）可得

$$y_{n+1}=\frac{1+\frac{h\lambda}{2}}{1-\frac{h\lambda}{2}}y_n$$

故

$$E(h\lambda)=\frac{1+\frac{h\lambda}{2}}{1-\frac{h\lambda}{2}}$$

对 $\mathrm{Re}(\lambda)<0$ 有

$$|E(h\lambda)|=\left|\frac{1+\frac{h\lambda}{2}}{1-\frac{h\lambda}{2}}\right|<1$$

故绝对稳定域为 $\mu=h\lambda$ 的左半平面，绝对稳定区间为 $-\infty<h\lambda<0$，即 $0<h<\infty$ 时梯形法均是稳定的。

隐式欧拉法与梯形方法的绝对稳定域均为 $\{h\lambda \mid \mathrm{Re}(h\lambda)<0\}$，在具体计算中步长 h 的选取只需考虑计算精度及迭代收敛性要求而不必考虑稳定性。具有这种特点的方法需特别重视。由此给出下面的定义。

定义 10.7 如果数值方法的绝对稳定域包含了$\{h\lambda \mid \mathrm{Re}(h\lambda)<0\}$，那么称此方法是$A$-稳定的。

由定义知A稳定方法对步长h没有限制。

10.5 线性多步法

在逐步推进的求解过程中，计算y_{n+1}之前事实上已经求出了一系列的近似值y_0，$y_1,\cdots,y_n$，如果充分利用前面多步的信息来预测y_{n+1}，则可以期望会获得更高的精度，这就是构造所谓线性多步法的基本思想。

10.5.1 线性多步法的一般公式

如果计算y_{n+k}时，除用y_{n+k-1}的值，还用到$y_{n+i}(i=0,1,\cdots,k-2)$的值，则称此方法为**线性多步法**。一般的线性多步法公式可表示为

$$y_{n+k}=\sum_{i=0}^{k-1}\alpha_i y_{n+i}+h\sum_{i=0}^{k}\beta_i f_{n+i} \tag{10.41}$$

其中y_{n+i}为$y(x_{n+i})$的近似，$f_{n+i}=f(x_{n+i},y_{n+i})$，$x_{n+i}=x_n+ih$，$\alpha_i$，$\beta_i$为常数，$\alpha_0$及$\beta_0$不全为零。则称式(10.41)为线性$k$步法，计算时需先给出前面$k$个近似值$y_0$，$y_1,\cdots,y_{k-1}$，再由式(10.41)逐次求出$y_k,y_{k+1},\cdots$。如果$\beta_k=0$，则称式(10.41)为显式$k$步法，这时$y_{n+k}$可直接由式(10.41)算出；如果$\beta_k\neq 0$，则称式(10.41)为隐式$k$步法，求解时与梯形法相同，要用迭代法可算出$y_{n+k}$。式(10.41)中系数$\alpha_i$及$\beta_i$可根据方法的局部截断误差及阶确定，其定义如下。

定义 10.8 设$y(x)$是初值问题式(10.1)、式(10.2)的准确解，线性多步法(10.41)在x_{n+k}上的局部截断误差为

$$T_{n+k}=L[y(x_n);h]=y(x_{n+k})-\sum_{i=0}^{k-1}\alpha_i y(x_{n+i})-h\sum_{i=0}^{k}\beta_i y'(x_{n+i}) \tag{10.42}$$

若$T_{n+k}=O(h^{p+1})$，则称方法(10.41)是p阶的，如果$p\geqslant 1$，则称方法(10.41)与微分方程(10.1)是相容的。

由定义10.8，对T_{n+k}在x_n处作泰勒展开，由于

$$y(x_n+ih)=y(x_n)+ihy'(x_n)+\frac{(ih)^2}{2!}y''(x_n)+\frac{(ih)^3}{3!}y'''(x_n)+\cdots$$

$$y'(x_n+ih)=y'(x_n)+ihy''(x_n)+\frac{(ih)^2}{2!}y'''(x_n)+\cdots$$

代入式(10.42)得

$$T_{n+k}=c_0y(x_n)+c_1hy'(x_n)+c_2h^2y''(x_n)+\cdots+c_ph^py^{(p)}(x_n)+\cdots \tag{10.43}$$

其中

$$\begin{cases} c_0=1-(\alpha_0+\cdots+\alpha_{k-1}) \\ c_1=k-[\alpha_1+2\alpha_2+\cdots+(k-1)\alpha_{k-1}]-(\beta_0+\beta_1+\cdots+\beta_k) \\ c_2=\dfrac{1}{q!}\{k^q-[\alpha_1+2^q\alpha_2+\cdots+(k-1)^q\alpha_{k-1}]\}-\dfrac{1}{(q-1)!}(\beta_1+2^{q-1}\beta_2+\cdots+k^{q-1}\beta_k) \\ q=2,3,\cdots \end{cases} \tag{10.44}$$

若在式（10.41）中选择系数 α_i 及 β_i，使它满足

$$c_0=c_1=\cdots=c_p=0, \quad c_{p+1}\neq 0$$

由定义可知此时所构造得多步法是 p 阶的，且

$$T_{n+k}=c_{p+1}h^{p+1}y^{(p+1)}(x_n)+O(h^{p+2}) \tag{10.45}$$

称右端第一项为**局部截断误差主项**，c_{p+1} 称为**误差常数**。

根据相容性定义，$p\geqslant 1$，即 $c_0=c_1=0$，由式(10.44) 得

$$\begin{cases}\alpha_0+\alpha_1+\cdots+\alpha_{k-1}=1\\ \displaystyle\sum_{i=1}^{k-1} i\alpha_i+\sum_{i=0}^{k}\beta_i=k\end{cases} \tag{10.46}$$

故方法式(10.41) 与微分方程（10.1）相容的充分必要条件是式(10.46) 成立。

显然，当 $k=1$ 时，若 $\beta_1=0$，则由式(10.46) 可求得

$$\alpha_0=1, \quad \beta_0=1$$

此时式(10.41) 为

$$y_{n+1}=y_n+hf_n$$

即为欧拉法，从式(10.44) 可求得 $c_2-1/2\neq 0$，故方法为一阶精度，且局部截断误差为

$$T_{n+1}=\frac{1}{2}h^2y''(x_n)+O(h^3)$$

这和 10.2 节给出的定义及结果是一致的。

对 $k=1$，若 $\beta_1\neq 0$，此时方法为隐式公式，为了确定系数 α_0，β_0，β_1，可由 $c_0=c_1=c_2=0$ 解得 $\alpha_0=1$，$\beta_0=\beta_1=1/2$。于是得到公式

$$y_{n+1}=y_n+\frac{h}{2}(f_n+f_{n+1})$$

即为梯形法。由式(10.44) 可求得 $c_3=-1/12$，故 $p=2$，所以梯形法是二阶方法，其局部截断误差主项是 $-h^3y'''(x_n)/12$，这与 10.2 节中的讨论也是一致的。

对 $k\geqslant 2$ 的多步法公式都可利用式(10.44) 确定系数 α_i，β_i，并由式(10.45) 给出局部截断误差，下面只就若干常用的多步法导出具体公式。

10.5.2 阿当姆斯显式与隐式公式

考虑形如

$$y_{n+k}=y_{n+k-1}+h\sum_{i=0}^{k}\beta_i f_{n+i} \tag{10.47}$$

的 k 步法，称为**阿当姆斯**（Adams）**方法**，$\beta_k=0$ 为显式方法，$\beta_k\neq 0$ 为隐式方式，通常称为阿当姆斯显式与隐式公式，也称阿当姆斯-巴什福思公式与阿当姆斯-蒙尔顿公式。这类公式可直接由微分方程（10.1）两端积分（从 x_{x+k-1} 到 x_{n+k} 积分）求得。下面可利用式(10.44) 由$c_1=\cdots=c_p=0$ 推出，对比式(10.47) 与式(10.41) 可知此时系数 $\alpha_0=\alpha_1=\cdots=\alpha_{k-2}=0$，$\alpha_{k-1}=1$，显然 $c_0=0$ 成立，下面只需确定系数 $\beta_0,\beta_1,\cdots,\beta_k$，故可令 $c_1=\cdots=c_{k+1}=0$，则可求得 $\beta_0,\beta_1,\cdots,\beta_k$（若 $\beta_k=0$，则令 $c_1=\cdots=c_k=0$ 来求得 $\beta_0,\beta_1,\cdots,\beta_{k-1}$）。下面以 $k=3$ 为例，由 $c_1=c_2=c_3=c_4=0$，根据式(10.44) 可得

$$\begin{cases}\beta_0+\beta_1+\beta_2+\beta_3=1\\ 2(\beta_1+2\beta_2+3\beta_3)=5\\ 3(\beta_1+4\beta_2+9\beta_3)=19\\ 4(\beta_1+8\beta_2+27\beta_3)=65\end{cases}$$

若 $\beta_3=0$，则由前三个方程解得

$$\beta_0=\frac{5}{12},\quad \beta_1=-\frac{16}{12},\quad \beta_2=\frac{23}{12}$$

得到 $k=3$ 得阿当姆斯显式公式是

$$y_{n+3}=y_{n+2}+\frac{h}{12}(23f_{n+2}-16f_{n+1}+5f_n) \tag{10.48}$$

由式(10.44) 求得 $c_4=3/8$，所以式(10.48) 是三阶方法，局部截断误差是

$$T_{n+3}=\frac{3}{8}h^4y^{(4)}(x_n)+O(h^5)$$

若 $\beta_3\neq 0$，则可解得

$$\beta_0=\frac{1}{24},\quad \beta_1=-\frac{5}{24},\quad \beta_2=\frac{19}{24},\quad \beta_3=\frac{3}{8}$$

于是得 $k=3$ 的阿当姆斯隐式公式为

$$y_{n+3}=y_{n+2}+\frac{h}{24}(9f_{n+3}+19f_{n+2}-5f_{n+1}+f_n) \tag{10.49}$$

它是四阶方法，局部截断误差是

$$T_{n+5}=-\frac{19}{720}h^5y^{(5)}(x_n)+O(h^6) \tag{10.50}$$

用类似的方法可求得阿当姆斯显式方法和隐式方法的公式，表 10.6 及表 10.7 分别列出了 $k=1,2,3,4$ 时的阿当姆斯显式与隐式公式，其中 k 为步数，p 为方法的阶，c_{p+1} 为误差常数。

表 10.6 阿当姆斯显式公式

k	p	公式	c_{p+1}
1	1	$y_{n+1}=y_n+hf_n$	$\frac{1}{2}$
2	2	$y_{n+2}=y_{n+1}+\frac{h}{2}(3f_{n+1}-f_n)$	$\frac{5}{12}$
3	3	$y_{n+3}=y_{n+2}+\frac{h}{12}(23f_{n+2}-16f_{n+1}+5f_n)$	$\frac{3}{8}$
4	4	$y_{n+4}=y_{n+3}+\frac{h}{24}(55f_{n+3}-59f_{n+2}+37f_{n+1}-9f_n)$	$\frac{251}{720}$

表 10.7 阿当姆斯隐式公式

k	p	公式	c_{p+1}
1	2	$y_{n+1}=y_n+\frac{h}{2}(f_{n+1}+f_n)$	$-\frac{1}{12}$
2	3	$y_{n+2}=y_{n+2}+\frac{h}{12}(5f_{n+2}+8f_{n+1}-f_n)$	$-\frac{1}{24}$
3	4	$y_{n+3}=y_{n+2}+\frac{h}{24}(9f_{n+3}+19f_{n+2}-5f_{n+1}+f_n)$	$-\frac{19}{720}$
4	5	$y_{n+4}=y_{n+3}+\frac{h}{720}(251f_{n+4}+646f_{n+3}-264f_{n+2}+106f_{n+1}-19f_n)$	$-\frac{3}{160}$

【例 10.6】 用四阶阿当姆斯显式与隐式方法解初值问题。

$$y'=-y+x+1,\quad y(0)=1$$

取步长 $h=0.1$。

解：本题 $f_n=-y_n+x_n+1$，$x_n=nh=0.1n$。从四阶阿当姆斯显式公式得到

$$y_{n+4}=y_{n+3}+\frac{h}{24}(55f_{n+3}-59f_{n+2}+37f_{n+1}-9f_n)$$

$$=\frac{1}{24}(18.5y_{n+3}+5.9y_{n+2}-3.7y_{n+1}+0.9y_n+0.24n+3.24)$$

对于四阶阿当姆斯隐式公式得到

$$y_{n+3}=y_{n+2}+\frac{h}{24}(9f_{n+3}+19f_{n+2}-5f_{n+1}+f_n)$$

$$=\frac{1}{24}(-0.9y_{n+3}+22.1y_{n+2}+0.5y_{n+1}-0.1y_n+0.24n+3)$$

由此可直接解出 y_{n+3} 而不用迭代，得到

$$y_{n+3}=\frac{1}{24.9}(22.1y_{n+2}+0.5y_{n+1}-0.1y_n+0.24n+3)$$

计算结果见表 10.8，其中显式方法中的 y_0,y_1,y_2,y_3 及隐式方法中的 y_0,y_1,y_2 均用准确解 $y(x)=e^{-x}+x$ 计算得到，对一般方程，可用四阶 R-K 方法计算初始近似。

表 10.8 计算结果

x_n	精确解 $y(x_n)=e^{-x_n}+x_n$	阿当姆斯显式方法		阿当姆斯隐式方法	
		y_n	$\lvert y(x_n)-y_n\rvert$	y_n	$\lvert y(x_n)-y_n\rvert$
0.3	1.040 818 22			1.040 818 01	2.1×10^{-7}
0.4	1.070 320 05	1.070 322 92	2.87×10^{-6}	1.070 319 66	3.9×10^{-7}
0.5	1.106 530 56	1.106 535 48	4.82×10^{-6}	1.106 530 14	5.2×10^{-7}
0.6	1.148 811 64	1.148 818 41	6.77×10^{-6}	1.148 811 01	6.3×10^{-7}
0.7	1.196 585 30	1.196 593 40	8.10×10^{-6}	1.196 584 59	7.1×10^{-7}
0.8	1.249 328 96	1.249 338 16	9.20×10^{-6}	1.249 328 19	7.7×10^{-7}
0.9	1.306 569 66	1.306 579 62	9.96×10^{-6}	1.306 568 84	8.2×10^{-7}
1.0	1.367 879 44	1.367 889 96	1.05×10^{-5}	1.367 878 59	8.5×10^{-7}

从以上例子看到同阶的阿当姆斯方法，隐式方法要比显式方法误差小，这可以从两种方法的局部截断误差主项 $c_{p+1}h^{p+1}y^{(p+1)}(x_n)$ 的系数大小得到解释，这里 c_{p+1} 分别为 251/720 及 −19/720。

10.5.3 米尔尼方法与辛普森方法

考虑与式(10.47) 不同的另一个 $k=4$ 的显式公式

$$y_{n+4}=y_n+h(\beta_3f_{n+3}+\beta_2f_{n+2}+\beta_1f_{n+1}+\beta_0f_n)$$

其中 $\beta_0,\beta_1,\beta_2,\beta_3$ 为待定常数，可根据使公式的阶尽可能高这一条件来确定其数值，由式(10.44) 可知 $c_0=0$，再令 $c_1=c_2=c_3=c_4=0$ 得到

$$\begin{cases}\beta_0+\beta_1+\beta_2+\beta_3=4\\2(\beta_1+2\beta_2+3\beta_3)=16\\3(\beta_1+4\beta_2+9\beta_3)=64\\4(\beta_1+8\beta_2+27\beta_3)=256\end{cases}$$

解此线性方程组得

$$\beta_3=\frac{8}{3},\quad \beta_2=-\frac{4}{3},\quad \beta_1=\frac{8}{3},\quad \beta_0=0$$

于是得到四步显式公式

$$y_{n+4}=y_n+\frac{4h}{3}(2f_{n+3}-f_{n+2}+2f_{n+1}) \tag{10.51}$$

称为米尔尼（Milne）方法。由于 $c_5=14/45$，故方法为四阶的，其局部截断误差为

$$T_{n+4}=\frac{14}{45}h^5y^{(5)}(x_n)+O(h^6) \tag{10.52}$$

米尔尼方法也可以通过微分方程（10.1）两端积分

$$y(x_{n+1})-y(x_n)=\int_{x_n}^{x_{n+4}}f(x,y(x))\mathrm{d}x$$

得到，若将微分方程（10.1）从 x_n 到 x_{n+2} 积分，可得

$$y(x_{n+2})-y(x_n)=\int_{x_n}^{x_{n+2}}f(x,y(x))\mathrm{d}x$$

右端积分利用辛普森求积公式就有

$$y_{n+2}=y_n+\frac{h}{3}(f_n+4f_{n+1}+f_{n+2}) \tag{10.53}$$

此方法称为**辛普森方法**，它是隐式二步四阶方法，其局部截断误差为

$$T_{n+2}=-\frac{h^5}{90}y^{(5)}(x_n)+O(h^6) \tag{10.54}$$

10.5.4　汉明方法

辛普森公式是二步方法中阶数最高的，但它的稳定性较差，为了改善稳定性，我们考察另一类三步法公式：

$$y_{n+3}=\alpha_0y_n+\alpha_1y_{n+1}+\alpha_2y_{n+2}+h(\beta_1f_{n+1}+\beta_2f_{n+2}+\beta_3f_{n+3})$$

其中系数 $\alpha_0,\alpha_1,\alpha_2$ 及 β_1,β_2,β_3 为常数，如果希望导出的公式是四阶的，则系数中至少有一个自由参数。若取 $\alpha_1=1$，则可得到辛普森公式。若取 $\alpha_1=0$，仍利用泰勒展开，由式(10.44)，令 $c_0=c_1=c_2=c_3=c_4=0$，则可得到

$$\begin{cases}\alpha_0+\alpha_2=1\\ 2\alpha_2+\beta_1+\beta_2+\beta_3=3\\ 4\alpha_2+2(\beta_1+2\beta_2+3\beta_3)=9\\ 8\alpha_2+3(\beta_1+4\beta_2+9\beta_3)=27\\ 16\alpha_2+4(\beta_1+8\beta_2+27\beta_3)=81\end{cases}$$

解此线性方程组得

$$\alpha_0=-\frac{1}{8},\quad \alpha_2=\frac{9}{8},\quad \beta_1=-\frac{3}{8},\quad \beta_2=\frac{6}{8},\quad \beta_3=\frac{3}{8}$$

于是有

$$y_{n+3}=\frac{1}{8}(9y_{n+2}-y_n)+\frac{3h}{8}(f_{n+3}+2f_{n+2}-f_{n+1}) \tag{10.55}$$

称为汉明（Hamming）方法，由于 $c_5=-1/40$，故方法是四阶的，且局部截断误差为

$$T_{n+3}=-\frac{h^5}{40}y^{(5)}(x_n)+O(h^6) \tag{10.56}$$

10.5.5 预测-校正方法

对于隐式的线性多步法，计算时要进行迭代，计算量较大。为了避免进行迭代，通常采用显式公式给出 y_{n+k} 的一个初始近似，记为 $y_{n+k}^{(0)}$，称为预测，接着计算 f_{n+k} 的值，再用隐式公式计算 y_{n+k}，称为校正。例如在式(10.11) 中用欧拉法作预测，再用梯形法校正，得到改进欧拉法，它就是一个二阶预测-校正方法。一般情况下，预测公式与校正公式都取同阶的显式方法与隐式方法相匹配。例如用四阶的阿当姆斯显式方法作预测，再用四阶阿当姆斯隐式公式作校正，得到以下格式：

$$\text{预测 } P: y_{n+4}^{p}=y_{n+3}+\frac{h}{24}(55f_{n+3}-59f_{n+2}+37f_{n+1}-9f_{n})$$

$$\text{求值 } E: f_{n+4}^{p}=f(x_{n+4},y_{n+4}^{p})$$

$$\text{校正 } C: y_{n+4}=y_{n+3}+\frac{h}{24}(9f_{n+4}^{p}+19f_{n+3}-5f_{n+2}+f_{n+1})$$

$$\text{求值 } E: f_{n+4}=f(x_{n+4},y_{n+4})$$

此公式称为**阿当姆斯四阶预测-校正格式（PECE）**。

依据四阶阿当姆斯公式的截断误差，对于 PECE 的预测步 P 有

$$y(x_{n+4})-y_{n+4}^{p}\approx\frac{251}{720}h^{5}y^{(5)}(x_{n})$$

对校正步 C 有

$$y(x_{n+4})-y_{n+4}\approx\frac{-19}{720}h^{5}y^{(5)}(x_{n})$$

两式相减得

$$h^{5}y^{(5)}(x_{n})\approx-\frac{720}{270}(y_{n+4}^{p}-y_{n+4})$$

于是有下列事后误差估计

$$y(x_{n+4})-y_{n+4}^{p}\approx-\frac{251}{270}(y_{n+4}^{p}-y_{n+4})$$

$$y(x_{n+4})-y_{n+4}^{p}\approx\frac{19}{270}(y_{n+4}^{p}-y_{n+4})$$

容易看出

$$\begin{cases} y_{n+4}^{pm}=y_{n+4}^{p}+\dfrac{251}{270}(y_{n+4}-y_{n+4}^{p}) \\ \overline{y}_{n+4}=y_{n+4}-\dfrac{19}{270}(y_{n+4}-y_{n+4}^{p}) \end{cases} \tag{10.57}$$

比 y_{n+4}^{p}、y_{n+4} 更好，但在 y_{n+4}^{pm} 的表达式中 y_{n+4} 是未知的，因此计算时用上一步代替，从而构造一种**修正预测-校正格式**（PMECME）：

$$P: y_{n+4}^{p}=y_{n+3}+\frac{h}{24}(55f_{n+3}-59f_{n+2}+37f_{n+1}-9f_{n})$$

$$M: y_{n+4}^{pm}=y_{n+4}^{p}+\frac{251}{270}(y_{n+3}^{c}-y_{n+3}^{p})$$

$$E: f_{n+4}^{pm}=f(x_{n+4},y_{n+4}^{pm})$$

$$C: y_{n+4}^{c}=y_{n+3}+\frac{h}{24}(9f_{n+4}^{pm}+19f_{n+3}-5f_{n+2}+f_{n+1})$$

$$M: y_{n+4}=y_{n+4}^{c}-\frac{19}{270}(y_{n+3}^{c}-y_{n+4}^{p})$$

$$E: f_{n+4}=f(x_{n+4}, y_{n+4})$$

注意：在 PMECME 格式中已将式(10.57) 的 y_{n+4} 及 $\overline{y}_{n+4}$ 分别改为 y_{n+4}^{c} 及 y_{n+4}，利用米尔尼公式(10.51) 和汉明公式(10.55) 相匹配，并利用截断误差式(10.52)、式(10.56) 改进计算结果，可类似地建立四阶**修正米尔尼-汉明预测-校正格式**（PMECME）：

$$P: y_{n+4}^{p}=y_{n}+\frac{4h}{3}(2f_{n+3}-f_{n+2}+2f_{n+1})$$

$$M: y_{n+4}^{pm}=y_{n+4}^{p}+\frac{112}{121}(y_{n+3}^{c}-y_{n+3}^{p})$$

$$E: f_{n+4}^{pm}=f(x_{n+4}, y_{n+4}^{pm})$$

$$C: y_{n+4}^{c}=\frac{1}{8}(9y_{n+3}-y_{n+1})+\frac{3}{8}h(9f_{n+4}^{pm}+2f_{n+3}-f_{n+2})$$

$$M: y_{n+4}=y_{n+4}^{c}-\frac{9}{121}(y_{n+4}^{c}-y_{n+4}^{p})$$

$$E: f_{n+4}=f(x_{n+4}, y_{n+4})$$

10.6 线性多步法的收敛性与稳定性

线性多步法的基本性质与单步法相似，但它涉及线性差分方程理论，因此不作详细讨论，只给出基本概念及结论。

10.6.1 相容性及收敛性

线性多步法式(10.41) 的相容性在定义 10.8 中给出的局部截断误差（10.42）中 $T_{n+k}=O(h^{p+1})$，若 $p\geqslant 1$ 称为 k 步法（10.41）与微分方程（10.1）式相容，它等价于

$$\lim_{n\to 0}\frac{1}{h}T_{n+k}=0 \tag{10.58}$$

对多步法（10.41）可引入多项式

$$\rho(\xi)=\xi^{k}-\sum_{j=0}^{k-1}\alpha_{j}\xi^{j} \tag{10.59}$$

和

$$\sigma(\xi)=\sum_{j=0}^{k}\beta_{j}\xi^{j} \tag{10.60}$$

分别称为线性多步法（10.41）的第一特征多项式和第二特征多项式。可以看出，如果式（10.41）给定，则$\rho(\xi)$ 和 $\sigma(\xi)$ 也完全确定。反之也成立。根据式(10.46) 的结论，有下面定理。

定理 10.5 线性多步法式(10.41) 与微分方程（10.1）相容的充分必要条件是

$$\rho(1)=0,\quad \rho'(1)=\sigma(1) \tag{10.61}$$

关于多步法（10.41）的收敛性，由于多步法（10.41）求数值解需要 k 个初值，而微分方程（10.1）只给出一个初值 $y(x_0)=y_0$，因此还要给出 $k-1$ 个初值才能用多步法（10.41）进行求解，即

$$\begin{cases} y_{n+k}=\sum_{j=0}^{k-1}\alpha_j y_{n+j}+h\sum_{j=0}^{k}\beta_j f_{n+j} \\ y_i=\eta_i(h), \quad i=0,1,\cdots,k-1 \end{cases} \tag{10.62}$$

其中 y_0 由微分方程的初值给定，$y_1,y_2,\cdots,y_{k-1}$ 可由相应单步法给出。设由式(10.62) 在$x=x_n$ 得到的数值解为 y_n，这里 $x_n=x_0+nh\in[a,b]$ 为固定点，$h=\dfrac{b-a}{n}$，于是有下面的定义。

定义 10.9 设初值问题式(10.1)、式(10.2) 有精确解 $y(x)$，如果初始条件 $y_i=\eta_i(h)$ 满足条件

$$\lim_{h\to 0}\eta_i(h)=y_0, i=0,1,\cdots,k-1$$

的线性 k 步法（10.62）在 $x=x_n$ 处的解 y_n 有

$$\lim_{\substack{h\to 0\\ x=x_0+nh}} y_n=y(x)$$

则称线性 k 步法（10.62）是收敛的。

定理 10.6 设线性多步法（10.62）是收敛的，则它是相容的。

此定理的逆定理是不成立的，见例 10.7。

【例 10.7】 用线性二步法

$$\begin{cases} y_{n+2}=3y_{n+1}-2y_n-h(f_{n+1}-2f_n) \\ y_0=\eta_0(h), y_1=\eta_1(h) \end{cases} \tag{10.63}$$

解初值问题 $y'=2x$，$y(0)=0$。

解：此初值问题精确解 $y(x)=x^2$，而由式(10.63) 知

$$\rho(\xi)=\xi^2-3\xi+2, \quad \sigma(\xi)=\xi-2$$

故有$\rho(1)=0$，$\sigma(1)=\rho'(1)=-1$，故方法（10.63）是相容的，但方法（10.63）的解并不收敛，在方法（10.63）中取初值

$$y_0=0, y_1=h \tag{10.64}$$

此时方法（10.63）为二阶差分方程

$$y_{n+2}=3y_{n+1}-2y_n-h(2x_{n+1}-4x_n), y_0=0, y_1=h \tag{10.65}$$

其特征方程为

$$\rho(\xi)=\xi^2-3\xi+2=0$$

解得其根为 $\xi_1=1$ 及 $\xi_2=2$，于是可求得式(10.65) 的解为

$$y_n=(2^n-1)h+n(n-1)h^2, x=nh$$

$$\lim_{\substack{h\to 0\\ n\to\infty}} y_n=\lim_{n\to\infty}\left(\frac{2^n-1}{n}x+\frac{n-1}{n}x^2\right)=\infty$$

故方法不收敛。

从上例看到多步法（10.41）是否收敛与$\rho(\xi)$ 的根有关，为此可给出以下概念。

定义 10.10 如果线性多步法式(10.41) 的第一特征多项式$\rho(\xi)$ 的根都在单位圆内或单位圆上，且在单位圆上的根为单根，则称线性多步法（10.41）满足根条件。

定理 10.7 线性多步法（10.41）是相容的，则线性多步法（10.62）收敛的充分必要条件是线性多步法（10.41）满足根条件。

在例 10.7 中$\rho(\xi)=\xi^2-3\xi+2$ 的根 $\xi_1=1$，$\xi_2=2$，不满足根条件。因此二步法（10.63）不收敛。

10.6.2　稳定性与绝对稳定性

稳定性主要研究初始条件扰动与差分方程有段扰动对数值解的影响，假设多步法(10.62)有扰动$\{\delta_n | n=0,1,\cdots,N\}$，则经过扰动后的解为$\{z_n | n=0,1,\cdots,N\}$，$N=\dfrac{b-a}{h}$，它满足方程

$$\begin{cases} z_{n+k}=\sum\limits_{j=0}^{k-1}\alpha_j z_{n+j}+h\left[\sum\limits_{j=0}^{k}\beta_j f(x_{n+j},z_{n+j})+\delta_{n+k}\right] \\ z_i=\eta_i(h)+\delta_i, i=0,1,\cdots,k-1 \end{cases} \tag{10.66}$$

定义 10.11　对初值问题式(10.1)、式(10.2)，由方法 (10.62) 得到的差分方程解$\{y_n\}_0^N$，由于有扰动 $\{\delta_n\}_0^N$，使得方程 (10.66) 的解为 $\{z_n\}_0^N$，若存在常数 C 及 h_0，使对所有 $h\in(0,h_0)$，当 $|\delta_n|\leqslant\varepsilon$，$0\leqslant n\leqslant N$ 时，有

$$|z_n-y_n|\leqslant C\varepsilon$$

则称多步法 (10.41) 是稳定的或称为零稳定的。

从定义看到研究零稳定性就是研究 $h\to 0$ 时差分方程 (10.45) 解 $\{y_n\}$ 的稳定性。它表明当初始扰动或右侧项扰动不大时，解的误差也不大，对多步法 (10.41)，当 $h\to 0$ 时对应差分方程的特征方程为$\rho(\xi)=0$，故有以下结论。

定理 10.8　线性多步法 (10.41) 稳定的充分必要条件是它满足根条件。

关于绝对稳定性只要将多步法 (10.41) 用于解模型方程 (10.38)，得到线性差分方程

$$y_{n+k}=\sum_{j=0}^{k-1}\alpha_j y_{n+j}+h\lambda\sum_{j=0}^{k}\beta_j y_{n+j} \tag{10.67}$$

利用线性多步法的第一、第二特征多项式$\sigma(\xi)$，$\rho(\xi)$，令

$$\pi(\xi,\mu)=\rho(\xi)-\mu\sigma(\xi),\quad \mu=h\lambda \tag{10.68}$$

此式称为线性多步法的稳定性多项式，它是关于ξ 的k 次多项式。如果它的所有零点$\xi_r=\xi_r(\mu)(r=1,2,\cdots,k)$满足$|\xi_r|<1$，则式(10.67) 的解 $\{y_n\}$ 当 $n\to\infty$时，有 $|y_n|\to 0$，由此可给出下面的定义。

定义 10.12　对于给定的 $\mu=h\lambda$，如果稳定多项式 (10.68) 的零点满足 $|\xi_r|<1$，$r=1,2,\cdots,k$，则称线性多步法 (10.41) 关于此μ 值是绝对稳定的，若在 $\mu=h\lambda$ 的复平面的某个区域R 中所有μ 值线性多步法 (10.41) 都是绝对稳定的，而在区域R 外，方法是不稳定的，则称 R 为多步法 (10.41) 的**绝对稳定域**，R 与实轴的交集称为线性多步法(10.41) 的**绝对稳定区间**。

当λ 为实数时，可以只讨论绝对稳定区间。由于线性多步法的绝对稳定域较为复杂，通常采用根轨迹法，这里不具体讨论，只给出阿当姆斯显式方法与隐式方法的绝对稳定区间，其绝对稳定区间见表 10.9。

表 10.9　阿当姆斯公式绝对稳定区间

显式方法	隐式方法
$k=p=1,-2<h\lambda<0$	$k=1,p=2,-\infty<h\lambda<0$
$k=p=2,-1<h\lambda<0$	$k=2,p=3,-6.0<h\lambda<0$
$k=p=3,-0.55<h\lambda<0$	$k=3,p=4,-3.0<h\lambda<0$
$k=p=4,-0.30<h\lambda<0$	$k=4,p=5,-1.8<h\lambda<0$

【例 10.8】 讨论辛普森方法

$$y_{n+2}=y_n+\frac{h}{3}(f_n+4f_{n+1}+f_{n+2})$$

的稳定性。

解：辛普森方法的第一、第二特征多项式为

$$\rho(\xi)=\xi^2-1, \sigma(\xi)=\frac{1}{3}(\xi^2+4\xi+1)$$

$\rho(\xi)=0$ 的根分别为 -1 及 1，它满足根条件，故方法是零稳定的。但它的稳定性多项式为

$$\pi(\xi,\mu)=\xi^2-1-\frac{1}{3}\mu(\xi^2+4\xi+1)$$

求绝对稳定区域 R 的边界轨迹 $2R$。若 $\xi\in 2R$，则可令 $\xi=e^{i\theta}$，在 μ 平面域 R 的边界轨迹 $2R$ 为

$$\mu=\mu(\theta)=\frac{\rho(e^{i\theta})}{\sigma(e^{i\theta})}=\frac{e^{i2\theta}-1}{\frac{1}{3}(e^{i2\theta}-4e^{i\theta}+1)}=\frac{3(e^{i\theta}-e^{-i\theta})}{e^{i\theta}+4+e^{-i\theta}}=\frac{3i\sin\theta}{2+\cos\theta}$$

可看出 $\mu(\theta)$ 在虚轴上，且对全部 $\theta\in[0,2\pi]$，$\frac{3\sin\theta}{2+\cos\theta}\in[-\sqrt{3},\sqrt{3}]$，从而可知 $2R$ 为虚轴上从 $-\sqrt{3}i$ 到 $\sqrt{3}i$ 的线段，故辛普森公式的绝对稳定域为空集，即步长 $h>0$，此方法都不是稳定的，故它不能用于求解。

10.7 一阶方程组与刚性方程组

10.7.1 一阶方程组

前面我们研究了单个方程 $y'=f$ 的数值解法，只要把 y 和 f 理解为向量，那么，所提供的各种计算公式即可应用到一阶方程组的情形。

考察一阶方程组

$$y_i=f_i(x,y_1,y_2,\cdots,y_N), i=1,2,\cdots,N$$

的初值问题，初始条件为

$$y_i(x_0)=y_i^0, i=1,2,\cdots,N$$

若采用向量的记号，记

$$y=(y_1,y_2,\cdots,y_N)^T,\quad y_0=(y_1^0,y_2^0,\cdots,y_N^0)^T,\quad f=(f_1,f_2,\cdots,f_N)^T$$

则上述方程组的初值问题可表示为

$$\begin{cases}y'=f(x,y)\\ y(x_0)=y_0\end{cases}\tag{10.69}$$

求解这一初值问题的四阶龙格-库塔公式为

$$y_{n+1}=y_n+\frac{h}{6}(k_1+2k_2+2k_3+k_4)$$

式中，$k_1=f(x_n,y_n)$；$k_2=f(x_n+\frac{h}{2},y_n+\frac{h}{2}k_1)$；$k_3=f(x_n+\frac{h}{2},y_n+\frac{h}{2}k_2)$；$k_4=f(x_n+h,y_n+hk_3)$。

为了帮助理解这一公式的计算过程，我们考察两个方程的特殊情形：

$$\begin{cases} y'=f(x,y,z) \\ z'=g(x,y,z) \\ y(x_0)=y_0 \\ z(x_0)=z_0 \end{cases}$$

这时四阶龙格-库塔公式具有形式

$$\begin{cases} y_{n+1}=y_n+\dfrac{h}{6}(K_1+2K_2+2K_3+K_4) \\ z_{n+1}=z_n+\dfrac{h}{6}(L_1+2L_2+2L_3+L_4) \end{cases} \tag{10.70}$$

其中

$$\begin{cases} K_1=f(x_n,y_n,z_n) \\ K_2=f\left(x_n+\dfrac{h}{2},y_n+\dfrac{h}{2}K_1,z_n+\dfrac{h}{2}L_1\right) \\ K_3=f\left(x_n+\dfrac{h}{2},y_n+\dfrac{h}{2}K_2,z_n+\dfrac{h}{2}L_2\right) \\ K_4=f(x_n+h,y_n+hK_3,z_n+hL_3) \\ L_1=g(x_n,y_n,z_n) \\ L_2=g\left(x_n+\dfrac{h}{2},y_n+\dfrac{h}{2}K_1,z_n+\dfrac{h}{2}L_1\right) \\ L_3=g\left(x_n+\dfrac{h}{2},y_n+\dfrac{h}{2}K_2,z_n+\dfrac{h}{2}L_2\right) \\ L_4=g(x_n+h,y_n+hK_3,z_n+hL_3) \end{cases} \tag{10.71}$$

这是一步法，利用 y_n，z_n，由式(10.71) 顺序计算 $K_1,L_1,K_2,L_2,K_3,L_3,K_4,L_4$，然后代入式(10.70) 即可求得节点 x_{n+1}上的 y_{n+1}，z_{n+1}。

10.7.2 化高阶方程为一阶方程组

关于高阶微分方程（或方程组）的初值问题，原则上总可以归结为一阶方程组来求解。例如，考察下列 m 阶微分方程

$$y^{(m)}=f(x,y,y',\cdots,y^{(m-1)}) \tag{10.72}$$

初始条件为

$$y(x_0)=y_0,y'(x_0)=y'_0,\cdots,y^{(m-1)}(x_0)=y_0^{(m-1)} \tag{10.73}$$

只要引进新的变量

$$y_1=y,y_2=y',\cdots,y_m=y^{(m-1)}$$

即可将 m 阶微分方程（10.72）化为如下的一阶微分方程组：

$$\begin{cases} y'_1=y_2 \\ y'_2=y_3 \\ \vdots \\ y'_{m-1}=y_m \\ y'_m=f(x,y_1,y_2,\cdots,y_m) \end{cases} \tag{10.74}$$

初始条件（10.73）则相应地化为

$$y_1(x_0)=y_0,\quad y_2(x_0)=y_0',\cdots,y_m(x_0)=y_0^{(m-1)} \tag{10.75}$$

不难证明初值问题式(10.72)、式(10.73）和初值问题式(10.74)、式(10.75）是彼此等价的。

特别地，对于下列二阶微分方程的初值问题：

$$\begin{cases} y''=f(x,y,y') \\ y(x_0)=y_0 \\ y'(x_0)=y_0' \end{cases}$$

引进新的变量 $z=y'$，即可化为下列一阶微分方程组的初值问题：

$$\begin{cases} y'=z \\ z'=f(x,y,z) \\ y(x_0)=y_0 \\ z(x_0)=y_0' \end{cases}$$

针对这个问题应用四阶龙格-库塔公式（10.70)，有

$$\begin{cases} y_{n+1}=y_n+\dfrac{h}{6}(K_1+2K_2+2K_3+K_4) \\ z_{n+1}=z_n+\dfrac{h}{6}(L_1+2L_2+2L_3+L_4) \end{cases}$$

由式(10.71）可得：

$$K_1=z_n,L_1=f(x_n,y_n,z_n)$$

$$K_2=z_n+\frac{h}{2}L_1,L_2=f\left(x_n+\frac{h}{2},y_n+\frac{h}{2}K_1,z_n+\frac{h}{2}L_1\right)$$

$$K_3=z_n+\frac{h}{2}L_2,L_3=f\left(x_n+\frac{h}{2},y_n+\frac{h}{2}K_2,z_n+\frac{h}{2}L_2\right)$$

$$K_4=z_n+hL_3,L_4=f(x_n+h,y_n+hK_3,z_n+hL_3)$$

如果消去 K_1,K_2,K_3,K_4，则上述格式可表示为

$$\begin{cases} y_{n+1}=y_n+hz_n+\dfrac{h^2}{6}(L_1+L_2+L_3) \\ z_{n+1}=z_n+\dfrac{h}{6}(L_1+2L_2+2L_3+L_4) \end{cases}$$

这里

$$L_1=f\left(x_n,y_n,z_n\right)$$

$$L_2=f\left(x_n+\frac{h}{2},y_n+\frac{h}{2}z_n,z_n+\frac{h}{2}L_1\right)$$

$$L_3=f\left(x_n+\frac{h}{2},y_n+\frac{h}{2}z_n+\frac{h^2}{4}L_1,z_n+\frac{h}{2}L_2\right)$$

$$L_4=f\left(x_n+h,y_n+hz_n+\frac{h^2}{2}L_2,z_n+hL_3\right)$$

10.7.3 刚性方程组

在求解微分方程组（10.69）时，经常出现解的分量数量级差别很大的情形，这给数值

求解带来很大困难，这种问题称为**刚性问题**，刚性问题在化学反应、电子网络和自动控制等领域中都是常见的，先考察以下例子。

给定系统

$$\begin{cases} u'=-1\,000.25u+999.75v+0.5 \\ v'=999.75u-1\,000.25v+0.5 \\ u(0)=1 \\ v(0)=-1 \end{cases} \tag{10.76}$$

它可用解析方法求出准确解，方程右端的系数矩阵

$$\boldsymbol{A}=\begin{bmatrix} -1\,000.25 & 999.75 \\ 999.75 & -1\,000.25 \end{bmatrix}$$

的特征值为 $\lambda_1=-0.5$，$\lambda_2=-2000$，方程的准确解为

$$\begin{cases} u(t)=-\mathrm{e}^{-0.5t}+\mathrm{e}^{-2000t}-1 \\ v(t)=-\mathrm{e}^{-0.5t}-\mathrm{e}^{-2000t}+1 \end{cases}$$

当 $t\to\infty$ 时，$u(t)\to 1$，$v(t)\to 1$ 称为稳态解，u，v 中均含有快变分量 e^{-2000t} 及慢变分量 $\mathrm{e}^{-0.5t}$。

对应于 λ_2 的快速衰减的分量在 $t=0.005$ 时已衰减到 e^{-10}，称 $\tau_2=-\dfrac{1}{\lambda_2}=\dfrac{1}{2000}=0.000\,5$ 为**时间常数**。当 $t=10\tau_2$ 时快变分量即可被忽略，而对应 λ_1 的慢变分量，它的时间常数 $\tau_1=-\dfrac{1}{\lambda_1}=\dfrac{1}{0.5}=2$，它要计算到 $t=10\tau_1=20$ 时，才能衰减到 $\mathrm{e}^{-10}\approx 0$，也就是说解 u，v 必须计算到 $t=20$ 才能达到稳态解。它表明微分方程（10.76）的解分量变化速度相差很大，是一个刚性方程组。如果用四阶龙格-库塔法求解，补偿选取要满足 $h<-2.78/\lambda$，即 $h<-2.78/\lambda_2=0.001\,39$，才能使计算稳定。而要计算到稳态解至少需要算到 $t=20$，则需计算 14388 步。这种小步长计算长区间的现象是刚性方程数值求解出现的困难，它是系统本身病态性质引起的。

对一般的线性系统

$$\frac{\mathrm{d}y}{\mathrm{d}t}=\boldsymbol{A}y(t)+g(t) \tag{10.77}$$

其中 $y=(y_1,y_2,\cdots,y_N)^{\mathrm{T}}\in R^N$，$g=(g_1,g_2,\cdots,g_N)^{\mathrm{T}}\in R^N$，$\boldsymbol{A}\in R^{N\times N}$ 若 $\boldsymbol{A}$ 的特征值 $\lambda_j=\alpha_j+\mathrm{i}\beta_j\,(j=1,2,\cdots,N,\mathrm{i}=\sqrt{-1})$ 相应的特征向量 $\boldsymbol{\varphi}_j\,(j=1,2,\cdots,N)$，则微分方程组（10.77）的通解为

$$y(t)=\sum_{j=1}^{N}c_j\mathrm{e}^{\lambda_j t}\boldsymbol{\varphi}_j+\phi(t) \tag{10.78}$$

其中 c_j 为任意常数，可由初始条件 $y(\alpha)=y^0$ 确定，$\phi(t)$ 为特解。

假定 λ_j 的实部 $\alpha_j=Re(\lambda_j)<0$，则当 $t\to\infty$ 时，$y(t)\to\phi(t)$，$\phi(t)$ 为稳定解。

定义 10.13 若线性系统（10.77）中 $\boldsymbol{A}$ 的特征值 λ_j，满足条件 $Re(\lambda_j)<0(j=1,2,\cdots,N)$，且

$$s=\max_{1\leqslant j\leqslant N}|Re(\lambda_j)|/\min_{1\leqslant j\leqslant N}|Re(\lambda_j)|\gg 1$$

则称系统（10.77）为**刚性方程**，称 s 为**刚性比**。

刚性比 $s\gg 1$ 时，$\boldsymbol{A}$ 为病态矩阵，故刚性方程也称为病态方程，通常 $s\geqslant 10$ 就认为是刚

性的，s 越大病态越严重，方程组（10.76）的刚性比 $s=4000$，故它是刚性的。

对一般非线性方程组（10.69），可类似定义 10.13，将 f 在点 $(t,y(t))$ 处线性展开，记 $J(t)=\frac{\partial f}{\partial y}\in R^{N\times N}$，假定 $J(t)$ 的特征值为 $\lambda_j(t),j=1,2,\cdots,N$，于是由定义 10.13 可知，当 $\lambda_j(t)$ 满足条件 $Re(\lambda_j)<0(j=1,2,\cdots,N)$，且

$$s(t)=\max_{1\leqslant j\leqslant N}|Re[\lambda_j(t)]|/\min_{1\leqslant j\leqslant N}|Re[\lambda_j(t)]|\gg 1$$

则称系统（10.69）是刚性的，$s(t)$ 称为方程（10.69）的局部刚性比。

求刚性方程数值解时。若用步长受限制的方法就将出现小步长计算大区间的问题，因此最好使用对步长 h 不加限制的方法，如前面已介绍的欧拉后退法及梯形法，即 A-稳定的方法，这种方法当然对步长 h 没有限制，但 A-稳定方法要求太苛刻，Dahlquist 已证明所有显式方法都不是 A-稳定的，而隐式的 A-稳定多步法阶数最高为 2，且以梯形法误差常数为最小。这就表明本章所介绍的方法中能用于解刚性方程的方法很少。通常求解刚性方程的高阶线性多步法是吉尔方法，还有隐式龙格-库塔方法，这些方法都有现成的数学软件可供使用，本书不再介绍。

10.8 边值问题的数值方法

在前面的讨论中，我们着重介绍了一阶微分方程的初值问题，讨论了解决这类问题的显式、隐式方法及其算法。然后，将这一类方法推广到了一阶微分方程组的初值问题，并指出对高阶微分方程可以通过降阶的方法化为方程组的情形求解。最后，我们着重讨论了微分方程（组）的刚性问题，并给出了刚性方程组的数值求解方法。

本节我们将讨论在理论和应用上都有重要意义的另一类微分方程，即所谓的**边值问题**。在实际工程技术计算中经常遇到的是二阶微分方程。

$$y''=f(x,y,y'),\quad a\leqslant x\leqslant b \tag{10.79}$$

为了确定唯一解，需要附加两个定解条件。当定解条件为解在区间 $[a,b]$ 两端的状态时，相应的定解问题称为两点边值问题。边值条件有以下三类提法：

第一类边界条件：

$$y(a)=\alpha,\quad y(b)=\beta$$

当 $\alpha=0$ 或 $\beta=0$ 时称为齐次的，否则称为非齐次的。

第二类边界条件：

$$y'(a)=\alpha,\quad y'(b)=\beta$$

当 $\alpha=0$ 或 $\beta=0$ 时称为齐次的，否则称为非齐次的。

第三类边界条件：

$$y(a)-\alpha_0y'(a)=\alpha_1,\quad y(b)-\beta_0y'(b)=\beta_1$$

其中，$\alpha_0\geqslant 0$，$\beta_0\geqslant 0$，$\alpha_0+\beta_0>0$，当 $\alpha_1=0$ 或 $\beta_1=0$ 时称为齐次的，否则称为非齐次的。

微分方程（10.79）加上第一、二、三类边界条件后，分别称为第一、二、三类边值问题。在这里我们仅介绍二阶微分方程的两点边值问题的打靶法与差分法。

10.8.1 边值问题的差分法

差分法是求解边值问题的一种基本方法，它利用差商代替导数，将微分方程离散化为差

分方程来求解。考虑形为

$$\begin{cases} y''=f(x,y,y'), & x\in[a,b] \\ y(a)=\alpha, & y(b)=\beta \end{cases} \tag{10.80}$$

的第一类边值问题，当 f 关于 y、y'是线性时，称为线性两点边值问题。

$$\begin{cases} y''+p(x)y'+q(x)y=f(x), & x\in[a,b] \\ y(a)=\alpha, & (b)=\beta \end{cases} \tag{10.81}$$

首先，我们不作证明地给出微分方程两点边值问题解的存在唯一的有关结论如下：

定理 10.9 假设两点边值问题中函数 f 在集

$$D=\{(x,y,y')|\quad a\leqslant x\leqslant b,\quad -\infty<y<+\infty,\quad -\infty<y'<+\infty)\}$$

上连续，并且 f 关于 y，y'的偏导数 f_y，$f_{y'}$在 D 也连续，且满足

① 对所有$(x,y,y')\in D$，有 $f_y(x,y,y')>0$；

② 对所有$(x,y,y')\in D$ 存在常数M，使$|f_{y'}(x,y,y')|\leqslant M$。

则问题（10.80）的解存在唯一。

【例 10.9】 考虑两点边值问题：

$$y''+e^{-xy}+\sin y'=0,\quad 1\leqslant x\leqslant 2,\quad y(1)=y(2)=0$$

因 $f(x,y,y')=-e^{-xy}-\sin y'$

$$f_y(x,y,y')=xe^{-xy}>0$$

$$f_{y'}(x,y,y')=-\cos y'\Rightarrow|f_{y'}(x,y,y')|=|-\cos y'|\leqslant 1$$

因而两点边值问题有唯一解。

对线性两点边值问题（10.81）仅需将上面定理中的条件改成 $p(x)$，$q(x)$，$f(x)$ 在区间 $[a,b]$ 上连续，且 $q(x)\leqslant 0$，则边值问题（10.81）也存在唯一解。

其次，将区间 $[a,b]$ 分成 n 等分，分点为 $x_i=a+ih, i=0,1,\cdots,n, h=(b-a)/n$。用中心差商公式替代微分方程在节点 x_i 处的一阶、二阶导数，即

$$y'(x_i)\approx\frac{y(x_{i+1})-y(x_{i-1})}{2h}$$

$$y''(x_i)\approx\frac{y(x_{i+1})-2y(x_i)+y(x_{i-1})}{h^2}$$

舍入误差均为 $O(h^2)$，则式(10.80) 可化为

$$\begin{cases} y_{i+1}-2y_i+y_{i-1}=h^2f\left(x_i,y_i,\dfrac{y_{i+1}-y_{i-1}}{2h}\right), & x\in[a,b] \\ y_0=\alpha, \quad y_n=\beta \end{cases}$$

这里 $y_i=y(x_i)$。

特别地，对线性两点边值问题（10.81）有

$$\frac{y_{k+1}-2y_k+y_{k-1}}{h^2}+p_k\frac{y_{k+1}-y_{k-1}}{2h}+q_ky_k=f_k \tag{10.82}$$

$$y_0=\alpha,\quad y_n=\beta$$

这里，$y_k=y(x_k), p_k=p(x_k), q_k=q(x_k), f_k=f(x_k)$，化简得到

$$b_ky_{k+1}+a_ky_k+c_ky_{k-1}=2h^2f_k,\quad k=1,2,\cdots,n-1 \tag{10.83}$$

这里 $b_k=2+hp_k$，$a_k=2h^2q_k-4$，$c_k=2-hp_k$。式(10.83) 是一个差分方程，它是一个含有 $y_0,\cdots,y_n$ 共 $n+1$ 变量的三对角线性方程组，加上条件 $y_0=\alpha$，$y_n=\beta$，可以用追赶法得到它的数值解。

【例 10.10】 求解微分方程边值问题：

$$\begin{cases} y''-y'=-2\sin x, & 0<x<\pi/2 \\ y(0)=-1, & y(\pi/2)=1 \end{cases}$$

解：该微分方程的边界条件属于第一类边界条件，其精确解为 $y(x)=\sin x-\cos x$。

① 将区间 $[0,\pi/2]$ 作 n 等分，每个小区间长 $h=\pi/2n$，节点 $x_i=\pi i/2n$。设在节点 x_i 处的数值解为 y_i，于是边界条件可写成 $y_0=-1$，$y_n=1$。

② 将微分方程离散为差分形式：

$$(2+h)y_{k-1}-4y_k+(2-h)y_{k+1}=2h^2f_k$$

③ 依据确定的步长 h，通过求解线性方程组得到微分方程的数值解。取 $n=8$ 的计算结果见表 10.10；当 $n=16$ 时，数值解的最大误差为 -0.64×10^{-3}；$n=128$ 时，数值解的最大误差为 0.10×10^{-4}；而 $n=512$ 时，数值解的最大误差为 0.63×10^{-6}。

表 10.10 差分法求解结果

x_k	$y(x_k)$	y_k	误差
0	−1.000 0	−1.000 0	0
0.196 3	−0.785 7	−0.784 9	−0.77e−03
0.392 7	−0.541 2	−0.539 7	−0.15e−02
0.589 0	−0.275 9	−0.273 8	−0.21e−02
0.785 4	0.000 0	0.002 5	−0.25e−02

对第二、第三类边界条件以及非线性微分方程可按相同的方法离散化方程，利用边界条件得到数值解。

10.8.2 边值问题的打靶法

(1) 线性打靶法

对于线性边值问题 (10.81)，一个简单而又实用的方法是用解析的思想将它转化为两个初值问题，然后求得两个初值问题的解，从而得到两点边值问题的解。其基本思想是对二阶线性常微分方程的第一边值问题

$$\begin{cases} y''+p(x)y'+q(x)y=f(x), & x\in[a,b] \\ y(a)=\alpha, & y(b)=\beta \end{cases}$$

首先构造两个线性常微分方程的初值问题

$$\begin{cases} y_1''+p(x)y_1'+q(x)y_1=f(x), & x\in[a,b] \\ y_1(a)=\alpha, & y_1'(a)=0 \end{cases} \tag{10.84}$$

及

$$\begin{cases} y_2''+p(x)y_2'+q(x)y_2=0, & x\in[a,b] \\ y_2(a)=0, & y'(a)=1 \end{cases} \tag{10.85}$$

则第一初值问题的解为

$$y(x)=y_1(x)+\frac{\beta-y_1(b)}{y_2(b)}y_2(x) \tag{10.86}$$

现举例说明如下：

【例 10.11】 求解两点边值问题

$$y''+\frac{2}{x}y'-\frac{2}{x^2}y=\frac{\sin(\ln x)}{x^2},\quad 1\leqslant x\leqslant 2,\quad y(1)=1,\quad y(2)=2$$

解：问题的精确解为

$$y=c_1x+\frac{c_2}{x^2}-\frac{3}{10}\sin(\ln x)-\frac{1}{10}\cos(\ln x)$$

其中

$$c_1=\frac{1}{70}[8-12\sin(\ln 2)-4\cos(\ln 2)]\approx -0.039\,207\,013\,20$$

$$c_2=\frac{11}{10}-c_1\approx 1.139\,207\,013\,2$$

首先将方程组化为两个初值问题：

$$y''_1+\frac{2}{x}y'_1-\frac{2}{x^2}y_1=\frac{\sin(\ln x)}{x^2},\quad y_1(1)=1,\quad y'_1(1)=0$$

及

$$y''_2+\frac{2}{x}y'_2-\frac{2}{x^2}y_2=0,\quad y_2(1)=0,\quad y'_2(1)=1$$

如果令 $z_1=y'_1$，$z_2=y'_2$，则求解上述两个初值问题等价于求解如下两个微分方程组：

$$\text{方程组 I：}\begin{cases}y'_1=z_1, & y(1)=1\\ z'_1=-\dfrac{2}{x}z_1+\dfrac{2}{x^2}y_1+\dfrac{\sin(\ln x)}{x^2}, & z_1(1)=0\end{cases}$$

$$\text{方程组 II：}\begin{cases}y'_2=z_2, & y_2(1)=0\\ z'_2=-\dfrac{2}{x}z_2+\dfrac{2}{x^2}y_2, & z_2(1)=1\end{cases}$$

用步长为 $h=0.1$ 的经典龙格-库塔算法得到结果如表 10.11 所示。

表 10.11 计算结果

x_i	y_1	y_2	y_k	$y(x_1)$	$\lvert y(x_i)-y_k\rvert$
1.0	1.000 000 00	1.000 000 00	1.000 000 00	1.000 000 00	
1.1	1.008 960 58	0.091 179 86	1.092 629 71	1.092 629 30	1.43e−7
1.2	1.032 454 72	0.168 511 75	1.187 084 71	1.187 084 84	1.34e−7
1.3	1.066 743 75	0.236 087 05	1.283 382 27	1.283 382 36	9.78e−8
1.4	1.109 287 95	0.296 590 67	1.381 445 89	1.389 445 95	6.02e−8
1.5	1.158 300 00	0.351 843 79	1.481 159 39	1.481 159 42	3.06e−8
1.6	1.212 483 72	0.403 116 95	1.582 392 45	1.582 392 46	1.08e−8
1.7	1.270 874 54	0.451 318 40	1.686 013 96	1.685 013 96	5.43e−10
1.8	1.332 738 51	0.497 111 37	1.788 898 54	1.788 898 54	5.05e−9
1.9	1.397 506 18	0.540 989 28	1.893 929 51	1.893 929 51	4.41e−9
2.0	1.464 728 15	0.583 325 38	2.000 000 00	2.000 000 00	

(2) 非线性打靶法

非线性打靶法的基本原理是将两点边值问题（10.80）转化为下面形式的初值问题：

$$\begin{cases}y''=f(x,y,y'), & x\in[a,b]\\ y(a)=\alpha, & y'(a)=s_k\end{cases}\tag{10.87}$$

令 $z=y'$，将上述二阶方程降为一阶方程组：

$$\begin{cases} y'=z, & y(a)=\alpha \\ z'=f(x,y,z), & z(a)=s_k \end{cases} \tag{10.88}$$

这里 s_k 为 y 在 a 处的斜率。问题转化为求合适的 s_k 使上述方程组初值问题的解满足原边值问题的右端边界条件 $y(b)=\beta$，从而得到边值问题的解。因此把一个两点边值问题的数值解转化成一阶方程组初值问题的数值解。关于方程组初值问题的所有数值方法在这里都可以使用，问题的关键是如何去寻找合适的初始斜率的试探值。

假定相应于 s_k 的初值问题（10.88）的解为 $y(x,s_k)$，它是 s_k 的隐函数，且假定 $y(x,s_k)$ 随 s_k 是连续变化的，记为 $y(x,s)$，这样我们要找的 s_k 就是下面非线性方程的根。

$$y(b,s)=\beta$$

可以用前面的迭代法去求上述方程的根，如用割线法

$$s_k=s_{k-1}-\frac{s_{k-1}-s_{k-2}}{y(b,s_{k-1})-y(b,s_{k-2})}[y(b,s_{k-1})-\beta],\quad k=2,3,\cdots \tag{10.89}$$

先给定两个初始斜率 s_0，s_1，分别作为初值问题（10.88）的初始条件。用一阶方程组的数值方法去求解，分别得到区间右端点上的函数值 $y(b,s_0)$ 和 $y(b,s_1)$。若 $|y(b,s_0)-\beta|<\varepsilon$ 或 $|y(b,s_1)-\beta|<\varepsilon$，则 $y(b,s_0)$ 或 $y(b,s_1)$ 就是两点边值问题的解；否则用割线法（10.89）求 s_2，得到 $y(b,s_2)$，判别是否满足 $|y(b,s_2)-\beta|<\varepsilon$。如此重复，直到某个 s_k 满足 $|y(b,s_k)-\beta|<\varepsilon$，得到的 $y(x_i)$ 和 $y'=z(x_i)$ 就是两点边值问题的解和它的一阶导数值。上述方法可简单地叙述为：选一次函数的初始斜率 s_k，数值求解一次初值问题得到右端函数的计算值 $y(b,s_k)$，看它是否与右边界条件 $y(b)$ 很接近。这就好比打靶，s_k 为子弹发射斜率，$y(b)$ 为靶心，故称为打靶法。

习 题 10

1. 用欧拉法解初值问题：

$$y'=x^2+100y^2,\quad y(0)=0$$

取步长 $h=0.1$，计算到 $x=0.3$（保留到小数点后 4 位）。

2. 用改进欧拉法和梯形法解决问题：

$$y'=x^2+x-y,\quad y(0)=0$$

取步长 $h=0.1$，计算到 $x=0.5$，并与准确解 $y=-e^{-x}+x^2-x+1$ 相比较。

3. 用梯形方法解初值问题：

$$\begin{cases} y'+y=0 \\ y(0)=1 \end{cases}$$

证明其近似解为

$$y_n=\left(\frac{2-h}{2+h}\right)^n$$

并证明当 $h\to 0$ 时，它收敛于原初值问题的准确解 $y=e^{-x}$。

4. 利用欧拉方法计算积分

$$\int_0^x e^{t^2}\,dt$$

在点 $x=0.5$，1，1.5，2 处的近似值。

5. 取 $h=0.2$，用四阶经典的龙格-库塔方法求解下列初值问题：

(1) $\begin{cases} y'=x+y, & 0<x<1 \\ y(0)=1 \end{cases}$

(2) $\begin{cases} y'=3y/(1+x), & 0<x<1 \\ y(0)=1 \end{cases}$

6. 证明对任意参数 t，下列龙格-库塔公式是二阶的：

$$\begin{cases} y_{n+1}=y_n+\frac{h}{2}(K_2+K_3) \\ K_1=f(x_n,y_n) \\ K_2=f(x_n+th,y_n+thK_1) \\ K_3=f(x_n+(1-t)h,y_n+(1-t)hK_1) \end{cases}$$

7. 证明中点公式 $y_{n+1}=y_n+hf(x_n+\frac{h}{2},y_n+\frac{1}{2}hf(x_n,y_n))$是二阶的。

8. 求隐式中点公式 $y_{n+1}=y_n+hf(x_n+\frac{h}{2}, \frac{1}{2}(y_n+y_{n+1}))$的绝对稳定区间。

9. 对于初值问题 $y'=-100(y-x^2)+2x, y(0)=1$：

(1) 用欧拉法求解，步长 h 取什么范围的值，才能使计算稳定。

(2) 若用四阶龙格-库塔法计算，步长 h 如何选取。

(3) 若用梯形法计算，步长 h 有无限制。

10. 分别用二阶显式阿当姆斯方法和二阶隐式阿当姆斯方法解下列初值问题：

$$y'=1-y, \quad y(0)=0$$

取 $h=0.2$，$y_0=0$，$y_1=0.181$，计算 $y(1.0)$ 并与准确值 $y=1-e^{-x}$ 相比较。

11. 证明解 $y'=f(x,y)$ 的下列差分公式

$$y_{n+1}=\frac{1}{2}(y_n+y_{n+1})+\frac{h}{4}(4y'_{n+1}-y'_n+3y'_{n-1})$$

是二阶的，并求出截断误差的主项。

12. 试证明线性二步法

$$y_{n+2}+(b-1)y_{n+1}-by_n=\frac{h}{4}[(b+3)f_{n+2}+(3b+1)f_n]$$

当 $b\neq-1$ 时方法为二阶，当 $b=-1$ 时方法为三阶的。

13. 讨论二步法 $y_{n+2}=y_{n+1}+\frac{h}{12}(5f_{n+2}+8f_{n+1}-f_n)$的收敛性。

14. 写出下列常微分方程等价的一阶方程组。

(1) $y''=y'(1-y^2)-y$ (2) $y'''=y''-2y'+y-x+1$

15. 求方程

$$\begin{cases} u'=-10u+9v \\ v'=10u-11v \end{cases}$$

的刚性比，用四阶龙格-库塔法求解时，最大步长能取多少？

16. 求解边值问题：

$$z''+|z|=0, \quad z(0)=0, \quad z(4)=-2$$

第11章

Matlab与科学计算

Matlab 以其强大的科学计算与可视化功能，简单易学、开放式扩展环境，面向不同领域的工具箱支持，成为众多学科领域的基本工具和首选平台。

11.1 多项式及其运算

11.1.1 创建多项式

多项式的一般形式如下：

$$f(x)=a_0x^n+a_1x^{n-1}+a_2x^{n-2}+\cdots+a_{n-1}x+a_n$$

我们可以使用它的系数向量来表示，$\boldsymbol{P}=[a_0,a_1,\cdots,a_{n-1},a_n]$。在 Matlab 中，提供了 poly2sym 函数实现多项式的构造。

r=poly2sym（c）：*c* 为多项式的系数向量。

r=poly2sym（c，v）：*c* 为多项式的系数向量，*v* 为其变量。

```
>> poly2sym([1   3  2])

ans =

x^2 + 3*x + 2

>>poly2sym (sym ([1  0  1  -1  2]), sym ('y'))

ans=

y^4 + y^2 - y + 2
```

11.1.2 多项式的求根

多项式的根：Matlab 使用 roots 函数求解多项式的根，即求解函数等于 0 的根。

r=roots(c)：其中 *c* 为多项式的系数向量，r 为求解多项式的根。

```
>>p= [1  -12  0 25 116];

>>r = roots(p);

>>p

p=
```

```
     1    -12     0     25    116
>>r
r =
  11.7473 + 0.0000i
   2.7028 + 0.0000i
  -1.2251 + 1.4672i
  -1.2251 - 1.4672i
```

由根创建多项式：Matlab 中规定，多项式是行向量，根是列向量。给出一个多项式的根，也可以构造相应的多项式。

p=poly(A)：如果 **A** 为方阵，则多项式 p 为该方阵的特征多项式；如果 **A** 为向量，则 **A** 的元素为该多项式 p 的根。n 阶方阵的特征多项式存放在行向量中，并且特征多项式最高次的系数一定为 1。

```
>>pp= poly(r)
pp=
     1.0000    -12.0000    -0.0000    25.0000    116.0000
```

11.1.3 多项式的四则运算

多项式的加法：如果两个多项式向量大小相同，相加时就与标准的数组加法相同。

```
>>p1 = [5 40 6 21 9 3];
>>p2 = [4 0 3 72 1 8];
>>p3 = p1 + p2
p3 =
      9    40     9    93    10    11
>>r1 = poly2str(p3, 'x')          %显示多项式
r1 =
     9x^5 + 40x^4 + 9x^3 + 93x^2 + 10 x + 11
>> p4 = p1 -p2
p4 =
      1    40     3   -51     8    -5
>> r2 = poly2str(p4, 'x')          %显示多项式
r2 =
     x^5 +40 x^4 +3 x^3 - 51 x^2 +8 x -5
```

当两个多项式阶次不同时，低阶的多项式用首 0 填补，使其与高阶多项式有同样的

阶次。

多项式的乘法：conv 函数实现多项式的乘运算，deconv 函数实现多项式的除运算。

c=conv(a,b)：执行 ***a***，***b*** 两个向量的卷积运算。

c=conv(a,b,'shape')：按形参'shape'返回卷积运算，shape 取值如下。

full：为返回完整的卷积，是默认值。

same：为返回部分卷积，其大小与向量 ***a*** 大小相同。

valid：只返回无填充 0 部分的卷积，此时输出向量 ***c*** 的最大值为 max(length(a)－max(0,length(b)－1),0)。

```
>> f = [1  4  -2  7  11];
>> g = [9  -11  5  0  8];
>> c = conv(f, g)
c =
    9    25   -57   105    20   -54    39    56    88
```

conv：函数只能进行两个多项式的乘法，两个以上的多项式的乘法需要重复使用 conv。

[q,r]=deconv(v,u)：求多项式 v、u 的除法运算，其中 q 为返回多项式 v 除以 u 的商式，r 为返回 v 除以 u 的余式。

```
>> c = [1  5  15  35  69  100  118  110  72];
>> b = [1  2  3  6  8];
>> [a, r] = deconv(c, b)
a =
    1    3    6    8    9
r =
    0    0    0    0    0   -2   -5   -8    0
```

11.1.4 多项式的导数

k=polyder(p)：求多项式的导函数多项式。

k=polyder(a,b)：求多项式 a 与多项式 b 乘积的导函数多项式。

[q,d]=polyder(b,a)：求多项式 b 与多项式 a 相除的导函数，导函数的分子存入 q，分母存入 d。

```
>> a = [3  6  9];
>> b = [1  2  0];
>> k = polyder(a, b)
k =
    12    36    42    18
>> K = poly2str(k, 'x')
```

```
K =

   12 x^3 + 36 x^2 + 42 x + 18

>> [q,d] = polyder(b, a)

q =

    18     18

d =

     9     36     90    108     81
```

11.1.5 多项式的积分

polyint(p,k)：返回以向量 $\boldsymbol{p}$ 为系数的多项式积分，积分的常数项为 k。

polyint(p)：返回以向量 $\boldsymbol{p}$ 为系数多项式的积分，积分的常数项为默认值 0。

```
>> p = [1 -1  2];

>> k = 1/2;

>> F = polyint(p, k)

F =

    0.3333    -0.5000     2.0000     0.5000

>> df = poly2sym(F)

df =

x^3/3 - x^2/2 + 2*x + 1/2
```

11.1.6 多项式的估值

Matlab 提供了 polyval 函数与 polyvalm 函数用于求多项式 $p(x)$ 在 $x=a$ 的取值。输入可以是标量或矩阵。

y=polyval(p,x)：$\boldsymbol{p}$ 为多项式的系数向量，$\boldsymbol{x}$ 为矩阵，它是按数组运算规则来求多项式的值。

[y, delta]=polyval(p,x,S)：使用可选的结构数组 S 产生由 polyfit 函数输出的估计参数值；delta 是预测未来的观测估算的误差标准偏差。

y=polyval(p,x,[],mu)或[y,delta]=polyval(p,x,S,mu)：使替代 x，其中心点与坐标值可由 polyfit 函数计算得出。

polyvalm 函数的输入参数只能是 N 阶方阵，这时可以将多项式看作矩阵函数。

Y=polyvalm(p,X)：$\boldsymbol{p}$ 为多项式的系数向量，$\boldsymbol{X}$ 为方阵，其实按矩阵运算规则来求多项式的值。

```
>> X = pascal(4)
X =
     1     1     1     1
     1     2     3     4
     1     3     6    10
     1     4    10    20
>> p = poly(X)
p =
    1.0000   -29.0000   72.0000   -29.0000    1.0000
>> P = poly2str(p,'x')
P =
   x^4 - 29 x^3 + 72 x^2 - 29 x + 1
>> y = polyval(p,X)
y =
   1.0e+04  *
   0.0016    0.0016    0.0016    0.0016
   0.0016    0.0015   -0.0140   -0.0563
   0.0016   -0.0140   -0.2549   -1.2089
   0.0016   -0.0563   -1.2089   -4.3779
>> y = polyvalm (p,X)
y =
   1.0e-10  *
  -0.0003   -0.0036   -0.0052   -0.0143
  -0.0021   -0.0136   -0.0179   -0.0464
  -0.0059   -0.0330   -0.0400   -0.1047
  -0.0130   -0.0639   -0.0750   -0.1962
```

11.1.7 有理多项式

Matlab 中，有理多项式由它们的分子多项式和分母多项式表示。对有理多项式进行运算的两个函数是 residue 和 polyder。redidue 执行部分分式展开的运算。

[r,p,k]=residue(b,a)：***b***、***a*** 分别为分子和分母多项式系数的行向量，***r*** 为留数行向量。

[b,a]=residue(r,p,k)：***p*** 为极点行向量，***k*** 为直项行向量。

```
>> b = [5  3  -2  7];
>> a = [-4  0  8  3];
>> [r, p, k] = residue(b, a)
r =
   -1.4167
   -0.6653
    1.3320
p =
    1.5737
   -1.1644
   -0.4093
k =
   -1.2500
>> [b, a]= residue(r, p, k)
b =
   -1.2500    -0.7500     0.5000    -1.7500
a =
    1.0000    -0.0000    -2.0000    -0.7500
```

11.1.8 多项式的微分

k=polyder(p)：*p*、*k* 分别为原多项式及微分多项式的多项式表示。

k=polyder(a,b)：求多项式 *a* 与多项式 *b* 乘积的导函数多项式。

[q,b]=polyder(b,a)：求多项式 *b* 与多项式 *a* 相除的导函数，导函数的分子存入 *q*，分母存入 *d*。

```
>> a = [1, 2, 3];
>> b = [2, 3 ,4];
>> c = polyder(a);
c =
    2     2
>> d = polyder(a, b);      %求以a的矩阵值为系数的多项式与b的乘积的微分
d =
    8    21    32    17
```

```
>> [e, f]= polyder(a,b);          %矩阵c为分子多项式的系数矩阵，d为分母矩阵
e =
    -1    -4    -1
f =
     4    12    25    24    16
```

11.2 插值与拟合

① 多项式插值。

```
x=[0.1, 0.2, 0.15, 0,-0.2, 0.3];
y=[0.9, 0.8, 0.9, 1.05, 1.5, 0.7];
p2=polyfit(x, y, 2);          %二次多项式
xi=-0.2: 0.01: 0.3;
yi=polyval(p2, xi);
subplot(2, 2, 1)
plot(x, y, 'o', xi, yi, 'k')
title('polyfit2')

p5=polyfit(x, y, 5)           % 五次多项式
yi=polyval(p5, xi);
subplot(2,2,2)
plot(x, y, 'o', xi, yi,' k')
title('polyfit5')
```

② 分段线性插值。

```
yi=interp1(x, y, xi);
subplot(2, 2, 3)
plot(x, y, 'o', xi, yi, 'k')
title('linear')
```

③ 样条插值。

```
yi=interp1(x, y, xi, 'spline');
subplot(2, 2, 4)
plot(x, y, 'o', xi, yi, 'k')
title('spline')
```

```
>> pp = spline(x,y)
pp =
      form: 'pp'
    breaks: [-0.2000  0  0.1000  0.1500  0.2000  0.3000]
     coefs: [5x4  double]
    pieces: 5
     order: 4
       dim: 1

>> pp.coefs
ans  =
    39.9061   -17.4531   -0.3556    1.5000
    39.9061     6.4906   -2.5481    1.0500
  -348.1221    18.4624   -0.0528    0.9000
   202.1127   -33.7559   -0.8175    0.9000
   202.1127    -3.4390   -2.6772    0.8000
```

图 11.1 为一元插值示意图。

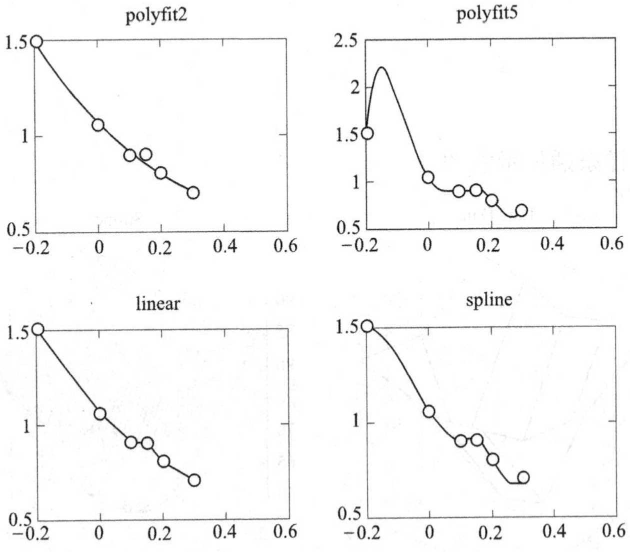

图 11.1 一元插值示意图

④ 非线性最小二乘拟合，用上述 x、y 数据拟合非线性函数 $y=a\mathrm{e}^{bx}$。

```
>> fun=@(c,x) c(1)*exp(c(2)*x)
>> c=lsqcurvefit(fun, [0, 0], x, y)
c =
    1.0878     -1.5460
>> norm(fun(c,x)-y)^2          %误差平方和
ans =
    0.0044
```

⑤ 多元插值。

```
x = 0: 4;
y = 1: 3;
z = [82  81  80  82  84; 79  63  61  65  81; 84  84  82  85  86];
figure
subplot(1, 2, 1)
mesh(x, y, z)
title('Raw Data')
xi=0: 0.1: 4;
yi=[1: 0.1: 3]';
zs=interp2(x, y, z, xi, yi, 'spline')
subplot(1, 2, 2)
mesh(xi, yi, zs)
title('Spline')
```

图 11.2 为多元样条插值示意图。

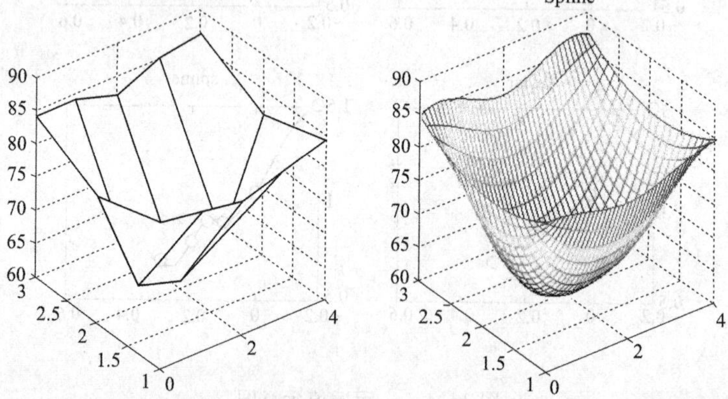

图 11.2 多元样条插值示意图

11.3 非线性方程

① 求解 $x^4+5x^3+3x=50$ 在 2 附近的解。

```
>> x=fzero('x^4+5*x^3+3*x-50',2)

x =

    1.8634
```

② 求 $x^4+5x^3+3x=50$ 的所有解。

```
>> x= solve ('x^4+5*x^3+3*x-50')

x =

   1.8634

  -5.4168

  - 0.7233 - 2.1048*i

  - 0.7233 + 2.1048*i
```

③ 二分法是求解非线性方程根的最简单的方法，编写自定义函数 bisection. m 如下；

```
functiom r=bisection(fun, x1, x2, eps)

f1= subs(fun, x1);

f12 = subs(fun, (x1+x2)/2);

if(f1*f12 > 0)

      s=(x1+ x2)/2;

      r=bisection(fun, s, x2, eps);

else

      if(f1*f12== 0)

            r= (x1+x2)/2;

      else

            if(abs(x2-x1)< eps)

                  r= (x2+x1)/2

            else

                  t= (x1+x2)/2;

                  r=bisection(fun, x1, t, eps);

            end

      end

end
```

求方程 $x^3-3x+1=0$ 在 $[-1,1]$ 上的一个根。

```
>> res= bisection('x^3-3*x+1', -1, 1, 1e-6)

res =

    0.3473
```

④ 求解非线性方程组 $\begin{cases}2x+y-e^{-x}=0\\-x+2y-e^{-y}=0\end{cases}$。

```
>> fun = @(x)[2*x(1)-x(2)-exp(-x(1));    -x(1)+2*x(2)-exp(-x(2))];
>> [x, fval]=fsolve(fun, [0, 0]);
x =

     0.5671        0.5671

fval =

   1.0e-06*

   -0.1965

   -0.1965
```

⑤ 牛顿迭代法是工程上应用最多的一种非线性方程组计算方法。编写如下的 newtonequations. m 函数实现牛顿迭代法求解方程组 $\begin{cases}x^2+y-2=0\\y^2+x-3=0\end{cases}$。

```
function    [x,n,error]= newtonequations(funF, funJ, x0, eps, max)
x= x0;
Y= feval(funF, x0);
for  k= 1:max
     J= feval(funJ, x0);
     Q = x0 -(J\Y);
     Y=feval(funF, Q);
     error= norm (Q -x0);
     x0= Q;
     x=[x,x0]
     n=k;
     if(error< eps)
          break;
     end
end
```

其中，funF 为非线性方程组构建函数，代码为：

```
function    F= funF(X)
x= X(1);
y = X(2);
F = zeros(2,1);
F(1)= x^2 -y -2
F(2)= y^2 -x -3
```

funJ 为雅克比矩阵构建函数，代码为：

```
function   J= funJ(X)
x = X(1);
y = X(2);
J=[2*x, -1; -1,2*y];
```

输入代码：

```
clc
x0=[1  2]';
eps=0.5e -8;
max=20;
[x, n ,error]=newtonequations('funF', 'funJ', x0, eps, max)
```

调用函数求解方程组，输出结果为：

```
x =

    1.0000    2.7143    2.1444    2.0632    2.0615    2.0615    2.0615

    2.0000    2.4286    2.2734    2.2503    2.2498    2.2498    2.2498

n =

     6

error =

   1.6160e -13
```

当初始值取不同的点时，得到的解也不同。

11.4 线性方程组

通过函数 null 可以求解齐次线性方程组的基础解系。

Z=null(A) 表示返回矩阵 **A** 的基础解系组成的矩阵，**Z** 还满足 $\mathbf{Z}^{\mathrm{T}}\mathbf{Z}=\mathrm{I}$。

Z=null(A，‘r’) 得出的 **Z** 不满足 $\mathbf{Z}^{\mathrm{T}}\mathbf{Z}=\mathrm{I}$，但得出的矩阵元素多为整数，因此一般都带参数 r。

非齐次线性方程组在求出基础解析后还要求一个特解。对于矩阵形式的非齐次线性方程组 $Ax=b$，特解 x_0 的求法为 x0=pinv(A) * b，其中函数 pinv 的意思是伪逆矩阵。

例如，求解线性方程组 $\begin{cases} x_1+2x_2+2x_3=1 \\ x_2-2x_3-2x_4=2 \\ x_1+3x_2-2x_4=3 \end{cases}$

```
>> A = [1,2,2,0; 0,1,-2,-2; 1,3,0,-2];
>> b = [1; 2; 3];
>> x0 = pinv(A)*b
x0 =
    0.1688
    0.5974
   -0.1818
   -0.5195
>> Z = null(A,'r')
Z =
    -6    -4
     2     2
     1     0
     0     1
```

由输出结果可知方程的解为

$$x=k_1\begin{bmatrix}-6\\2\\1\\0\end{bmatrix}+k_2\begin{bmatrix}-4\\2\\0\\1\end{bmatrix}+\begin{bmatrix}0.1688\\0.5974\\-0.1818\\-0.5195\end{bmatrix},\quad k_1,k_2\in\mathbf{R}$$

11.5 矩阵的特征值与特征向量

E＝eig(A)：求解矩阵 $\boldsymbol{A}$ 的特征值，返回值 E 为列向量。

[V,D]＝eig(A)：求解矩阵 $\boldsymbol{A}$ 的特征值 $\boldsymbol{D}$ 和特征向量 $\boldsymbol{V}$，使其满足 $\boldsymbol{AV}=\boldsymbol{VD}$，$\boldsymbol{D}$ 为对角阵。

例如，求矩阵 $\boldsymbol{A}=\begin{bmatrix}1&0&0\\0&2&0\\0&0&3\end{bmatrix}$ 的特征值。

```
>> A = [1,0,0; 0,2,0; 0,0,3];
>> E = eig(A)
E =
     1
     2
     3
```

```
>> [V, D]=eig(A)
V =
     1     0     0
     0     1     0
     0     0     1
D =
     1     0     0
     0     2     0
     0     0     3
```

11.6 常微分方程

① 欧拉法解常微分方程：$\begin{cases} y'=y-\dfrac{2x}{y}, & 0\leqslant x\leqslant 2 \\ y(0)=1 \end{cases}$

```
function  [x,y]= Euler(fun, x1, x2, y0, h)
x= x1: h: x2;
y(1)= y0;
for   n = 1: length(x) -1
      y(n+1)= y(n)+ h*fun(x(n), y(n));
end
x = x';
y = y';

>> fun = @(x,y)y-2*x/y;
>> [x,y]= Euler(fun, 0, 2, 1, 0.4);
>> [x,y]
ans  =
         0     1.0000
    0.4000     1.4000
    0.8000     1.7314
    1.2000     2.0544
    1.6000     2.4088
    2.0000     2.8410
```

② 龙格-库塔法解常微分方程：$\begin{cases} y' = y - \dfrac{2x}{y}, & 0 \leqslant x \leqslant 2 \\ y(0) = 1 \end{cases}$

```
function    [x,y]= Runge_Kutta(fun, x1, x2, y0, h)
x = x1: h: x2;
y(1)= y0;
for   n = 1: length(x)-1
      k1=fun (x(n), y(n));
      k2=fun (x(n)+h/2, y(n)+h/2*k1);
      k3=fun (x(n)+h/2, y(n)+h/2*k2);
      k4=fun (x(n+1)+h/2,y(n)+h*k3);
      y(n+1)=y(n)+h*(k1+2*k2+2*k3+k4)/6;
end
x = x';
y = y';

>> fun = @(x,y)y-2*x/y;
>> [x,y]= Runge_Kutta(fun, 0, 2, 1, 0.4);
>> [x,y]

ans =

        0    1.0000
   0.4000    1.3221
   0.8000    1.5593
   1.2000    1.7241
   1.6000    1.7879
   2.0000    1.6482
```

③ ode45 也是一种常用的求解常微分方程方法，采用四阶-五阶 Runge-Kutta 算法，它用四阶方法提供候选解，五阶方法控制误差，是一种自适应步长（变步长）的常微分方程数值解法，其整体截断误差为 $(\Delta x)^5$。

例如解常微分方程：$\begin{cases} y' = y - \dfrac{2x}{y}, & 0 \leqslant x \leqslant 2 \\ y(0) = 1 \end{cases}$

```
>> fun=@(x,y)y-2*x/y;
>> [x,y]= ode45(fun, [0, 2], 1);
>> [x,y]
ans =
         0    1.0000
    0.0500    1.0488
    0.1000    1.0954
    … …       … …
    1.9000    2.1909
    1.9500    2.2136
    2.0000    2.2361
```

综合练习

第一套练习

1. 求函数 $f(x)=\begin{cases}1, & -1\leqslant x\leqslant 0\\ -1, & 0<x\leqslant 1\end{cases}$ 在区间 $[-1,1]$ 上关于权函数 $w(x)=(1-x^2)^{-1/2}$ 的最佳 Chebyshev 多项式 $\{T_n(x)\}$ 平方逼近 $s_n(x)$，其中 $s_n(x)=\sum_{k=0}^{n} a_k T_k(x)$。

这里

$$
\begin{aligned}
&T_0(x)=1\\
&T_1(x)=x\\
&T_2(x)=2x^2-1\\
&T_3(x)=4x^3-3x\\
&T_4(x)=8x^4-8x^2+1\\
&\cdots
\end{aligned}
$$

分别计算当 $n=2$，3 时的逼近函数，请将所得到的逼近函数和原函数绘在一张图上，比较逼近的效果。

2. 选定一种矩阵范数，计算矩阵 $\begin{bmatrix}1 & 1+\varepsilon\\ 1-\varepsilon & 1\end{bmatrix}$ 的条件数。当 $\varepsilon=10^{-3}$ 时，该矩阵是否是坏条件的？

3. 下表给出了函数 $f(x)$ 在不同点的函数值。分别利用二次、三次 Lagrange 插值多项式逼近函数值 $f(1.4)$。你能估计这两种插值逼近的大致精度吗？为什么？

x	$f(x)$	x	$f(x)$
1.1	0.7652	1.8	0.2818
1.3	0.6201	2.1	0.1104
1.5	0.4554		

4. 用 Newton 迭代法求出方程 $2\sqrt{x}-\cos x=0$ 的至少一个解，选择你认为合适的初始点，计算方程的根，使得近似解的相对误差不超过 10^{-2}。请从理论上估计达到精度所需的迭代次数。

5. 用 SOR（松弛因子取 $\omega=1.1$）迭代法解方程组

$$\begin{bmatrix} 10 & -1 & 0 \\ -1 & 10 & -2 \\ 0 & -2 & 10 \end{bmatrix}\begin{bmatrix} x_1 \\ x_2 \\ x_3 \end{bmatrix}=\begin{bmatrix} 9 \\ 7 \\ 6 \end{bmatrix}$$

对于你所给定的初始值，估计精度达到 10^{-3} 需要的迭代次数，并实际计算之。计算该迭代的渐进收敛速度。

6. 解非线性方程组

$$\begin{cases} 4x_1^2-20x_1+\dfrac{1}{4}x_2^2+8=0 \\ \dfrac{1}{2}x_1x_2^2+2x_1-5x_2+8=0 \end{cases}$$

选择初始值 $\begin{bmatrix} x_1^{(0)} \\ x_2^{(0)} \end{bmatrix}$ 计算，要求终止容限 $\varepsilon=10^{-3}$，计算过程中保留四位有效数字。

7. 设 $f(x)=x^3-2x, x\in[1,3]$。已知数据点 $\{(x_j, y_j)\}_{j=0}^{9}$，其中 $x_j=1+\dfrac{j}{5}, y_j=f(x_j), j=0,1,\cdots,9$。求形如

$$S_3(x)=\frac{a_0}{2}+a_3\cos 3x+\sum_{k=1}^{2}(a_k\cos kx+b_k\sin kx)$$

的最小二乘逼近。

第二套练习

1. 求一维非光滑函数 $f(x)=|x|, -1\leqslant x\leqslant 1$，在有限维函数空间 $H_n=span\{g_1(x),\cdots,g_n(x)\}$，（$n=1,2,3$）中的最佳平方逼近函数，其中 $g_1(x)=\dfrac{x}{\sqrt{\dfrac{2}{3}}}$，$g_2(x)=\dfrac{5x^3-3x}{2\sqrt{\dfrac{2}{7}}}$，$g_3(x)=\dfrac{63x^5-70x^3+15x}{8\sqrt{2/11}}$ 为 Legendre 正交多项式的一组基。绘制（$n=1,2,3$）的逼近图形，并比较逼近的效果。

2. 线性方程组

$$\begin{bmatrix} 1 & 2 \\ 1.000\,01 & 2 \end{bmatrix}\begin{bmatrix} x_1 \\ x_2 \end{bmatrix}=\begin{bmatrix} 3 \\ 3.000\,01 \end{bmatrix}$$

有一组解 $[1\quad 1]^T$。用 7 位有效数字计算下面摄动方程组的解

$$\begin{bmatrix} 1 & 2 \\ 1.000\,011 & 2 \end{bmatrix}\begin{bmatrix} x_1 \\ x_2 \end{bmatrix}=\begin{bmatrix} 3.000\,01 \\ 3.000\,03 \end{bmatrix} \tag{1}$$

并计算实际误差。分别利用幂法、反幂法计算以下矩阵的最大和最小特征值

$$\mathbf{A}=\begin{bmatrix} 1 & 2 \\ 1.000\,011 & 2 \end{bmatrix}$$

由此计算矩阵的谱条件数，并说明相应方程组(1)是否是好条件的。

3.某国每十年的人口统计见下表。

年份	1960	1970	1980	1990	2000	2010
人口/千人	151 321	179 323	203 302	226 542	249 633	281 422

利用上述数据，借助 Lagrange 插值法预测 2018 年的人口数，并给出相应的精度估计。

4. 用 Newton 迭代法求出方程 $3^{3x+1}-7\times 5^{2x}=0$ 的至少一个解，选择你认为合适的初始点，计算方程的根，使得近似解的相对误差不超过 10^{-2}。请从理论上估计达到所需精度所需的迭代次数。

5. 用 SOR（松弛因子取 $\omega=1.25$）迭代法解方程组

$$\begin{bmatrix} 3 & -1 & 0 \\ 1 & 6 & -2 \\ 4 & -3 & 8 \end{bmatrix}\begin{bmatrix} x_1 \\ x_2 \\ x_3 \end{bmatrix}=\begin{bmatrix} 2 \\ -4 \\ 5 \end{bmatrix}$$

对于你所给定的初始值，估计精度达到 10^{-3} 需要的迭代次数，并实际计算之。计算该迭代的渐进收敛速度，估算减小误差为初始误差 1%需要的迭代次数。

6. 利用 Broyden 方法解非线性方程组

$$\begin{cases} \sin(4\pi x_1 x_2)-2x_2-x_1=0 \\ \left(\dfrac{4\pi-1}{4\pi}\right)(e^{2x_1}-e)+4ex_2^2-2ex_1=0 \end{cases}$$

取 $[0,0]^T$ 作为初始值，终止容限 $\varepsilon=10^{-3}$，计算过程中利用四位有效数字。

7. 给定数据如下表所示。

x_i	0	0.25	0.5	0.75	1.0
y_i	1.000	1.284	1.648	2.117	2.718

(1) 构造二次的多项式进行拟合，并计算误差；

(2) 构造形如 ax^b 的函数对上述数据拟合，并利用拟合得到的函数计算 $x=0.6$ 点的值；

(3) 从误差角度说明选择哪一个拟合公式更合适。

8. 用自适应 Simpson 公式计算积分

$$I(f)=\int_{0.1}^{2}\sin\frac{1}{x}\mathrm{d}x$$

讨论在误差要求不超过 10^{-3} 条件下的步长选择，实际计算该数值积分。

第三套练习

1. 求函数 $f(x)=\sin x$ 在区间 $[-1,1]$ 上 Legendre 多项式 $g_1(x)=\dfrac{x}{\sqrt{\dfrac{2}{3}}}$，$g_2(x)=\dfrac{5x^3-3x}{2\sqrt{\dfrac{2}{7}}}$，$g_3(x)=\dfrac{63x^5-70x^3+15x}{8\sqrt{2/11}}$的最佳平方逼近。

2. 分别利用幂法、反幂法计算以下矩阵的最大和最小特征值

$$A=\begin{bmatrix}-2 & -1 & -1\\ -1 & -2.2 & -1\\ -1 & -1 & 2.1\end{bmatrix}$$

由此计算矩阵的谱条件数，并说明矩阵是否是好条件。

3.通过二次 Lagrange 插值多项式及以下所提供的数值，采用四位有效数字近似计算 cos0.770。

$$\cos 0.698=0.7661,\cos 0.733=0.7432,\cos 0.768=0.7193,\cos 0.803=0.6946$$

估计近似计算的误差界。我们知道 cos0.770 精确到四位有效数字的实际值为 0.7179。请比较实际误差与误差界。

4. 用 Newton 迭代法求方程 $\sin x-6x^2+e^{-x}=0$ 在区间（0,1）内的解，选择你认为合适的初始点，计算方程的根，使得近似解的相对误差不超过 10^{-2}。请从理论上估计达到所需精度所需的迭代次数。

5. 用 SOR（松弛因子取 $\omega=1.5$）迭代法解方程组

$$\begin{bmatrix}3 & -1 & 0\\ 1 & 6 & -2\\ 4 & -3 & 8\end{bmatrix}\begin{bmatrix}x_1\\ x_2\\ x_3\end{bmatrix}=\begin{bmatrix}2\\ -4\\ 5\end{bmatrix}$$

对于你所给定的初始值，估计精度达到 10^{-3} 需要的迭代次数，并实际计算之。计算该迭代的渐进收敛速度，估算减小误差为初始误差 1%需要的迭代次数。

6. 利用 Broyden 方法解非线性方程组

$$\begin{cases}4x_1^2-20x_1+\dfrac{1}{4}x_2^2+8=0\\ \dfrac{1}{2}x_1x_2^2+2x_1-5x_2+8=0\end{cases}$$

取 $[0,0]^T$ 作为初始值，终止容限 $\varepsilon=10^{-3}$。

7. 给定数据如下表所示。

x_i	4.0	4.2	4.5	4.7	5.1	5.5	5.9	6.3	6.8	7.1
y_i	102.6	113.0	130.1	142.1	167.5	195.1	224.8	256.7	299.5	326.7

① 构造二次的多项式进行拟合，并计算误差；

② 构造形如 ax^b 的函数对上述数据拟合，并利用拟合得到的函数计算 $x=6$ 点的值；

③ 从误差角度说明选择哪一个拟合公式更合适。

8. 用自适应 Simpson 公式计算积分

$$I(f)=\int_0^{\pi} x\sin x\,dx$$

讨论在误差要求不超过 10^{-3} 条件下的步长选择，实际计算数值积分，并给出近似计算的实际误差。

第四套练习

1. 求函数 $f(x)=|x|$ 在区间 $[-1,1]$ 上最佳三角多项式平方逼近 $S_n(x)$，其中

$$S_n(x)=\frac{a_0}{2}+\sum_{k=1}^{n}a_k\cos kx$$

分别计算当 $n=1$，2 时的逼近函数，请将所得到的逼近函数和原函数绘在一张图上，比较逼近的效果。

2. 线性方程组

$$\begin{bmatrix} 1 & -2 \\ 1.0001 & -2 \end{bmatrix}\begin{bmatrix} x \\ y \end{bmatrix}=\begin{bmatrix} -1 \\ -0.9999 \end{bmatrix}$$

的准确解为 $[1,1]^T$。如果系数有微小的改变，方程组变为

$$\begin{bmatrix} 1 & -2 \\ 1.0001 & -2 \end{bmatrix}\begin{bmatrix} x \\ y \end{bmatrix}=\begin{bmatrix} -1 \\ -0.999 \end{bmatrix}$$

采用五位有效数字求解上述方程组，并计算实际误差。该方程组是坏条件的吗？另计算系数矩阵的谱条件数（注：分别利用乘幂法和反乘幂法计算系数矩阵最大、最小特征值）。

3. 通过三次 Lagrange 插值多项式及以下所提供的数值，采用四位有效数字近似计算 $f(1.19)$，其中函数 $f(x)=\lg(\tan x)$。

$f(1.00)=0.1924$， $f(1.05)=0.2414$， $f(1.10)=0.2933$， $f(1.15)=0.3492$

估计近似计算的误差界，并说明实际误差与误差界之间的关系。

4. 用 Newton 迭代法求方程 $x^2-2xe^{-x}+e^{-2x}=0$ 在区间（0,1）内的解。选择你认为合适的初始点，计算方程的根，使得近似解的相对误差不超过 10^{-3}。请从理论上估计达到所需精度所需的迭代次数。

5. 用 SOR 迭代法（$\omega=1.25$）解方程组

$$\begin{cases} 4x_1+3x_2=24 \\ 3x_1+4x_2-x_3=30 \\ -x_2+4x_3=-24 \end{cases}$$

对于你所给定的初始值，估计达到 10^{-3} 精度所需的迭代次数，并实际计算之。

6. 利用 Broyden 法解非线性方程组

$$\begin{cases} 10x_1-2x_2^2+x_2-2x_3-5=0 \\ 8x_2^2+4x_3^2-9=0 \\ 8x_2x_3+4=0 \end{cases}$$

取 $[1 \quad -1 \quad 1]^T$ 作为初始值，终止容限 $\varepsilon=10^{-3}$。

7. 给定数据如下表所示。

x_i	0.2	0.3	0.6	0.9	1.1	1.3	1.4	1.6
y_i	0.050	0.098	0.333	0.727	1.097	1.570	1.849	2.502

① 构造三次多项式进行拟合，并计算拟合误差；

② 构造形如 be^{ax} 的函数对上述数据拟合；

③ 构造形如 bx^a 的函数对上述数据拟合，并利用拟合得到的函数计算 $x=1.5$ 点的值。

8. 绘制函数 $f(x)=\dfrac{100}{x^2}\sin\dfrac{10}{x}$，$x\in[1,3]$ 的草图。利用自适应积分法计算下列积分

$$I=\int_1^3 \frac{100}{x^2}\sin\frac{10}{x}\mathrm{d}x$$

要求误差不超过 10^{-3}。

第五套练习

1. 求函数 $f(x)=x+1$，$-\pi\leqslant x\leqslant\pi$ 在区间 $[-\pi,\pi]$ 上最佳三角多项式平方逼近$S_n(x)$，其中 $S_n(x)=\frac{a_0}{2}+\sum_{k=1}^{n}a_k\cos(kx)$。分别计算当 $n=1,2,3$ 时的逼近函数，请将所得到的逼近函数和原函数绘在一张图上，比较逼近的效果。

2. 线性代数方程组

$$\begin{bmatrix}1 & 2\\1.0001 & 2\end{bmatrix}\begin{bmatrix}x_1\\x_2\end{bmatrix}=\begin{bmatrix}3\\3.0001\end{bmatrix}$$

的准确解为 $[1,1]^{\mathrm{T}}$。如果系数矩阵有微小的改变，方程组变为

$$\begin{bmatrix}1 & 2\\0.9999 & 2\end{bmatrix}\begin{bmatrix}x_1\\x_2\end{bmatrix}=\begin{bmatrix}3\\3.0001\end{bmatrix}$$

采用五位有效数字求解上述方程组，计算实际误差。该方程组是否是坏条件的？计算系数矩阵的∞条件数，并给出计算结果误差与系数矩阵误差之间的关系。

3. 通过次数不高于三次的 Lagrange 插值多项式及以下所提供的数值，采用四位有效数字近似计算 cos0.750。

$$\cos 0.698=0.7661,\cos 0.733=0.7432,\cos 0.768=0.7193,\cos 0.803=0.6946$$

估计近似计算的误差界。我们知道 cos0.750 精确到四位有效数字的实际值为0.7317。请解释实际误差与误差界之间的差别。

4. 用 Newton 迭代法求方程 $\mathrm{e}^{6x}-(\ln 8)\mathrm{e}^{4x}+3(\ln 2)^2\mathrm{e}^{2x}-(\ln 2)^3=0$ 在区间 $(-1,0)$ 内的解，选择你认为合适的初始点，计算方程的根，使得近似解的相对误差不超过 10^{-3}。请从理论上估计达到所需精度所需的迭代次数。

5. 用 Gauss-Seidel 迭代法解方程组

$$\begin{bmatrix}3 & -1 & 0\\1 & 6 & -2\\4 & -3 & 8\end{bmatrix}\begin{bmatrix}x_1\\x_2\\x_3\end{bmatrix}=\begin{bmatrix}2\\-4\\5\end{bmatrix}$$

对于你所给定的初始值，估计精度达到 10^{-3}需要的迭代次数，并实际计算之。计算该迭代的渐进收敛速度，估算减小误差为初始误差 1%需要的迭代次数。

6. 利用 Broyden 方法解非线性方程组

$$\begin{cases}6x_1-2\cos(x_2x_3)-1=0\\9x_2+\sqrt{x_1^2+\sin x_3+1.06}+0.9=0\\60x_3+3\mathrm{e}^{-x_1x_2}+10\pi-3=0\end{cases}$$

取 $[0,0,0]^{\mathrm{T}}$ 作为初始值，终止容限 $\varepsilon=10^{-3}$。

7. 给定数据如下表所示。

x_i	4.0	4.2	4.5	4.7	5.1	5.5	5.9	6.3	6.8	7.1
y_i	102.6	113.2	130.1	142.1	167.5	195.1	224.8	256.7	299.5	326.7

① 构造至少二次的多项式进行拟合，并计算误差；

② 构造形如 be^{ax} 的函数对上述数据拟合；

③ 构造形如 bx^{a} 的函数对上述数据拟合，并利用拟合得到的函数计算 $x=5$ 点的值。

8. 用复合 Simpson 公式计算积分

$$I(f)=\int_0^{\pi} x\sin x\,\mathrm{d}x$$

讨论在绝对误差不超过 0.000 2 条件下的步长，给出近似计算的实际误差。

参 考 文 献

[1] 林成森. 数值计算方法. 北京：科学出版社，2005.

[2] David Kincaid，Ward Cheney. Numerical Analysis：Mathematics of Scientific Computing. Third edition. 北京：机械工业出版社，2003.

[3] Richard L. Burden，J. Douglas Faires. Numerical Analysis. Seventh edition. 北京：高等教育出版社，2001.